高等学校"十三五'

植物生理学

ZHIWU

SHENGLIXUE

第二版

杨玉珍　曾佑炜　主编

化学工业出版社

·北京·

《植物生理学》（第二版）共分十二部分，分别为绪论、植物细胞的生理基础、植物的水分生理、植物的矿质营养、植物的光合作用、植物的呼吸作用、植物的生长物质、植物的生长生理、植物的生殖生理、植物的成熟与衰老生理、植物的逆境生理以及实验实训和综合实训。

　　本教材内容力求做到在基础性、通用性、先进性、参考性等方面的统一，在全面阐述了植物生理学的基本概念、基础理论及最新进展的同时，还将实验技术方法与理论内容相结合。教材中配以数字资源（以二维码形式呈现），还增设了知识窗、知识拓展模块等。

　　本书可作为高等学校植物生产类、生物类等相关专业的教学用书，也可供行业相关技术人员参考使用。

图书在版编目（CIP）数据

植物生理学/杨玉珍，曾佑炜主编. —2 版. —北京：化学
工业出版社，2019.11（2024.2 重印）
高等学校"十三五"规划教材
ISBN 978-7-122-35165-4

Ⅰ.①植…　Ⅱ.①杨…②曾…　Ⅲ.①植物生理学-高等学
校-教材　Ⅳ.①Q945

中国版本图书馆 CIP 数据核字（2019）第 203341 号

责任编辑：章梦婕　李植峰　　　　　　文字编辑：焦欣渝
责任校对：李雨晴　　　　　　　　　　装帧设计：史利平

出版发行：化学工业出版社（北京市东城区青年湖南街 13 号　邮政编码 100011）
印　　装：三河市双峰印刷装订有限公司
787mm×1092mm　1/16　印张 16½　字数 435 千字　2024 年 2 月北京第 2 版第 7 次印刷

购书咨询：010-64518888　　　　　　售后服务：010-64518899
网　　址：http://www.cip.com.cn
凡购买本书，如有缺损质量问题，本社销售中心负责调换。

定　　价：48.00 元

《植物生理学》（第二版）编写人员

主　　编　杨玉珍　曾佑炜

副 主 编　赵　军　弓建国　权玉萍

编写人员　（按姓名笔画排序）

弓建国（集宁师范学院）

王会鱼（郑州师范学院）

权玉萍（焦作师范高等专科学校）

刘瑞霞（郑州师范学院）

杨玉红（鹤壁职业技术学院）

杨玉珍（郑州师范学院）

尚霄丽（濮阳职业技术学院）

赵　军（宜宾职业技术学院）

赵　奇（郑州师范学院）

曾佑炜（广东轻工职业技术学院）

前言

　　随着植物生理学的不断深入和发展，尤其是随着研究从个体、细胞到分子水平的深入，植物生理学的教学内容也发生着巨大的变化。本书一版自2010年出版以来，经多次重印，被很多兄弟院校选用，得到了许多同行的支持与认可。同时编者也发现，随着学科的不断发展，一版教材已难以满足各院校师生的教学需要，亟待修订、充实与完善，以便更好地适应时代，满足行业需求。因此，编者在第一版的基础上，对教材进行了修订。

　　本次修订在章节和内容上均有一定调整，力求做到在基础性、通用性、先进性、参考性等方面的统一，在全面阐述植物生理学的基本概念、基础理论及最新进展的同时，还将实验技术方法与理论内容相结合，侧重突出前沿进展并配以数字资源（以二维码形式呈现），还增设了知识窗、知识拓展模块等。

　　本书中，绪论、第二章、第六章第一节和实验实训一由郑州师范学院杨玉珍编写；第一章、第六章第二节由焦作师范高等专科学校权玉萍编写；第三章、实验实训四由郑州师范学院赵奇编写；第四章和实验实训七由集宁师范学院弓建国编写；第五章、实验实训八、实验实训九和实验实训十由宜宾职业技术学院赵军编写；第七章、实验实训十一和综合实训一由郑州师范学院刘瑞霞编写；第八章、实验实训十二、实验实训十三和实验实训十四由郑州师范学院王会鱼编写；第九章、实验实训二和实验实训三由广东轻工职业技术学院曾佑炜编写；第十章、综合实训二和综合实训四由濮阳职业技术学院尚霄丽编写；实验实训五、实验实训六和综合实训三由鹤壁职业技术学院杨玉红编写。

　　本书再版过程中得到了郑州师范学院以及各兄弟院校的大力支持。编写过程中参考了国内外部分经典教材、著作和重要文献，在此一并表示感谢。

　　此次修订，力求体系合理、内容充实、语言精练，但由于编者水平所限，难免有疏漏或不妥之处，真诚希望同行和读者批评指正。

编　者

2019年5月于郑州师范学院

植物生理学是生命科学的基础学科之一，是高职高专院校生物类和植物生产类等相关专业必修的一门专业基础课。近年来，分子生物学、生物信息学、基因组学、蛋白质组学及环境生态学等研究的迅速发展对植物生理学产生了深刻影响。随着学科的发展，新知识、新理论的不断涌现，植物生理学教学内容日益庞大。另一方面，由于教学课时有限，如何在有限的教学课时内，将植物生理学的完整体系和主要内容教授给学生，使学生能掌握植物生理学的知识体系、基本概念和原理，并加以应用，举一反三，更成为重中之重。为此，化学工业出版社组织了八所高职高专院校从事多年植物生理学教研工作的教师，在充分研讨的基础上，共同编写了《植物生理学》一书。本教材主要面向农林类高职高专院校和师范专科学校，也可作为其它专科院校的教材。

根据职业教育的特点，在教材的编写过程中确立了"以必需、够用、能用、适用为度，密切联系生产实际"的基本原则，以基本知识和基本技能为主，力求教材在内容上确实能突出高职高专职业教育的特色，满足目前教学的需要。适当强调教材的系统性、科学性及先进性，开阔学生视野，扩大知识面，突出适用，达到通俗易懂。在实训部分的编写中，力求从生产需要出发，尽可能多地安排了技术性较强的实验实训内容，减少了验证性实验，并增设了综合实训内容，尤其是与生产实际密切联系的内容，增强了实用性和对学生综合实践能力的培养。另外，在编写过程中力求图文并茂，每章均附有学习目标、本章小结及复习思考题，以便学生能够更好地学习和掌握每章的知识要点和基本知识。

本教材是参编老师多年教学经验的总结和集体辛勤劳动的成果，根据各位编写人员在各自专业领域的特长进行编写分工，从而更好地保证了教材的质量和特色；又根据学科的发展，编进了新概念、新技术和新理论成果，期望能为提高高职高专植物生理学教学水平发挥应有的作用，以适应高职高专教学改革和人才培养的需要。

本教材具体的编写分工如下。绪论、第二章和实验实训十四及综合实训四由杨玉珍编写；第一章、实验实训一～实验实训四由王育水编写；第三章、实验实训五、实验实训六及综合实训一由朱雅安编写；第四章、实验实训七～实验实九由弓建国编写；第五章、实验实训十由赵军编写；第六章、实验实训十一、实验实训十二及综合实训二、综合实训三由杨玉红编写；第七章、实验实训十三由王闯编写；第八章由孟长军编写；第九章、第十章由邱运亮编写。全书最后由杨玉珍、朱雅安进行统稿。

本教材的编者们精益求精，力图使其成为一本具有特色的高职高专植物生理学教材，但由于编者水平有限，书中不足和疏漏之处，敬请同行专家和读者批评指正。

编　者

2010 年 1 月于郑州

目录

绪　　论

【学习目标】

通过绪论部分的学习，要掌握植物生理学的定义、内容，了解植物生理学的产生和发展简史及其与农业生产的关系，掌握正确学习植物生理学的方法。

一、植物生理学的定义和内容

植物生理学（plant physiology）是研究植物生命活动规律的科学。

植物的生命活动在水分代谢、矿质营养、光合作用和呼吸作用等基本代谢的基础上，表现出种子萌发、生长、运动、开花、结实直至衰老等生长发育的过程，大致可分为生长发育与形态建成、物质与能量转化、信息传递和信号转导等 3 个方面。

生长发育（growth and development）是植物生命活动的外在表现。生长是指增加细胞数目和扩大细胞体积而导致的植物体积和质量不可逆的增加。发育是指细胞不断分化，形成新组织、新器官的过程，即形态建成（morphogenesis），具体表现为种子萌发，根、茎、叶生长，开花、结实、衰老死亡等过程。人类对植物生命活动的认识正是从对其生长发育的观察和描述开始的，所谓"春华秋实""春发、夏长、秋收、冬藏"等，便是人类对植物生长发育规律直观认识的写照。

物质与能量转化是生长发育的基础。而物质转化与能量转化又紧密联系，构成统一的整体，统称为代谢（metabolism）。植物代谢包括对水分和养分的吸收和利用，碳水化合物（糖类）的合成和代谢等。绿色植物的光合作用将无机物 CO_2 和 H_2O 合成碳水化合物的同时，将太阳能转变为化学能，储存于碳水化合物中，这就完成了物质转化（material transformation）和能量转化（energy transformation）步骤。

信息传递（message transportation）和信号转导（signal transduction）是植物生命活动的重要方面之一。植物生长在复杂多变的环境中，必须对环境的变化作出响应，或顺应环境有规律地变化，形成植物固有的生命周期，或对不适宜的环境条件进行适应与抵抗，以保持物种的繁衍。这种响应是从"感知"环境条件的物理或化学信号开始的。植物感知环境信息的部位与发生反应的部位可能是不同的，这就存在信息感受部位将信息传递到发生反应部位的过程，是环境的物理或化学信号在器官或组织上的传递，即所谓信息传递。而所谓信号转导是指单个细胞水平上，信号与受体结合后，通过信号转导系统，产生生理反应的过程。

二、植物生理学的产生和发展

植物生理学的产生离不开生产实践。早在科学的植物生理学诞生之前，生产实践中已经积累了丰富的植物生理学知识。公元前 3 世纪，战国荀况著《荀子·富国篇》中就记载有"多粪肥田"，在韩非著《韩非子》中记载有"积力于田畴，必且粪灌"，这反映了战国时期古人对作物施肥、灌溉已相当重视。公元前 1 世纪，西汉《氾胜之书》中，已将施肥方式划分为基肥、种肥和追肥，还提出了种子安全储藏的要点，强调种子要"曝使极燥"，降低种子含水量是种子安全储藏的关键所在。公元 6 世纪北魏贾思勰著《齐民要术》是中国古代最完整的一部综合性农书，该书中描述的热进仓、贮麦法、嫁枣法、嫁李法、绿肥应用等沿用至今。我国劳动人民为解决冬小麦春播不能正常抽穗问题而创造的"七九闷麦法"，实际就是现在的"春化"法。这些例子说明我国古代劳动人民已有丰富的植物生理的感性认识和经验，但由于时代的限制，当时还不可能上升为理论。

科学的植物生理学开始于土壤营养实验，后来发展到解决空气营养问题。17世纪，荷兰的 Van Helmont（1577—1644）是最早以实验方法探索植物长大的物质来源的学者。他在盆中扦插一条柳枝，每天浇水，5年以后柳枝增重30倍，而盆中土的质量减少甚微，因此他认为植物的物质来源不是土而是水。1840年，德国的 J. von Liebig（1803—1873）出版了《化学在农业和植物生理学上的应用》，成为利用化学肥料的理论创始人。英国的 J. Priestley（1733—1804）发现老鼠在密封钟罩内不久即死，老鼠与绿色植物一起放在钟罩内则不死。荷兰的 J. Ingenhousz（1730—1799）接着了解到绿色植物在日光下才能清洁空气，初步建立起空气营养的观念。法国的 G. Boussingault（1802—1899）建立砂培实验法，证明植物体内的碳、氢、氧来自水和空气，高等植物不能利用空气中游离的氮，硝酸盐是植物体内氮素的来源。

19世纪末，德国的 J. von Sachs（1832—1897）编写了第一本《植物生理学讲义》，他的学生 W. Pfeffer 在1904年出版了《植物生理学》，这两部书是当时植物生理学的总结，使植物生理学独立成为一门新兴的学科。

20世纪植物生理学进入了迅速发展的时期。1920年，美国学者 W. W. Garner 和 H. A. Allard 发现了植物光周期现象。20世纪30~60年代相继发现了五大类植物激素。20世纪50年代，美国学者 M. Calvin 等采用^{14}C示踪技术和色谱技术，揭开了植物光合碳循环（C_3途径）之谜。20世纪60年代末期，M. D. Hatch 和 C. R. Slack 又发现了C_4双羧酸途径（C_4途径）。在发现C_3、C_4途径的同时，还发现了光呼吸和景天酸代谢途径以及光敏色素、钙调素，等等。植物组织培养也取得了飞速发展，并且在生产领域得到广泛应用。近20年来，随着遗传学、分子生物学、基因工程技术的迅速发展，植物生理学的研究正在进入一个崭新的发展阶段，即在分子水平上研究植物的生长、发育、代谢及其与环境的相互作用等重要生命过程或现象的机制以及有效地调控这些生命过程为人类服务方面，取得了一系列新成果、新进展。

我国植物生理学起步较晚，发展缓慢。钱崇澍（1883—1965）于1917年在国际刊物上公开发表论文《钡、锶、铈对水绵属的特殊作用》，又在各大学讲授植物生理学，他是我国植物生理学的启业人。20世纪30年代初是我国植物生理学教学和研究的起始期。李继侗（1892—1961）、罗宗洛（1899—1978）和汤佩松（1903—2001）等先后回国，在大学任教，建立实验室，进行科学研究，为我国的植物生理学奠定了基础，他们三人是我国植物生理学的奠基人。中华人民共和国成立前，由于从事植物生理学研究的队伍小，设备差，加上颠沛流离，植物生理学发展极慢。中华人民共和国成立后，尽管有一些曲折，但植物生理学还是有较大发展的，具体表现在研究和教学机构剧增，队伍迅速扩大，研究成果众多，其中比较突出的有：殷宏章等的作物群体生理研究，沈允钢等证明光合磷酸化中高能态存在的研究，汤佩松等首先提出呼吸的多条途径的论证，娄成后等深入研究细胞原生质的胞间运转，等等。这些研究在国际上都是较早发现或提出的。近年来，组织培养和细胞培养研究迅速开展，特别在花药和花粉培养、单倍体育种方面做了大量工作，在逆境生理、采后生理等方面都取得了可喜的成果。

三、植物生理学与农业生产

农业生产实践孕育了植物生理学，而植物生理学的每一重大成果又使农业技术产生重大变革，极大地提高了农作物产量。例如对矿质营养的研究奠定了化肥生产基础，提供了无土栽培（溶液培养）新方法，针对土壤情况合理施肥可使植物显著增产。光合作用机理的研究，目的是为了将来模拟光合作用，进行工厂化生产食物和其他有机物，目前已为农业生产上兼作套种、合理密植、矮秆化、选育高光效品种等提供了理论依据，达到了提高光能利用率的目的。植物激素的发现及对生长发育调节的研究，推动了生长调节物质的人工合成及应用，为插条生根、储藏保鲜、促进开花、防止脱落、疏花疏果、打破或延长休眠、促进成熟和提高产品质量等开辟了新途径。植物组织培养的研究，阐明了植物细胞的"全能性"，利用单个细胞可以培育出一棵完整的植株，是生物学领域的一个重大突破，组织培养技术广泛应用于花药培养、体细胞杂交和试管苗的生产上，并取得了明显的成绩。春化和光周期现象的发现及研究对栽培、引种、育种有重要指导作用。逆境生理的研究对农业生产的贡献也是多方面的，主要体现在为从栽培、育种等方面提高作物抗逆性、减轻逆境造成的损失提供理论基础和可行的途径。如关于作物渗透调节能力与作物抗旱、抗盐及抗寒性关系的发现，启发人们通过合理的栽培管理、品种选育、化学调控甚至遗传工程等途径，同时通过增强渗透调节能力来改善作物的抗逆性。

目前农业急需研究的六大问题是碳的增收、水分的增收、营养物质的增收、植物病虫害的防治、植物发育过程及不良环境对植物的影响。其中有五项属于植物生理学范畴，即光合作用、水分生理、矿质营养、植物的生长发育和抗性生理，这说明植物生理学肩负着发展农业生产的重要任务。

当今世界面临着粮食、能源、资源、环境和人口五大问题。而中国人均资源占有量远低于世界发达国家，所以这些问题更显得特别突出。而要解决这五大难题，在很大程度上要依靠植物功能的发挥，因为植物是自养生物，在增加食物、增加资源、保护和改善环境中发挥着重要的、不可替代的作用。在植物合成的有机物中，有的是食品（如糖类、脂肪、蛋白质和维生素等），有的是资源物质（如木材、橡胶、纤维、药物和化工原料等）。利用植物产物或副产品发酵产生酒精或沼气来作为燃料，通过更深入研究光合作用的机理，更有效地利用太阳能，有助于解决能源危机。另外，研究植物与环境相互关系的现象和机理，针对我国西部干旱、沙漠化，应用植物生理学研究成果，种草植树，以植物为先锋，保土防沙，改造大自然，使植物在保护环境和净化环境中发挥更大的作用，是解决环境污染、维持生态平衡的重要途径。

四、学习植物生理学的要求和方法

植物生理学属于基础理论学科，也是一门实验学科，实践性很强。植物生理学从其诞生至今之所以受到人们的重视，最根本的原因就是它来自农业生产实践和科学实验，能帮助人们认识植物生命活动基本规律及其与环境的相互关系，能为栽培植物、改良植物提供理论依据，并能不断地提出控制植物生长发育的有效方法，服务于人类。植物生理学的任务是使学生全面系统地了解植物生长发育的各种生理过程，并学会运用生理学知识指导农业生产和日常生活，同时通过本课程的实验训练，使学生掌握基本的植物生理生化研究技术和手段，为后续课程的学习奠定基础。因此，为了学好本课程，既要学好基础理论，更要重视实验，同时要注意本课程与化学、物理学、植物学、生物化学等相关基础课程知识的联系，扩充与相关学科的交叉点。在深度上，注意用分子生物学理论解释植物的生命现象。

学习植物生理学要建立历史的、发展的观点。既要了解植物生理学的过去和现在，又要知道其发展趋势。要认真阅读教材，掌握好本学科的基本概念、基础理论知识及科学实验方法。但教材总是落后于科学实验和生产发展的，科学知识是不断发展更新的。因此，必须重视学习植物生理学研究中的思想方法和创新精神，学会查阅国内外科技文献，注意了解植物生理学的最新研究进展。同时，植物生理学是一门内容系统性很强的课程。在学习中，不要去死记某些概念或过程，要注意章节内的纵向联系和各章节间的横向联系，去加强记忆，深入理解。例如，光呼吸要与暗呼吸比较记忆，找出二者之间的区别。学习完矿质元素的生理作用后，要在光合作用、水分生理等章节中有关联的部分进一步强化。要学会用细胞生理、水分代谢、矿质营养、光合作用、呼吸作用、有机物运输、植物生长物质等基础代谢的知识，解释后面植物生长发育及环境生理等各章节的内容、现象。这样，才能学得扎实，记得牢稳。

学习植物生理学要特别重视实验。通过实验课的学习，要求学生掌握植物生理生化实验技术的基本原理和分析方法，培养学生科学态度和科研意识。学生要掌握实验设计和常用仪器设备的使用方法及注意事项，按照实验指导要求，得到准确数据，分析实验结果，得出正确结论，还要掌握实验报告的特点与撰写规则。如果实验失败了或结果不够合理，要认真分析原因，总结教训，争取重做，直到获得成功。

在 21 世纪的今天，建议大家多利用网络资源来学习植物生理学知识。各种 MOOC 资源理论联系实际，特色鲜明，各种微课视频针对性强，非常精练。这不失为学习植物生理学的一种现代的好方法。

复习思考题

1. 什么叫植物生理学？植物生理学主要研究哪些内容？
2. 植物生理学是如何诞生和发展的？从中可以得到哪些启示？
3. 为什么说植物生理学是合理农业的基础？
4. 怎样才能学好植物生理学？

第一章　植物细胞的生理基础

【学习目标】
(1) 了解植物细胞的信号转导。
(2) 熟悉植物细胞的繁殖、生长和分化。
(3) 掌握植物细胞的基本概念、植物细胞的亚显微结构以及各部分的主要功能。

第一节　植物细胞概述

细胞是生物体的基本结构单位，所有生物都是由细胞构成的；细胞是生命活动的功能单位；细胞是生物体生长和发育的基础；细胞是生物体遗传的基本单位。植物的生命活动是以细胞为基础的。

一、细胞的基本概念

细胞是生物有机体最基本的形态结构单位。除病毒外，一切生物有机体都是由细胞构成的。单细胞生物体只由一个细胞构成，而高等植物体则由无数功能和形态结构不同的细胞构成。

细胞是代谢和功能的基本单位。细胞是一个高度有序的、能够进行自我调控的代谢功能体系。生活细胞还能对环境变化作出反应，从而使其代谢活动有条不紊地协调进行。在多细胞生物体中，各种组织分别执行特定功能，但都是以细胞为基本单位而完成的。

细胞是生长和发育的基本单位。一切生物有机体的生长发育主要通过细胞分裂、细胞体积增长和细胞分化来实现。构成多细胞生物体中的众多细胞尽管形态结构不同，功能各异，但它们都是由同一受精卵经过细胞分裂和分化而来的。

细胞是遗传的基本单位，具有遗传上的全能性。无论是低等生物或高等生物的细胞、单细胞生物或多细胞生物的细胞、结构简单或结构复杂的细胞、分化或未分化的细胞，都包含全套的遗传信息，即具有一套完整的基因组。植物的性细胞或体细胞在合适的外界条件下培养可诱导发育成完整的植物体。

根据细胞在结构、代谢和遗传活动上的差异，常把细胞分为两大类，即原核细胞（procaryotic cell）和真核细胞（eucaryotic cell）。原核细胞通常体积很小，直径为 $0.2\sim10\mu m$ 不等。原核细胞没有典型的细胞核，也没有分化出以膜为基础的具有特定结构和功能的细胞器；其遗传物质分散在细胞质中，且通常集中在某一区域，但没有核膜分隔；原核细胞遗传信息的载体仅为一环状 DNA，DNA 不与或很少与蛋白质结合。真核细胞具有典型的细胞核结构；DNA 为线状，主要集中在由核膜包被的细胞核中；真核细胞同时还分化出以膜为基础的多种细胞器，真核细胞的代谢活动（如光合作用、呼吸作用、蛋白质合成等）分别在不同的细胞器中进行，或由几种细胞器协同完成，细胞中各个部分的分工，有利于各种代谢活动的进行。

由原核细胞构成的生物称原核生物，原核生物主要包括支原体（mycoplasma）、衣原体（chlamydia）、立克次氏体（rickettsia）、细菌、放线菌（actinomycetes）和蓝藻等，几乎所有的原核生物都是由单个原核细胞构成的。由真核细胞构成的生物称真核生物，高等植物和绝大多数低等植物均由真核细胞构成。

二、细胞学说的建立

细胞的发现依赖于显微镜的发明和发展。因为绝大多数细胞直径在 30μm 以下，远远超出了人们肉眼直接可见的范围（100μm 以上），因此，只有借助放大装置才能观察到细胞。

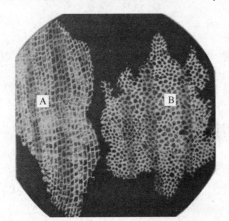

图 1-1　胡克在他的显微镜下
观察到的软木组织
A—纵切面；B—横切面

1665 年，英国物理学家胡克（R. Hooke，1635—1703）创造了第一台有科学研究价值的显微镜，它的放大倍数为 40～140 倍，胡克利用这架显微镜观察了软木（栎树皮）的切片，看到了许多紧密排列的、蜂窝状的小室（图 1-1），将其称为"细胞"，由此提出了细胞（cell）一词。此后，生物学家就用细胞一词来描述生物体的基本结构单位，并沿用至今。

事实上，胡克当时观察到的只是植物的死细胞，而真正观察到活细胞的是与胡克同时代的荷兰科学家列文虎克（A. van Leeuwenhoek，1632—1723）。他用自己制作的显微镜观察了植物、动物、微生物、污水、昆虫等，并将观察所得《观察皮肤、肉类以及蜜蜂和其他虫类的若干记录》通过英国皇家学会译成了英文（1673 年），并发表在了英国皇家学会的刊物上。1677 年，列文虎克又同他的学生哈姆一起，共同发现了人以及狗、兔子的精子，这些都是活细胞。

19 世纪 30 年代，显微镜制造技术明显改进，加之切片机的制造成功，推动了人们对于细胞的认识和研究。科学家们陆续发现并认识了细胞核、原生质等细胞的组成部分，形成了"细胞是有膜包围的原生质团"的基本概念。

1838 年，德国植物学家施莱登（M. J. Schleiden）发表了《植物发生论》，指出细胞是构成植物的基本单位。1839 年，德国动物学家施旺（M. J. Schwann）发表了他的《关于动植物的结构和生长的一致性的显微研究》论文，指出动植物都是细胞的集合物。施旺和施莱登两人共同提出：一切动植物都是由细胞组成的，细胞是一切动植物的基本单位。这就是著名的"细胞学说"（cell theory）。细胞学说是最初的一般生物学概括，使细胞及其功能有了较为明确的定义，宣告了"细胞学说"基本原则的建立。1958 年，德国科学家魏尔肖（Rudolf Virchow）作出了另一个重要的论断：所有的细胞都必定来自已存在的活细胞。至此，以上三位科学家的研究结果加上许多其他科学家的发现，共同形成了比较完备的细胞学说。现今的细胞学说包括三方面内容：细胞是一切多细胞生物的基本结构单位，对单细胞生物来说，一个细胞就是一个个体；多细胞生物的每个细胞为一个生命活动单位，执行特定的功能；现存细胞通过分裂产生新细胞。

细胞学说第一次明确指出了细胞是一切动植物体的结构单位，将植物学和动物学联系在一起，论证了整个生物界在结构上的统一性以及在进化上的共同起源。人们通常称1838～1839 年施旺和施莱登确立的细胞学说、1859 年达尔文确立的进化论和 1866 年孟德尔确立的遗传学为现代生物学的三大基石，而实际上，可以说细胞学说又是后两者的基石。

恩格斯把细胞学说、能量转化与守恒定律和达尔文进化论并列为 19 世纪自然科学的"三大发现"，它大大推进了人类对整个自然界的认识，在科学发展史上具有很重要的意义。

三、植物细胞的形状和大小

植物细胞的体积通常很小。在种子植物中，细胞直径一般介于 $10\sim100\mu m$ 之间。但亦有特殊细胞超出这个范围的，如棉花种子的表皮毛细胞有的长达 70mm，成熟的西瓜果实和番茄果实的果肉细胞，其直径约 1mm，苎麻属（*Boehmeria*）植物茎中的纤维细胞长达 550mm。

细胞体积越小，它的相对表面积越大。细胞与外界的物质交换通过表面进行，小体积大面积，这对物质的迅速交换和内部转运非常有利。另外，细胞核对细胞质的代谢起着重要调控作用，而一个细胞核所能控制的细胞质的量有限，所以细胞大小也受细胞核所能控制范围的制约。

植物细胞的形状多种多样，有球形、多面体形、纺锤形和长柱形等（图 1-2）。单细胞植物体（如小球藻、衣藻）或离散的单个细胞，因细胞处于游离状态，受不到其他约束，形状常近似球形。在多细胞植物体内，细胞紧密排列在一起，由于相互挤压，使大部分细胞呈多面体。根据力学计算和实验观察，在均匀的组织中，一个典型的、未经特殊分化的薄壁细胞是十四面体。然而这种典型的十四面体细胞，在植物体中不易找到，只有在根和茎的顶端分生组织中和某些植物茎的髓部薄壁细胞中，才能看到类似的细胞形状，这是因为细胞在系统演化中适应功能的变化

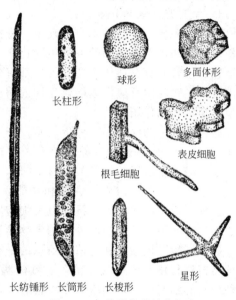

图 1-2　各种形状的植物细胞

而分化成不同的形状。种子植物的细胞，具有精细的分工，因此，它们的形状变化多端，例如输送水分和养料的细胞（导管分子和筛管分子）呈长管状，并连接成相通的"管道"，以利于物质运输；起支持作用的细胞（纤维），一般呈长梭形，并聚集成束，加强支持功能；幼根表面吸收水分的细胞，常常向着土壤延伸出细管状突起（根毛），以扩大吸收表面积。这些细胞形状的多样性，除与功能及遗传有关外，外界条件的变化也会引起它们形状的改变。

四、细胞的化学组成

植物细胞由多种元素组成，主要有 C、H、N、O、P、S、Ca、K、Cl、Mg、Fe、Mn、Cu、Zn、Mo 等。其中，C、H、N、O 四种元素占 90% 以上，它们是构成各种有机化合物的主要成分。各种元素的原子或以各种不同的化学键互相结合而成各种化合物，或以离子形式存在于植物细胞内。组成细胞的化合物分为无机物和有机物两大类，前者包括水和无机盐，后者主要包括核酸、蛋白质、脂质、多糖等。

1. 无机物

组成植物细胞的无机物主要有水和无机盐。

（1）水　水是细胞中最主要的成分，约占细胞物质总量的 75%～80%，在胚胎细胞中甚至可达 95%。水在细胞中不仅含量最大，而且由于它具有一些特有的理化性质，使其在生命起源和形成细胞有序结构方面起关键作用。

（2）无机盐　在大多数细胞中无机盐含量很少，不到细胞物质总量的 1%。这些无机盐

在细胞中常解离为离子（如 K^+、Na^+、Mg^{2+}、Cl^-、PO_4^{3-}、HCO_3^- 等），离子具有许多重要作用。如某些酶需要在某种离子一定浓度下才能保持活性。有些离子与有机物结合，如 PO_4^{3-} 与戊糖和碱基组成了核苷酸，Mg^{2+} 参与合成叶绿素。细胞中的各种离子有一定的缓冲能力，可在一定程度上使细胞内的 pH 值保持恒定，这对于维持正常生命活动非常重要。植物细胞液泡中的各种无机离子对维持细胞的渗透平衡以及细胞对水分的吸收也有重要作用。

2. 有机化合物

组成植物细胞的有机化合物主要有蛋白质（protein）、核酸（nucleic acid）、脂质（lipid）和糖类（carbohydrate）等。

（1）蛋白质　在植物生命活动中，蛋白质是一类极为重要的生物大分子，起着十分重要的作用。植物体新陈代谢的各种生物化学反应和生命活动过程（如呼吸作用、光合作用、物质运输、生长发育、遗传与变异等）都有蛋白质参与。蛋白质是细胞的主要结构成分，生物体内各种生物化学反应中起催化作用的酶也是蛋白质，同时，蛋白质还参与基因表达，起着调节生命活动的作用。

一个细胞中约含有 10^4 种蛋白质，分子数量达 10^{11} 个。蛋白质是由多个氨基酸（amino acid）组成的，氨基酸的碳原子上有一个羧基（—COOH）和一个氨基（—NH_2），故称为氨基酸。组成蛋白质的氨基酸共有 20 种，蛋白质的结构与组成蛋白质的氨基酸种类和性质有关，这也决定了蛋白质的性质和功能。蛋白质的空间结构直接影响蛋白质的功能。例如酶、多种蛋白质激素、各种抗体以及细胞质和细胞膜中的蛋白质都是球蛋白，它们各自具有一定的生物学活性。蛋白质分子的生物学活性与细胞和整个植物个体的生命活动密切相关。

（2）核酸　核酸是载有遗传信息的一类生物大分子，所有生物均含有核酸。核酸分为脱氧核糖核酸和核糖核酸两大类。脱氧核糖核酸（deoxyribonucleic acid，DNA）主要存在于各种细胞的细胞核中，细胞质中也含有少量 DNA（主要存在于线粒体与叶绿体中）。核糖核酸（ribonucleic acid，RNA）在细胞质中的含量较高。组成 DNA 和 RNA 的基本单位是核苷酸（nucleotide）。DNA 分子是基因的载体，它可以通过复制将遗传信息传递给下一代，也可将所携带的基因转录成 RNA，然后翻译成蛋白质，通过合成一定的蛋白质使遗传基因得以表达，使生物体表现出一定的性状。与 DNA 不同的是 RNA 分子中的戊糖是核糖而不是脱氧核糖。RNA 分为核糖体 RNA（ribosomal RNA，rRNA）、转运 RNA（transfer RNA，tRNA）和信使 RNA（messenger RNA，mRNA）。mRNA 可转录 DNA 分子中所携带的遗传信息。带有遗传信息的 mRNA，进入细胞质后在核糖体（含有 rRNA）和 tRNA 参与下指导合成蛋白质。这就是 DNA 分子将遗传信息转录到 RNA，RNA（mRNA）再把遗传信息翻译为蛋白质的过程。

（3）脂质　细胞内的脂质化合物不构成大分子，这类化合物的重要属性是难溶于水，而易溶于非极性的有机溶剂（如乙醚、氯仿和苯）中。脂质的主要组成元素是 C、H、O，其中 C、H 含量很高，有的脂质还含有 P 和 N。脂质重要的功能是构成生物膜，这与脂质是非极性物质有关；脂质分子中储藏大量的化学能，脂肪氧化时产生的能量是糖氧化时产生的能量的两倍多，在很多植物种子中含有大量脂质，为储藏物质；脂质还能构成植物体表面的保护层，防止植物体失水。脂质种类很多，包括不饱和脂肪酸、中性脂肪、磷脂、糖脂、类胡萝卜素、类固醇和萜类等。

（4）糖类　糖类是一大类有机化合物。绿色植物光合作用的产物主要是糖类，植物体内有机物运输的形式也是糖类。在细胞中，糖类能被分解氧化释放出能量，这是生命活动的主要能源；遗传物质核酸中也含有糖类；糖类与蛋白质结合形成糖蛋白，糖蛋白有多种重要的生理功能；糖类是组成植物细胞壁的主要成分。糖类分子含 C、H、O 三种元素，三者的比例一般为 1∶2∶1，即 $(CH_2O)_n$，因此糖类又被称为碳水化合物。

细胞中的糖类既有单糖，也有多糖。单糖在细胞中是作为能源以及与糖有关的化合物的原料存在的。重要的单糖为五碳糖（戊糖）和六碳糖（己糖），其中最主要的五碳糖为核糖，最重要的六碳糖为葡萄糖。葡萄糖不仅是能量代谢的关键单糖，而且是构成多糖的主要单体。多糖在细胞结构成分中占有主要地位。细胞中的多糖基本上分为营养储备多糖和结构多糖两大类。

除上述四大类有机物质外，细胞中还含有其他一些生理作用很重要的必需物质，如激素、维生素等。

五、细胞生命活动的物质基础——原生质

原生质一词是由浦肯野（Purkinje）于 1839 年首先提出的，是指细胞内全部活的物质。从现代概念来说，原生质是一个活细胞中所有有生命的物质的总称。原生质由多种有机物和无机物组成，成分相当复杂，不同的细胞类型和细胞不同代谢阶段，其物质组成有很大差异。

原生质具有重要的理化性质和生理特性，主要表现在以下几方面：

1. 原生质的胶体性质

原生质中，有机物大分子形成直径约 $1\sim500nm$ 的小颗粒，均匀分散在以水为主且溶有简单的糖、氨基酸、无机盐的液体中，具有一定弹性与黏度，在光学显微镜下呈不均匀的半透明亲水胶体。当水分充足时，原生质中的大分子胶粒分散在水溶液介质中，此时原生质近于液态，称溶胶；条件改变，如水分很少时，胶粒连接成网状，而水溶液分散在胶粒网中，此时近于固态，称为凝胶；而有时原生质则呈介于溶胶与凝胶之间的状态。

2. 原生质的黏性和弹性

黏性又称黏滞性，指流体物质抵抗流动的性质。流体物质流动时它的一部分对另一部分会产生内摩擦力。温度、电解质种类、麻醉剂、机械刺激等因素均可影响原生质的黏性。原生质黏性和生命活动强弱有关。当组织处于生长旺盛或代谢活跃状态时，原生质黏性相当低，休眠时则很高。黏性可能影响代谢活动，而代谢结果反过来也可改变原生质的黏性。

弹性是指物体受到外力作用时形态改变，除去外力后能恢复原来形状的性质。细胞壁、原生质、细胞核均具有弹性。Seifriz 用显微镜解剖针把原生质从细胞中拉出成一条线，如令其突然折断，则折断部分即行缩回到原来位置，此试验可证明原生质弹性的存在。弹性和植物抗旱性有关，弹性大时抗旱性强，弹性大小可作为抗旱性的一项生理指标。

3. 原生质的液晶性质

液晶态是物质介于固态与液态之间的一种状态，它既有固体结构的规则性，又有液体的流动性；在光学性质上像晶体，在力学性质上像液体。从微观来看，液晶态是某些特定分子在溶剂中有序排列而成的聚集态。在植物细胞中，有不少分子（如磷脂、蛋白质、核酸、叶绿素、类胡萝卜素与多糖等）在一定温度范围内都可形成液晶态。一些较大的颗粒（像核仁、染色体和核糖体）也具有液晶结构。液晶态与生命活动密切相关，如膜的流动性是生物膜具有液晶特性的缘故。温度高时，生物膜会从液晶态转变为液态，其流动性增大，膜透性加大，导致细胞内葡萄糖和无机离子等大量流失。温度过低时生物膜从液晶态转变为凝胶态，膜收缩，出现裂缝或通道，而使膜透性增大。

4. 原生质具有新陈代谢的能力

原生质最重要的生理特性是具有生命现象，即具有新陈代谢的能力，也就是原生质能够从周围环境中吸取水分、空气和其他物质进行同化作用，把这些简单物质同化成为自己体内的物质；同时，又将体内复杂物质进行异化作用，分解为简单物质，并释放出能量。原生质同化和异化的矛盾统一过程就是新陈代谢，这是重要的生命特征之一。

第二节 植物细胞的结构

植物细胞一般都很小，不同种类的细胞，大小差异悬殊。植物细胞的形态多种多样，常见的多为球形、多面体形、椭圆形、长柱形及长梭形等。植物细胞虽然大小不同，形状多样，但是一般结构基本相同。

植物细胞由细胞壁（cell wall）和原生质体（protoplast）两部分组成。细胞壁是包在原生质体外的一层结实的壁层；原生质体是指活细胞中细胞壁以内各种结构的总称，是细胞内各种代谢活动进行的场所。原生质体是组成细胞的一个形态结构单位。植物细胞中的一些储藏物质和代谢产物统称为后含物。

光学显微镜下，可以观察到植物细胞的细胞壁、细胞质、细胞核、液泡等基本结构。此外，绿色细胞中的质体也能观察到；用特殊染色方法还能观察到高尔基体、线粒体等细胞器。可在光学显微镜下观察到的细胞结构称为显微结构（microscopic structure）（图 1-3）；而只有在电子显微镜下才能观察到的细胞内的微细结构称为亚显微结构或超微结构（ultra-structure）（图 1-4）。

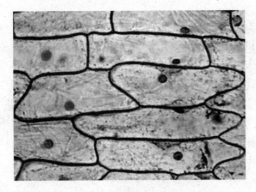

图 1-3 植物细胞的显微结构
（洋葱鳞茎表皮细胞）

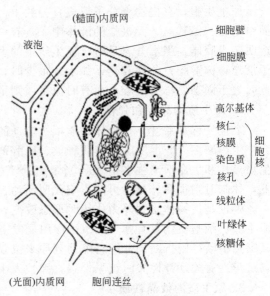

图 1-4 植物细胞亚显微结构示意图

一、原生质体

植物细胞原生质体包括细胞核、细胞质和液泡。细胞质（cytoplasm）又由质膜（细胞膜）、胞基质、内膜系统、细胞骨架及细胞器等组成。

1. 细胞核

细胞核（nucleus）是真核细胞中最显著的结构，细胞核是遗传物质的储存场所，控制细胞的遗传和调节细胞内物质的代谢途径，对细胞的生长、发育、有机物质的合成等均具有重要的作用。

细胞核的形状在不同植物和不同细胞中有较大差异。典型的细胞核为球形、椭圆形、长圆形或形状不规则。禾本科植物的保卫细胞的核呈哑铃形；有些花粉的营养核形成不规则的瓣裂。细胞核的形状同细胞形状有一定关系。球形细胞中的核呈球形。在伸长细胞中，细胞核也是伸长的。细胞核的大小在不同植物中也有差别。高等植物细胞核的直径多在 10～20μm 之间。低等菌类细胞核的直径只有 1～4μm。但苏铁卵细胞的核可达 1.5mm 以上，肉眼可以看见。在幼小细胞中，细胞核常居于中央。细胞生长扩大，细胞腔中央渐渐为液泡所占据，细胞核则随着细胞质转移到细胞边缘，被挤而靠近细胞壁。有些细胞的核也可借助于几条细胞质线四面牵引，保持在细胞中央。大多数细胞具一个细胞核，也有些细胞是多核的，如种子植物的绒毡层细胞常有 2 个核，部分种子植物胚乳发育的早期阶段有多个细胞核。

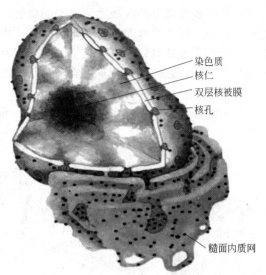

图 1-5 细胞核的结构

细胞核由核被膜、染色质、核仁和核基质组成（图 1-5）。

（1）核被膜 核被膜（nuclear envelope）由内外两层膜组成。外膜表面附着有大量核糖体，内质网常与外膜相通连。内膜和染色质紧密接触。两层膜之间有 20～40nm 的间隙，称为膜间腔，与内质网腔连通。核被膜并非完全连续的，其内、外膜在一定部位相互融合，形成一些环形开口，称为核孔。核孔在核膜上有规则的分布，它具有复杂的结构，常称为核孔复合体，是细胞核与细胞质间物质运输的通道。核孔的数量不等，植物细胞的核孔密度为 40～140 个/μm²。

（2）染色质 染色质（chromatin）是间期细胞核内 DNA、组蛋白、非组蛋白和少量 RNA 组成的线性复合物，是间期细胞核遗传物质的存在形式。它被碱性染料染色后强烈着色，呈或粗或细的长丝交织成网状。染色质按形态与染色性能分为常染色质（euchromatin）和异染色质（heterochromatin），用碱性染料染色时，前者染色较浅，后者染色较深。在间期中异染色质丝折叠、压缩程度高，呈卷曲凝缩状态，在电子显微镜下表现为电子密度高，色深，是遗传惰性区，只含有极少数不表达的基因。常染色质是伸展开的、未凝缩的、呈电子透亮状态的区段，是基因活跃表达的区域。

染色质的基本结构单位为核小体（nucleosome），它呈串珠状，直径约为 10nm。在染色质上某些特异性位点缺少核小体结构，构成了核酸酶超敏感位点，可为序列 DNA 结合蛋白所识别，从而调控基因的表达。

（3）核仁 核仁（nucleolus）是细胞核中椭圆形或圆形的颗粒状结构，没有膜包围。在光学显微镜下核仁是折光性强、发亮的小球体。细胞有丝分裂时，核仁消失，分裂完成后，两个子细胞核中分别产生新的核仁。核仁富含蛋白质和 RNA。蛋白质合成旺盛的细胞，常有较大的或较多的核仁。一般细胞核有核仁 1～2 个，也有多个的。电子显微镜下核仁可区分为三个区域：一个或几个染色浅的低电子密度区域，称为核仁染色质，即浅染色区，含有转录 rRNA 基因；包围核仁染色质的电子密度最高的部分是纤维区，是活跃进行 rRNA 合成的区域，主要成分为核糖核蛋白；颗粒区位于核仁边缘，是由电子密度较高的核糖核蛋白组成的颗粒，这些颗粒代表着不同成熟阶段核糖体亚单位的前体。

核仁是 rRNA 合成加工和装配核糖体亚单位的重要场所。如果把核仁去掉，细胞将很快死亡，不能完成有丝分裂的过程。

（4）核基质 细胞核内充满着一个主要由纤维蛋白组成的网络状结构，称之为核基质（nuclear matrix）。因为它的基本形态与细胞骨架相似又与其有一定的联系，所以也称为核

染色质
核仁
双层核被膜
核孔

糙面内质网

骨架。对于核骨架有两种概念。广义的概念，核骨架应包括核基质、核纤层、核孔复合体和残存的核仁。狭义的概念是指细胞核内除了核被膜、核纤层、染色质和核仁以外的网架结构体系。核基质为细胞核内组分提供了结构支架，使核内的各项活动得以有序进行，可能在真核细胞的 DNA 复制、RNA 转录与加工、染色体构建等生命活动中具有重要作用。

2. 细胞膜

在细胞原生质外表，都有一层膜包围，称为细胞膜或质膜。细胞膜由磷脂和蛋白质组成，其功能是维持胞内环境的稳定，调节、控制物质或信息在细胞内外的运输。

质膜横断面在电子显微镜下呈现"暗-明-暗"三条平行带，暗带由蛋白质分子组成，明带由脂类物质组成。质膜又称为单位膜。细胞膜的流体镶嵌模型见图1-6。

细胞膜又称为生物膜（biomem-brane），是指由脂类和蛋白质组成的具有一定结构和生理功能的胞内所有被膜的总称。按其所处位置，细胞膜

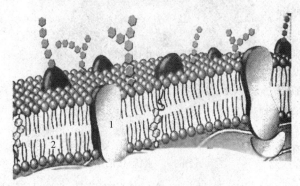

图 1-6 细胞膜的流体镶嵌模型
1—蛋白质；2—磷脂

可分为以下两种：包围细胞原生质的外膜，叫质膜（plasma membrane）；包围或组成各种细胞器的膜，叫内膜（endomembrane）。植物细胞内有些细胞器具双层膜，如细胞核、线粒体、叶绿体、淀粉体、杂色体等；有些细胞器具单层膜，如微体（过氧化物酶体、乙醛酸循环体）、溶酶体、液泡、蛋白体、内质网、高尔基体等。其中那些在结构上连续，功能上相关的，由膜组成的细胞器群体，称之为内膜系统，具体指核膜、内质网、高尔基体以及液泡等。许多生理生化代谢活动都是在膜上或邻近的空间进行的，细胞发育、分化，物质的运输，信息的识别、传递等都与膜密切相关。据测定，膜的干重占原生质干重的 70%～90%。

细胞膜在细胞的生活中具有非常重要的功能：

（1）分室作用 膜系统不仅把细胞与外界环境隔离开来，而且能把细胞内部的空间分隔成许多小室，即形成各种细胞器，执行着不同的功能。细胞膜又可将各个细胞器有机地联系起来，共同完成各种连续的生理生化反应。

（2）物质运输 细胞与环境之间、细胞器与胞质之间的物质运输是借助细胞膜完成的。通常细胞膜以两种方式参与运输，即穿膜运输（简单扩散、离子载体、离子泵等）和膜泡运输（内吞作用、外排作用）。细胞膜对物质的透过具有选择性，能控制膜内外的物质交换。

（3）能量转换 细胞内的氧化磷酸化、光合磷酸化等能量代谢过程都分别是在线粒体内膜和叶绿体类囊体膜上完成的。

（4）信息传递和识别功能 植物细胞膜上结合的一种叫作凝集素的糖蛋白，可以识别含甲壳质的病原体细胞和根瘤菌等；此外，激素的作用机理、植物对光周期的反应、花粉与柱头的亲和性、嫁接的成活等都与细胞膜具有的信息传递、转导和识别功能有密切关系。

（5）抗逆能力 植物细胞的膜脂组成与植物的抗逆性有很大关系。研究表明，抗寒性强的植物，其细胞的膜脂中脂肪酸不饱和指数一般较高，有利于保持膜在低温时的流动性，可增强抗寒性；而抗热性强的植物，膜脂饱和脂肪酸的含量较高，有利于保持膜在高温时的稳定性，可增强抗热性。

（6）物质合成 分布于细胞质中的膜结构内质网是蛋白质、脂类合成的部位。高尔基体是多种多糖生物合成的场所。

3. 细胞器

细胞器（organelle）是细胞质内具有特定结构和功能的亚细胞结构，包括线粒体、质体、内质网、高尔基体、溶酶体、微体、液泡等。

（1）线粒体　线粒体（mitochondria）是由内、外两层膜包被的细胞器（图1-7）。其外膜平滑，内膜向内皱褶突起，称为嵴（cristae）。嵴使内膜表面积大大增加，有利于呼吸过程中的酶促反应。一般情况是呼吸旺盛的细胞，线粒体数目多，嵴的数目也多。内膜为高蛋白质膜，含磷脂较少，功能较外膜复杂得多，呼吸作用电子传递体和酶就定位于内膜上。在电子显微镜下可以看到在内膜内侧表面分布有许多带柄的球状小体，即ATP合酶复合体，该酶的功能是催化ATP合成。呼吸作用的电子传递和氧化磷酸化就发生在内膜上。

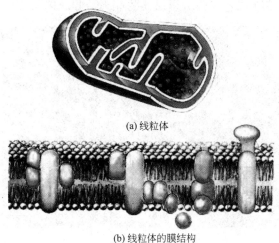

(a) 线粒体

(b) 线粒体的膜结构

图1-7　线粒体及其膜结构

线粒体两层膜之间的空腔，称为膜间隙（intermembrane space），其中含有腺苷酸激酶、二磷酸核苷激酶及辅助因子。内膜所包围的中心腔内是以可溶性蛋白质为主的基质（matrix），其中主要分布着三羧酸循环的酶系，是丙酮酸有氧分解的场所。基质中还含有环状DNA分子和核糖体。DNA可指导自身部分蛋白质的合成，具有自己完整的蛋白质合成系统，合成的蛋白约占线粒体蛋白质的10%，所以线粒体是一个半自主性的细胞器。

（2）质体　质体（plastid）是植物细胞特有的双层膜包被的细胞器，分为白色体（leucoplast）、有色体（chromoplast）、叶绿体（chloroplast）。

白色体不含色素，为无色透明圆球状颗粒（图1-8）。根据其储藏物质不同可分为造粉体［或叫淀粉体（amyloplast）］、蛋白体（proteoplast）和造油体（elaioplast）。

有色体（杂色体）是一种含有黄色或橙色的胡萝卜素和叶黄素的质体，常存在于成熟的果肉细胞中、黄红色的花瓣里、胡萝卜根及老叶中，为呈棱形或圆形的小颗粒（如图1-9所示辣椒果肉中的有色体）。有色体的颜色有助于异花授粉和种子传播。

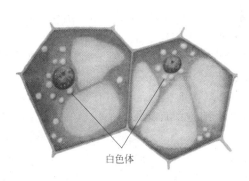

白色体

图1-8　植物细胞中白色体的结构与分布示意图

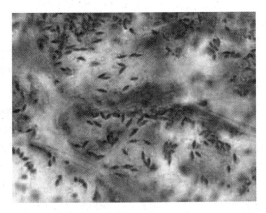

图1-9　辣椒果肉中的有色体

叶绿体是植物特有的能量转换细胞器，一般呈扁平的椭圆形，是光合作用的场所

（图 1-10）。叶绿体约含 75% 的水分。在干物质中，蛋白质占 30%～45%，脂类占 20%～40%，色素占 8%，灰分占 10%，糖类、核苷酸和醌类等占 10%～20%。叶绿体是从前质体（proplastid）发育形成的。叶绿体由叶绿体外膜（chloroplast membrane）、内膜 ［类囊体（thylakoid）］和基粒（granum）三部分构成（图 1-11）。叶绿体中的 DNA 和核糖体有编码和合成自身部分蛋白质的能力，叶绿体和线粒体一样也是半自主性细胞器。

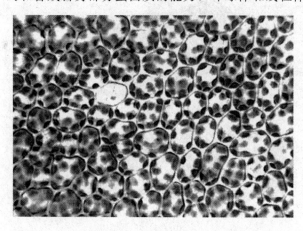

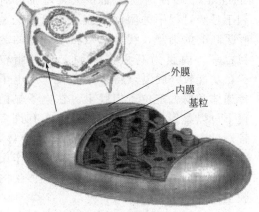

外膜
内膜
基粒

图 1-10　光学显微镜下细胞中叶绿体的形态与分布　　　　图 1-11　叶绿体立体结构模式图

（3）内质网　内质网（endoplasmic reticulum，ER）是由一层膜围成的小管、小囊或扁囊构成的一个网状系统（图 1-12）。内质网的膜厚度约 5～6nm，比质膜要薄得多，两层膜之间的距离只有 40～70nm。内质网的膜与细胞核的外膜相连接，内质网内腔与核膜间的腔相通。同时，内质网也可与原生质体表面的质膜相连，有的还随同胞间连丝穿过细胞壁，与相邻细胞的内质网发生联系，因此内质网构成了一个从细胞核到质膜，以及与相邻细胞直接相通的膜系统。它不仅是细胞内的通信系统，而且还有把蛋白质、脂类等物质运送到细胞的各个部分的功能。

内质网主要有两种类型：糙面内质网（rough endoplasmic reticulum，rER），其特点是膜的外表面附有核糖体，主要功能是与蛋白质的合成、修饰、加工和运输有关；光面内质网（smooth endoplasmic reticulum，sER），它的主要特点是膜上无核糖体，它与脂类和糖类的合成关系密切，在分泌脂类物质的细胞中，常有较多的光面内质网。在细胞壁进行次生增厚的部位内方，也可见到内质网紧靠质膜，说明内质网可能与加到壁上去的多糖类物质的合成有关。内质网的形态变异很大，不同细胞甚至同一细胞不同区域往往不同，同一种细胞在不同发育时期，随着生理机能变化，内质网也不一样。

（4）核糖体　核糖体（ribosome）是由蛋白质（占 60%）和 rRNA（占 40%）组成的微小颗粒，它由核仁合成，再经核孔进入细胞质。核糖体的结构包括一个大亚基和一个小亚基（图 1-13）。核糖体是细胞中蛋白质合成的中心。在电子显微镜下可见到多个核糖体与 mRNA 分子串在一起形成的多聚核糖体（polysome 或 polyribosome）。

（5）高尔基体　高尔基体（golgi apparatus）是与植物细胞分泌作用有关的细胞器。它是意大利学者高尔基（C. Golgi）于 1898 年在猫的神经细胞中首先发现的。植物细胞的高尔基体与动物细胞的有所不同，是分散的高尔基体，遍布于整个细胞质中。每个高尔基体一般由 4～8 个扁囊 ［或称潴泡（cisternae）］平行叠摞在一起（图 1-14），某些藻类高尔基体的扁囊平叠可达 20～30 个。扁囊的直径约为 1～3μm，每个扁囊由一层膜围成，中间是腔，边缘分枝成许多小管，周围有很多囊泡，它们是由扁囊边缘"出芽"脱落形成的。高尔基体常略呈弯曲状，一面凹，一面凸。这两个面和中间的扁囊在形态、化学组成和功能上都不相

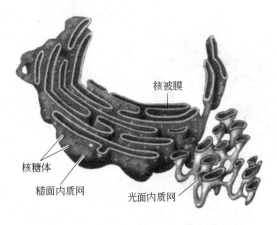

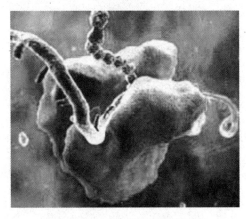

图 1-12　糙面内质网和光面内质网　　　　　图 1-13　电子显微镜下的核糖体

同。凸面又称形成面（forming face），多与内质网膜相联系，接近凸面的扁囊形态及染色性质与内质网膜相似；凹面又称成熟面（maturing face）。扁囊膜的形态与化学组成很像质膜。中间的扁囊与凹凸两面的扁囊在所含的酶和功能上也有区别。

　　高尔基体的主要功能：参与植物细胞中多糖的合成和分泌；参与糖蛋白的合成、加工和分泌，如细胞壁内非纤维素多糖在高尔基体内合成，包在囊泡内运往质膜，囊泡膜与质膜融合，内含的多糖掺入到细胞壁中。细胞壁内的伸展蛋白在核糖体上合成肽链后进入 ER 腔，进行羟基化，通过 ER 上脱落下来的囊泡运往高尔基体的凸面，将囊泡内的物质注入扁囊腔，完成糖基化，再由凹面脱落下来的囊泡运至质膜，进入细胞壁。

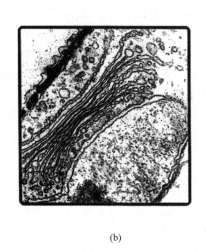

(a)　　　　　　　　　　　　　　　　　(b)

图 1-14　高尔基体示意图（a）和高尔基体在电子显微镜下的照片（b）

　　（6）液泡　液泡（vacuole）是植物细胞的特征结构。液泡是由一层单位膜包围的细胞器（图 1-15），其中充满细胞液（cell sap）。成熟的植物细胞有一个中央液泡（central vacuole），可占据细胞体积的 90%，其中除大量水分外，还含有无机离子、有机酸、糖类、可溶性蛋白、酶、次生代谢物质、花青素、生物碱等。液泡的形成可能来源于高尔基体的分泌囊泡或者内质网产生的小泡。液泡是细胞代谢产物的储藏场所，并经常与细胞质进行物质、信息交流。由于液泡内含有无机离子、有机酸及糖类等，再加上液泡膜的选择透性，因而，液泡会影响细胞水势的变化，具有渗透调节能力。液泡也可通过膜上的质子泵（proton pump）调节细胞内的 pH，以维持细胞的正常代谢。此外，液泡内含有多种水解酶，可降

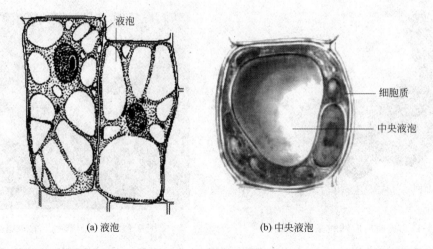

(a) 液泡　　　　　　　　　　　　(b) 中央液泡

图 1-15　植物细胞的液泡

解液泡内的生物大分子，并且在细胞衰老或受到损害而使液泡膜破坏时，这些酶可以进入细胞质，引发细胞自溶作用。细胞的生长扩大与液泡密切相关。

（7）溶酶体　溶酶体（lysosome）是由一层单位膜包被的微小泡状结构。内含有蛋白酶、脂酶、核酸酶等几十种酸性水解酶。溶酶体内的水解酶可以降解细胞内大分子物质，还可分解由外界进入细胞的病毒、细菌等异物，并加以再利用；在细胞衰老进程中和输导组织分化时，溶酶体膜会自动破裂，释放出水解酶，降解原生质体部分，即发生细胞自溶（autolysis）现象。

（8）微体　微体（microbody）是由一层单位膜包被的球状细胞器，是由内质网的小泡形成的。根据功能不同，微体可分为过氧化物酶体（peroxisome）和乙醛酸循环体（glyoxysome）。过氧化物酶体与叶绿体、线粒体一道完成光呼吸过程。乙醛酸循环体在油料作物种子萌发时，能将脂肪酸经 β-氧化、乙醛酸循环及葡萄糖异生途径转变为糖类。

4. 胞基质

胞基质（cytoplasmic matrix）又称细胞浆（cytosol），是指细胞质中的无定形的胶体部分。胞基质的化学成分：水约占 85%，蛋白质占 10%，核酸占 1.1%，脂类占 2%，糖及其他有机物占 0.4%，无机物占 1.5%。

主要功能：研究证明，细胞内许多代谢过程（如糖酵解途径、戊糖磷酸途径、脂肪的分解、脂肪酸的合成、蔗糖的合成、C_4 植物叶肉细胞固定 CO_2 的过程等）都是在胞基质中进行的，因此，胞基质也是细胞代谢活动十分重要的场所。

5. 内膜系统

在胞基质中，内质网、高尔基体、核膜、液泡膜等在结构上连续，功能上相关的膜网络体系，即内膜系统（endomembrane system）。它对于细胞分裂、生长和分化、成熟具有特别重要的意义。

6. 细胞骨架

在胞基质中，存在着由三种蛋白质纤维（微管、微丝和中间纤维）相互连接组成的支架网络，称为细胞骨架（cytoskeleton），也称为细胞内的微梁系统（microtrabecular system）。

（1）微管　微管（microtubule）是由球状的微管蛋白（tubulin）聚合组装成的中空长管状结构，直径约 24mm。

（2）微丝　微丝（microfilament）是实心的蛋白纤维丝，其直径约为 5～7nm。微丝在细胞中通常成束地沿细胞长轴方向分布，也有的与微管共同构成一个从核膜到质膜的辐射状网络体系，起着支架作用。此外微丝具有 ATP 酶的活性，有运动的功能。它参与胞质环流（cyclosis）、胞质分裂（cytokinesis）、有丝分裂时染色体的运动、花粉管的顶端生长以及物质运输等。

（3）中间纤维　中间纤维（intermediate filament）是一类由丝状角蛋白亚基组成的中空管状蛋白质丝，其直径介于微管与微丝之间（7～10nm）。中间纤维内接核膜，外连质膜，构成一个支撑网架结构，起支架作用。中间纤维还与细胞分化有关，并具有信息功能。

二、细胞壁

细胞壁（cell wall）是植物细胞特有的结构特征，它赋予植物许多基本特征。细胞壁保证了植物细胞的形状、大小，同时阻止细胞内液泡的渗透作用所引起的原生质体膨胀并导致质膜破毁的现象的发生。

1. 细胞壁的化学成分

高等植物细胞壁的主要成分是多糖和蛋白质，多糖包括纤维素、半纤维素和果胶。植物体不同细胞的细胞壁成分有所不同，如在多糖组成的细胞壁中加入了其他成分，如木质素、脂类化合物（角质、木栓质和蜡质等）和矿质（碳酸钙、硅的氧化物等）。

纤维素是细胞壁中最重要的成分，是由多个葡萄糖分子以 β-1,4-糖苷键连接的 D-葡聚糖，含有不同数量的葡萄糖单位，从几百到上万个不等。

半纤维素（hemicellulose）是存在于纤维素分子间的一类基质多糖，是由不同种类的糖聚合而成的一类多聚糖。

果胶是胞间层和双子叶植物初生壁的主要化学成分，单子叶植物细胞壁中含量较少。它是一类重要的基质多糖，也是一种可溶性多糖，包括果胶酸钙和果胶酸钙镁，是由 D-半乳糖醛酸、鼠李糖、阿拉伯糖和半乳糖等通过 α-1,4-键连接组成的线状长链。果胶多糖保水力较强，在调节细胞水势方面有重要作用。

细胞壁内的蛋白质约占细胞壁干重的 10%，它们主要是结构蛋白和酶蛋白。1960 年 Lamport 等人发现了细胞壁内有富含羟脯氨酸的糖蛋白，定名为伸展蛋白（extensin），现已证明它是一种结构蛋白。伸展蛋白的结构特征是富含羟脯氨酸，其含量约占氨基酸的 30%～40%（摩尔分数）。伸展蛋白所含的糖主要是阿拉伯糖和半乳糖。伸展蛋白的前体由细胞质以垂直于细胞壁平面的方向分泌到细胞壁中，进入细胞壁的伸展蛋白前体之间以异二酪氨酸为连键形成伸展蛋白网，径向的纤维素网和纬向的伸展蛋白网相互交织（图 1-16）。伸展蛋白有助于植物抗病和提高抗逆性。真菌感染、机械损伤能引起伸展蛋白增加。

细胞壁中的酶大多数是水解酶类，如蛋白酶、酸性磷酸酶、果胶酶等；另外还有氧化还原酶，如过氧化物酶、过氧化氢酶、半乳糖醛酸酶等。细胞壁中酶的种类、数量以及它们在细胞壁中存在时间的长短因植物种类、组织或年龄不同而变化。细胞壁酶的功能多种多样，例如半乳糖醛酸酶水解细胞壁中的果胶物质使果实软化；花粉细胞壁中的酶对于花粉管顺利通过柱头和花柱至关重要。由此可见，细胞壁积极参与了细胞的新陈代谢活动。

凝集素（lectin）是一类能与糖结合或使细胞凝集的蛋白质，几乎所有的高等植物都发现有凝集素，某些低等植物中也有。茎、叶凝集素的大部分存在于细胞壁中。凝集素参与植物对细菌、真菌和病毒等的防御。最近发现细胞壁中存在执行信号转导功能的多肽。

另外，随细胞所执行的功能不同细胞壁的化学组成也发生相应变化。

2. 细胞壁的层次结构

细胞壁是在细胞分裂、生长和分化过程中形成的。由于功能不同，细胞壁的结构和成分变化很大。细胞壁可以分为胞间层、初生壁和次生壁（图 1-17）。

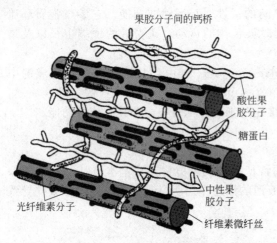

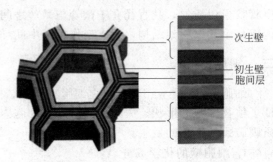

图 1-16 植物细胞壁各组成成分间网络式结构关系　　　　图 1-17　植物细胞壁分层结构示意图

（1）胞间层　由相邻的两个细胞向外分泌的果胶构成，果胶为多糖物质，胶黏而柔软，能将相邻两个细胞粘连在一起。

（2）初生壁　初生壁是细胞生长（增长体积）时所形成的壁层，由相邻细胞分别在胞间层两面沉积壁物质而成。初生壁的成分是纤维素、半纤维素、果胶质。初生壁薄，有弹性，可随细胞的生长而扩大面积，但有时初生壁也局部增厚。如柿胚乳细胞，能储藏营养物质，供种子萌发需要。

（3）次生壁　次生壁是在细胞停止增大体积后，在初生壁内表面增厚的壁层。次生壁主要成分为纤维素，此外还有木质素、半纤维素、果胶质等。

次生壁厚，一般为 $5\sim10\mu m$，质地坚硬，机械强度大。植物细胞一般有初生壁，但不都产生次生壁，只有那些在生理上分化成熟后原生质体消失的细胞（如纤维、导管、管胞等），才在分化过程中产生次生壁。

3. 细胞壁的特化

有些细胞由于在植物体中担负的功能不同，原生质常分泌一些性质不同的物质，增加到细胞壁中或存在于细胞壁的外表面，使细胞壁的组成、物理性质和功能发生变化。常见特化有：

（1）木化　木质素是三种醇类化合物脱氢形成的高分子聚合物，木质素渗透到细胞壁中，加大细胞壁的硬度，增强细胞的支持力量。

（2）角化　角化是指细胞外壁为角质所渗透，在外表形成膜的现象。角质为脂类化合物，不透水，但可透光。夹竹桃叶的横切面显示厚的角质层，其他叶的横切面显示角质层较薄。

（3）栓化　栓化为木栓质（脂类化合物）渗入细胞壁引起的变化。栓化后，细胞失去透水、通气能力。原生质体最终解体成为死细胞。

（4）矿化　矿化是指细胞壁渗入矿质而引起的变化，最常见的矿质有碳酸钙和二氧化硅等。矿化能增强细胞壁的机械强度，提高抗倒伏和抗病虫能力。

（5）黏液化　细胞壁中的果胶和纤维素变成黏液或树胶的变化，称作黏液化。黏液化多发生于果实和种子的表层。种子细胞壁吸水膨胀，变成黏液，可保持水分，使种子与土壤颗粒紧密接触，有利于种子萌发。

三、胞间连丝

植物体细胞之间是相互沟通，紧密联系在一起的。植物体活细胞的原生质体通过胞间连丝形成了连续的整体，称为共质体（symplast）；质膜以外的胞间层、细胞壁及胞间隙，彼此也形成了连续的整体，称为质外体（apoplast）。

1. 胞间连丝的亚显微结构

胞间连丝（plasmodesma）是指贯穿细胞壁、胞间层、连接相邻细胞原生质体的管状通道（图1-18）。在正常情况下，活细胞之间都有胞间连丝相连。胞间连丝是植物细胞的特征结构。

图1-18　光学显微镜下的胞间连丝

20世纪50年代初，娄成后等发现胞间连丝有"电偶联"现象，证明胞间连丝是离子在组织内转移的最有效的通道。

高等植物细胞的胞间连丝形成有两条分隔的通道：一条可看作是质膜特化的结构，相邻两个细胞的质膜相互连接、融合且连续分布，形成管腔，直径约40nm；另一条是位于管腔内的中央套管，称为连丝微管，它是由微管相互连接而成的，相邻细胞的内质网贯穿其中，彼此相连，便于物质交流、信息传导及细胞质的沟通。因此，胞间连丝是细胞间物质与信息交流的重要通道。

2. 胞间连丝的功能

（1）物质运输　共质体是植物体内物质运输的两大通道之一，而胞间连丝则是共质体运输的咽喉所在，无论是水、无机离子，还是生物大分子、病毒，甚至是细胞器等物质，都可通过胞间连丝进行细胞间转移。植物根部吸收水分和矿质元素，在通过内皮层时，也需要进入共质体，经过胞间连丝才能进入维管束组织。

（2）信息传递　有人通过细胞学研究证实，形成细胞壁的信息或电波是由细胞核发出并通过胞间连丝传递的，光周期现象中发育信号的传递也与胞间连丝有关。

四、植物细胞的后含物

植物细胞生活过程中，不仅为生长、分化供应营养物质和能量，同时也产生储藏物质、代谢废物或植物的次生物质等，这些非原生质的物质称为后含物（ergastic substance）。

1. 储藏物质

叶绿体光合作用的同化物除运往植物体各部位供新陈代谢消耗外，一部分可暂时储存起来，需要时经分解再利用。常见的储藏物质有淀粉、脂类（油和脂肪）和蛋白质。

（1）淀粉　淀粉（starch）是植物细胞的质体中形成的最普遍的储藏物质，储藏淀粉常呈颗粒状，称为淀粉粒（starch grain）（图1-19），主要分布于储藏组织的细胞中。例如，禾本科作物籽粒的胚乳细胞，甘薯、马铃薯、木薯等薯类作物薯块的储藏薄壁组织细胞，都有大量的淀粉粒存在。淀粉遇碘呈蓝紫色，可根据这种特性反应，检验其存在与否。不同植物淀粉粒的大小、形状和脐所在的位置，都各有特点，可作为商品检验、生药鉴定上的依据之一。

（2）蛋白质　储藏蛋白质以多种形式存在于细胞质中。例如，在禾本科植物籽粒的糊粉层中，储藏的蛋白质粒称糊粉粒（aleurone grain），糊粉粒形成于液泡之中。蓖麻、油桐胚乳细胞的糊粉粒内，除了无定形的蛋白质外，还含有蛋白质的拟晶体和非蛋白质的球状体（图1-20），花生子叶细胞内，也可见到这样的糊粉粒，但量较少。在马铃薯块茎外围的储藏薄壁组织细胞中，蛋白质的拟晶体和淀粉粒共存于同一细胞内。

糊粉粒还含有水解酶，因此，除了是一种蛋白质的储藏结构外，还可以看作是一种被隔离的含有水解酶的溶酶体。储藏蛋白质常呈固体状态，与原生质体中有生命而呈胶体状态

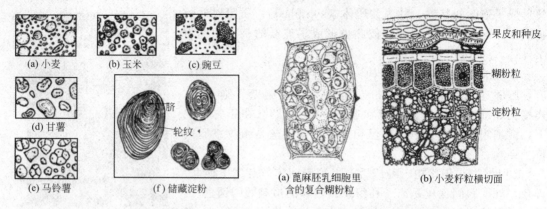

(a) 小麦	(b) 玉米	(c) 豌豆
(d) 甘薯		
(e) 马铃薯	(f) 储藏淀粉	

图 1-19 储藏淀粉的结构

(a) 蓖麻胚乳细胞里含的复合糊粉粒

(b) 小麦籽粒横切面

图 1-20 储藏糊粉粒的细胞

的蛋白质性质不同。储藏蛋白质遇碘呈黄色。

（3）油和脂肪　在植物细胞中，油（oil）和脂肪（fat）是由造油体合成的重要的储藏物质，二者可能少量地存在于每个细胞内，呈小油滴或固体状，大量地存在于一些油料植物的种子或果实内，子叶、花粉等细胞内也可见到（图 1-21）。油和脂肪遇苏丹Ⅲ或苏丹Ⅳ呈橙红色。

2. 晶体和硅质小体

植物细胞中的晶体（crystal）形成于液泡内，常为草酸钙结晶，呈各种形状（图 1-22），如印度橡皮树叶的上表皮细胞中的结晶呈钟乳体等。禾本科、莎草科、棕榈科植物茎、叶的表皮细胞内所含的二氧化硅晶体，称为硅质小体（silica body）。

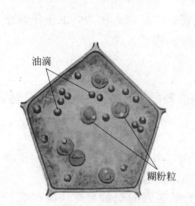

图 1-21 植物细胞中的油滴示意图

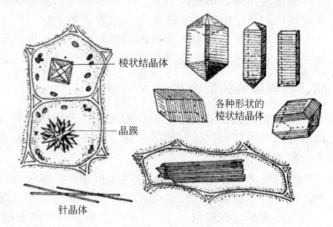

图 1-22 各种晶体

第三节　植物细胞的繁殖、生长和分化

一、植物细胞的繁殖

繁殖是生物或细胞形成新个体或新细胞的过程。植物细胞通过分裂进行繁殖。植物细胞的分裂包括无丝分裂、有丝分裂和减数分裂等不同的方式。

1. 细胞周期及其概念

持续分裂的细胞，从结束第一次分裂开始，到下一次分裂完成为止的整个过程，称为细胞周期（图 1-23）。

细胞周期可进一步分为间期和分裂期。间期又可分为 DNA 合成前期（G_1 期）、DNA

合成期（S 期）、DNA 合成后期或有丝分裂准备期（G₂ 期）；分裂期（M 期或 D 期），分为前期、中期、后期、末期四个时期。

间期是从前一次分裂结束，到下一次分裂开始的一段时间，它是分裂前的准备时期。该期核内发生一系列的生物化学变化，主要是 RNA 的合成、蛋白质的合成、DNA 的复制等，为细胞分裂进行物质上的准备。同时，细胞内也积累足够的能量，以供分裂活动需要。间期又可分三个时期：

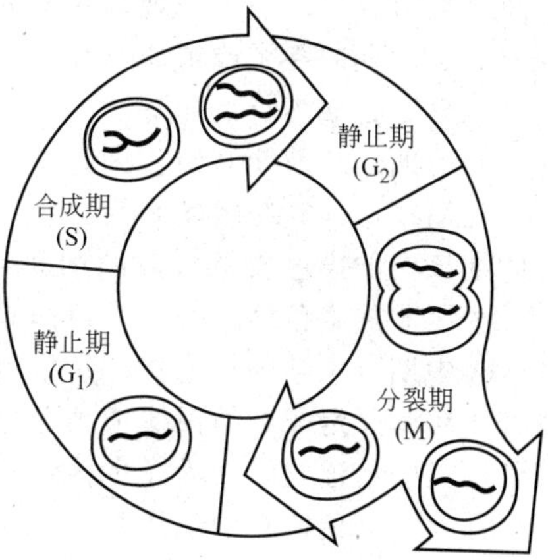

（1）DNA 合成前期　即 G₁ 期，是指从前一次分裂结束开始到合成 DNA 以前的间隔时期，此期内主要合成 RNA、蛋白质和磷脂等。

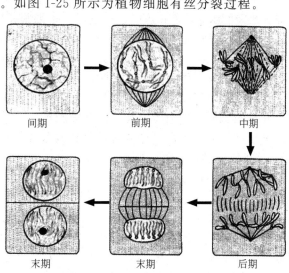

图 1-23　细胞周期

（2）DNA 合成期　即 S 期，是细胞核 DNA 复制开始到复制结束的时期。这个时期 DNA 的复制完成，组蛋白合成基本完成。

（3）DNA 合成后期　即 G₂ 期，是指从 S 期结束到有丝分裂开始前的时期。在这个时期细胞对将要到来的分裂期进行了物质与能量的准备。

细胞经过间期后进入分裂期。

细胞周期中，各个时期所经历的时间会因植物种类和细胞种类不同而异，一般十几个小时到几十个小时不等。温度等外界条件对细胞周期的长短都可产生影响。

2. 无丝分裂

细胞分裂开始时，细胞核伸长，中部凹陷，最后中间分开，形成两个细胞核，在两核中间产生新壁而形成两个细胞。无丝分裂有各种方式，如横缢、纵缢、出芽等，最常见的是横缢。无丝分裂多见于低等植物中，在高等植物中也比较普遍，例如在胚乳发育过程中和愈伤组织形成时均有无丝分裂发生（图 1-24）。

3. 有丝分裂

有丝分裂又称间接分裂，它是一种最普遍而常见的分裂方式。细胞有丝分裂是一个连续的过程，根据细胞核发生的可见变化将其分为前期、中期、后期和末期四个时期。有丝分裂为连续分裂，一般分为核分裂和胞质分裂。如图 1-25 所示为植物细胞有丝分裂过程。

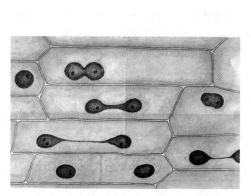

图 1-24　棉花胚乳游离时期细胞核的无丝分裂

图 1-25　植物细胞有丝分裂的过程

核分裂时，在形态上表现为一系列变化，分为前期、中期、后期和末期等四个时期。通常在核分裂后期的终了或末期过程中，可见到胞质分裂。

有丝分裂各期的特点如下：

(1) 前期 从前期开始，细胞进入了分裂时期。前期的特征是细胞核中出现染色体，核膜、核仁消失，同时纺锤丝开始出现。

间期核内的染色质呈松散的细丝状，进入分裂前期染色质丝开始螺旋化，逐渐缩短变粗，成为明显的染色体。每个染色体是由两条完全相同的染色单体组成的。

(2) 中期 中期的细胞特征是染色体排列到细胞中央的赤道面上，纺锤体完全形成。此时由许多纺锤丝组成的纺锤体清晰可见。纺锤丝有两种类型：一种是从染色体着丝点起分别连接到两极的纺锤丝，称为染色体牵丝；另一种是从一极一直延伸到另一极的纺锤丝，称为连续纺锤丝。染色体在染色体牵丝的牵引下，向着细胞中央移动，排列在中央的赤道面上。中期是研究染色体数目、形态和结构的最好时期。

(3) 后期 后期的特征是染色体的两条染色单体分开，分别由赤道面移向细胞两极。后期开始时，排列在赤道面上的每个染色体的两条染色单体从着丝点处分开，成为两条子染色体，在纺锤丝牵引下分别移向两极。这样，在细胞的两极就各有一套与母细胞形态、数目相同的染色体。

(4) 末期 末期的细胞特征是染色体到达两极，核膜、核仁重新出现，形成两个细胞。

当染色体逐渐到达两极后，就成为密集的一团，外面重新出现核膜，染色体通过解螺旋作用，又逐渐变成细丝状，最后分散在核内，成为染色质。此时，核仁重新出现，原有的纺锤体演变成膜体，然后发育成细胞极，最后发育成胞间层形成两个新的子细胞。

经过有丝分裂，一个母细胞分裂成为两个细胞，子细胞染色体的数目和母细胞的相同。因此，子细胞和母细胞的遗传组成相同，保证了细胞遗传的稳定性。

胞质分裂是在两个新的子核之间形成新细胞壁，把母细胞分隔成两个子细胞的过程。一般情况下，胞质分裂通常在核分裂后期之末、染色体接近两极时开始，这时在分裂面两侧，有密集的、短的微管相对呈圆盘状排列，构成一桶状结构，称为成膜体（phragmoplast）。此后一些高尔基体小泡和内质网小泡在成膜体上聚集破裂释放果胶类物质，小泡膜融合于成膜体两侧形成细胞板（cell plate），细胞板在成膜体引导下向外生长直至与母细胞的侧壁相连。小泡的膜用来形成子细胞的质膜；小泡融合时，其间往往有一些管状内质网穿过，这样便形成了贯穿两个子细胞之间的胞间连丝；胞间层形成后，子细胞原生质体开始沉积初生壁物质到胞间层内侧，同时也沿各个方向沉积新的细胞壁物质，使整个外部的细胞壁连成一体。

有丝分裂是植物中普遍存在的一种细胞分裂方式，在有丝分裂过程中，由于每次核分裂前都进行一次染色体复制，分裂时，每条染色体分裂为两条子染色体，平均分配给两个子细胞，这样就保证了每个子细胞都具有与母细胞相同数量和类型的染色体，因此每一子细胞就有着和母细胞同样的遗传特性。在多细胞植物生长发育过程中，进行无数次的细胞分裂，每一次都按同样方式进行，这样有丝分裂就保持了细胞遗传上的稳定性。

4. 减数分裂

减数分裂是形成生殖细胞的一种复杂分裂方式，包括两次连续的细胞分裂，如图 1-26 所示。

减数分裂是植物有性生殖中进行的一种细胞分裂方式。在被子植物中，减数分裂发生于大小孢子的时候，即花粉母细胞产生花粉粒和胚囊的时候。减数分裂的整个过程包括两次连续分裂，而 DNA 只复制一次。因此，一个母细胞经减数分裂后形成四个子细胞，每个子细胞的染色体数目为母细胞的一半，减数分裂由此得名。减数分裂过程比较复杂，包括两次连续分裂：

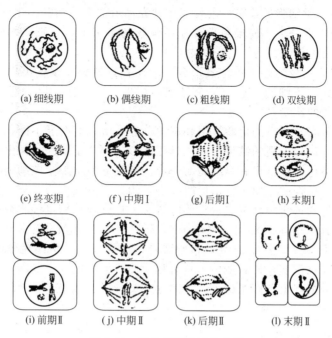

(a) 细线期　　(b) 偶线期　　(c) 粗线期　　(d) 双线期

(e) 终变期　　(f) 中期Ⅰ　　(g) 后期Ⅰ　　(h) 末期Ⅰ

(i) 前期Ⅱ　　(j) 中期Ⅱ　　(k) 后期Ⅱ　　(l) 末期Ⅱ

图 1-26　植物细胞的减数分裂

（1）减数分裂的第一次分裂（Ⅰ）　此期大致可分四个时期，即前期、中期、后期和末期。

① 前期Ⅰ　经历时间长，变化复杂，根据变化特点，可分为五个时期：

a. 细线期。细胞核内出现细长、线状的染色体，核和核仁增大。

b. 偶线期（又称合线期）。同源染色体（一条来自父本，一条来自母本，其形状大小相似的染色体）逐渐两两成对靠拢，这种现象称为联会。

c. 粗线期。染色体进一步缩短变粗，同时可以看到每对同源染色体含有 4 条染色单体，但着丝点处不分离。所以 2 条染色单体在着丝点处仍连在一起。同源染色体上相邻的两条染色单体常发生横断，这样两条染色单体都带有另一条染色单体的片段，这种互换现象对生物的遗传和变异具重要意义，使后代具有丰富的多样性。

d. 双线期。染色体继续缩短变粗，配对的同源染色体开始分离，但在染色单体交换处仍然相连，这期间染色体因而呈现 "X" "V" "8" "O" 等形状。

e. 终变期。染色体更为缩短变粗，此时是观察与计算染色体数目最好的时期。之后，核膜、核仁消失，开始出现纺锤丝。

② 中期Ⅰ　成对的染色体排列在细胞中部的赤道面上，纺锤体形成。

③ 后期Ⅰ　由于纺锤丝的牵引，每对同源染色体各自分开，并向两极移动，每极染色体数目只有原来母细胞染色体数目的一半。这时每条染色体仍旧有 2 条染色单体连在一起。

④ 末期Ⅰ　到达两极的染色体螺旋解体，重新出现核膜，形成两个子核，并且赤道面形成细胞板，将母细胞分隔成两个子细胞，称为二分体。也有的植物，不形成细胞板，两个子核继续进行第二次分裂。

（2）减数分裂的第二次分裂（Ⅱ）　此期为染色体的分离，分裂过程分为前期、中期、后期、末期，整个分裂的结果是产生四个子细胞。

减数分裂的第二次分裂一般与第一次分裂的末期紧接，这次分裂与前一次不同，在分裂前，核不进行 DNA 复制和染色体加倍，与有丝分裂过程相似：

① 前期Ⅱ　染色体缩短变粗，核膜、核仁消失，纺锤丝重新出现。

② 中期Ⅱ 每一子细胞的染色体着丝点排列在赤道面上，纺锤体出现。

③ 后期Ⅱ 着丝点分裂，使染色单体在纺锤丝的牵引下，分别向两极移动。每极各有一套完整的单倍的染色体组。

④ 末期Ⅱ 到达两极的染色单体各形成一个子核，核膜、核仁出现。同时在赤道面上形成细胞板，产生两个子细胞，这样一个母细胞产生了四分体，以后四分体中细胞各自分离，形成了四个单核的花粉粒。

减数分裂虽属于有丝分裂的范畴，但和有丝分裂有着一些明显不同，独具特点。减数分裂包括两次连续的分裂，分裂的结果是一个母细胞形成四个子细胞。又由于染色体仅复制一次，所以子细胞的染色体数目只有母细胞的一半。有丝分裂增加了体细胞的数目；减数分裂则是植物在有性繁殖过程中生殖细胞形成时才进行的。

减数分裂在植物的进化中具有非常重要的意义。首先，花粉母细胞减数分裂产生单倍体的单核花粉粒，形成单倍体的雄配子（精子）；胚囊母细胞减数分裂产生单倍体单核胚囊，形成单倍体的雌配子（卵细胞）；之后，精卵融合，又形成了二倍染色体的胚，这样使各种植物的染色体数目保持不变，使其遗传上具有相对而言的稳定性。其次，在减数分裂中出现了染色单体片段的交换现象和同源染色体之间的交叉，极大地丰富了植物性状的变异性，促进了物种的进化。

二、植物细胞的生长和分化

1. 细胞生长

细胞生长是指在细胞分裂后形成的子细胞体积和质量的增加的过程，其表现形式为细胞质量增加的同时，细胞体积亦增长。细胞生长是植物个体生长发育的基础，对单细胞植物而言，细胞生长就是个体生长，而多细胞植物体的生长则依赖于细胞生长和细胞数量增加。

植物细胞的生长包括原生质体生长和细胞壁生长两个方面。原生质体生长过程中最为显著的变化是液泡化程度增加，最后形成中央大液泡，细胞质其余部分则变成一薄层紧贴于细胞壁，细胞核移至侧面；此外，原生质体中的其他细胞器在数量和分布上也发生着各种复杂变化。细胞壁生长包括表面积增加和厚度增加，原生质体在细胞生长过程中不断分泌壁物质，使细胞壁随原生质体长大而延伸，同时壁的厚度和化学组成也发生相应变化。

植物细胞的生长有一定限度，当体积达到一定大小后，便会停止生长。细胞最后的大小，随植物细胞的类型而异，即受遗传因子控制，同时，细胞生长和细胞大小也受环境条件影响。

2. 细胞分化

多细胞植物体上的不同细胞执行不同功能，与之相适应，细胞在形态或结构上也表现出各种变化。例如，茎、叶表皮细胞执行保护功能，在细胞壁的表面形成明显的角质层以加强保护作用；叶肉细胞中发育形成了大量的叶绿体以适应光合作用的需要；输导水分的细胞发育成长管状，同时侧壁加厚、中空以利于水分输导。然而，这些细胞最初都是由合子分裂、生长、发育而成的。这种在个体发育过程中，细胞在形态、结构和功能上的特化过程，称为细胞分化（cell differentiation）。植物的进化程度愈高，植物体结构愈复杂，细胞分工就愈细，细胞的分化程度也愈高。细胞分化使多细胞植物体中的细胞功能趋于专门化，这样有利于提高各种生理功能的效率。

细胞分化是一个非常复杂的过程，它涉及许多调节和控制因素，因为组成同一植物体的所有细胞均来自受精卵，它们具有相同的遗传组成，但它们为什么会分化成不同的形态呢？是哪些因素在控制？这是生物学研究领域中的热点问题之一。目前对植物个体发育过程中某些特殊类型细胞的分化和发育机制已经有了一定程度的了解，一般认为细胞分化可能有下列原因：

①　外界环境条件的诱导，如光照、温度和湿度等。

②　细胞在植物体中存在的位置，以及细胞间相互作用。

③　细胞的极性化是细胞分化的首要条件，极性是指细胞（或器官或植株）的一端与另一端在结构与生理上的差异，常表现为细胞内两端细胞质浓度不均等。极性的建立常引起细胞不均等分裂，即两个大小不同的细胞产生，这为它们今后的分化提供了前提。

④　激素或化学物质，已知生长素和细胞分裂素是启动细胞分化的关键激素。但从总体上看，目前对植物细胞分化的机制和规律、对各种影响因素的作用机理和效应还知之不多，现有的资料大部分很零散，或是只适用于某些特殊的植物类群，这在很大程度上限制了人们对自然界植物生命现象更深层次的了解，也制约了人们更加充分、合理、有效地利用自然植物资源。

细胞是有寿命的，也会衰老、死亡。死亡的细胞常被植物排出体外或留在体内，而这些细胞原来担负的功能将会由植物体产生新的细胞去承担。

3. 细胞全能性

植物细胞全能性的概念是 1902 年由德国著名植物学家 Haberlandt 首先提出的。他认为高等植物的器官和组织可以不断分割直至单个细胞，每个细胞都具有进一步分裂和发育的能力。

植物细胞全能性是指体细胞可以像胚性细胞那样，经过诱导能分化发育成一株植物，并且具有母体植物的全部遗传信息。植物体的所有细胞都来源于一个受精卵的分裂。当受精卵均等分裂时，染色体进行复制，这样分裂形成的两个子细胞里均含有与受精卵同样的遗传物质——染色体。因此，经过不断的细胞分裂所形成的成千上万个子细胞，尽管它们在分化过程中会形成不同器官或组织，但它们具备相同的基因组成，都携带着亲本的全套遗传特性，即在遗传上具有"全能性"。因此，只要培养条件适合，离体培养的细胞就有发育成一株植物的潜在能力。

细胞和组织培养技术的发展和应用，从实验基础上有力地验证了植物细胞"全能性"的理论。

4. 细胞死亡

多细胞生物体的个体发育是从受精卵开始的，细胞作为有机体中的成员，其一切活动都受到整体的调节和控制。多细胞生物体中，细胞不断进行着分裂、生长和分化的同时，也不断发生着细胞的死亡。

细胞的死亡可分为细胞程序性死亡和坏死性死亡两种形式。细胞程序性死亡（programmed cell death），或称细胞凋亡（apoptosis），是指体内健康细胞在特定细胞外信号的诱导下，进入死亡途径，于是在有关基因的调控下发生死亡的过程，这是一个正常的生理性死亡，是基因程序性表达的结果。细胞坏死（necrosis）是指细胞受到某些外界因素的激烈刺激（如机械损伤、毒性物质的毒害）导致的细胞死亡。

第四节　植物细胞的信号转导

植物体的新陈代谢和生长发育主要受遗传及环境变化信息的调节控制。一方面遗传信息决定着植物体代谢和生长发育的基本模式，另一方面这些基因的表达及其所控制的生命代谢活动的实现，在很大程度上受控于其所生活的外界环境。植物体生活在多变的环境中，生活环境对其的影响贯穿在植物体的整个生命过程。因此，植物细胞如何综合外界和内部的因素控制基因表达，植物体如何感受其生存的环境刺激，环境刺激如何调控和决定植物生理、生长发育和形态建成，成为植物生理学研究中人们普遍关注的问题。人们将这些复杂的过程称之为细胞信号转导（signal transduction），细胞信号转导包括细胞感受、转导各种环境刺激、引起相应生理反应的过程。细胞信号转导是生物结构间交流信息的一种最基本、最原始和最重要的方式。

　　植物细胞的信号转导过程可以简单概括为：刺激与感受—信号转导—反应三个重要的环节（图1-27）。

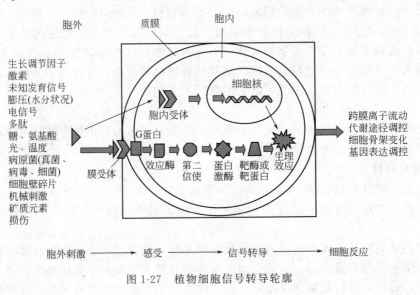

图 1-27　植物细胞信号转导轮廓

一、刺激与感受

　　胞外信号传递主要受环境刺激，植物生活在多变的环境中，会受到多种多样的环境刺激因子的影响，这些因子包括光、温度、水分、重力、伤害、病原菌毒物、矿质、气体等。在众多环境刺激因子中，影响最大的、研究得最深入的是光。光不仅是植物光合作用的能源，而且光长、光质可作为一个信号去激发受体，引起细胞内一系列反应，最终表现为形态结构变化，即光形态建成。

　　通常来说一种信号只能与特异的受体结合，引起相应的生理反应。研究表明，同一细胞或不同类型的细胞中，同一配体可能有两种或两种以上的不同受体。在植物细胞中已经发现三种类型的细胞表面受体：G蛋白偶联受体（G-protein-coupled receptor，GPCR）、酶联受体（enzyme-linked receptor）和离子通道受体（ion channel linked receptor）。

二、信号转导

　　细胞通过细胞表面受体感受外界信号刺激后，将胞外信号转化为胞内信号，并通过细胞内信使系统级联放大信号，调节相应酶或基因的活性。信号转导过程分为胞外信号的跨膜转换、细胞内第二信使系统和信号的级联放大以及蛋白质的可逆磷酸化。

　　植物受到环境刺激时，就会产生多种信号传递信息。当环境刺激的作用位点与效应位点处在植物体不同的部位时，就必然有胞间信号产生，并被输送到效应位点，传递信息。这些胞间信号（包括化学信号和物理信号）和某些环境刺激信号就是细胞信号转导过程中的初级信使，即第一信使（first messenger）。

1. 化学信号

　　化学信号（chemical signal）是指细胞感受环境刺激后形成，并能传递信息引起细胞反应的化学物质，如植物激素（脱落酸、赤霉素、生长素等）、植物生长活性物质（寡聚半乳糖、茉莉酸、水杨酸、多胺类化合物、壳梭孢菌素等）。

目前在逆境信息感受和传递研究方面取得了重要进展。Davies实验室研究发现，玉米、向日葵等根尖在土壤干旱胁迫下合成脱落酸（ABA），然后通过导管向地上部运输（此时木质部伤流液中ABA可增加25～30倍），最后到达叶片细胞的效应部位，通过保卫细胞质膜上的信号转导，导致气孔关闭，叶片生长受到抑制。Schroeder、Kearns等进一步研究发现，ABA在引起气孔关闭时，保卫细胞胞基质中的Ca^{2+}增加，使质膜去极化，致使K^+外流和苹果酸含量下降，最终导致保卫细胞失水，从而使气孔关闭。以上说明ABA是植物细胞内的主要胞间信号之一，并可引起胞内信号，产生细胞反应。这为植物细胞信号转导研究提供了最好的证据。胞间化学信号在作长距离的传递时，主要途径是韧皮部，并且可以同时向顶和向基传递，其次是木质部集流传递。易挥发性化学信号可通过在植株体内的气腔网络（air-space network）中的扩散而迅速传递。

2. 物理信号

物理信号（physical signal）是指细胞感受环境刺激后产生的具有传递信息功能的物理因子，如电波、水力学信号等。娄成后认为：电波信息在高等植物中是普遍存在的。植物为了对环境变化作出反应，既需要专一的化学信息传递，也需要快速的电波传递，植物的电波也是质膜极化及透性变化的结果，而且伴随着化学信号的产生（如乙酰胆碱）。各种电波传递都可以产生细胞反应。含羞草的茎叶受到外界轻微刺激，就会有电波的传递，同时发生小叶闭合下垂反应。Wildon等以番茄为材料，首次证明了电信号可引起包括基因转录在内的深刻生理生化变化。

胞间物理信号电波长距离传递途径是维管束，短距离传递则通过共质体以及质外体进行。敏感植物动作电波的传播速度可达$200\text{mm} \cdot \text{s}^{-1}$。

细胞感受胞外环境信号和胞间信号后产生的胞内信号分子被称为次级信使，即第二信使（second messenger），如钙离子（Ca^{2+}）、肌醇三磷酸（inositol 1,4,5-trisphosphate，IP_3）、二酰甘油（1,2-diacylglycerol，DG）、环腺苷酸（cAMP）、环鸟苷酸（cGMP）等。次级信使可将细胞外信息转换为细胞内信息。

三、反应

所有的外界刺激都能引起相应的细胞反应，不同的外界信号引起的细胞生理反应不同，有些外界刺激可以引起细胞的跨膜离子流动，有些刺激可引起细胞骨架的变化，还有些刺激可引起细胞内代谢途径的调控或细胞内相应基因的表达。整合所有细胞的生理反应最终表现为植物体的生理反应。根据植物感受刺激到表现出相应生理反应的时间，植物的生理反应可分为长期生理效应和短期生理效应。光对植物种子萌发调控、春化作用和光周期效应对植物开花的调控等植物生长发育调控的信号转导属于长期生理效应；植物的气孔反应、含羞草的感振反应、转板藻的叶绿体运动、棚田效应等反应通常属于短期生理效应。

本章小结

本章主要介绍了植物细胞的基本概念、植物细胞的亚显微结构以及各部分的功能、植物细胞的繁殖、植物细胞的生长和分化、植物细胞的信号转导等。

细胞是植物体最基本的形态结构单位，也是植物体代谢和功能的基本单位。根据植物细胞在结构、代谢和遗传活动上的差异，把植物细胞分为原核细胞和真核细胞两大类。

植物细胞由细胞壁和原生质体两部分组成。细胞壁是包在原生质体外的一层结实的壁层，原生质体是指活细胞中细胞壁以内各种结构的总称，是细胞内各种代谢活动进行的场所。光学显微镜下，可以观察到植物细胞的细胞壁、细胞质、细胞核、液泡等基本结构，这些结构称为显微结构。而在电子显微镜下能观察到的细胞内的微细结构称为亚显微结构，比如线粒体、质体、内质网、高尔基体、溶酶体、微体、液泡等各种细胞器及细胞核内的染色质、核膜等结构都属于亚显微结构。

繁殖是生物或细胞形成新个体或新细胞的过程，植物细胞通过无丝分裂、有丝分裂和减数分裂等不同的分裂方式进行繁殖。细胞生长表现形式为细胞质量的增加和细胞体积的增长。在个体发育过程中，细胞在形态、结构和功能上的特化过程，称为细胞分化。

植物细胞的信号转导过程可以概括为刺激与感受—信号转导—反应三个重要的环节。

复习思考题

一、名词解释

细胞膜 原核生物 真核生物 原生质体 细胞器 叶绿体 胞间连丝 减数分裂 细胞生长 细胞分化 细胞全能性 细胞信号转导

二、简答题

1. 简述细胞学说的主要内容。

2. 植物细胞由哪几部分组成？各部分有何功能？

3. 细胞壁由哪几层构成？说明各自的特点和各层的化学组成。

4. 植物细胞细胞器有哪几类？说明各自的结构和功能。

5. 细胞核由哪几部分构成？各部分的功能是什么？

6. 简述细胞中质体的类型、分布位置、各自的功能以及它们之间的相互关系。

7. 花瓣、果皮呈现各种颜色的原因是什么？

8. 一个完整的细胞周期由哪几个阶段构成？

9. 有丝分裂和无丝分裂的主要区别是什么？

10. 植物细胞有丝分裂的分裂期有哪几个时期？各时期有何特点？

11. 什么是植物细胞全能性？

12. 什么叫细胞分化？细胞分化有何意义？

13. 植物细胞信号转导有哪几个阶段？

14. 搜集人类认识和研究细胞的相关信息，体会科学与技术的关系。

PPT 课件

第二章 植物的水分生理

【学习目标】

（1）掌握水势的概念，植物对水分的吸收、传导和散失的过程及影响这个过程的环境因素。

（2）熟悉水分在植物生命活动中的意义及在细胞中的形态。

（3）了解合理灌溉的生理基础及应用。

水是植物维持生存所必需的最重要的物质。植物从水中进化而来，其生长发育、新陈代谢和光合作用等一切生命过程都必须在含有一定量水分的条件下才能进行，否则就会受到阻碍，甚至死亡。水分过多，陆生植物又会因受涝而缺氧，正常的生命活动会受到破坏，直至死亡。在农业生产上，水是决定有无收成的重要因素之一。"有收无收在于水"和"水利是农业的命脉"说的就是这个道理。

植物一方面不断地从周围环境中吸取水分，以满足其正常生长发育的需要；另一方面，植物地上部分（主要是叶片）又不可避免地以蒸腾作用方式散失水分，以维持体内外的水分循环及适宜的体温。植物正常的生命活动就是建立在对水分不断吸收、运输、利用和散失的过程之中的，这一过程称为植物的水分代谢（water metabolism）。植物水分代谢的基本规律是作物栽培中合理灌溉的生理基础，通过合理灌溉可以满足作物生长发育对水分的需要，同时为作物提供良好的生长环境，对农作物的高产、优质有重要意义。

第一节 水分在植物生命活动中的作用

一、植物的含水量

植物体中都含有水分，但是植物体的含水量并不是均一和恒定不变的，它与植物种类、器官和组织本身的特性和环境条件有关。不同植物的含水量有很大的不同。例如，水生植物（水浮莲、满江红、金鱼藻等）的含水量可达鲜重的90％以上，在干旱环境中生长的低等植物（地衣、藓类）则仅占6％左右。又如草本植物的含水量为70％～85％，木本植物的含水量稍低于草本植物。同一种植物生长在不同环境中，含水量也有差异。凡是生长在荫蔽、潮湿环境中的植物，其含水量比生长在向阳、干燥的环境中的要高一些。在同一植株中，不同器官和不同组织的含水量的差异也很大。例如，根尖、嫩梢、幼苗、幼叶、发育的种子或果实含水量都比较高，为70％～85％；凡是趋于衰老的组织和器官其含水量都比较低，如树干为40％～55％，休眠芽为40％，风干种子为10％～14％。由此可见，凡是生命活动较旺盛的部分，水分含量都较多。

植物的生命活动不仅需要一定量的水，而且与水分在植物体内的存在状态有关。

二、植物体内水分存在的状态

水分在植物体内通常以束缚水（bound water）和自由水（free water）两种状态存在。

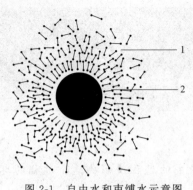

图 2-1　自由水和束缚水示意图
1—自由水；2—束缚水

植物细胞的原生质、膜系统以及细胞壁是由蛋白质、核酸和纤维素等大分子组成的，它们含有大量的亲水基团，与水分子有很高的亲和力而形成很厚的水层。水分子距离胶体颗粒越近，吸附力就越强，反之，吸附力就越弱。凡是被植物细胞的胶体颗粒或渗透物质吸附、束缚而不能自由移动的水分，称为束缚水。而不被胶体颗粒或渗透物质所吸引或吸引力很小，可以自由移动的水分称为自由水（图 2-1）。实际上，这两种状态水分的划分是相对的，它们之间并没有明显的界限。

细胞内的水分状态不是固定不变的，随着代谢的变化，自由水/束缚水的值亦相应改变。自由水直接参与植物的生理过程和生化反应，而束缚水不参与这些过程，因此自由水/束缚水的值较高时，植物代谢活跃，生长较快，抗逆性差；反之，代谢活性低，生长缓慢，但抗逆性较强。例如，休眠种子和越冬植物自由水/束缚水的值减低，束缚水的相对量增高，虽然其代谢微弱或生长缓慢，但抗逆性很强。在干旱或盐渍条件下，植物体内的束缚水含量也相对提高，以适应逆境。

水分对生命活动的重要性，在于水在植物生命活动中具有各种生理生态作用。

三、水对植物的生理作用和生态作用

（一）水对植物的生理作用

水的生理作用是指植物生命活动所需的水分直接参与原生质组成、重要的生理生化代谢和基本生理过程，可以概括为以下几个方面：

1. 水是植物细胞原生质的重要组分

原生质含水量一般在 70%～90%，这样才可使原生质保持溶胶状态，以保证各种生理生化过程的进行。如果含水量减少，原生质由溶胶变成凝胶状态，细胞生命活动大大减缓（例如休眠种子）。如果原生质失水过多，就会引起生物胶体的破坏，导致细胞死亡。另外，细胞膜和蛋白质等生物大分子表面存在大量的亲水基团，吸收着大量的水分子形成一种水膜，正是由于这些水分子层的存在，维系着膜分子以及其他生物大分子的正常结构。

2. 水是许多代谢过程的反应物质

水是植物体内重要生理生化反应的底物之一，在光合作用、呼吸作用、有机物质合成和分解的过程中均有水的参与。

3. 水是许多生化反应和植物对物质吸收运输的溶剂

植物体内绝大多数生化过程都是在水介质中进行的。植物对物质的吸收、运输和转化，都要在水溶液中进行。

4. 水能使植物保持固有的姿态

足够的水分可使细胞保持一定的紧张度，使植物枝叶挺立，便于充分吸收阳光和进行气体交换，同时也可使花朵开放，利于传粉。

5. 细胞的分裂和延伸生长都需要足够的水

无论是细胞分裂，还是伸长生长，都需要有足够的水分。生长需要一定的膨压，缺水可使膨压降低甚至消失，严重影响细胞分裂及延伸生长，从而使植物生长受到抑制，植株矮小，造成减产。

（二）水对植物的生态作用

水对植物的重要性除上述的生理作用外，尚有其生态作用。水对植物的生态作用就是通过水分子的特殊理化性质，对植物生命活动产生重要影响。

1. 水可以调节植物的体温

水分子具有很高的汽化热和比热。因此，在环境温度波动的情况下，植物体内大量的水分可维持体温相对稳定。在烈日暴晒下，植物通过蒸腾散失水分以降低体温，使不易受高温伤害。同时，水的导热性好，整株植物各个部位的温度易维持平衡。

2. 水对可见光的通透性

水对红光有微弱的吸收，对陆生植物来说，阳光可通过无色的表皮细胞到达叶肉细胞叶绿体进行光合作用。对于水生植物，短波蓝光、绿光可透过水层，使分布于海水深处的含有藻红素的红藻也可以正常进行光合作用。

3. 水对植物生存环境的调节

水分可以增加大气湿度，改善土壤及土壤表面大气的温度等。在作物栽培中，利用水来调节田间小气候是农业生产中行之有效的措施。例如，早春寒潮降临时给秧田灌水可保温抗寒。也可通过灌水来调节植物周围的温度和湿度，以减轻高温干旱对植物的伤害。

因此，植物对水分的需要，包括了生理需水和生态需水两个方面。满足植物的需水对植物的生命活动有着重要作用，这是夺取农业丰产丰收的重要保证。

第二节 植物对水分的吸收

就植物整体来说，根系是吸水的主要器官，而根系吸水是以细胞吸水为基础的。因此，植物吸水包括细胞吸水和根系吸水两个方面。

一、植物细胞对水分的吸收

植物细胞吸水有两种方式，即：在形成液泡以前靠吸胀吸水；在形成液泡以后，主要靠渗透吸水。

（一）细胞的渗透吸水

水分进入细胞是一个复杂的过程，既有物理化学作用，又有生理作用。水分运动需要能量做功，所以讨论细胞的渗透吸水，需要先引入几个基本概念：

1. 自由能和水势

细胞的渗透吸水靠水分子的自由能和水势。

根据热力学原理，系统中物质的总能量分为束缚能（bound energy）和自由能（free energy）。在恒温、恒压条件下体系可以用来对环境做功的那部分能量叫自由能，反之，称为束缚能。物质的偏摩尔自由能就是该物质的化学势，常用 μ 表示。水的化学势称为水势（water potential），也就是在温度、压力、浓度恒定时，体系中 1mol 水的自由能，用 μ_w 表示。

在植物生理学中水势（ψ_w）就是每偏摩尔体积水的化学势，即水溶液的化学势（μ_w）与同温、同压、同一系统中的纯水的化学势（μ_w^0）之差，除以水的偏摩尔体积，可以用公式表示为：

$$\psi_w = \frac{\mu_w - \mu_w^0}{V_{w,m}} = \frac{\Delta\mu_w}{V_{w,m}}$$

式中，ψ_w 为水势；$\mu_w - \mu_w^0$ 为化学势差（$\Delta\mu_w$），$J \cdot mol^{-1}$（$J = N \cdot m$）；$V_{w,m}$ 为水的偏摩尔体积，$m^3 \cdot mol^{-1}$。

式中水的偏摩尔体积（$V_{w,m}$）是指在恒温恒压，其他组分浓度不变情况下，混合体系中 1mol 该物质所占据的有效体积。在稀的水溶液中，水的偏摩尔体积与纯水的摩尔体积（$V_w = 18.00 cm^3 \cdot mol^{-1}$）相差不大，实际应用时往往用纯水的摩尔体积代替偏摩尔体积。

表 2-1　几种常见化合物水溶液的水势

溶液	ψ_w/MPa	溶液	ψ_w/MPa
纯水	0	1mol·L^{-1}蔗糖	-2.69
Hoagland 营养液	-0.05	1mol·L^{-1}KCl	-4.50
海水	-2.50		

水势单位为帕（Pa），一般用兆帕（MPa，$1MPa = 10^6 Pa$）来表示。过去曾用标准大气压（atm）或巴（bar）作为水势单位，它们之间的换算关系是：$1bar = 0.1MPa = 0.987atm$，$1atm = 1.013 \times 10^5 Pa = 1.013bar$。在热力学中将纯水的水势规定为零，由于溶液中溶质颗粒会降低水的自由能，所以任何溶液的水势皆为负值。表 2-1 列出了几种化合物水溶液的水势。

水势可通俗地理解为水分移动的趋势。水分总是由水势高处流到水势低处。

2. 扩散与渗透

扩散是一种自发过程，指分子的随机热运动所造成的物质从浓度高的区域向浓度低的区域移动的现象，物质是顺着浓度梯度移动的。如将糖放入清水中，最终糖分子会均匀地分布在水中，整个溶液的甜度一样。扩散适合于水分短距离的（如细胞间）迁徙（如水分子可以通过膜脂双分子层进入细胞内），不适合长距离（如树干导管）的迁徙。

渗透作用是溶剂分子通过半透膜的扩散作用，是一种特殊类型的扩散作用。

将种子的外皮紧缚在漏斗上，注入蔗糖溶液，然后把整个装置浸入盛有清水的烧杯中，漏斗内外液面相等 [图 2-2(a)]。由于种皮是半透膜（水分子能通过，蔗糖分子不能通过），所以整个装置就成为一个渗透系统。在一个渗透系统中，水的移动方向决定于半透膜两边溶液的水势。清水的水势高，蔗糖溶液的水势低，从清水流入蔗糖溶液的水分子多，导致漏斗玻璃管内液面逐渐上升，静水压也逐渐增大，压迫水分从玻璃管内向烧杯移动的速度就越快，膜内外水分进出速度越来越接近。最后，水分进出的速度相等，呈动态平衡，液面不再上升 [图 2-2(b)]。像这样水分子通过半透膜从水势高的系统移向水势低的系统的现象叫作渗透作用。从上述实验可以看出发生渗透作用一定要有半透膜，而且膜两边的溶液必须浓度不同（即具有水势差），二者缺一不可。

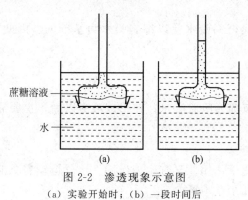

蔗糖溶液——
水——

(a)　　　　(b)
图 2-2　渗透现象示意图
(a) 实验开始时；(b) 一段时间后

3. 植物细胞的水势

植物细胞是一个复杂的体系，质膜和液泡膜都接近于半透膜，可以把原生质体（包括质膜、细胞质和液泡膜）当作一个半透膜来看待。液泡里的细胞液含许多物质，具有一定的水势，导致细胞液与周围环境中的溶液之间发生渗透作用。所以，一个具有液泡的植物细胞，与周围溶液一起，便构成了一个渗透系统。质壁分离和质壁分离复原现象可证明植物细胞是一个渗透系统。

细胞吸水与细胞液的渗透势有关，但并不完全决定于渗透势，因为原生质体外围有细胞壁，限制原生质体膨胀；同时细胞中的亲水胶体又有吸水能力，所以细胞吸水比渗透作用要复杂得多。

细胞吸水取决于细胞水势 ψ_w。典型植物细胞水势由 3 部分组成:

$$\psi_w = \psi_\pi + \psi_p + \psi_m$$

式中,ψ_π 为渗透势;ψ_p 为压力势;ψ_m 为衬质势。

渗透势(osmotic potential,ψ_π)又称溶质势(solute potential,ψ_s),是由于溶质的存在而使水势降低的值,以负值表示。一般来说,温带生长的大多数作物叶组织的渗透势在 $-2 \sim -1$MPa,而旱生植物叶片的渗透势很低,为 -10MPa。

压力势(pressure potential,ψ_p)是由于细胞壁压力的存在而引起的细胞水势增加的值,一般为正值。由于细胞吸水膨胀时原生质向外对细胞壁产生膨压(turgor),而细胞壁向内产生的反作用力——壁压使细胞内的水分向外移动,即等于提高了细胞的水势。当细胞失水时,细胞膨压降低,原生质体收缩,压力势则为负值。当刚发生质壁分离时压力势为零。

衬质势(matrix potential,ψ_m)是细胞胶体物质亲水性和毛细管对自由水的束缚而引起的水势降低值,如处于分生区的细胞、风干种子细胞中央液泡未形成时,有较低的衬质势,对水分进入细胞起重要作用。对已形成中心大液泡的成熟细胞,其衬质势接近于零,对水分进入细胞起的作用很小,通常忽略不计。因此一个具有液泡的成熟细胞的水势主要由渗透势和压力势组成:

$$\psi_w = \psi_\pi + \psi_p$$

4. 植物细胞的渗透吸水

细胞含水量不同,细胞体积会发生变化,渗透势和压力势也随之发生改变。图 2-3 表明了细胞体积变化时细胞水势各个组分之间的变化趋势。在细胞初始质壁分离时(相对体积=1.0),压力势为零,细胞的水势等于渗透势,两者都呈最小值。当细胞吸水,体积增大时,细胞液稀释,渗透势增大,压力势增大,水势也增大。当细胞吸水达到饱和时(相对体积=1.5),渗透势和压力势的绝对值相等,但符号相反,水势为零,细胞

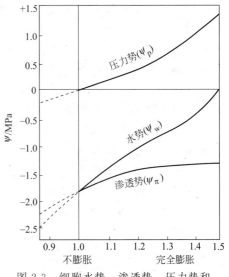

图 2-3 细胞水势、渗透势、压力势和细胞体积之间关系的示意图

不再吸水。当剧烈蒸腾时,细胞虽然失水,体积缩小,但并不产生质壁分离,压力势变为负值,水势小于渗透势。

以上表明,细胞 ψ_w 及其组分 ψ_p、ψ_s 与细胞相对体积间的关系密切,细胞的水势不是固定不变的,ψ_s、ψ_p、ψ_w 随含水量的增加而增高;反之,则降低。植物细胞颇似一个自动调节的渗透系统。

5. 细胞间的水分移动

细胞间的水分移动,取决于它们之间的水势差,水分总是从水势高的细胞流向水势低的细胞。如图 2-4 所示两个相邻的细胞,它们之间的水分移动方向是由二者的水势差决定的,因为 X 细胞的水势大于 Y 细胞的水势,所以水分由 X 细胞流入 Y 细胞。当有多个细胞连在一起时,例如一排薄壁细胞之间的水分运动方向,也完全由它们之间的水势差决定。

X细胞	Y细胞
$\psi_\pi = -1.4$MPa	$\psi_\pi = -1.2$MPa
$\psi_p = +0.8$MPa	$\psi_p = +0.4$MPa
$\psi_w = -0.6$MPa	$\psi_w = -0.8$MPa

X细胞 ⟶ Y细胞

图 2-4 两个相邻细胞水分移动示意图

植物细胞的水势变化很大。一方面不同器官或同一器官不同部位的细胞水势大小不同;另一

方面，环境条件对水势的影响也很大。一般说来，在同一植株上，地上器官和组织的水势比地下组织的水势低，生殖器官的水势更低；就叶片而言，距叶脉愈远的细胞，其水势愈低。这些水势差异对水分进入植物体内和在体内的移动有着重要的意义。

（二）细胞的吸胀吸水

亲水胶体吸水膨胀的现象叫吸胀作用（imbibition）。干燥种子细胞质、细胞壁、淀粉粒、蛋白质等生物大分子都是亲水性的，而且都处于凝胶状态，它们对水分子的吸引力很强，这种吸引水分子的力称为吸胀力。吸胀力实际上就是衬质势，是由吸胀作用的存在而降低的水势值。干燥种子的 ψ_m 总是很低，例如，豆类种子中胶体的衬质势可低于 $-100MPa$，细胞吸水饱和时，$\psi_m = 0$。一般来说，细胞形成中央液泡之前主要靠吸胀作用吸水，如干燥种子的萌发吸水，果实、种子形成过程中的吸水，根尖和茎尖分生区细胞的吸水，等等。

二、植物根系对水分的吸收

（一）根系吸水的主要部位

根系是陆生植物吸水的主要器官，它从土壤中吸收大量水分，以满足植物体的需要。根系吸水的主要部位在根尖。其中根毛区的吸水能力最大，因为根毛区有许多根毛，增加了水分吸收面积；根毛细胞壁外由果胶质组成，黏性强，亲水性好，有利于与土壤颗粒黏着和吸水；根毛细，可以进入土壤毛细管；根毛输导组织发达，对水阻力小。而分生区和伸长区细胞质浓厚，输导组织不发达或无，对水分移动阻力大。由于根部吸水主要在根尖部分进行，所以移植幼苗时应尽量避免损伤细根。

（二）根系吸水的途径

植物根系吸水主要通过根毛、皮层、内皮层，再经中柱薄壁细胞进入导管。水分在根内的径向运转有质外体和共质体两条途径（图 2-5）。所谓质外体途径（apoplast pathway），是指水分通过由细胞壁、细胞间隙、胞间层以及导管的空腔组成的质外体部分的移动过程。水分在质外体中的移动，不越过任何膜，所以移动阻力小，移动速度快。但根中的质外体常常

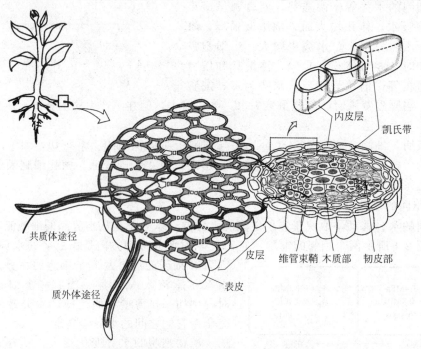

图 2-5 根系吸水的途径（引自 N. M. Holbrook，2002）

是不连续的，它被内皮层的凯氏带分隔成为两个区域：一是内皮层外，包括根毛、皮层的胞间层、细胞壁和细胞间隙，称为外部质外体；二是内皮层内，包括成熟的导管和中柱各部分细胞壁，称为内部质外体。因此，水分由外部质外体进入内部质外体时必须通过内皮层细胞的共质体途径才能实现。所谓共质体途径（symplast pathway）是指水分依次从一个细胞的细胞质经过胞间连丝进入另一个细胞的细胞质的移动过程。因共质体运输要跨膜，因此水分运输阻力较大。总之，水分在根中可从一个细胞到相邻细胞，并通过内皮层到达中柱，再通过薄壁细胞而进入导管。这两条途径共同作用，使根部吸收水分。

（三）根系吸水的动力

根系吸水有两种动力，即根压和蒸腾拉力，后者较为重要。

1. 根压

在正常情况下，因根部细胞生理活动的需要，皮层细胞中的离子会不断地通过内皮层细胞进入中柱（内皮层细胞相当于皮层和中柱之间的半透膜），于是中柱内细胞的离子浓度升高，渗透势降低，水势也降低，便向皮层吸收水分。这种由于植物根系生理活动产生的水势梯度使液流从根上升的压力叫根压（root pressure）。根压把根部的水分压到地上部，土壤中的水分便不断补充到根部，形成了根系吸水过程，这是由根部形成力量引起的主动吸水。根压可能对幼小植株、早春未吐芽树木蒸腾很弱时的水分转运起到一定作用。不同植物的根压大小不同，一般为 0.05～0.5MPa。

伤流和吐水现象能证明根压的存在。伤流（bleeding）是指从受伤或折断的植物组织茎基部伤口溢出液体的现象，流出的汁液称伤流液（bleeding sap）。在切口处连接一压力计可测出一定的压力，即根压。不同植物伤流液量不同，葫芦科植物较多，稻、麦等较少。同一植物的根压和伤流液因根系生理活动强弱、根系有效吸收面积的大小而有所不同。伤流液成分主要包括水分及其他无机物、氨基酸和植物激素等有机物。

没有受伤的植物如处于土壤水分充足、天气潮湿的环境中，叶片尖端或边缘的水孔也有液体外泌的现象（图 2-6）。这种从未受伤叶片尖端或边缘向外溢出液滴的现象，称为吐水（guttation）。吐水也是由根压引起的。用呼吸抑制剂处理植株根系可抑制吐水。作物生长健壮，根系活动较强，吐水量

图 2-6 草莓叶片叶尖吐水（由 R. Aloni 提供）

也较多，所以在生产上，吐水现象可以作为根系生理活动的指标，并能用以判断幼苗长势的强弱。

2. 蒸腾拉力

当叶片蒸腾时，气孔下腔周围细胞的水以水蒸气形式扩散到水势低的大气中，从而导致叶肉细胞水势下降，叶肉细胞便从周围细胞夺取水分，这样就产生了一系列相邻细胞间的水分运输，使导管失水，压力势下降，最后根部细胞就从周围土壤中吸水，这种吸水的能力完全是由蒸腾拉力（transpiration pull）所引起的，是由枝叶形成的力量传到根部而引起的被动吸水。在一般情况下，土壤水分的水势很高，很容易被植物吸收，并输送到数米甚至上百米高的枝叶中去。在光照下，蒸腾着的枝叶可通过被麻醉或死亡的根吸水，甚至一个无根的带叶枝条也照常能吸水。可见，根在被动吸水过程中只为水分进入植物体提供了通道。当然，发达的根系扩大了与土壤的接触面，更有利于植株对水分的吸收。

根压和蒸腾拉力在植物吸水过程中所占的比重，因植物生长状况和蒸腾速率而异。通常正在蒸腾着的植株，尤其是高大的树木，其吸水的主要方式是被动吸水。只有春季叶片未展开或树木落叶以后以及蒸腾速率很低的夜晚，主动吸水才成为主要的吸水方式。

（四）影响根系吸水的因素

1. 土壤水分状况

土壤水分状况与植物吸水有密切关系，植物只能利用土壤中的可用水分。土壤中的水分对植物来说，并不是都能被利用的。根部有吸水的能力，而土壤也有保水的本领（土壤胶体和土壤颗粒表面都能吸附一些水分），若前者大于后者则吸水，否则不吸水。植物从土壤中吸水，实质上是植物和土壤争夺水分的问题。土壤可用水分多少与土粒粗细以及胶体数量有密切关系，粗沙、细沙、沙壤、壤土和黏土的可用水分数量依次递减。

2. 土壤通气状况

土壤中的 O_2 和 CO_2 浓度对植物根系吸水的影响很大。实验证明，用 CO_2 处理幼苗根部，其吸水量降低；如通空气，则吸水量增加。这是因为 O_2 充足，会促进根系有氧呼吸，这不但有利于根系主动吸水，而且也有利于根尖细胞分裂、根系生长和吸水面积的扩大。但如果 CO_2 浓度过高或 O_2 不足，则根的呼吸减弱，能量释放减少，这不但会影响根压的产生和根系吸水，而且还会因无氧呼吸累积较多的酒精而使根系中毒受伤。在作物栽培中的中耕耘田、排水晒田等措施的主要目的就是改善土壤通气状况。

3. 土壤温度

土壤温度与根系吸水关系很大。低温会使根系吸水量下降，其原因是：水分本身的黏性增大，扩散速率降低，同时细胞原生质黏性增大，水分扩散阻力加大；根呼吸速率下降，影响根压产生，主动吸水减弱；根系生长缓慢，有碍吸水面积的扩大。

土壤温度过高对根系吸水也不利，其原因是：土温过高会提高根的木质化程度，加速根的老化进程，还会使根细胞中的各种酶蛋白变性失活，从而影响根系主动吸水。

土温对根系吸水的影响，还与植物原产地和生长发育的状况有关。一般喜温植物和生长旺盛的植物根系吸水易受低温影响，特别是骤然降温，例如在夏天烈日下用冷水浇灌，对根系吸水不利。

4. 土壤溶液浓度

在一般情况下，土壤溶液浓度较低，水势较高，根系易于吸水。但在盐碱地上，水中的盐分浓度高，水势低（有时低于 $-10MPa$），作物吸水困难。在栽培管理中，如施用肥料过多或过于集中，也可使土壤溶液浓度骤然升高，水势下降，阻碍根系吸水，甚至还会导致根细胞水分外流，而产生"烧苗"。

第三节　植物体内水分的散失——蒸腾作用

陆生植物吸收的水分，只有很少一部分（约 1%～5%）用于自身的组成和参与代谢，绝大部分（95% 以上）散失到体外。植物排出水分的方式有两种：一是吐水和伤流现象，水分以液态方式散失到体外；二是蒸腾作用，水分以气态方式散失到体外，这是主要的方式。

一、蒸腾作用及其生理意义

植物体内的水分通过植物体表面的蒸发（主要是叶子），以气体形式散失到空气中，这个过程称为蒸腾作用（transpiration）。蒸腾作用是植物的重要代谢之一，虽然基本上是一个蒸发过程，但与物理学上的蒸发不同，因为它除了受一些物理因素（如空气温度和湿度等）

的影响外，还受到植物因素（如气孔结构和气孔开度）的调节。

蒸腾作用在植物生命活动中具有重要的生理意义。蒸腾作用所产生的水势梯度导致的蒸腾拉力是植物吸收和运输水分的主要动力，并能促进植物体对矿质元素的吸收和传导，使之能迅速分布到植物体的各部分，满足生命活动需要。此外，蒸腾作用能够降低植物体和叶片温度，以免植物体和叶片在烈日下被灼伤。

二、蒸腾作用的部位及指标

（一）蒸腾部位

当植物幼小的时候，暴露在地面上的全部表面都能蒸腾；木本植物长大以后，茎枝上的皮孔可以蒸腾，称之为皮孔蒸腾（lenticular transpiration）。植物的蒸腾作用绝大部分是靠叶片进行的。叶片的蒸腾作用有两种方式：一是通过角质层的蒸腾，称为角质蒸腾（cuticular transpiration）；二是通过气孔的蒸腾，称为气孔蒸腾（stomatal transpiration）。角质层本身不透水，但角质层在形成过程中有些区域夹杂有果胶，同时角质层也有孔隙，因此可使水汽通过。一般植物的成熟叶片，角质蒸腾仅占总蒸腾量的 $5\%\sim10\%$。因此，气孔蒸腾是植物叶片蒸腾的主要形式。

（二）蒸腾作用的指标

蒸腾作用的强弱，可以反映出植物水分代谢的状况及对水分利用的效率。因此必须用一定的单位作为蒸腾作用的计量指标。常用的蒸腾指标有蒸腾速率、蒸腾系数和蒸腾效率。

蒸腾速率（transpiration rate）又称蒸腾强度，指植物在一定时间内，单位叶面积上蒸腾的水量，常用克·分米$^{-2}$·小时$^{-1}$（$g \cdot dm^{-2} \cdot h^{-1}$）表示。

蒸腾系数（transpiration coefficient）又称需水量，指植物制造 1g 干物质所消耗的水量，通常为 300g。蒸腾系数大，则消耗水分多，表示植物利用水的效率低。

蒸腾比率（transpiration ratio）又称蒸腾效率，指植物每消耗 1kg 水所生产干物质的量（g），或者说，植物在一定时间内干物质的累积量与同期所消耗的水量之比。消耗 1kg 水所生产的干物质通常为 3g 左右，数值越大，表明制造的干物质越多，对水分利用的效率越高。

三、气孔蒸腾

（一）气孔蒸腾的过程

气孔（stomata）是植物叶片与外界进行气体交换的主要通道。水蒸气、CO_2、O_2 都要共用气孔这个通道，气孔的开闭会影响植物的蒸腾、光合、呼吸等生理过程。

1. 气孔的大小、数目、分布与气孔蒸腾

气孔是植物叶表皮组织上的两个特殊的小细胞［即保卫细胞（guard cell）］所围成的一个小孔，不同植物气孔的类型、大小和数目不同（表 2-2）。大部分植物叶的上下表面都有气孔，但不同类型的植物其叶上下表面气孔数量不同。一般禾谷类作物（如麦类、玉米、水稻）叶的上、下表面气孔数目较为接近；双子叶植物（如向日葵、马铃薯、甘蓝、蚕豆、番茄及豌豆等）叶下表面气孔较多；有些植物，特别是木本植物（例如桃、苹果、桑等），通常只是下表面有气孔；也有些植物（如水生植物）气孔只分布在上表面。气孔的分布是植物长期适应生存环境的结果。

2. 气孔扩散的效率

叶片上气孔的数目很多，但直径很小，所以气孔所占的总面积很小，一般不超过叶面积的 1%。但是通过气孔的蒸腾量却相当于与叶面积相等的自由水面蒸发量的 $15\%\sim50\%$，甚至达到 100%，也就是说，气孔扩散是同面积自由水面蒸发量的几十倍到一百倍，这是什么道理呢？因为气体分子通过小孔扩散，孔中央的分子层厚，边缘的分子层薄。所以边缘的水分子相互碰撞的机会较少，扩散速率快。因此，气体分子经小孔扩散的速率，在边缘要比中央快得多，孔隙越小，边缘与面积的比值越大，边缘扩散越占优势，扩散的速率越快，这种现象称为边缘效应。研究者将气体通过小孔表面的扩散速率不与小孔面积成正比，而与小孔的周长成正比的规律称为小孔扩散律（law of small opening diffusion）。因此，如果若干个小孔，它们之间有一定的距离，则能充分发挥其边缘效应，扩散速率会远远超过同面积的大孔（图 2-7）。叶表面的气孔正是这样的小孔，所以在气孔张开时，通过气孔的蒸腾速率很高，比同面积的自由表面大得多。

表 2-2　几种植物叶面气孔的大小、数目及分布

植物	气孔数/a·mm²		下表皮气孔大小 长×宽/nm
	上表皮	下表皮	
小麦	33	14	38×7
玉米	52	68	19×5
燕麦	25	23	38×8
向日葵	58	156	22×8
番茄	12	130	13×6
苹果	0	400	14×12
莲	40	0	—

图 2-7　边缘效应图解

1,2,3—水分通过多孔表面；4—水分通过自由水面

3. 气孔运动的过程

气孔运动实质上是由于两个保卫细胞内水分得失引起的体积或形状变化，进而导致相邻两壁间隙的大小变化。一般来说，气孔白天开放，晚上关闭。气孔之所以能运动，与保卫细胞的结构特点密切相关。保卫细胞体积很小并有特殊结构，外壁薄，内壁（靠气孔一侧）厚，有利于膨压迅速而显著地改变；细胞壁中径向排列有辐射状微纤丝束与内壁相连，便于对内壁施加作用。由于这些微纤丝束的放射状分布，当保卫细胞吸水膨大时，其直径不能增加多少，而长度可以增加，特别是沿其外壁增加，同时向外膨胀，微纤丝牵引内壁向外运动，如此气孔即张开。辐射状微纤丝束在禾本科植物保卫细胞中的作用与在双子叶植物中同等重要。禾本科植物的哑铃形保卫细胞中间部分的胞壁厚，两头薄，微纤丝径向排列。当保卫细胞吸水膨胀时，微纤丝限制两端胞壁纵向伸长，而改为横向膨大，将两个保卫细胞的中部推开，气孔张开（图 2-8）。

（二）气孔运动的机理

关于气孔运动（stomatal movement）的机理，目前主要有以下三种学说：淀粉-糖互变学说（starch-sugar interconversion theory）、钾离子吸收学说（potassium ion uptake theory）、苹果酸生成学说（malate production theory）。

1. 淀粉-糖互变学说

这是在 20 世纪初提出的看法。该学说认为保卫细胞在光下进行光合作用消耗了 CO_2，保卫细胞细胞质内 pH 增高（pH6.1～7.3），使淀粉磷酸化酶水解淀粉为可溶性糖，引起保卫细胞渗透势下降，水势降低，保卫细胞从周围细胞吸取水分，保卫细胞膨大，气孔张开。在黑暗中则相反，呼吸作用产生的 CO_2 使保卫细胞 pH 下降（pH2.9～6.1），淀粉磷酸化

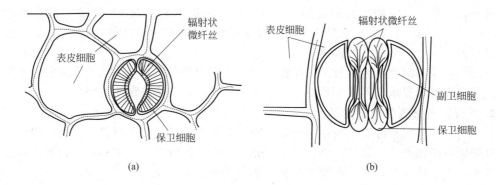

图 2-8　微纤丝在肾形保卫细胞（a）和哑铃形保卫细胞（b）中的排列

（引自 Meidner 和 Mansfield，1968）

酶使可溶性糖转化成淀粉，细胞渗透势升高，水势亦升高，细胞失水，气孔关闭。该学说可说明气孔白天开放，晚上关闭的现象。

2. 钾离子吸收学说

在 20 世纪 60 年代末，人们发现气孔运动与保卫细胞大量积累 K^+ 有着非常密切的关系。当气孔开放后，保卫细胞积累大量的 K^+，达 $400\sim800$ mmol·L^{-1}。而气孔关闭后这些 K^+ 消失，只有 100 mmol·L^{-1}，相差几倍。同时证明，在任何已研究过的情况中（如光、温、CO_2 浓度等），气孔开放和 K^+ 向保卫细胞的转运都是极相关的。为解释 K^+ 转运的机理，依据以上事实，提出了气孔开张的钾离子吸收学说。即在光下保卫细胞叶绿体通过光合磷酸化合成 ATP，活化了质膜 H^+-ATP 酶，使 K^+ 被主动吸收到保卫细胞中，K^+ 浓度增高引起渗透势下降，水势降低，促进保卫细胞吸水，气孔张开。平衡 K^+ 电性的阴离子是苹果酸根，而其 H^+ 则与 K^+ 发生交换转运到保卫细胞之外，Cl^- 进入保卫细胞内，因此，这里发生的是非渗透性物质（H^+）的丧失和渗透活性物质（小分子有机酸根、K^+、Cl^-）的增加。在黑暗中，K^+ 从保卫细胞扩散出去，细胞水势提高，失去水分，气孔关闭。

3. 苹果酸生成学说

20 世纪 70 年代初以来，人们发现苹果酸在气孔开闭运动中起着某种作用，便提出了苹果酸生成学说。在光照下，保卫细胞内的部分 CO_2 被利用时，pH 值就上升至 $8.0\sim8.5$，从而活化了 PEP 羧化酶，它可催化由淀粉降解产生的 PEP 与 HCO_3^- 结合形成草酰乙酸，草酰乙酸进一步被 NADPH 还原为苹果酸，液泡水势降低，促使保卫细胞吸水，气孔张开。

归纳起来，糖、K^+、Cl^-、苹果酸等进入液泡，使保卫细胞液泡水势下降，保卫细胞吸水膨胀，气孔就开放（图 2-9）。

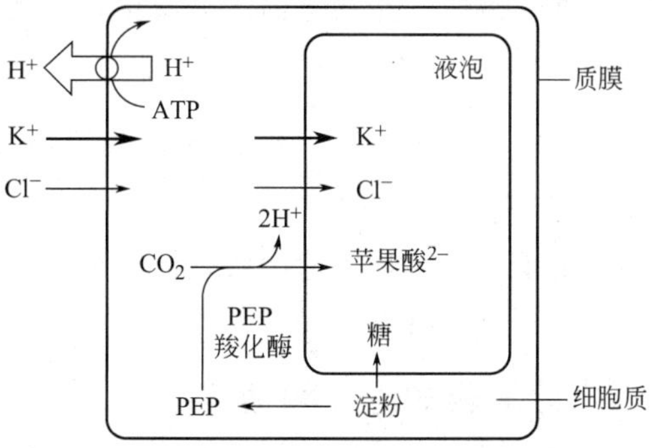

图 2-9　气孔张开与离子流入保卫细胞液泡的示意图

四、影响蒸腾作用的内外条件

植物的蒸腾作用受植物形态、构造、生理状态及外界条件的影响。

1. 内部因素对蒸腾作用的影响

气孔的构造特征是影响气孔蒸腾的主要内部因素。气孔下腔体积大，内蒸发面积大，水分蒸发快，可使气孔下腔保持较高的相对湿度，因而提高了扩散力，蒸腾较快。有些植物（如苏铁）气孔内陷，气体扩散阻力增大；有些植物内陷的气孔口还有表皮毛，更增大了气体扩散阻力，有利于降低气孔蒸腾。

叶面蒸腾强弱与供水情况有关，而供水多少在很大程度上取决于根系的生长分布。根系发达，深入地下，吸水就容易，供给苗系的水也就充分，间接有助于蒸腾。

2. 外部因素对蒸腾作用的影响

（1）光照　光照是影响蒸腾作用的最主要的外界条件。太阳光是供给蒸腾作用的主要能源，叶子吸收的辐射能，只有一少部分用于光合，而大部分用于蒸腾。另外，光直接影响气孔的开闭。大多数植物，气孔在暗中关闭，故蒸腾减少；在光下气孔开放，内部阻力减少，蒸腾加强。光照还可通过提高叶片温度，使叶内外的蒸气压差增大，水蒸气分子的扩散力加强，蒸腾加快。

（2）大气湿度　大气相对湿度和蒸腾速率有密切的关系。当大气相对湿度增大时，大气蒸气压也增大，叶内外蒸气压差就变小，蒸腾变慢；反之，加快。

（3）大气温度　温度对蒸腾速率影响很大。当相对湿度相同时，温度越高，蒸气压越大。当温度相同时，相对湿度越大，蒸气压越大。叶温较之气温一般高 $2\sim10℃$，厚叶更显著。因此大气温度增高时，气孔下腔细胞间隙的蒸气压的增大大于大气蒸气压的增大，所以叶内外的蒸气压差加大，蒸腾加强。

（4）风　风对蒸腾的影响比较复杂。微风能将气孔边的水蒸气吹走，补充一些蒸气压低的空气，边缘层变薄或消失，外部扩散阻力减小，蒸腾速率就加快。另外，刮风时枝叶扭曲摆动，使叶子细胞间隙被压缩，迫使水蒸气和其他气体从气孔逸出，但强风可明显降低叶温，不利于蒸腾。强风可使保卫细胞迅速失水，导致气孔关闭，内部阻力加大，使蒸腾显著减弱。含水蒸气很多的湿风和蒸气压很低的干风，对蒸腾的影响不同，前者降低蒸腾，而后者则促进蒸腾。

（5）土壤条件　植物地上蒸腾与根系的吸水有密切的关系。因此，凡是影响根系吸水的各种土壤条件（如土温、土壤通气、土壤溶液浓度等）均可间接影响蒸腾作用。

影响蒸腾的上述因素并不是孤立的，而是相互影响，共同作用于植物体的。在晴朗无风的夏天，土壤水分供应充足，空气又不太干燥时，作物一天的蒸腾变化情况是：清晨日出后，温度升高，大气湿度下降，蒸腾随之增强；一般在下午 14h 前后达到高峰；14h 以后由于光照逐渐减弱，作物体内水分减少，气孔逐渐关闭，蒸腾作用随之下降，日落后蒸腾迅速降到最低点。

第四节　植物体内水分的运输

陆生植物根系从土壤中吸收的水分，部分运到茎、叶和其他器官，供植物各种代谢的需要，绝大部分蒸腾到体外。

一、水分运输的途径和速度

水分在整个植物体内运输的途径为：土壤水→根毛→根皮层→根中柱鞘→根导管→茎导管→叶柄导管→叶脉导管→叶肉细胞→叶细胞间隙→气孔下腔→气孔（→大气）。可见，土壤、植物、空气三者之间的水分是具有连续性的。

水分从根向地上部运输的途径可分为两个部分。一部分经过维管束中的死细胞（导管或管胞）和细胞壁与细胞间隙，即所谓的质外体部分，属长距离运输，阻力小，运输速度快，可达 $20\sim40m\cdot h^{-1}$。另一部分与活细胞有关，属短距离径向运输，包括根毛→根皮层→根中柱以及叶脉导管→叶肉细胞→叶细胞间隙。径向运输距离短，但水分要通过活细胞，运输阻力大。实验表明，在 0.1MPa 条件下，水流经过原生质体的速度只有 $10^{-3}\mathrm{cm}\cdot\mathrm{h}^{-1}$。

二、水分沿导管或管胞上升的动力

水分在导管或管胞中运输的动力是蒸腾拉力与根压，以蒸腾拉力为主。

（一）蒸腾拉力

蒸腾拉力要使水分在茎内上升，导管的水分必须形成连续的水柱。如果水柱中断，蒸腾拉力便无法把下部的水分拉上去。那么，导管的水柱能否保证不断呢？

在导管或管胞中，水分向上转运的动力依然是由导管两端的水势差决定的。叶片因蒸腾作用不断失水，水势下降，叶片与根系之间形成一水势梯度。在这一水势梯度的推动下，水分源源不断地沿导管上升。蒸腾作用越强，此水势梯度越大，则水分运转也越快。导管中的水流，一方面受到这一水势梯度的驱动，向上运动；另一方面水流本身具有重力作用。这两种力的方向相反，使水柱受到一种张力。当蒸腾旺盛时，水势梯度增大，导管中的水柱能否被拉断？

相同分子之间有相互吸引的力量，叫内聚力（cohesive force）。水分子的内聚力很大，可达 30MPa 以上。水柱的张力约 0.5～3.0MPa，比水分子的内聚力小，同时水分子与导管内纤维素分子之间还有附着力，所以，导管或管胞中的水流可成为连续的水柱。这种以水分具有较大的内聚力足以抵抗张力，保证由叶至根水柱不断来解释水分上升原因的学说，称为内聚力学说（cohesion theory），也称为蒸腾-内聚力-张力学说，是爱尔兰人 H. H. Dixon 提出的。内聚力学说得到了广泛的支持。不过也有一些学说无法解释的现象，例如将木质部损伤后发现植物并不萎蔫；木质部有气泡存在时，水分还向上运输。但另一些研究证明即使水柱中产生气泡，对于粗导管，气泡可随水流上升，影响不大；细导管也可能因气泡而使水柱暂时中断，但茎内存在很多导管，个别导管内水柱暂时中断无关大局，到夜间蒸腾减弱，张力减少时，气体即可溶解于木质部汁液中，又可恢复连续水柱。在木质部环割时，水分有可能是通过细胞壁的微孔及细胞间隙的小水柱上升的。所以，这个学说至今仍得到广泛支持。

（二）根压

前面已经讲过，植物根系因渗透吸水产生根压，可使水分沿导管上升。但根压一般不超过 0.2MPa，只能使水分上升 20.66m。而许多树木的高度远比这个数值大得多，同时蒸腾旺盛时根压很小，所以高大乔木水分上升的主要动力不是根压。根压的作用很小，只有在春季叶片尚未展开之前，土壤温度高，水分充足，大气相对湿度大，蒸腾作用小时，根压才对水分上升起一定作用。

第五节　合理灌溉的生理基础

在农业生产中，合理灌溉是农作物正常生长发育并获得高产的重要保证。合理灌溉的基本原则是消耗最少量的水换取最大的作物产量。要达到此目的，就应该了解作物需水规律，实行科学供水。

一、作物的需水规律

不同作物需水量不同。大豆和水稻的需水量较多，小麦和甘蔗次之，高粱和玉米最少。就利用等量水分所产生的干物质而言，C_4 植物比 C_3 植物多 1～2 倍。

同一作物在不同生育时期对水分的需要量也有很大差别。作物的蒸腾面积不断增大，个体不断长大，需要水分就相对增多，同时，作物本身生理特征不断改变，对水分的需要量也有所不同。例如早稻在苗期由于蒸腾面积较小，水分消耗量不大；进入分蘖期后，蒸腾面积扩大，气温也逐渐升高，水分消耗量明显增大；到孕穗开花期蒸腾量达最大值，耗水量也最多；进入成熟期后，叶片逐渐衰老、脱落，水分消耗量又逐渐减少。

水分临界期（critical period of water）是指植物在生命周期中，对水分缺乏最敏感、最易受害的时期。一般而言，植物的水分临界期多处于花粉母细胞四分体形成期，这个时期一旦缺水，性器官发育就不正常。小麦一生中有两个水分临界期。第一个水分临界期是孕穗期，这期间小穗分化，代谢旺盛，性器官的细胞质黏性与弹性均下降，细胞液浓度很低，抗旱能力最弱，如缺水，则小穗发育不良，特别是雄性生殖器官发育受阻或畸形发展。第二个水分临界期是从开始灌浆到乳熟末期。这个时期营养物质从母体各部输送到籽粒，如果缺水，一方面影响旗叶的光合速率和寿命，减少有机物的制造；另一方面使有机物质液流运输变慢，造成灌浆困难，空瘪粒增多，产量下降。其他农作物也有各自的水分临界期，如大麦在孕穗期，玉米在开花至乳熟期，高粱、黍在抽花序至灌浆期，豆类、荞麦、花生、油菜在开花期，向日葵在花盘形成至灌浆期，马铃薯在开花至块茎形成期，棉花在开花结铃期。由于水分临界期缺水对产量影响很大，因此，应确保农作物水分临界期的水分供应。

二、合理灌溉的指标

我国农民自古以来就有看苗灌水的经验，即根据作物在干旱条件下外部形态发生的变化来确定是否进行灌溉。作物缺水的形态表现可称为灌溉形态指标。一般来说，幼嫩的茎叶在中午前后易发生萎蔫；叶、茎颜色由于生长缓慢，叶绿素浓度相对增大，而呈暗绿色；茎、叶颜色有时变红，这是干旱时碳水化合物的分解大于合成，细胞中积累较多的可溶性糖，形成较多的花色素，而花色素在弱酸条件下呈红色的缘故。如棉花开花结铃时，叶片呈暗绿色，中午萎蔫，叶柄不易折断，嫩茎逐渐变红，当上部 3～4 节间开始变红时，就应灌水。灌溉形态指标易观察，但从缺水到引起作物形态变化有一个滞后期，当形态上出现上述缺水症状时，生理上已经受到一定程度的伤害了。

生理指标可以比形态指标更及时、更灵敏地反映植物体的水分状况。植物叶片的细胞汁液浓度、渗透势、水势和气孔开度等均可作为灌溉的生理指标。当有关生理指标达到临界值时，就应及时进行灌溉。例如棉花花铃期，倒数第 4 片功能叶的水势值达到 -1.4 MPa 时就应灌溉。需要强调的是作物灌溉的生理指标因不同的地区、时间、作物种类、作物生育期、不同部位而异，在实际应用时，应结合当地情况，测定出临界值，以指导灌溉的实施。

【知识窗】
如何提高植物
水分利用率

本章小结

　　植物水分代谢包括水的吸收、运输和散失过程。水分在植物体内有自由水及束缚水两种形式，二者比值可反映代谢活性与抗逆性强弱。植物细胞吸水有两种方式：渗透吸水和吸胀吸水，以前者为主。典型细胞水势 $\psi_w = \psi_\pi + \psi_p + \psi_m$，具有中央大液泡的细胞水势 $\psi_w = \psi_\pi + \psi_p$，分生区细胞、风干种子细胞的水势 $\psi_w = \psi_m$。植物细胞之间或与外部溶液之间水分的移动取决于水势差，水分从水势高处流向水势低处。

　　植物的主要吸水器官是根部。根部吸水动力有根压和蒸腾拉力两种。根压与根系生理活动有关，蒸腾拉力与叶片蒸腾有关，所以影响根系活动和蒸腾速率的内外条件，都影响根系吸水。水分在植物体内连续不断地运输是蒸腾拉力、内聚力克服水柱张力的结果。内聚力学说目前仍是解释水分上升原因的一个较好的学说。

植物失水方式有两种：吐水和蒸腾。气孔是植物体与外界交换的"大门"，也是蒸腾的主要通道。气孔运动的机制有 3 种学说：淀粉-糖互变学说、钾离子吸收学说、苹果酸生成学说。糖、K^+、Cl^-、苹果酸等进入保卫细胞的液泡，水势下降，保卫细胞吸水膨胀，气孔就开放。气孔清晨开放以 K^+ 积累为主，午后气孔关闭则以糖减少为主。植物主要通过叶片蒸腾散失水分，气孔蒸腾是植物叶片蒸腾的主要形式。许多外界因子能调节气孔开闭。

作物需水量依作物种类不同而定。同一作物不同生育期对水分的需要以生殖器官形成期和灌浆期最敏感。灌溉的生理指标可客观和灵敏地反映植株水分状况，有助于人们确定灌溉时期，是较为科学的。

复习思考题

一、名词解释

水势　渗透势　压力势　渗透作用　根压　蒸腾作用　水分利用率　内聚力学说　水分临界期

二、思考题

1. 如何理解农业生产中"有收无收在于水"这句话？

2. 将一个细胞放在纯水和 $1mol \cdot L^{-1}$ 蔗糖溶液中，其水势、渗透势、压力势及体积将如何变化？

3. 植物体内水分存在的形式与植物代谢强弱、抗逆性有何关系？

4. 有 A、B 两个细胞，A 细胞 $\psi_p = 0.4MPa$，$\psi_s = -1.0MPa$；B 细胞 $\psi_p = 0.3MPa$，$\psi_s = -0.6MPa$。在 28℃时，将 A 细胞放入 $0.12mol \cdot L^{-1}$ 蔗糖溶液中，B 细胞放入 $0.2mol \cdot L^{-1}$ 蔗糖溶液中。假设平衡时两细胞的体积不变，平衡后细胞的水势、渗透势、压力势各为多少？两细胞接触时水分流向是什么？

5. 根压是如何产生的？其在植物水分代谢中有何作用？

6. 试述气孔运动的机制及其影响因素。

7. 合理灌溉在节水中有何意义？在栽培作物时，如何才能做到合理灌溉？

8. 设计一个证明植物具有蒸腾作用的实验装置。

9. 设计一个测定水分运输速率的实验。

PPT 课件

第三章　植物的矿质营养

【学习目标】

（1）掌握合理施肥和营养失调指导生产实践的应用。

（2）理解植物对矿质元素的吸收、运输和再利用，以及植物对氮、磷、硫的同化与利用。

（3）了解植物必需元素的生理作用、缺乏营养元素的症状及判别方法、植物的无土栽培。

高等植物的种子萌发和幼苗开始生长阶段的营养来自母体种子储藏的营养物质，在以后的生长发育过程中，植物所需营养绝大部分来自其自身光合作用生产的有机物质和根系自土壤溶液中吸收的矿质元素。人们对植物的矿质营养的认识，经过了漫长的实践探索，到 19 世纪中叶才被基本确定。植物对矿质元素的吸收、运输和同化统称为矿质营养。矿质元素对植物生命活动起着至关重要的作用，由于土壤中所含的矿质元素，无论从种类还是从数量上往往不能完全及时地满足植物生长发育的需要，因此必须进行施肥。施肥是农林业生产中对植物补充矿质营养的主要手段之一。"有收无收在于水，收多收少在于肥"，这句话其中一层含义就体现了矿质营养在农业生产上的重要性。

第一节　植物体内的元素及作用

植物体内含有各种离子和许多化合物，它们都是由不同元素所组成的。那么，植物体中含有哪些元素？哪些元素又是生长发育所必需的？它们的生理功能是什么？

一、植物体内的元素

将植物材料放在 105℃ 下烘干称重，可测得蒸发的水分约占植物组织的 10%～95%，而干物质占 5%～90%，差异很大。干物质中包括有机物和无机物，将干物质放在 600℃ 灼烧时，有机物中的碳、氢、氧、氮等元素以二氧化碳、水、分子态氮、NH_3 和氮的氧化物形式挥发掉，一小部分硫以 H_2S 和 SO_2 的形式散失。其总量占干物质的 90%～95%，剩余的不能挥发的灰白色的残渣称为灰分，其总量占干物质的 5%～10%。灰分中的物质为各种矿质的氧化物、硫酸盐、磷酸盐、硅酸盐等。构成植物灰分的元素称为灰分元素。由于它们直接或间接地来自土壤矿质，故又称矿质元素。

$$植物材料 \xrightarrow{105℃} \begin{cases} 水分（10\%～95\%） \\ 干物质（5\%～90\%） \end{cases} \xrightarrow{600℃} \begin{cases} 有机物质（90\%～95\%）挥发 \\ 灰分（5\%～10\%）残烬 \end{cases}$$

由于氮在燃烧过程中散失到空气中，而不存在于灰分中，且氮本身也不是土壤的矿质成分，所以氮不是矿质元素。但氮和灰分元素都是从土壤中吸收的（生物固氮例外），所以本章将氮素列入一并介绍。

　　植物的灰分含量因植物种类、器官、年龄、生长环境等内外因素的影响而变化幅度较大。不同植物体内矿质含量不同，同一植物的不同器官、不同年龄甚至同一植物生活在不同环境中，其体内矿质含量也不同。一般水生植物矿质含量只有干重的1%左右；中生植物占干重的5%～10%；而盐生植物最高，有时达45%以上。不同器官的矿质含量差异也很大，一般木质部约为1%，种子约为3%，草本植物的茎和根为4%～5%，叶则为10%～15%。此外，植株年龄愈大，矿质元素含量亦愈高。

　　植物体内的矿质元素种类很多，据分析，地壳中存在的元素几乎都可在不同的植物中找到，现已发现70种以上的元素存在于不同的植物中。

二、植物的必需元素

　　凡是在土壤中存在的元素，几乎在植物体中都可以找到，但不是每种元素对植物都是必需的。有些元素在植物生活中并不太需要，但在体内大量积累；有些元素在植物体内含量较少，却是植物所必需的。

1. 植物必需元素的标准

　　所谓必需元素是指植物生长发育必不可少的元素。判断矿质元素对植物的必需性，国际植物营养学会提出三个标准：第一，缺乏该元素，植物生长发育受阻，不能完成其生活史；第二，缺乏该元素，植物表现为专一的病症，这种缺素病症可用加入该元素的方法预防或使植物恢复正常；第三，该元素在植物营养生理上能表现直接的效果，而不是由于土壤的物理、化学、微生物条件的改善而产生的间接效果。如果某一种元素完全符合以上三条标准，那么该元素就是植物的必需元素。

2. 植物必需元素的确定方法

　　不能仅仅通过分析植物灰分来确定是否是必需矿质元素，因为灰分中大量存在的元素不一定是植物生活中必需的，而含量很少的却可能是植物所必需的。显然，利用成分复杂的天然土壤培养植物无法准确判定植物所需元素，最好的方法是利用人为配制的可控制成分的营养液，对照植物必需元素的三条标准，逐一地分析各种元素的存在与否对植物生长发育的影响。

　　通常用溶液培养法（简称水培法）或砂基培养法（简称砂培法）等来确定植物必需的矿质元素。培养植物时，需要添加平衡溶液，同时要注意它的总浓度和pH必须符合植物的要求。在水培时还要注意通气和防止光线对根系的直接照射等。

　　在研究植物必需的矿质元素时，可在配制的营养液中除去或加入某一元素，以此来观察植物的生长发育和生理生化变化。如果在植物生长发育正常的培养液中，除去某一元素，植物生长发育不良，并出现特有的病症，当加入该元素后，症状又消失，则说明该元素为植物的必需元素。反之，若减去某一元素对植物生长发育无不良影响，即表示该元素为非植物必需元素。

3. 植物必需的矿质元素

　　根据必需元素的三条标准，通过上述溶液培养法或砂基培养法，现已确定植物必需营养元素有17种：碳、氢、氧、氮、磷、钾、钙、镁、硫、铁、锰、硼、锌、铜、钼、氯、镍。其中，前9种必需元素含量较高，分别占植物体干重的0.1%以上，称为大量元素；后8种元素含量很低，约占植物体干重的0.00001%～0.01%，称为微量元素。

　　这17种必需元素中植物自大气和水中摄取的非矿质必需元素为碳、氢、氧。其余14种元素（包括氮素）是植物根系从土壤中吸收的矿质元素。植物对这些元素需要量很少，但缺乏时，植物不能正常生长，若稍有逾量，反而有害于植物，甚至致其死亡。

三、植物必需矿质元素的生理作用及失衡症状

1. 植物必需矿质元素的一般生理作用

必需元素在植物生长发育过程中的生理功能概括起来主要有以下几个方面：

① 作为活细胞结构的物质组成成分 如细胞壁和细胞膜等结构的脂类、蛋白质等的组成成分包括有氮、磷、硫等。

② 作为生命活动的调节者 例如，许多金属元素参与酶的活动或者作为酶的组分通过自身化合价的改变进行电子传递，来完成植物体内的氧化还原反应；或者作为酶的激活剂，提高酶活性，加快生化反应过程；或者某些必需元素作为生理活性物质的组分参与调节植物的生长发育。

③ 参与植物体内的醇基酯化 例如，硼可以通过硼酸与甘露醇形成酯，这样有利于有机物质的运输；磷可以形成磷酸酯，对植物体内的能量转换起重要作用。

④ 作为活细胞电化学平衡的重要介质 某些元素在稳定细胞质的电荷平衡、维持适当的跨膜电位等方面有重要作用。例如，钙、钾、镁等金属元素能维持细胞渗透势，影响膜的透性，保持离子浓度平衡和原生质稳定，也可中和电荷。

⑤ 作为重要的细胞信号转导信使 例如，钙离子已被证明是细胞信号转导中的重要第二信使。

2. 大量元素的生理作用及失衡症状

(1) 氮 根系吸收的氮主要是无机态氮（即铵态氮、硝态氮），也可吸收一部分有机态氮（如尿素和氨基酸等）。氮有"生命元素"之称，因为氮是蛋白质、核酸、磷脂及其他植物生长发育所必需的有机氮化合物的构成成分，而这些物质是活细胞赖以生存的结构成分或功能成分。氮是许多辅酶、辅基（如 NAD^+、$NADP^+$、FAD 等）以及叶绿素分子结构的成分。氮还是某些植物激素（如生长素和细胞分裂素）、维生素（如维生素 B_1、维生素 B_2、维生素 B_6、维生素 PP 等）分子结构的成分，这些物质是植物生长发育的重要调节成分。植物次生代谢中的许多中间产物分子结构中也含有氮元素。

基于氮元素具有上述重要的生理生化功能，所以植物生长环境中氮元素供应是否充足直接影响细胞的分裂和生长及整体的生长发育。

当氮肥供应充足时，植株枝叶繁茂，躯体高大，分蘖（分枝）能力强，籽粒中蛋白质含量高。在除碳、氢、氧外的植物必需元素中，植物的正常生长发育对氮的需要量最大。因此，在作物栽培中应特别注意氮肥的供应。作物生产中常用的人粪尿、尿素、硝酸铵、硫酸铵、碳酸氢铵等肥料，主要是供给作物生长的氮素营养。当然，过量施用氮肥也会对植物生长发育造成负面影响，如叶片大而深绿，柔软披散，植株徒长，根冠比较小，茎秆中的机械组织不发达，易造成倒伏和被病虫害侵害，营养生长过盛而影响生殖生长等。同时，过量施用氮肥也会对环境造成污染。

当植物缺乏某些营养元素时表现出特有的症状，称为缺素症。

植物缺氮时，蛋白质、核酸、磷脂等物质的合成受阻，出现最早和最明显的症状是生长受抑，结果造成植株矮小，分枝分蘖少，叶小而薄，花果少且易落。缺氮植物的生长量常有大幅度的下降。缺氮还会影响叶绿素的合成，表现为叶子缺绿，起初是绿色变浅，叶片早衰甚至干枯，从而导致产量降低。因为植物体内氮元素的移动性大，老叶中的氮化物分解后可运到幼嫩组织中去被重复利用，所以缺氮时叶片发黄是由下部老叶片开始逐渐向幼叶发展的，这是缺氮症状的显著特点。此外，植物缺氮时由于组织中积累的糖分促进了花青素的合成，因此茎、叶脉和叶柄变成紫红色。在阔叶树中还会过早出现秋色。

(2) 磷 磷主要以 $H_2PO_4^-$ 或 HPO_4^{2-} 的形式被植物吸收。环境 pH 影响磷在土壤中的

存在形式：pH<7 时，$H_2PO_4^-$ 居多；pH>7 时，HPO_4^{2-} 较多。

磷存在于磷脂、核酸和核蛋白中。磷脂是细胞质和生物膜的主要成分，核酸和核蛋白是细胞质和细胞核的组成成分，所以磷是生物膜、细胞质和细胞核的组成成分。磷是核苷酸的组成成分。核苷酸的衍生物（如 ATP、FMN、NAD^+、$NADP^+$ 和 CoA 等）在新陈代谢中占有极其重要的地位。磷在糖类代谢与运输、蛋白质代谢和脂肪代谢中起着重要的作用。磷是植物体内能量转换的重要介质元素，在 ADP 和 ATP 中的高能磷酸键是大多数生化代谢反应所需能量的来源。植物细胞液中含有一定的磷酸盐，这可构成缓冲体系，并在细胞渗透势的维持中起一定作用。

由于磷参与多种代谢过程，而且在生命活动最旺盛的分生组织中含量很高，因此施磷对分蘖、分枝以及根系生长都有良好作用。由于磷促进碳水化合物的合成、转化和运输，对种子、块根、块茎的生长有利，故马铃薯、甘薯和禾谷类作物施磷后有明显的增产效果。由于磷与氮有密切关系，所以缺氮时，磷肥的效果就不能充分发挥。只有氮、磷配合施用，才能充分发挥磷肥的效果。总之，磷对植物生长发育有很大的作用，是仅次于氮的第二个重要元素。

缺磷时，蛋白质合成受阻，新的细胞质和细胞核形成较少，影响细胞分裂，植物生长缓慢，叶小，分枝或分蘖减少，植株矮小。叶色暗绿，可能是细胞生长慢，叶绿素含量相对升高所致的。缺磷时，开花期和成熟期都延迟，产量降低，抗性减弱。缺磷时会导致糖的运输受阻，从而使营养器官中糖的含量相对提高，利于花青素的形成，故缺磷时叶子呈现不正常的暗绿色或紫红色，这是缺磷的病征。

磷在植物体内的移动能力很强，能重复利用，能从老叶迅速转移到幼叶和分生组织，故缺磷症状首先出现在老叶上。严重缺磷时在植物各部还会出现坏死区。幼小针叶树缺磷时针叶变成紫色，随后老叶枯萎，但欧洲落叶松缺磷时针叶呈蓝绿色。

磷肥过多时，叶上又会出现小焦斑，系磷酸钙沉淀所致的。磷过多还会阻碍植物对硅的吸收，易致使水稻感病。水溶性磷酸盐还可与土壤中的锌结合，降低锌的有效性，故磷过多易引起缺锌病。

（3）钾　钾在土壤中以 KCl、K_2SO_4 等盐类形式存在，以离子态（K^+）被植物吸收。钾主要集中在植物生命活动最活跃的部位，如生长点、幼叶、形成层等。

钾的生理功能是多方面的。钾作为几十种酶的活化剂（如丙酮酸激酶、果糖激酶、苹果酸脱氢酶、琥珀酸脱氢酶、淀粉合成酶、琥珀酰 CoA 合成酶、谷胱甘肽合成酶等），在糖类代谢、呼吸作用及蛋白质代谢中起重要作用。钾能促进蛋白质、糖类的合成，也能促进糖类的运输。钾是大多数植物活细胞中含量最高的无机离子，因此，钾在调节细胞水分关系方面也有重要作用。钾可增加原生质的水合程度，降低其黏性，有效地影响细胞的溶质势和膨压，从而使细胞保水力增强，抗旱性提高。在水分胁迫时，K^+ 可被许多植物选择性地吸收，进行渗透性调节，防止失水过多。

钾不足时，植株茎秆柔弱易倒伏，抗旱性和抗寒性均差；叶片细胞失水，蛋白质解体，叶绿素破坏。所以叶色变黄，逐渐坏死；有的叶缘枯焦，生长较慢，而叶中部生长较快，整片叶子形成杯状弯卷或皱缩起来。例如在培养品种菊时出现的封顶现象大都是因为缺钾而引起的。植株缺钾时，蛋白质合成速率降低，可溶性氮积累，有的转变为腐胺，致使细胞中毒。钾在植物体内有高度移动性，缺钾症状通常在老叶上出现最早并且发展最为严重。缺钾植物节间缩短，常常表现莲座状或丛枝状生长习性。

以上简要介绍了氮、磷、钾三种元素的一些重要生理生化功能。由于植物生长发育需要大量的氮、磷、钾，土壤中的氮、磷、钾浓度或含量会随着耕种作物而大幅度下降，因此在作物栽培过程中应特别注意施用氮肥、磷肥、钾肥。氮、磷、钾也被称为作物栽培的"肥料三要素"。在施用氮肥、磷肥、钾肥时，应特别注意三者之间的比例。对于大多数作物，氮肥、磷肥、钾肥的施用比例约为 $1:(0.4\sim0.5):(0.3\sim0.4)$，当然对于不同作物或同种作物的不同品种而言，氮肥、磷肥、钾肥的施用比例也应有所不同。从我国作物生产的总体情况来看，由于我国的磷、钾矿资源严重匮乏，磷肥、钾肥生产及供应量不足，生产实践中施用氮肥的比例过高，而磷肥、钾肥的施用量严重不足。因此，在作物栽培实践中应特别注意氮肥、磷肥、钾肥的施用比例，即所谓"平衡施肥"。

（4）硫　土壤中的硫元素主要以 SO_4^{2-} 的形式被植物吸收。

硫的生理作用是多方面的。硫参与原生质的构成，含硫氨基酸几乎是所有蛋白质的组成成分，硫是 CoA、硫胺素、生物素的组成成分，与糖类、蛋白质、脂肪的代谢都有密切的关系。硫还是硫氧还蛋白、铁硫蛋白与固氮酶的组分，因而硫在光合、固氮等反应中起重要作用。蛋白质中含硫氨基酸间的—SH 与—S—S—可互相转变，参与调节植物体内的氧化还原反应，稳定蛋白质空间结构。

硫不足时，蛋白质含量显著减少，细胞分裂受阻，植株矮小。缺硫时叶子呈浅绿色缺绿症状，生长受抑制，产生紫色或红色花青素斑点。植物顶端的幼嫩部分受害较下部的叶片为早，叶片变小，叶尖向下弯曲，茎不能正常加粗。

缺硫的许多症状与缺氮相似，如叶片的均匀缺绿和变黄、花青素的形成和生长的受抑等。硫元素在植物体内不易移动，所以缺硫症状通常从幼叶开始，并且程度较轻。土壤中一般有足够的硫，能满足植物的需要。

（5）钙　钙元素以钙离子（Ca^{2+}）的形式被植物吸收利用，钙离子进入植物体后，一部分仍以离子状态存在，一部分形成难溶的盐（如草酸钙），还有一部分与有机物（如植酸、果胶酸、蛋白质）相结合。钙主要存在于叶子或老的器官和组织中，它是一个比较不易移动的元素。

钙有重要的生理生化功能。钙在生物膜中可作为磷脂的磷酸根和蛋白质的羧基间联系的桥梁，因而可以维持膜结构的稳定性。在植物细胞质中，Ca^{2+} 可与钙调素结合成钙-钙调蛋白复合体参与信息传递，在植物生长发育中起重要的调节作用。钙是植物细胞壁胞间层中果胶钙的成分，有丝分裂时纺锤体的形成需要钙。Ca^{2+} 是少数酶（如 ATP 水解酶、磷脂水解酶）的活化剂。Ca^{2+} 与有机酸结合为不溶性的钙盐，可起解毒作用。

钙素过多会降低其他元素的可利用性，最常见的是影响铁和锰的可利用性，在天然碱性土壤中常常发生这种情况。水青冈和欧洲赤松在钙素过多时出现的缺绿症，已分别证实是钙导致缺铁和缺镁所致的。美洲小核桃的莲座状病症也是由于土壤中过量的钙干扰了锌的吸收所引起的。

植株缺钙时，细胞壁形成受阻，影响细胞分裂或导致不能形成新细胞壁，致使出现多核细胞。因此缺钙时生长受抑制，严重时幼嫩器官（根尖、茎端）溃烂坏死。钙在植物体内完全不能移动，所以缺钙症状首先出现于新叶。缺钙的典型症状是最幼叶片的叶尖和叶缘坏死，然后是芽的坏死，根尖也会停止生长，最终变色和死亡。在火炬松中，缺钙引起整个针叶发黄，随后变黑，并且变得扭曲和僵硬。在巨侧柏中，缺钙最明显的症状是枝尖和根尖的死亡。据报道，至少有 40 多种水果和蔬菜的生理病害是因低钙引起的。

（6）镁　镁以 Mg^{2+} 状态被吸收进入植物体，它在体内一部分与有机物结合，另一部分以游离态的离子状态存在。

镁是叶绿素的组成成分之一，植物体内约 20% 的镁存在于叶绿素中。镁可以活化光合作用中各种磷酸变位酶和磷酸激酶，也可以活化 DNA 合成酶和 RNA 合成酶。蛋白质合成时氨基酸的活化需要镁。镁也是染色体的组成成分，在细胞分裂过程中起作用。

植株缺镁时，首先表现出叶片失绿，但叶脉仍为绿色。其症状从下部叶子开始，逐渐蔓延到上部的叶子，不久叶脉间的叶肉迅速死亡。缺镁的典型症状是叶肉变黄而叶脉仍保持绿色，这是与缺氮症状的主要区别。严重缺镁时可引起叶片的早衰与脱落。由于镁在植物体内易于移动，缺镁症状通常首先发生在老叶上。

3. 微量元素的生理作用及失衡症状

（1）铁　铁主要以 Fe^{2+} 的螯合物被吸收。铁进入植物体内就处于被固定状态而不易移动。

铁是许多重要氧化还原酶的组成成分。铁也是固氮酶中铁蛋白和钼铁蛋白的金属成分，在生物固氮中起作用。在呼吸、光合和氮代谢等方面的氧化还原过程中铁（Fe^{3+}）都起着重要的作用。催化叶绿素合成的酶需要 Fe^{2+} 激活。

缺铁的典型症状是缺绿。铁是不易重复利用的元素，因而缺铁最明显的症状是幼芽、幼叶缺绿发黄，甚至变为黄白色，而下部叶片仍为绿色，只有在极端严重时叶脉才会变色，一般没有生长受抑或坏死现象。一般情况下，土壤中的含铁量能满足植物生长发育所需。但在碱性土或石灰质土壤中，铁易形成不溶性的化合物而使植物缺铁。土壤中镁素过多也会影响铁的可利用性。

（2）锰　锰主要以 Mn^{2+} 的形式被植物吸收。锰与植物的光合、呼吸、叶绿体和蛋白质合成等重要代谢有关。锰是形成叶绿素和维持叶绿素正常结构的必需元素。锰是糖酵解和三羧酸循环中某些酶的活化剂，所以锰能提高呼吸速率。锰是硝酸还原酶的活化剂，植物缺锰会影响它对硝酸盐的利用。在光合作用方面，水的裂解需要锰参与。

植物体内锰素过多会影响铁的利用。铁虽能以 Fe^{3+} 状态为植物所吸收，但要在植物体内还原为生理上有活性的 Fe^{2+} 状态。锰是氧化剂，锰与铁比例失调时会使铁以 Fe^{3+} 状态存在而失去其生理活性。

缺锰时植物不能形成叶绿素，表现为叶片缺绿，并在叶上形成小的坏死斑。锰的移动情况很复杂，并且与植物的种类和年龄有关，所以幼叶和老叶都可能首先出现缺素症状。辐射松缺锰时针叶缺绿并枯萎。核桃树缺锰时叶片出现缺绿斑点，然后是变褐和枯萎。在氧化状态高的土壤和碱性土壤中，锰也和铁一样能转变成不可利用的状态，而引起植物缺锰。

（3）锌　锌以二价离子（Zn^{2+}）的形式被植物吸收。锌是合成生长素前体——色氨酸的必需元素，因为锌是色氨酸合成酶的必要成分，缺锌时就不能将吲哚和丝氨酸合成色氨酸，因而不能合成生长素（吲哚乙酸），从而导致植物生长受阻，出现通常所说的"小叶病"，如苹果、桃、梨等果树缺锌时叶片小而脆，且丛生在一起，叶上还出现黄色斑点。我国北方果园在春季易出现此病。

锌还是许多重要酶的组分或活化剂，是叶绿素生物合成的必需元素。锌的可利用性随着土壤 pH 的增高而降低。因此在中性和碱性土壤上较易出现不同程度的缺锌症状。老叶缺绿也是缺锌的常见症状。火炬松和长叶松缺锌时的表现是针叶缺绿和生长受阻。辐射松则在缺绿的针叶上还出现红色或紫色的斑点。缺锌的美洲山核桃枝条生长受阻并呈莲座状。苹果树和桃树缺锌时出现小叶病。

（4）铜　在通气良好的土壤中，铜多以二价离子（Cu^{2+}）形式被吸收，而在潮湿缺氧的土壤中，则多以一价离子（Cu^+）形式被吸收。铜为多酚氧化酶、抗坏血酸氧化酶、漆酶的成分，在呼吸的氧化还原中起重要作用。铜还存在于叶绿体的质体蓝素中，它参与光合电子传递，故对光合有重要作用。铜也是超氧化物歧化酶的组分，参与消除氧自由基。

缺铜的症状是叶尖坏死和叶片枯萎发黑，症状最先出现在幼叶上。北美云杉幼苗缺铜时针叶尖端灼伤，出现症状的叶尖和健康的绿色部分之间有一道非常明显的界线。在夏季干热气候下，生长较快的健壮苗木最易出现缺铜症状。水培的辐射松缺铜时亦表现为针叶顶端枯萎。杨树缺铜的症状是叶片变成黑色。缺铜还会导致叶片栅栏组织退化，气孔下面形成空腔，使植株即使在水分供应充足时也会因蒸腾过度而发生萎蔫。土壤施用过量磷肥时，会使铜成为不溶性沉淀物而降低可利用性，果园中有时会因此而缺铜。

（5）硼　硼以硼酸的形式被植物吸收。高等植物体内硼的含量较少，花中含量最高，花中又以柱头和子房为高。

硼有利于花粉形成，可促进花粉萌发、花粉管伸长及受精过程的进行。硼与核酸及蛋白质的合成、激素反应、膜的功能、细胞分裂、根系发育等生理过程有一定关系。硼还能抑制植物体内咖啡酸、绿原酸的形成。在培养名贵观赏花卉（如君子兰、独本菊）时，在营养生长后期向植株上喷洒 0.1% 的硼酸，可促进花芽分化和花蕾形成。小麦出现的"花而不实"和棉花上出现的"蕾而不花"等现象也都是缺硼的缘故。

缺硼的典型症状是叶片变厚和叶色变深，枝和根的顶端分生组织死亡。在松树中，缺硼表现为生长受阻，枝和根的顶端死亡，靠近枝端的针叶死亡，从芽中可渗出树脂，针叶有变短倾向，并可能并合。在巨侧柏中，缺硼引起根和枝条的生长受阻，叶子密集丛生，幼枝疲弱，新生叶呈紫褐色。缺硼症状的发展通常较为缓慢。土壤中硼的可利用性受钙的影响，大量钙的存在能降低硼的吸收，原因可能是钙使硼在土壤中复合或沉淀，或者是钙降低了根吸收硼的能力。

（6）钼　钼以钼酸盐（MoO_4^{2-}）形式被植物吸收。钼是硝酸还原酶的必需成分，也是固氮酶中钼铁蛋白的组分，因此，豆科植物根瘤菌的固氮过程必须有钼的参与。钼还是黄嘌呤脱氢酶及脱落酸合成中的酶的必需成分。

缺钼的最初症状是老叶脉间缺绿和叶缘焦枯坏死并向内卷曲。因为钼是硝酸盐还原所必需的，缺钼会引起缺氮症状，除非是供给植物以氨或有机氮化物。柑橘缺钼呈斑点状缺绿坏死。十字花科植物缺钼时叶片卷曲畸形，老叶变厚且枯焦。禾谷类作物缺钼则籽粒皱缩或不能形成籽粒。钼在 pH 高的土壤中易为植物所吸收，这一点是不同于其他大多数金属元素的。

（7）氯　氯以 Cl^- 的形式被吸收。氯参加水的光解过程，参与叶和根细胞的分裂，参与渗透势的调节，协同 K^+ 和苹果酸调节气孔的开闭。

缺氯时，植株叶片萎蔫，失绿坏死，最后变为褐色，同时根系生长受阻，变粗，根尖变为棒状。

（8）镍　镍以 Ni^{2+} 形式被植物吸收。镍最重要的生理功能是维持脲酶的结构和功能，能提高过氧化物酶、多酚氧化酶和抗坏血酸氧化酶的活性，还能够增加植株叶片中的叶绿素和类胡萝卜素的含量。

低浓度的镍能增强萌芽种子对氧气的吸收，加速种子储藏蛋白质的转化，促进幼苗生长。Ni^{2+} 还能代替某些酶中的 Cu^{2+}、Mg^{2+}、Mn^{2+}。另外，镍对防治禾本科作物的锈病效果明显。农业生产上，植物极少缺少镍，但常发生镍中毒。镍中毒首先出现叶片失绿，进而引发叶脉间褐变坏死。

四、植物的有益元素和有害元素

1. 有益元素

有些元素并非是植物的必需元素，但这些元素对植物的生长发育或对植物生长发育过程中的某些环节有积极的影响，这些元素被称为植物的有益元素。

有益元素虽不是所有植物所必需的，但它却是某些植物种类所必需的（如豆科植物需要Co）。人们对于有益元素如何影响植物生长发育的生理生化及分子机理还知之甚少，有待于今后的逐步研究。常见的植物有益元素有钠、硅、钴、硒、钒及稀土元素等。

（1）钠　许多盐生植物（如藜科的滨藜、碱蓬等植物）的正常生长发育需要钠盐的供给。盐生植物往往生长在土壤含盐量高、干旱等环境中，这些植物往往通过在液泡中大量储存 Na^+ 以调节细胞渗透势，通过降低细胞水势而促进活细胞自环境中吸收水分等。布劳内尔（Brownell，1975）用藜科植物做实验，证明钠是该植物生长所必需的营养元素，植物缺钠后出现黄化病。所以有人甚至认为钠是盐生植物生长所必需的"营养"元素。而对于大多数非盐生植物，环境中钠盐过高时对其生长造成盐胁迫。但对于一些生长或培养在低钾环境中的非盐生植物，如果有适量的钠存在，可在一定程度上缓解植物的缺钾症状，但钠并不能取代钾的作用。

（2）硅 硅在土壤中含量较为丰富，通常以 SiO_2 形式存在，而植物能够吸收的硅的形态是单硅酸。不同植物中的含硅量差别很大，如在禾本科植物中含量很高，特别是水稻茎叶干物质中含有 15％～20％的 SiO_2。在禾本科植物中，硅多集中在表皮细胞内，使细胞壁硅质化，这有利于增强这些植物对病虫害的抵御能力和抗倒伏能力。硅对生殖器官的形成有促进作用，如对穗数、小穗数和籽粒增重都是有益的。

（3）钴 钴对许多植物的生长发育有重要调节作用。植物一般含有 $0.05～0.5 mg \cdot kg^{-1}$ 的钴，豆科植物的含钴量较高，禾本科植物含钴量较低。钴是维生素 B_{12} 的成分，也是黄素激酶、葡糖磷酸变位酶、酸性磷酸酶、异柠檬酸脱氢酶、草酰乙酸脱羧酶等的激活剂，因此，它能调节这些酶催化的代谢反应。

（4）硒 大部分耕地土壤的含硒量很低，平均为 $0.2 mg \cdot kg^{-1}$。硒的价态很多，在土壤中以 Se^{8+}、Se^{4+}、Se^0、Se^{2-} 等价态存在，形成硒盐、亚硒酸盐、元素硒、硒化物及有机态硒。土壤中硒的存在价态决定其对植物的供给性和在土壤中的移动情况。植物中的含硒量较低，大多数植物新鲜组织（如新鲜的水果和蔬菜）每千克鲜重含硒量约在 0.001～0.01mg 之间，三叶草、苜蓿等草类每千克鲜重的含硒量不超过 0.1mg。硒在植物的生长点和种子中的含量可达每千克鲜重 1500mg。而少数富含硒的植物组织中的含硒量也可达每千克鲜重上千毫克。

虽然硒不是植物的必需元素，但低浓度的硒对一些植物的生长发育有利，而过多的硒则有毒害作用。硒毒害表现为植物生长发育受阻，黄化。硒引起植物毒害的原因可能是硒酸盐干扰了植物同化硫的代谢过程。此外，硒与人体和动物的健康密切有关，克山病、大骨节病都是由于缺硒所致的，但过量硒可引起硒中毒。

（5）钒 钒不是植物的必需元素，但作物栽培实践表明，给作物施用适量的钒可以促进作物的生长发育，并有增加作物产量或改善作物品质的作用。如喷施硫酸钒可增加甜菜根中蔗糖含量，也可增加玉米籽粒中蛋白质和淀粉的含量。

（6）稀土元素 稀土元素是元素周期表中原子序数 57～71 的镧系元素及化学性质与镧系相近的钪（Sc）和钇（Y）共 17 种元素的统称。土壤和植物体内普遍含有稀土元素。

低浓度的稀土元素可促进种子萌发和幼苗生长。如用稀土元素拌种，冬小麦种子萌发率可提高 8％～19％。稀土元素对植物扦插生根有特殊的促进作用，同时还可提高植物叶绿素含量和光合速率。稀土元素可促进大豆根系生长，增加结瘤数，提高根瘤的固氮活性等。在我国，稀土元素在作物、果树、林业、花卉、畜牧和养殖等领域已取得较好的效果。

2. 有害元素

有些元素少量或过量存在时均对植物有不同程度的毒害作用，习惯上将这些元素称为有害元素，如重金属汞、铅、钨、铝等。

汞、铅等对植物有剧毒。钨对豆科植物与根瘤菌的共生固氮过程有抑制作用，因其竞争性地抑制共生体系对钼的吸收，而钼是根瘤菌固氮酶（钼铁蛋白）的成分（严格地讲，钨对豆科植物生长的抑制作用是间接的影响作用）。环境中铝含量高时可抑制植物对铁和钙的吸收，强烈干扰磷代谢，阻碍磷的吸收和向地上部的运转等。铝对植物的毒害的表现症状有：

抑制根的生长，根尖和侧根变粗且呈棕色，地上部生长受阻，叶子呈暗绿色，茎呈紫色等。许多工厂排出的污水中含有有害元素，而在城郊的作物和蔬菜生产中往往用污水灌溉，这样不但造成土壤污染，影响作物和蔬菜的正常生长，而且还会造成有毒元素在作物、蔬菜中积累，危害人们的身体健康。因此，污水排放前必须进行处理。

五、必需营养元素之间的相互关系

1. 植物必需营养元素同等重要，不能互相替代

大量试验证实，各种必需营养元素对于植物所起的作用是同等重要的，它们所起的作用不能被其他元素所代替。这是因为每一种元素在植物新陈代谢的过程中都各有独特的功能和生理作用。例如，棉花缺 N，叶片失绿；缺 Fe 时，叶片也失绿。N 是叶绿素的主要成分，而 Fe 不是叶绿素的成分，但 Fe 对叶绿素的形成同样是必需的元素。没有 N 不能形成叶绿素，没有 Fe 同样不能形成叶绿素。所以说 Fe 和 N 对植物营养来说是同等重要的。

2. 植物必需营养元素之间的相互作用

在植物-土壤体系中，营养元素间的相互作用非常复杂，表现有拮抗作用和协同作用。拮抗作用是指一种营养元素阻碍或抑制另一种元素吸收的生理作用。产生拮抗作用的原因很多。协同作用是指一种营养元素促进另一种元素吸收的生理效应。微量元素与大量营养元素之间的关系，大多以拮抗作用为主。最常发生的拮抗效应有两种形式：大量元素抑制微量元素的吸收，或者是微量元素抑制大量元素的吸收。这在 P、Ca 与其他元素相互关系的研究中特别突出。

第二节　植物细胞对矿质元素的吸收

植物细胞只有与外界环境不断地进行物质交换，才能维持植物正常的生命活动，因此，细胞从外界环境吸收矿质元素是植物进行正常代谢的必要条件。

植物细胞对矿质元素的吸收是植物体吸收矿质元素的基础，细胞既可从外界环境中吸收物质，也可从植物的内环境（即一个细胞周围的其他细胞）吸收物质。植物细胞对矿质元素的吸收通过这些元素的跨膜运输实现，各种矿质营养元素大部分是以带电离子的形式被植物细胞所吸收的，所以了解各种离子跨膜运输机制是学习植物矿质营养的基础。

一、细胞吸收溶质的特点

1. 积累现象

即使活细胞内的必需元素的浓度远高于细胞外的浓度，植物活细胞也能从外界环境中吸收必需元素，这种现象称为积累现象。例如，通常植株中的 K^+ 浓度大约为 $25mmol \cdot L^{-1}$，即使在肥沃土壤中，处于溶解状态的 K^+ 浓度不超过 $0.1mmol \cdot L^{-1}$，这说明植株活细胞可以积累 K^+。

2. 选择性吸收

将离体根培养在营养液中，发现 K^+ 的吸收不受 Na^+ 的影响，对 K^+ 的吸收也不受其他许多一价或二价离子的影响。根对氯化物的吸收不受氟化物、碘化物等卤化物的影响，也不受 NO_3^-、SO_4^{2-} 等的影响。这都说明根对溶质的吸收具有选择性吸收的特点。但有时候离子的吸收不表现出这种高度的选择性。例如，K^+ 和 Rb^+、Cl^- 和 Br^-、Ca^{2+} 和 Sr_4^{2+} 之间存在吸收竞争。这说明细胞对这些离子的吸收机制是相似的。

3. 分阶段吸收

离体根细胞内溶质浓度较低，从外部溶液吸收溶质时，首先第一阶段是溶质迅速进入，

第二阶段是进入速度变慢并保持恒定。在第一阶段溶质通过扩散作用进入细胞质外体空间，第二阶段进入原生质与液泡。第一阶段以被动吸收为主，第二阶段以主动吸收为主。

4. 吸收速率随溶质浓度而变化

离体根细胞从低浓度培养液中吸收溶质的速率，开始时随溶质浓度的增加而迅速增加，然后吸收速率变慢，最后吸收速率不会随着外界溶质浓度的继续升高而增加，而是出现饱和效应。这符合底物浓度对酶促反应初始速率影响的酶促反应动力学原理。

二、细胞吸收溶质的方式和机理

植物细胞吸收矿质元素的方式主要有三种类型：被动吸收、主动吸收和胞饮作用。

（一）被动吸收

被动吸收是指细胞不需要代谢来提供能量的顺电化学势梯度吸收矿质元素的过程。被动吸收主要包括单纯扩散和协助扩散，协助扩散有通道运输和载体运输两种形式。

1. 单纯扩散

分子或离子沿着化学势和电化学势梯度跨膜转移的现象称为单纯扩散。电化学势梯度包括化学势梯度和电势梯度两方面，细胞内外的离子扩散取决于这两种梯度的大小，而分子的扩散则取决于化学势梯度或浓度梯度。

单纯扩散是简单的转运方式，不需要消耗能量，不需要专一的载体分子，对于分子或离子，只要膜两侧保持一定的浓度差（化学势梯度）或电化学势梯度就可发生这种运输。疏水性溶质通过膜的速度与其脂溶性成正比，脂溶性越强的物质通过膜脂层的速度越快。不带电荷的水分子和溶于水中的气体等小分子物质通过无蛋白的脂质双分子层区或水孔进入膜内。带电荷的离子，不管多小，均需要通过协助扩散的方式才能进行扩散转运。

2. 协助扩散

协助扩散是指小分子物质经膜转运蛋白顺浓度梯度或电化学势梯度跨膜的转运，不需要细胞提供能量。膜转运蛋白可分为两类：一类是通道蛋白，另一类是载体蛋白。

（1）通道蛋白　通道蛋白简称为通道或离子通道，它是在细胞膜中跨膜两侧由一类内在蛋白构成的孔道，是离子顺着电化学势梯度被动单方向跨膜运输的通道。孔的大小及孔内表面电荷等性质决定了它转运溶质的选择性，即一种通道通常只允许某一种离子通过，离子的带电荷情况及其水合规模决定了离子在通道中扩散时通透性的大小。通道蛋白中有感受蛋白或感受器，它可能通过改变其构象对适当刺激作出反应，并引起"孔"的开闭。

根据通道开闭的机制，可将通道分为两类：一类对跨膜电势梯度产生响应，另一类对外界刺激（如光照、激素等）产生响应。目前已知有 K^+、Cl^-、Ca^{2+} 等通道。从保卫细胞中已鉴定出两种 K^+ 通道，一种是允许 K^+ 外流的通道，另一种是 K^+ 吸收的内流通道。两种通道都受膜电位控制。膜片钳（patch clamp，PC）技术的应用，极大地推动了对离子通道的研究。

图 3-1 是一个离子通道的假想模型。跨膜的内在蛋白中央孔道允许 K^+ 通过。在这里，K^+ 顺其电化学势梯度（注意通道右侧过量负电荷）但逆着浓度梯度从通道左侧（外部）移向右侧（细胞质）。感受蛋白可对

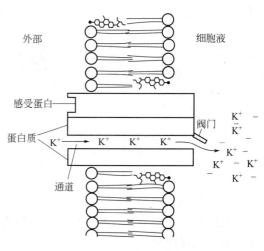

图 3-1　离子通道的假想模型

细胞内外由光照、激素或 Ca^{2+} 引起的化学刺激作出反应。通道上的阀门可以通过一种未知的方式对膜两侧的电势梯度或由环境刺激产生的化学物质作出开或关的反应。

（2）载体蛋白　载体蛋白又称载体、透过酶或运输酶，它是一类跨膜运输物质的内部蛋白，在跨膜区域不形成明显的孔道结构。当运输物质时，首先在膜一侧有选择地与离子（分子）结合，形成载体-离子复合物，载体蛋白构象发生变化，透过膜把离子（分子）释放到膜的另一侧。

载体蛋白有 3 种类型：单向运输载体、同向运输载体和反向运输载体。单向运输载体能催化分子或离子单方向地跨质膜运输（图 3-2）。质膜上已知的单向运输载体有 Fe^{2+}、Zn^{2+}、Mn^{2+}、Cu^{2+} 等载体。同向运输载体也称同向运输器，在与 H^+ 结合的同时又与另一分子或离子（如 Cl^-、NO_3^-、NH_4^+、PO_4^{3-}、SO_4^{2-}、氨基酸、肽、蔗糖、己糖）结合，同一方向运输（图 3-3）。反向运输载体也称反向运输器，与 H^+ 结合后再与其他分子或离子（如 Na^+）结合，两者朝相反方向运输（图 3-3）。载体运输既可以顺着电化学势梯度跨膜运输（被动运输），也可以逆着电化学势梯度跨膜运输（主动运输）。载体运输每秒可运输 $10^4 \sim 10^5$ 个离子。

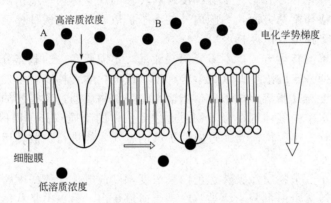

图 3-2　单向运输载体模型
A—载体开口于高溶质浓度的一侧，溶质与载体结合；
B—载体催化溶质顺着电化学势梯度跨膜运输

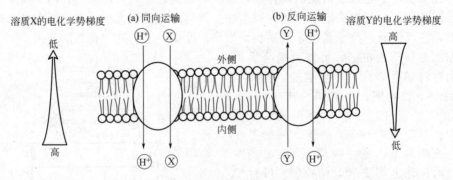

图 3-3　植物细胞质膜上的同向运输（a）和反向运输（b）模式
X，Y—分别表示分子或离子

（二）主动吸收

主动吸收是指植物细胞利用代谢能量逆电化学势梯度吸收矿质的过程。这种运输要直接消耗细胞的代谢能量（ATP）来启动和维持。

在高等植物根细胞质膜上存在着 ATP 酶（ATPase），它是 1970 年霍奇（Hodge）等用离体质膜小泡证实的，它催化 ATP 水解释放能量，驱动离子的转运。ATPase 又称为 ATP 磷酸水解酶（ATP phosphorhydrolase），它可催化 ATP 水解生成 ADP、磷酸，并释放能量，其反应如下：

$$ATP + H_2O \xrightarrow{ATP\,酶} ADP + Pi + 32kJ$$

图 3-4 是一种 ATP 酶运送阳离子到膜外去的假设步骤。ATP 酶上有一个与 M^+ 相结合的部位，还有一个与 ATP 的 Pi 结合的部位。当未与 Pi 结合时，M^+ 的结合部位对 M^+ 有高亲和性，它在膜的内侧与 M^+ 结合，同时与 ATP 末端的 Pi 结合（称为磷酸化），并释放 ADP。当磷酸化后，ATP 酶处于高能态，其构象发生了变化，会将 M^+ 暴露于膜的外侧，同时对 M^+ 的亲和力降低，而将 M^+ 释放出去，并将结合的 Pi 水解释放回膜的内侧，这样 ATP 酶又恢复至原先的低能态构象，开始下一个循环。

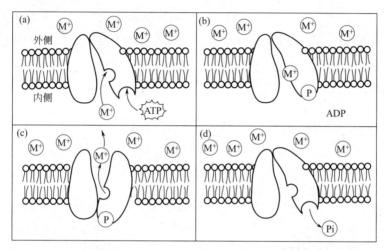

图 3-4　ATP 酶逆着电化学势梯度运输阳离子（M^+）到膜外的假设步骤

ATP 酶转运离子后形成跨膜电势差，所以 ATP 酶也称致电泵，它包括质子泵和离子泵。质子泵（H^+-泵）主要有质膜、液泡膜、叶绿体和线粒体上的 H^+-ATP 酶等，离子泵有 Ca^{2+}-ATP 酶等。

（1）H^+-ATP 酶　下面以质膜 H^+-ATP 酶为例来了解 H^+-ATP 酶的作用过程。ATP 驱动质膜上的 H^+-ATP 酶将细胞内侧的 H^+ 向细胞外侧泵出，细胞外侧的 H^+ 浓度增加，结果使质膜两侧产生了质子浓度梯度和膜电位梯度，两者合称为电化学势梯度。细胞外侧的阳离子就利用这种跨膜的电化学势梯度经过膜上的通道蛋白进入细胞内；同时，由于质膜外侧的 H^+ 要顺着浓度梯度扩散到质膜内侧，所以质膜外侧的阴离子就与 H^+ 一道经过膜上的载体蛋白同向运输到细胞内（图 3-5）。

上述生电质子泵工作的过程，是一种利用能量逆着电化学势梯度转运 H^+ 的过程，所以它是主动运输的过程，亦称为初级主动运输。由它所建立的跨膜电化学势梯度，又促进了细胞对矿质元素的吸收，矿质元素以这种方式进入细胞的过程便是一种间接利用能量的方式，称之为次级主动运输。

（2）Ca^{2+}-ATP 酶　Ca^{2+}-ATP 酶亦称为钙泵，它催化质膜内侧的 ATP 水解，释放出能量，驱动细胞内的 Ca^{2+} 逆着电化学势梯度从细胞质转运到细胞壁或液泡中。Ca^{2+}-ATP 酶的底物为 Ca^{2+}-ATP，最适 pH 在 $7.0 \sim 7.5$ 之间，受 CaM（钙调蛋白）等多种因素的调节，其活性依赖于 ATP 与 Mg^{2+} 的结合，因此又称为 Ca^{2+}，Mg^{2+}-ATP 酶。

进入细胞内的矿质元素，少数参与细胞的各种代谢活动或积累到液泡中，大部分则通过胞间连丝在细胞间移动，最后进入导管随蒸腾流上升，运向植物各个部位。

（三）胞饮作用

胞饮作用是非选择性吸收，是细胞类似于变形虫吞饮食物的一种特殊摄取方式。细胞摄取的物质首先被吸附在膜的外表面，然后质膜内陷和内折，逐渐包围附着其上的物质，形成小囊泡，并向细胞内移动。囊泡在移动过程中把物质转移给细胞的方式有两种情况：①囊泡逐渐溶解消失，把物质留在细胞质内；②一直向内移动，到达液泡并与其融合，把物质释放于液泡中（图3-6）。植物细胞通过胞饮作用吸收水分时，把水中所带的各种矿质营养、大分子物质甚至病毒都带到细胞内。

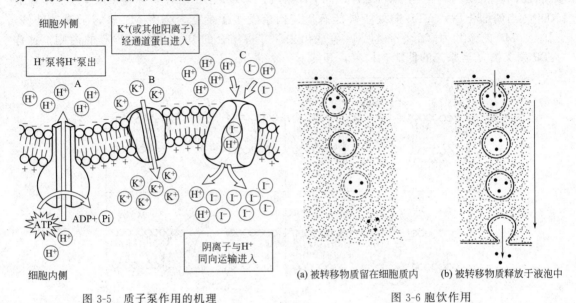

图 3-5　质子泵作用的机理　　　　　　　　　　图 3-6　胞饮作用

A—初级主动运输；B,C—次级主动运输

(a) 被转移物质留在细胞质内　(b) 被转移物质释放于液泡中

第三节　植物对矿质元素的吸收和运输

一、植物吸收矿质元素的部位

高等植物主要通过根系从土壤中吸收矿质元素，除了根系以外，地上部分（茎叶）也能吸收矿质元素。

（一）植物根系对矿质元素的吸收

1. 根系吸收矿质元素的区域及养分的吸收形态

根系是植物吸收矿质的主要器官。过去不少人分析进入根尖的矿质元素，发现根尖分生区积累最多，由此以为根尖分生区是吸收矿质元素最活跃的部位。后来更细致的研究发现，根尖分生区大量积累离子是因为该区域无输导组织，离子不能很快被运出而积累的结果；而实际上根毛区才是吸收矿质离子最快的区域，这是由于根毛区吸收表面大，又有输导组织（主要是木质部）分化，因此吸收量很大，同时离子外运效率高，积累的矿质元素比其他部位少。

植物根系吸收养分的形态主要有离子态和分子态两种，一般以离子态养分为主。吸收离子态的养分主要有一价、二价、三价阳离子和阴离子，如 K^+、Ca^{2+}、Mg^{2+}、Cu^{2+}、SO_4^{2-}、NO_3^- 等。

2. 根系吸收矿质元素的过程

根系吸收矿质元素要经过以下步骤。

（1）离子被吸附在根系细胞的表面　根部细胞呼吸作用放出 CO_2 和 H_2O。CO_2 溶于水生成 H_2CO_3，H_2CO_3 能解离出 H^+ 和 HCO_3^-，这些离子可作为根系细胞的交换离子，同土壤溶液和土壤胶粒上吸附的离子进行离子交换，离子交换有两种方式：

① 根与土壤溶液的离子交换　根呼吸产生的 CO_2 溶于水后可形成 CO_3^{2-}、H^+、HCO_3^- 等离子，这些离子可以和根外土壤溶液中以及土壤胶粒上的一些离子（如 K^+、Cl^- 等）发生交换，结果土壤溶液中的离子或土壤胶粒上的离子被转移到根表面。如此往复，根系便可不断吸收矿质。

② 接触交换　当根系和土壤胶粒接触时，根系表面的离子可直接与土壤胶粒表面的离子交换，这就是接触交换。因为根系表面和土壤胶粒表面所吸附的离子，是在一定的吸引力范围内振荡着的，当两者间离子的振荡面部分重合时，便可相互交换。

离子交换按"同荷等价"的原理进行，即阳离子只同阳离子交换，阴离子只能同阴离子交换，而且价数必须相等。由于 H^+ 和 HCO_3^- 分别与周围溶液和土壤胶粒的阳离子和阴离子迅速地进行交换，这些盐类离子就会被吸附在根表面（图 3-7）。

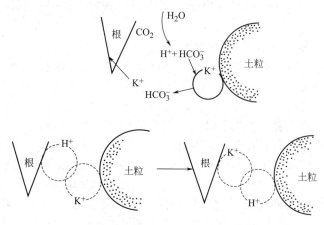

图 3-7　离子接触交换示意图

（2）离子进入根内部　离子通过质外体和共质体两种途径从根表面进入根内部（图 3-8）。

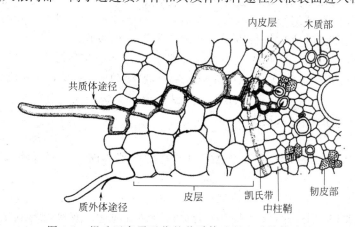

图 3-8　根毛区离子吸收的共质体途径和质外体途径

① 质外体途径　根部有一个与外界溶液保持扩散平衡、自由出入的外部区域，称为质外体，质外体是指植物体内由细胞壁、细胞间隙、导管等所构成的允许矿质、水分和气体自由扩散的非细胞质开放性连续体系，又称自由空间。自由空间的大小无法直接测定，但可间接地推知其表观自由空间（AFS）的大小。AFS 为自由空间占组织总体积的百分比，可通

过对外液和进入组织自由空间的溶质数的测定加以推算。

各种离子通过扩散作用进入根部自由空间，但是因为内皮层细胞上有凯氏带，离子和水分都不能通过，因此自由空间运输只限于根的内皮层以外，而不能通过中柱鞘。离子和水只有转入共质体后才能进入维管束组织。不过根的幼嫩部分，其内皮层细胞尚未形成凯氏带前，离子和水分可经过质外体到达导管。另外在内皮层中有个别细胞（通道细胞）的胞壁不加厚，也可作为离子和水分的通道。

② 共质体途径　离子通过自由空间到达原生质表面后，可通过主动吸收或被动吸收的方式进入原生质。在细胞内离子可以通过内质网及胞间连丝从表皮细胞进入木质部薄壁细胞，然后再从木质部薄壁细胞释放到导管中。释放的机理可以是被动的，也可以是主动的，并具有选择性。木质部薄壁细胞质膜上有 ATP 酶，推测这些薄壁细胞在分泌离子运向导管中起积极的作用。离子进入导管后，主要靠水的集流而运到地上器官，其动力为蒸腾拉力和根压。

凯氏带的存在，使离子转运时必须通过共质体，在离子进入或运出共质体时必然有载体的参与，这就使得根系有选择地吸收离子，以维持各种离子内外浓度差，保证正常的生理状态。

（二）植物地上部分对矿质元素的吸收

植物不仅可以通过根系吸收养分，而且还可以通过茎、叶吸收养分。植物通过地上部分吸收矿质的过程称为根外营养。地上部分吸收矿质的器官主要是叶片，所以也称为叶片营养。

要使叶片吸收营养元素，首先要保证溶液能很好地吸附在叶面上。有些植物叶片很难附着溶液；有些植物叶片虽附着溶液，但不均匀。为了克服这种困难，可在溶液中加入降低表面张力的物质（表面活性剂或沾湿剂，如吐温），也可以用较稀的洗涤剂代替。

叶面喷施的肥料主要通过叶片上的气孔和角质层进入叶片，而后运送到植株体内。叶面肥料一般喷后 15min～2h 即可被吸收利用，但吸收强度和速度则与叶龄、肥料成分、溶液浓度等有关。例如，双子叶植物叶面积大，叶片角质层较薄，溶液中的养分容易被吸收；而单子叶植物（如水稻、麦子等），叶面积小，角质层厚，溶液中的养分不易被吸收。由于幼叶生理机能旺盛，气孔所占面积较老叶大，因此较老叶吸收快。叶背较叶面气孔多，且叶背表皮下具比较松散的海绵组织，细胞间隙大而多，因此叶背更有利于养分渗透和吸收，所以在实际喷施时一定要把叶背喷匀、喷到，使之有利于植株吸收。

矿质元素的种类也会影响吸收，植物叶片对不同种类的矿质养分的吸收速率是不同的。如叶片对 K 的吸收速率依次为：$KCl > KNO_3 > K_2HPO_4$；对 N 的吸收速率依次为：$CO(NH_2)_2 > NO_3^- > NH_4^+$；此外，溶液的酸碱度也可影响渗入速度，如碱性溶液中的钾渗入速度较酸性溶液中的钾渗入速度快。

根外施肥有以下几方面的优点：

① 植物在生育后期根部吸肥能力衰退时或在营养临界时期，根外喷施尿素等可补充营养，恢复植株长势。

② 在土壤中施用无机化肥，其流失率高达 60% 左右，有些肥料（如磷肥）易被土壤固定而不能被植物吸收利用，而根外喷施可避免这种情况发生，提高肥料利用率。

③ 补充植物缺乏的微量元素，采用叶面喷施法效果快，用量省。因此，在园林植物生产中经常采用根外施肥方式。

根外追肥虽有许多优点，但易受气候条件影响。因此根外追肥措施主要用来解决某些特殊问题，是根部营养的补充手段。一般来说，在下列情况下，可采用叶面施肥的措施：①基肥严重不足，植物有明显脱肥现象时；②植物遭受严重伤害时；③植株过密，已无法开沟追肥时；④植物遭受自然灾害，需要迅速恢复正常生长时；⑤深根系植物，用传统施肥方法不易见效时；⑥需要很快恢复一种营养元素缺乏症时。

二、根系吸收矿质营养的特点

1. 根系对矿质元素吸收和对水分吸收的相互关系

盐分和水分两者被植物吸收是相对的，既有关，又无关。有关，表现在矿质一定要溶解于水中，才能被根部吸收。无关，表现在两者的吸收机理不同。根部吸水主要是因蒸腾而引起的被动过程；吸盐则以消耗代谢能量的主动吸收为主，有载体运输，也有通道运输和离子泵运输。另外，二者的分配方向不同，矿质元素大都优先运入生长最旺盛或呼吸最旺盛的部位，而水则运往蒸腾最旺盛的部位。所以植株对二者的吸收是相对独立的。

2. 根系对矿质元素吸收的选择性

根系对矿质元素的选择性吸收是指植物对同一溶液中不同离子或同一盐的阳离子和阴离子吸收的比例不同的现象。例如，供给 $(NH_4)_2SO_4$ 时，根对 NH_4^+ 吸收多于 SO_4^{2-}，由于植物细胞内总的正负电荷数必须保持平衡，因此就必须有 H^+ 排出细胞。植物在选择性吸收 NH_4^+ 时，环境中会积累 SO_4^{2-}，同时也积累了 H^+，从而使介质 pH 下降，故称这种盐类为生理酸性盐，大多数铵盐属于这一类。相反，$NaNO_3$ 和 $Ca(NO_3)_2$ 等属于生理碱性盐类，因为根部吸收 NO_3^- 比 Na^+ 和 Ca^{2+} 更多些，所以溶液中留存较多 Na^+ 或 Ca^{2+}，根部细胞吸收 NO_3^- 的同时向外排出 HCO_3^-，HCO_3^- 与 H_2O 结合形成 H_2CO_3 和 OH^-，结果使土壤溶液变碱性。此外，还有一类化合物的阴离子和阳离子几乎以同等速率被根部吸收，而溶液不发生变化，这种盐类就称为生理中性盐类，如 NH_4NO_3。如果在土壤中长期施用某一种化学肥料，就可能引起土壤酸碱度的改变，从而破坏土壤结构，所以以增施有机肥、化肥应注意肥料类型的合理搭配。

3. 单盐毒害和离子拮抗

这种溶液中只有一种金属离子对植物起有害作用的现象称为单盐毒害。在发生单盐毒害的溶液中，如加入少量其他金属离子，即能减弱或消除这种单盐毒害，离子之间的这种作用称为离子拮抗作用。将植物必需的矿质元素按一定浓度与比例配制成混合溶液，使植物生长良好，这种对植物生长有良好作用而无毒害的溶液，称为平衡溶液。对海藻来说，海水就是平衡溶液。对陆生植物来说，土壤溶液一般也是平衡溶液，但并非理想的平衡溶液，而施肥的目的就是使土壤中各种矿质元素达到平衡，以利于植物的正常生长发育。

三、影响植物吸收矿质营养的因素

植物吸收养分随环境条件的不同而不同，其影响因素主要有温度、通气状况、酸碱性、养分浓度、离子间的相互作用等。

1. 温度

在一定范围内，温度增加，根系吸收矿质的能力提高，温度过高、过低都不利于养分的吸收。在低温时，根系生长缓慢，吸收面积小；酶活性低，呼吸强度下降；同时，由于原生质黏滞性加强，膜透性降低，增加了离子进入内部的阻力。上述因素都会导致植物对矿质的吸收减慢。但温度过高（40℃以上）也会减慢植物对矿质的吸收。高温易使根系木栓化加快并老化，减少根系吸收面积；同时还会使酶钝化，影响吸收和代谢；此外，高温会破坏原生质的结构，使其透性增加，引起物质外漏。因此，只有在适当的温度范围内，植物才能正常、较多地吸收矿质养分。

2. 通气状况

土壤通气状况直接影响根系的呼吸作用，进而影响根系吸收矿质元素。当土壤通气良好时，根系吸收快。土壤板结或积水而造成通气性差时，根系缺氧，就会影响根系的呼吸和生长，进而影响根对矿质的吸收。因此增施有机肥料，改善土壤结构，加强中耕松土等改善土壤通气状况的措施能增强植物根系对矿质元素的吸收。土壤通气除增加氧气外，还有减少二氧化碳的作用。二氧化碳过多会抑制根系呼吸，影响根对矿质的吸收和其他生命活动。

3. 土壤溶液浓度

根系吸收矿质元素的速度随养分浓度的变化而变化。当土壤溶液浓度很低时，根系吸收矿质元素的速度，随着浓度的增加而增加，但达到某一浓度时，再增加离子浓度，根系对离子的吸收速度也不再增加。这一现象可用离子载体的饱和效应来说明。土壤溶液浓度过高会引起水分的反渗透，使根细胞脱水乃至"烧苗"。所以在给植物根部施肥或叶面施肥时，浓度不宜过大，否则会引起植物死亡。

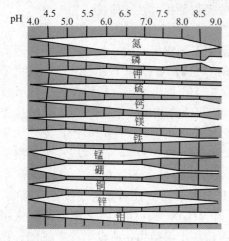

图 3-9　不同 pH 下矿质营养的有效性

4. 土壤 pH

土壤 pH 对矿质吸收的影响是多方面的。首先，它能影响根细胞原生质膜对养分的选择性。因为蛋白质为两性电解质，在酸性环境中，氨基酸带正电，易吸收外液中的阴离子；反之，在碱性条件下，氨基酸带负电，易吸收阳离子。因此，在酸性条件下根吸收阴离子多，而在碱性条件下吸收阳离子多。其次，pH 影响无机盐的溶解度（图 3-9）。在碱性条件下，铁、磷、钙、镁、铜、锌等矿质元素易形成不溶化合物，不利于植物吸收。在酸性环境中，PO_4^{3-}、K^+、Ca^{2+}、Mg^{2+} 等溶解度增加，易被雨水淋失，植物来不及吸收，故在酸性红壤中常缺乏这些元素。另外，土壤酸性过强时，Al、Fe、Mn 等溶解度增大，当其数量超过一定限度时，就可引起植物中毒。

土壤溶液 pH 还会影响土壤微生物活动，从而影响土壤有机质的矿化作用。矿化作用直接影响土壤养分供应状况。在酸性环境中根瘤菌会死亡，自生固氮菌失去固氮能力；在碱性环境中，硝化细菌活跃，使土壤氮素减少。这些变化对氮素营养都不利。一般植物生长的最适 pH 均在 6～7，表 3-1 是部分木本植物生长的最适 pH，当土壤 pH<4 和 pH>9 时，植物正常的生长代谢过程将受到破坏。

表 3-1　部分木本植物生长最适 pH

植物	pH	植物	pH
苹果	6.0～8.0	桑树	6.0～9.5
桃	6.0～8.0	油桐	5.0～6.0
梨	6.0～8.0	松	5.0～6.0
茶	5.0～6.0	杉	5.0～6.0

5. 离子之间的相互作用

土壤溶液中离子之间的相互作用，也会影响植物对离子的吸收和利用。离子之间的相互作用，有时表现为协同作用，即一种离子的存在可促进另一种离子的吸收利用。例如：钾和磷能促进植物对氮的吸收。因此，在肥料应用过程中应注意种类搭配，以利于肥效发挥。离子之间也表现为竞争关系，即一种离子的存在或过多会抑制另一种离子的吸收利用。例如：当土壤中磷元素过多时，会抑制植物对锌和铁的吸收。因此施肥时应考虑离子间的平衡。

四、矿质在植物体内的运输和分布

根系和叶片吸收的矿质，只有一部分留在根系或叶片中，而大部分则被运到植物体的其他部位。

1. 矿质在植物体内的运输

（1）运输形式　不同矿质元素在植物体内运输形式不同。根系吸收的无机氮，多在根部转化成有机含氮化合物。氮的运输形式是氨基酸（主要是天冬氨酸，还有少量丙氨酸、缬氨酸和蛋氨酸）和酰胺（主要是天冬酰胺和谷氨酸）等有机物，少量以硝态氮肥等形式向上运输。磷主要以正磷酸形式运输，少部分在根内转化为有机磷化物（如磷酰胆碱等）再向上运输。硫主要以 SO_4^{2-} 形式运输，少部分转化为含硫化合物（如甲硫氨酸和谷胱甘肽）再向上运输。金属元素以离子状态运输，非金属元素既可以离子状态运输，也可以小分子有机化合物形式运输。

（2）运输途径和速率　根部吸收的矿质元素，以离子形式或其他形式进入导管后，主要是随着蒸腾流一起上升，也有一部分顺着浓度差在植物体内扩散。利用放射性同位素试验已经证实了根部吸收的矿质元素的运输途径。将具有两

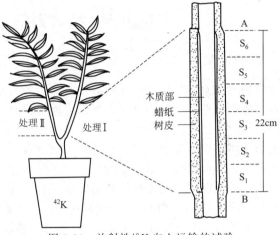

图 3-10　放射性 ^{42}K 向上运输的试验

个分枝的柳树苗，在两枝的对立部位把茎中的韧皮部和木质部分开（图 3-10），在其中一枝的木质部与韧皮部之间插入蜡纸（处理Ⅰ）；而另一枝不插蜡纸，让韧皮部与木质部重新接触（处理Ⅱ），并以此作为对照。在柳树根部施入 ^{42}K，5h 后测定 ^{42}K 在茎各部位的分布。结果显示，有蜡纸隔开的茎段木质部含有大量的 ^{42}K，而韧皮部几乎没有 ^{42}K；在其他茎段的韧皮部都含有较多的 ^{42}K。由此表明，矿质元素在木质部除了沿导管向上运输外，也可由木质部向韧皮部进行横向运输。

其他类似的实验也证明，叶片吸收的 $^{32}PO_4^{2-}$ 主要是沿韧皮部向下运输，同时也有一部分由韧皮部横向运输到木质部，再通过木质部向上运输。叶片吸收的离子在茎部向上运输的途径也是韧皮部，不过有些矿质元素能从韧皮部横向运输到木质部而向上运输。所以，叶片吸收的矿质元素在茎部向上运输是通过韧皮部和木质部来进行的。而向下运输还是以韧皮部为主。如磷酸被叶片吸收后，是沿着韧皮部向下运输的；同时，磷酸也从韧皮部横向运输到木质部。

矿质元素在植物体内的运输速率为 $30 \sim 100 cm \cdot h^{-1}$。

2. 矿质元素在植物体内的分布

矿质元素在植物体内的分布取决于该元素是否参与循环。有些矿质元素进入植物地上部后仍以离子状态存在，随时可供利用（如钾），或形成不稳定化合物，不断分解，释放出的离子又转运到其他需要的器官中去（如氮、磷、镁）。这些元素是参与循环的元素，也称可利用元素。另有一些元素（如硫、钙、铁、锰、硼）在植物体内以难溶解的稳定化合物形式存在，这些元素是不能参与循环的元素，也称不可利用元素。参与循环的元素能被再利用，不能参与循环的元素只能被植物利用一次。

参与循环的元素在植物体内主要分布在生长点和幼嫩器官等代谢旺盛的部位。不能参与循环的元素进入植物体后即被固定住而难以移动，因此，器官越老，这些元素的含量越高。基于以上原因，凡是缺乏可再利用元素，它们的病征首先从下部老叶开始出现；而缺乏不可再利用元素，它们的病征首先出现于幼嫩的茎尖和幼叶。

矿质元素不仅在植物体内的器官、组织间转运，同时还有少部分被排出体外。地上部分通过吐水和分泌也可将矿质和其他物质排出体外；雨、雪、雾、露等气候因子都会使叶片中的部分矿质营养损失掉；而在植物生长末期，植物根部也会向土壤中排出部分营养物质。植物体排出的矿质元素又能被植物体本身或新的植株吸收。这种循环作用具有一定的生态意义。

第四节 植物对氮、硫、磷的同化

一、氮的同化

植物无法直接利用空气中的分子态氮，只有某些微生物（包括与高等植物共生的固氮微生物）才能直接同化利用分子态氮以合成含氮有机化合物。对于大多数陆生植物而言，其所利用的氮源主要是土壤中的含氮化合物。土壤中的有机含氮化合物主要来源于动物、植物和微生物躯体的腐烂分解，其中小部分以氨基酸、酰胺和尿素等水溶性的有机氮化物形式被植物吸收，大部分通过土壤微生物转化为无机氮化合物（主要是 NH_4^+ 和 NO_3^-）。

植物的氮源主要是无机氮化物，而无机氮化物中又以铵盐和硝酸盐为主。植物从土壤中吸收铵盐后，可直接利用它去合成氨基酸。如果吸收硝酸盐，则必须经过还原使硝酸盐形成铵态氮后才能被利用。因为蛋白质中的氮是高度还原状态的，而硝酸盐的氮却呈高度氧化状态。

1. 硝酸盐的还原

NO_3^- 是植物吸收氮源的主要形式，硝酸盐还原为 NH_3 或 NH_4^+ 才能被利用。一般认为，硝酸盐还原为 NH_3 或 NH_4^+ 可分为两个阶段：一是在硝酸还原酶（NR）作用下，由硝酸盐还原为亚硝酸盐（NO_2^-）；二是在亚硝酸还原酶（NiR）作用下，由亚硝酸盐还原为 NH_3 或 NH_4^+。

（1）硝酸盐还原为亚硝酸盐 硝酸还原酶（NR）催化硝酸盐还原为亚硝酸盐，这一过程是在细胞质中完成的。硝酸还原酶是植物本身没有，但在特定的外来物质影响下生成的一种诱导酶。现在认为硝酸还原酶是一种可溶性的钼黄素蛋白，含有 FAD、Cyt b 和 Mo。在还原过程中，NAD(P)H、FAD 和钼辅因子等起着电子传递体的作用。硝酸盐还原酶整个酶促反应见图 3-11。

$$NO_3^- + NAD(P)H + H^+ \longrightarrow NO_2^- + NAD(P)^+ + H_2O$$

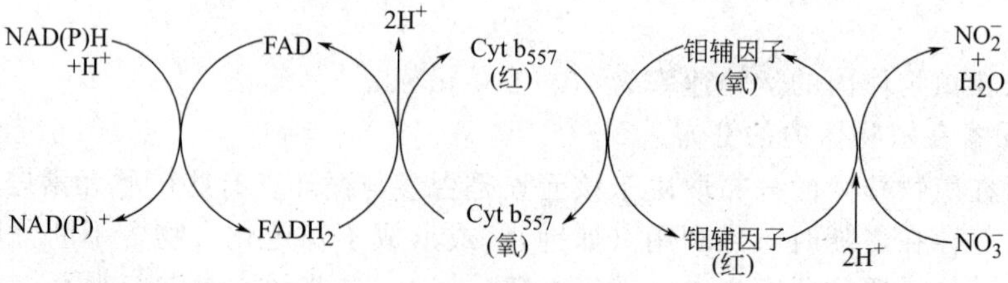

图 3-11 硝酸还原酶催化硝酸盐还原的过程

由于硝酸还原酶含有 Mo，所以植物缺 Mo 时，植物体内积累大量硝酸盐，积累的硝酸盐不能被还原，植物依然会表现缺氮的症状。

（2）亚硝酸盐还原为 NH_3 或 NH_4^+　　NO_3^- 还原形成 NO_2^- 后被运到叶绿体或者质体内，在 NiR 的作用下被还原为 NH_4^+（或 NH_3）。在叶绿体中，由光合链提供的还原型 Fd 作电子供体将 NO_2^- 还原为 NH_3 或 NH_4^+。在非绿色组织的质体中，由 PPP 呼吸途径产生的 NADPH 将氧化态的 Fd 还原为还原型 Fd，还原型 Fd 进一步提供电子将 NO_2^- 还原为 NH_3 或 NH_4^+。图 3-12 为亚硝酸盐被还原为 NH_4^+ 的过程。

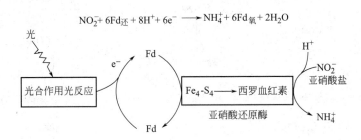

$$NO_2^- + 6Fd_{还} + 8H^+ + 6e^- \longrightarrow NH_4^+ + 6Fd_{氧} + 2H_2O$$

图 3-12　亚硝酸盐被还原为 NH_4^+ 的过程

2. 氨的同化

植物从土壤中吸收的 NH_3（或 NH_4^+）或由硝酸盐还原形成的会立即被同化为氨基酸。因为游离氨（NH_3）的含量略高就会伤害植物，氨可能抑制呼吸过程中的电子传递系统，尤其是 NADH。氨的同化主要有下面几种途径：

（1）谷氨酰胺合成酶途径　　氨与谷氨酸结合，以 Mg^{2+}、Mn^{2+}、Co^{2+} 为辅助因子，在谷氨酰胺合成酶（GS）作用下，形成谷氨酰胺。GS 普遍存在于各种植物的所有组织中，与氨有很高的亲和力，因此能防止氨累积而造成的毒害。反应式如下：

$$\begin{array}{c} COOH \\ | \\ CHNH_2 \\ | \\ CH_2 \\ | \\ CH_2 \\ | \\ COOH \\ \text{谷氨酸} \end{array} + NH_3 + ATP \xrightarrow{\text{谷氨酰胺合酶}} \begin{array}{c} COOH \\ | \\ CHNH_2 \\ | \\ CH_2 \\ | \\ CH_2 \\ | \\ COHNH_2 \\ \text{谷氨酰胺} \end{array} + ADP + Pi$$

（2）谷氨酸合酶途径　　谷氨酸合酶又称谷氨酰胺-α-酮戊二酸转氨酶，催化谷氨酰胺与 α-酮戊二酸结合形成谷氨酸，此酶存在于根部细胞的质体、叶片细胞的叶绿体和正在发育的叶片中的维管束。反应式如下：

L-谷氨酰胺＋α-酮戊二酸＋NAD(P)H 或 $Fd_{还}$ $\longrightarrow$ 2L-谷氨酸＋$NAD(P)^+$ 或 $Fd_{氧}$

（3）谷氨酸脱氢酶途径　　氨与呼吸代谢的中间产物 α-酮戊二酸结合，在谷氨酸脱氢酶作用下，以 $NAD(P)H + H^+$ 为氢供给体，还原为谷氨酸。但是，谷氨酸脱氢酶对 NH_3 的亲和力较低，只有在体内 NH_3 浓度较高时才起作用。反应式如下：

$$\begin{array}{c} COOH \\ | \\ C=O \\ | \\ CH_2 \\ | \\ CH_2 \\ | \\ COOH \\ \text{α-酮戊二酸} \end{array} \xrightarrow[+NH_3, -H_2O]{NADH+H^+ \quad NAD^+} \begin{array}{c} COOH \\ | \\ H_2N-C-H \\ | \\ CH_2 \\ | \\ CH_2 \\ | \\ COOH \\ \text{谷氨酸} \end{array}$$

（4）氨基交换作用　　氨基交换作用是一种氨基酸的氨基被转移到另一种酮酸的酮基上，从而使之氨基化的反应，经该反应接受体即变成一种新的氨基酸，而供给体则变成另一种酮酸。这个反应有转氨酶和辅酶磷酸吡哆醛参与。例如，谷氨酸与草酰乙酸结合，在天冬氨酸转氨酶催化下形成天冬氨酸，反应式如下：

$$
\begin{array}{c}
\text{COOH} \\
\text{H}_2\text{N—C—H} \\
\text{CH}_2 \\
\text{CH}_2 \\
\text{COOH}
\end{array}
\qquad
\begin{array}{c}
\text{磷酸吡哆醛(}\!=\!\text{O)} \\
\text{转氨酶} \\
\text{磷酸吡哆胺(}\!-\!\text{NH}_2\text{)}
\end{array}
\qquad
\begin{array}{c}
\text{COOH} \\
\text{H}_2\text{N—C—H} \\
\text{CH}_2 \\
\text{COOH}
\end{array}
$$

谷氨酸　　　　　　　　　　　　　　　　　　　天冬氨酸

$$
\begin{array}{c}
\text{COOH} \\
\text{C}\!=\!\text{O} \\
\text{CH}_2 \\
\text{CH}_2 \\
\text{COOH}
\end{array}
\qquad\qquad\qquad
\begin{array}{c}
\text{COOH} \\
\text{C}\!=\!\text{O} \\
\text{COOH}
\end{array}
$$

α-酮戊二酸　　　　　　　　　　　　　　　　　草酰乙酸

3. 生物固氮

在一定条件下，N_2 可与其他物质进行化学反应，固定形成氨化物，这个过程称为固氮作用。在自然固氮中，约有 10% 是通过闪电完成的，其余 90% 是通过微生物完成的。某些微生物把空气中的游离氮固定转化为含氮化合物的过程，称为生物固氮。生物固氮是自然过程，既不消耗不可再生能源，也不对环境造成污染，在自然界的氮素平衡中具有十分重大意义，其研究应用前景十分广阔。

（1）固氮生物的类型　生物固氮是由两类微生物实现的，这是根据固氮微生物与高等植物以及其他生物的关系划分的。一类是自生固氮微生物，也即是能独立生存的非共生微生物，包括细菌和蓝绿藻。另一类是与其他植物（宿主）共生的微生物，例如与豆科植物共生的根瘤菌，与非豆科植物共生的放线菌，以及与水生蕨类红萍（亦称满江红）共生的蓝藻（鱼腥藻）等，其中以根瘤菌最重要，其固氮能力最强，固氮量占全部生物固氮量的 40%。

（2）固氮作用机理和固氮酶　固氮微生物体内有一种酶叫固氮酶，它具有还原分子氮为氨的功能。它还可以还原乙炔为乙烯，还可以还原质子（H^+）而放出氢（H_2）。一般认为，固氮酶是由钼铁蛋白和铁蛋白构成的复合物，有两种组分：一种含有铁，叫铁蛋白，由两个相同的亚基组成；另一种含有钼和铁，叫钼铁蛋白，由 4 个亚基组成。铁蛋白和钼铁蛋白要同时存在才能起固氮酶的作用，缺少任何一个都没有活性。

分子氮被固定为氨的总反应式如下：

$$N_2 + 8e^- + 8H^+ + 16ATP \xrightarrow{\text{固氮酶}} 2NH_3 + H_2 + 16ADP + 16Pi$$

在整个固氮过程中，以铁氧还蛋白为电子供体，去还原铁蛋白。后者进一步与 Mg·ATP 结合，形成还原型的 Mg·ATP 铁蛋白，电子通过它流到钼铁蛋白，还原后的钼铁蛋白接着还原 N_2，最终形成 NH_3（图 3-13）。

二、磷的同化

植物根系自土壤溶液中吸收 HPO_4^{2-} 和 PO_4^{3-}，少数仍以离子形式存在，大多数被同化为有机物。磷的最主要同化过程是与 ADP 作为底物而合成生命活动的主要能量形式 ATP。发生在叶绿体的光合磷酸化和线粒体的氧化磷酸化过程是植物同化磷元素的主要途径。除此之外，发生在细胞质的糖酵解过程也是磷被同化的重要途径，这是底物水平的磷酸化反应。ATP 中的磷可被直接用于各种含磷化合物的合成，如磷酸化的糖类物质和蛋白质、磷脂、核苷酸等。有关 ATP 合成的过程在光合作用和呼吸作用的相关章节有详细介绍。

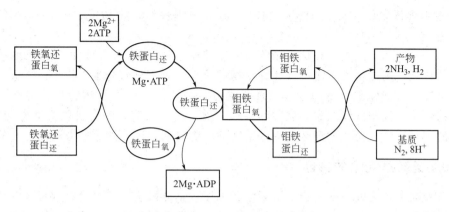

图 3-13　固氮酶的催化反应

三、硫的同化

植物吸收的硫主要是硫酸根（SO_4^{2-}）形式，除了植物根系自土壤中吸收硫酸根离子外，植物叶片通过气孔也可吸收少量 SO_2。SO_2 进入植物体内溶于水后也以 SO_4^{2-} 形式存在，所以二氧化硫的同化和硫酸盐的同化是同一个过程。高等植物体内硫酸盐的同化既可在根部，又可在茎叶。硫酸盐的同化大致可分为两个阶段。

1. 活化阶段

要同化硫酸根离子，首先要活化硫酸根离子。活化分两步：①在 ATP-硫酸化酶催化下，硫酸根离子与 ATP 反应，产生腺苷酰硫酸（简称 APS）和焦磷酸（PPi）；②APS 在 APS 激酶催化下，与另一个 ATP 分子作用，产生 3′-磷酸腺苷-5′-磷酰硫酸（简称 PAPS）。PAPS 是活化硫酸盐在细胞内积累的形式，APS 是硫酸盐还原的底物，两者都含有活化的硫酸根，都是活化的硫酸盐，它们之间可以相互转变。

2. 还原阶段

活化的硫酸盐 APS 的还原基本上有两条途径。

① 在高等植物中，APS 首先将其磺酰基转移给含一个巯基的载体，而生成的载体硫代硫酸加氧化物可被铁氧还蛋白还原，所生成的还原产物可用于半胱氨酸的合成。

$$载体—SH + AMP—O—SO_3H \longrightarrow 载体—S—SO_3H + AMP$$

$$载体—S—SO_3H + AMP \xrightarrow[还原酶]{6Fd_还 \quad 6Fd_氧} 载体—S—SH$$

$$载体—S—SH + O\text{-}乙酰丝氨酸 \longrightarrow 载体—SH + 半胱氨酸 + 乙酸$$

② APS 将磺酰基转移给含有两个巯基的载体，其生成物发生自身氧化还原反应而放出 H_2SO_3，后者在还原酶作用下被 $NADPH + H^+$ 还原为 H_2S，并用于半胱氨酸的合成。

总之，这两种活化硫酸盐进一步被还原而结合到胱氨酸、半胱氨酸或蛋氨酸中去，最后进入蛋白质结构。

第五节　矿质营养与合理施肥的生理基础

植物吸收利用土壤的矿质元素而使其在土壤中的含量逐渐减少，因此，农业生产中需要人为施肥给予补充来保证植物正常的生长发育。施肥的目的是为了满足作物对矿质元素的需要，但在我国农村许多地区偏施化肥，轻视农家肥；偏施氮肥，轻视其他肥料的配合；长期施用某一种肥料等现象较为普遍。这样，不仅造成浪费，还破坏自然界元素平衡，污染水体，使水体营养化，同时还造成土壤板结，过酸或过碱，这些都是值得注意的问题。

为提高产量，改善品质，要保证植物对矿质养料正常的需要，还要准确地诊断植物缺乏矿质元素的症状，明确植物需肥的规律并根据矿质元素对植物所起生理作用，来进行合理施肥。综合来说，合理施肥就是综合运用现代农业科技成果，根据植物的营养特点与需肥规律，土壤的供肥特性与气候因素，肥料的基本性质与增产效应，在有机肥为基础的前提下，选用经济的肥料用量、科学的配合比例、适宜的施肥时期和正确的施肥方法而进行的施肥。

一、植物缺乏矿质元素的诊断

植物营养元素缺乏的诊断是指对缺素症状采用科学方法进行的测定、判定。在自然条件下，诊断缺素症有一定的困难。这是因为：几种元素可能同时缺乏，病征是综合的；元素之间的相互作用（协同作用或拮抗关系）导致病征复杂化。例如：虽然土壤中有适量锌存在，但大量施磷肥时，植株吸锌少，呈现缺锌症状；重施钾肥，植株吸收的锰和钙少。同一元素缺乏症在不同植物中表现各异。

作物缺乏某种必需元素时，便会引起生理和形态上的变化，轻则生长不良，重则全株死亡。外界环境因素（如气温、光照、水分、病虫害和大气污染等）也会影响症状的变化等。因此，在作物出现缺素病征时，必须加以诊断，综合考虑，具体试验，才能得到正确的诊断结果。常用的植物缺乏矿质元素的诊断方法如下：

1. 化学分析诊断法

植物叶片所含的营养元素可以反映植物体的营养状况，如果某种矿质元素在病株体内含量比正常植株显著减少，缺乏该种元素可能就是植株致病原因。因此，可广泛使用叶片分析法来测定植物的施肥量，例如植株缺 N、Mg、Mn、Cu、Zn 等元素时，就不能形成叶绿素，呈现缺绿病。用此方法不仅能查出肉眼所见的症状，还能分析出许多种营养元素的不足或过剩，以及能分辨出两种不同元素引起的相似症状，并且能在病征出现前及早测知。

2. 调查研究，病征诊断

缺少任何一种必需的矿质元素都会引起植物特有的外部形态或生理病征，当植物出现病征时，要从以下方面着手分析：

第一，要分清生理病害、病虫危害和其他因环境条件不适而引起的病征。例如病毒可引起植株矮化，使植株出现花叶或小叶等症状；蚜虫危害后出现卷叶；红蜘蛛危害后出现红叶；缺水或淹水后叶片发黄等。以上这些都很像缺素病征，因此，必须先调查研究。

第二，确定是否是生理病害，再根据症状归类分析。通常可以观察植物的形态指标表现加以判断。形态指标包括植株生长的快慢、植株的大小，植株的株型结构，叶片的形态和颜色，其中以叶片的形态和颜色指标最为常用。例如判断叶子颜色是否失绿，植株生长是否正常。如有失绿症状，先出现在老叶还是新叶上？如果是新叶失绿，可能是缺 Fe、S、Mn 等元素，若全部幼叶失绿，可能是缺 S；若呈白色，可能是缺 Fe；若叶脉绿色而叶肉变黄，可能是缺 Mn。如果老叶首先失绿，则可能是缺 N、Mg 或 Zn。具体矿质元素缺乏的症状检索可参照表 3-2。

第三，结合土壤及施肥情况加以分析。土壤酸碱度对各种矿质元素的溶解度影响很大，往往会使某些元素呈现不溶解状态而造成植物不能吸收。例如磷在不同的酸碱度下可由溶解状态变成不溶状态，在强酸性土中，由于存在着大量水溶性的 Fe^{3+} 和 Al^{3+}，它们能和磷结合形成不溶性的磷酸铁和磷酸铝，所以很难被植物利用。

另外，还可根据过去的施肥及轮作情况，来分析可能缺什么元素。

表 3-2　必需元素缺乏的主要症状检索表

1. 较幼嫩组织先出现病征——不易或难以重复利用的元素
　　2. 生长点枯死
　　　　3. 叶缺绿 ·· B
　　　　3. 叶缺绿,皱缩,坏死;根系发育不良;果实极少或不能形成 ·················· Ca
　　2. 生长点不枯死
　　　　3. 叶缺绿
　　　　　　4. 叶脉间缺绿以致坏死 ··· Mn
　　　　　　4. 不坏死
　　　　　　　　5. 叶淡绿色至黄色;茎细小 ·· S
　　　　　　　　5. 叶黄白色 ·· Fe
　　　　3. 叶尖变白,叶细,扭曲,易萎蔫 ··· Cu
1. 较老的组织先出现病征——易重复利用的元素
　　2. 整个植株生长受抑制
　　　　3. 较老叶片先缺绿 ··· N
　　　　3. 叶暗绿色或红紫色 ··· P
　　2. 失绿斑点或条纹以致坏死
　　　　3. 脉间缺绿 ·· Mg
　　　　3. 叶缘失绿或整个叶片上有失绿或坏死斑点
　　　　　　4. 叶缘失绿以致坏死,有时叶片上也有失绿至坏死斑点 ················· K
　　　　　　4. 整个叶片有失绿至坏死斑点或条纹 ······························· Zn

以上方法只能帮助作一些可能性推断,要确知缺乏什么元素,必须作植物和土壤成分的测定和加入元素的试验。

3. 植物组织及土壤成分的测定

在调查研究和分析病征的基础上,再作一些重点元素的组织或土壤测定,可帮助断定是否缺素。如出现有缺 N 病征,可测定植物组织中的含 N 量,并与其他正常植株作比较。但同时还须考虑到,植物组织中存在某一元素,并不等于该元素就能满足植物的需要。尤其是土壤中存在某一元素,更不等于植物一定能吸收利用该元素。如吸入植物的 NO_3^-,在缺乏糖或硝酸还原过程受阻碍的情况下,植物便不能利用它合成氨基酸而仍表现缺 N 病征。

4. 加入诊断法

根据上述方法初步诊断植株所缺乏的元素后,补充加入该元素,经过一定时间,如症状消失,就能确定致病的原因。大量元素缺乏可以施用肥料,固体肥料可施到土壤中(注意土壤环境的状态,如 pH、通气情况、有无毒物),液体肥料可施到土壤或作根外追肥。微量元素可以根外追肥或用浸渗法施用。浸渗法是沿主脉剪去病株叶片一部分,把留下的叶片和主脉立即浸入预先准备好的溶液中,让溶液渗到病叶中去的方法。溶液的质量浓度约1～5g·L^{-1},浸两小时左右,将叶片取出,数天后观察病征有无消失。

二、合理施肥的生理基础

了解作物需肥规律,方能达到合理施肥的预期效果。

1. 不同植物需肥不同

由于不同植物的遗传属性、品系、生长环境不同,对矿质肥料的需求也不同。开花结果多的大树应较开花结果少的小树多施肥,树势衰弱的也应多施肥。不同的植物施用的肥料种类也不同:酸性花木(如杜鹃、山茶、栀子花、八仙花等)应施酸性肥料,绝不能施石灰、草木灰等；果树以及木本油料树种应增施磷肥。此外，不同的植物对肥料要素，特别是氮、磷、钾三要素的比例要求不一样。叶菜类要多施氮肥，使叶片肥大，质地柔嫩；薯类作物和甜菜需要更多的磷肥、钾肥和一定量的氮肥。同一作物因栽培目的不同，施肥的情况也有所不同。如食用大麦，应在灌浆前后多施氮肥，使种子中的蛋白质含量增高；酿造啤酒的大麦则应减少后期施氮肥，否则，蛋白质含量高会影响啤酒品质。

作物不同，需肥的形态也会不同。烟草和马铃薯用草木灰作钾肥比氯化钾好，因为氯可降低烟草的燃烧性和马铃薯的淀粉含量（氯有阻碍糖运输的作用）。水稻宜施铵态氮而不宜施硝态氮，因水稻体内缺乏硝酸还原酶，所以难以利用硝态氮。而烟草则既需要铵态氮，又需要硝态氮，因为烟草需要有机酸来加强叶的燃烧性，又需要有香味。硝态氮能使细胞内的氧化能力占优势，故有利于有机酸的形成，铵态氮则有利于芳香油的形成，因此烟草施用 NH_4NO_3 效果最好。另外，黄花苜蓿及紫云英吸收磷的能力弱，以施用水溶性的过磷酸钙为宜；毛苕、荞麦吸收磷的能力强，施用难溶解的磷矿粉和钙镁磷肥也能被利用。

2. 不同生育时期需肥不同

同一植物在不同的生育时期对营养要求不同，一般情况下，植物对矿质营养的需要量与它们的生长量有密切关系。萌发期间，因种子内储藏有丰富的养料，所以一般不吸收矿质元素；幼苗可吸收一部分矿质元素，但需要量少，且随着幼苗的长大，吸收矿质元素的量会逐渐增加；开花结实期，对矿质元素吸收达高峰；以后，随着生长的减弱，吸收量逐渐下降，至成熟期则停止吸收。一般来说，施肥应注重前期及中期。对某些植物，如烟草，在后期不可再施肥；而对棉花、油菜等营养生长与生殖生长同时并进的植物，后期仍需要保持适当养分，要注意适当追肥。

3. 生长中心需肥量大

植物即使处于同一生育期，不同部位的需肥量也不同，其中生长中心，代谢旺盛，生长快，需肥量较大。因此，在不同生育期，施肥对生长的影响不同，对增产效果有很大的差别。其中有一个时期施用肥料的营养效果最好，这个时期被称为植物营养最大效率期。一般作物的营养最大效率期是生殖生长时期，此时正是植物处于生殖器官分化或退化的关键时期，需要养分量大。

三、合理施肥指标

合理施肥有两层含义：一是满足植物对必需元素的需要；二是使肥料发挥最大的经济效益。确定植物是否需要施肥，施什么肥，施多少肥，有各种指标。比如，土壤的营养水平、植物的长势、植物内某些元素的含量，均可作为施肥的指标。

（一）土壤营养丰缺指标

合理施肥要考虑土壤肥力状况。根据中国农业科学院调查，每公顷产 $6\sim7.5t$ 的小麦田，除了具有良好的物理性状外，还要求有机质含量达 1%，总氮含量在 0.06% 以上，速效氮在 $30\sim40mg \cdot L^{-1}$，速效磷在 $20mg \cdot L^{-1}$ 以上，速效钾在 $30\sim40mg \cdot L^{-1}$。由于各地的土壤、气候、耕作管理水平不同，所以对作物产量和土壤营养的要求也各异。因此，施肥指标也要因地、因植物而异，不能盲目搬用外地经验，只有通过本地的大量试验和调查，才能确定当地土壤的营养丰缺指标。

（二）作物营养丰缺指标

土壤营养指标并不能完全反映对肥料的要求，而植物自身的表征，才是最可靠最直接的指标。

1. 形态指标

根据作物的长势长相和叶色变化判断作物的营养状况，从而补充作物所缺肥料。

① 长相 植物的长相是指植物的外部形态。例如氮肥多，植株生长快，叶片大，叶色浓，株形松散；氮不足，植株生长慢，叶短而直，叶色变淡，株形紧凑。因此可以把植物的长相作为追肥的一种指标。

② 叶色 叶色反应快，敏感，追肥3～5日后叶色即发生变化，比生长反应要快，所以它是一个很好的形态追肥指标。叶色是体现作物营养状况（尤其是氮素营养）的最灵敏指标。叶色深，则表示氮和叶绿素含量都高。叶色浅，表明氮和叶绿素含量都低。

2. 生理指标

根据作物生理状况来判断作物营养水平的指标，称为生理指标。通常根据植物的生理活动与某些养分之间的关系，确定一些临界值，然后进行追肥。临界值的确定，与植物种类、生育时期、栽培措施、土壤养分水平等有关，需要多次试验才能获得。

① 叶片中养分含量 常用的植物营养分析方法是"叶分析"，即通过测定叶片或叶鞘等组织中矿质元素含量，来判断营养的丰缺情况。该方法在不同施肥水平，分析不同植物或同一植物的不同组织、不同生育期中营养元素的浓度与作物产量之间的关系。通过分析，找到一个植物获得最高产量时组织中营养元素的最低浓度，也即临界浓度。如果，叶中养分浓度低于临界浓度，就要及时补充肥料。例如，中国农业科学院江苏分院分析每公顷产皮棉 $1125 \sim 1275 kg$ 的棉株叶柄（顶端向下 $4 \sim 5$ 片叶的柄），认为适宜的硝态氮含量应为：苗期 $100 \sim 250 mg \cdot L^{-1}$，初蕾期 $300 \sim 450 mg \cdot L^{-1}$，花期 $140 \sim 250 mg \cdot L^{-1}$。低于这个幅度就表示肥力不足，应及时施肥；而高于这个幅度，棉株就可能徒长。

② 叶绿素含量 叶绿素含量能反映某些矿质元素的供给状况，特别是氮水平的高低。研究指出，南京地区的小麦返青期功能叶的叶绿素含量以占干重的 $1.7\% \sim 2.0\%$ 为宜，如果低于 1.7% 就是缺肥；拔节期以 $1.2\% \sim 1.5\%$ 为正常，低于 1.1% 表示缺肥，高于 1.7% 则表示太多，要控制拔节肥；孕穗期以 $2.1\% \sim 2.5\%$ 为正常。

③ 酰胺和淀粉含量 植物吸收氮素过多时，就以酰胺的形式储藏在叶片中，故酰胺积累情况，可作为判断氮素含量的指标。水稻等作物顶叶内，如检测到酰胺，则表明氮营养充足；如没有检测到酰胺，表明氮营养不足。

水稻和小麦叶鞘中淀粉的含量也可作为氮素的丰缺指标；氮肥不足，可使淀粉在叶鞘中累积，所以叶鞘内淀粉愈多，表示氮肥愈缺乏。其测定方法是将叶鞘劈开，浸入碘液，如被碘液染成的蓝黑色颜色深且占叶鞘面积的比例大，则表明土壤缺 N，需要追施氮肥。

④ 酶活性 某些酶的活性与其特有的元素多寡有密切关系，因为这些元素是酶的辅基或活化剂，当这些元素缺乏时，酶活性会下降。如缺铜时，抗坏血酸氧化酶和多酚氧化酶活性下降；缺钼时硝酸还原酶活性下降；缺锌时碳酸酐酶和核糖核酸酶活性降低；缺铁可引起过氧化物酶和过氧化氢酶活性下降。因而，可根据某种酶活性的变化，来判断某一元素的丰缺情况。

总的说来，生理指标可靠、准确，是诊断作物营养状况最有前途的方法。但目前工作尚少，未能形成完整而严密的诊断系统，还有待于进一步完善。

四、合理施肥的方法

合理施肥除了按植物的营养特性、土壤的供肥特点确定植物所需要的肥料外，采用什么样的施肥方法同样对提高植物产量有重要的影响。几种常见的施肥方法介绍如下：

1. 基肥

基肥又称底肥，是在进行植物播种或移植前，结合耕地施入土壤中的肥料。施用基肥的意义在于：一是保证植物在整个生长发育阶段内能获得适量的营养，为植物高产打下良好的基础；二是培养地力，改良土壤，为植物生长创造良好的土壤条件。

① 基肥施用的原则　一般以有机肥为主，无机肥为辅；长效肥为主，速效肥为辅；氮、磷、钾肥配合施用为主，根据土壤的缺素情况，个别补充为辅。

② 基肥的施用量　基肥施用量根据植物的需肥特点与土壤供肥特性而定，一般基肥施用量以占该植物总施肥量的 50％ 左右为宜。质地偏黏的土壤应适当多施，相反，质地偏沙的土壤适当少施。

③ 基肥的施用方法　常用的方法为撒施，即在土地翻耕前将肥料均匀撒于地表，然后翻入土中。撒施是施用基肥的一种常见方法。凡是植株密度较大，植物根系遍布于整个耕层，且施肥量又相对较多的地块上，都可采用这种方法。撒施的肥料必须均匀，防止肥料集结，以免植物生长不平衡。

2. 种肥

在植物播种或移植时施用的肥料称为种肥。施用种肥的意义在于：一是满足植物临界营养期对养分的需要；二是满足植物生长初期，根系吸收养分能力较弱的需要。

① 种肥的施用原则　一般以速效肥为主，迟效肥为辅；以酸性或中性肥料为主，碱性肥为辅；有机肥则应为腐熟好的肥料，未腐熟的肥料不宜施用。

② 种肥用量　同样根据植物需要量而定，一般占该植物总施肥量的 5％～10％ 为宜。

③ 种肥的施用方法　一是沟施法，即在播种沟内施用肥料，如小麦或棉花在开沟播种时（先施肥，后播种），将要施入的肥料混合后施入沟内，并使肥土相融，然后播种覆土，这种肥料一般以施用大量元素为主。二是拌种法，当肥料用量少或者肥料价格比较昂贵时及各种生物制剂、激素肥料等均采用此法。拌种法先将要施用的肥料与填充物充分拌匀后，再与种子相拌，一般随拌随种。三是浸种法（包括浸种、蘸秧根），先将肥料用水溶解配制成很稀的溶液，然后将种子浸入溶液当中一段时间（根据植物特性而定）。浸种时要注意的问题主要有：溶液的浓度不能过高，浸种时间不能过长，以免伤害种子而影响发芽与出苗。

3. 追肥

追肥是在植物生长期间，根据植物各生长发育阶段对营养元素的需要而补施的肥料。

① 追肥的施用原则　一要看土施肥，即：肥土少施轻施，瘦土多施重施；沙土少施轻施，黏土适当多施、重施。二要看苗施肥（看苗的长势长相），即：旺苗不施，壮苗轻施，弱苗适当多施。三要看植物的生育阶段：苗期少施轻施，营养生长与生殖生长旺盛时多施重施。四要看肥料性质，一般追肥以速效肥为主（苗期），而营养生长与生殖生长旺盛时则以有机肥、无机肥配合施用为主。五要看植物种类：播种密度大的植物（如水稻、小麦等）以速效肥为主。

② 追肥的施用量　一般追肥施用量占总施肥量的 40％～50％ 为宜，其中植物生长旺盛期应占总追肥量的 50％。

③ 追肥的施用方法　一是撒施法，适宜于播种密度大的植物，如水稻等；二是沟施法，即开沟施用，适宜于棉花、玉米等植物；三是环施法，如果树在其周围开一条围沟而施肥；四是喷施法，即根外追肥，为补充根部施肥的方法。

4. 配方施肥

配方施肥是一项科学性很强的综合性施肥技术，其理论依据主要有：肥料效应的报酬递减律、土壤最小养分律、养分归还学说、必需营养元素同等重要律和不可替代律、植物营养关键期、有机肥和无机肥相结合原则以及生产因子的综合作用等。下面介绍应用较为广泛的目标产量配方法。

目标产量配方法的依据是：以实现作物目标产量所需养分量与土壤供应养分量的差额作

为施肥依据，来达到养分收支平衡的目的。施肥量计算公式如下：

$$施肥量 = \frac{目标产量所需养分总量 - 土壤供给量}{肥料中养分含量 \times 肥料当季利用率}$$

五、发挥肥效的措施

为了使肥效得到充分发挥，除了合理施肥外，还要注意其他措施：

1. 适当灌溉，充分发挥肥效

水分会影响植株对矿质的吸收和利用，水分还能防止肥料过多而造成的"烧苗"，从而改善植物利用矿质的环境条件。所以土壤干旱时施肥效果降低，若在施肥的同时适量灌水，就能大大提高肥料效益。

2. 适当深耕，改良土壤环境

适当深耕，增施有机肥料，可以促进土壤团粒结构的形成。这不但可增加土壤保水保肥的能力，而且可改善根系生长环境，使根系迅速生长，扩大对水肥的吸收面积，同时也有利于根系对矿质的主动吸收，增强对矿质的吸收速率。

3. 改善施肥方式

改表层施肥为深层施肥。过去施肥多为表施，氧化剧烈，铵态氮的转化，氮、钾肥的流失，某些肥料的分解挥发，磷素的固定等都很严重，所以作物吸收利用的效率不高。深层施肥将肥料施于作物根系附近 5～10cm 深的土层，由于肥料深施，挥发少，铵态氮的硝化作用也慢，流失也少，供肥稳而久，加上根系生长有趋肥性，根系深扎，活力强，植株健壮，增产显著。另外，根外施肥也是一种经济用肥的方法。

六、植物的无土栽培

无土栽培是指用含有各种植物生长发育所需矿质营养元素的营养液代替土壤栽培植物的方法。自 1959 年，诺普等人成功地使培养在按固定配方配制的营养液中的植物完成了生活史以来，植物的无土栽培方法便得到了较快的发展。

1. 无土栽培的类型

在 1976 年召开的世界无土栽培会议上，对不同的无土栽培系统作了如下分类。

水培：即植物的根系浸没在营养液中的方法，如营养膜技术。

砂培：植物根系生长在小于 3mm 直径的固体颗粒中（如沙子、珍珠岩、塑料粒及其他无机物质）。

沙砾栽培：植物的根系生长在大于 3mm 直径的固体颗粒中（如沙砾、玄武岩、火山渣、浮石、塑料粒及其他无机物质）。

蛭石栽培：植物根系生长在蛭石或蛭石与其他无机物质的混合物中。

棉栽培：植物根系生长在岩棉（石棉）、玻璃棉或其他同类物质中。

此外，还有水耕、深液流技术、雾培、泥炭培和锯木培，等等。

上述这些无土栽培方法大致可归纳为两类：一类属于溶液培养方法（即水培），另一类为固体介质栽培方法。采用溶液培养方法时应注意不断补充营养液中的矿质营养成分。较先进的溶液培养系统最好配置有能够自动检测培养液中主要矿质元素（如氮、磷、钾、钙、镁、硫等）含量的装置，并能根据溶液中某种元素的缺乏情况而进行自动补充。固体栽培方法由固体物质作为植株的固定支撑基质，这些固体物质中并不含有植物生长所需的矿质营养，因此也需要用营养液通过循环、淋浇、滴灌等方式供给植物矿质营养。图 3-14 展示了无土栽培装置。

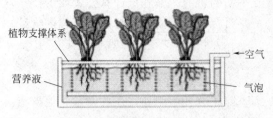

(a) 培养液生长体系

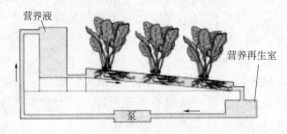

(b) 营养膜培养系统

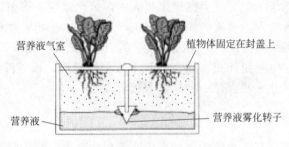

(c) 有氧溶液培养系统

图 3-14　植物无土栽培装置示意图

（a）水培装置，将植物根部直接浸入营养液，利用气泵向营养液通气补充氧气；（b）为常用于工厂化生产的营养膜培养系统，利用水泵将营养液循环利用，在植物根部保持流动的营养液膜层，被循环利用的营养液的 pH 和营养成分可通过自动控制装置不断予以调节或补充；（c）有氧溶液培养系统，植物根不直接浸入营养液，利用浸入营养液的电动旋转装置在培养槽中产生雾状营养液。

2. 植物无土栽培营养液

营养液是无土栽培的核心。营养液是由含各种植物营养元素的化合物溶解于水配制而成的。其组成绝大部分是水，含有营养元素的化合物及辅助物质。

水的选择因使用目的不同而定。对于一般蔬菜、花卉的栽培则可使用雨水、井水和自来水，研究营养液新配方及某些营养元素的缺乏症时，需要使用蒸馏水或去离子水。

营养液中含有植物必需的大量元素和微量元素，各种元素的浓度和不同元素之间的比例应根据生理平衡和化学平衡原则来确定，同时也应考虑所栽培植物的种类。对于易形成难溶性化合物的阳离子和阴离子应控制其阴离子、阳离子浓度，以避免形成沉淀。较适宜的营养液渗透势在 -0.09 MPa 左右。配制营养液时应根据不同目的而选用不同纯度的试剂。对于进行营养液新配方的研制或研究营养元素缺乏症等试验工作，最好用分析纯的试剂。而在较大规模的无土栽培生产实践中，除了微量元素需用化学纯试剂或药用试剂外，大量元素的供给多采用农业用品（如化肥或复合化学肥料）以降低成本。

pH 是营养液的重要参数，一般应控制在 $5.5 \sim 6.5$。而且，由于在植物生长过程中会对其生长环境介质的 pH 产生影响，所以在营养液的使用过程中还应注意经常监测并调节其 pH。

溶液的含氧量也是影响植物无土栽培（特别是水培）的重要因素。实际上利用营养膜和雾培的方法就是为了使植物根系能够获得足够的氧。生长在营养液中的植物根系，其呼吸作用所需的氧气主要是来源于营养液中的溶解氧，因此在无土栽培过程中须不断对营养液补充溶解氧。常用的向营养液补充溶解氧的方法有：①充分搅拌溶液；②向溶液通气；③保持营养液处于流动循环状态；④利用化学试剂增氧。

此外，还应注意营养液的温度。一方面应使营养液温度不要过高或过低，如夏季的液温应不超过28℃，冬季的液温应不低于15℃左右；另一方面，在有条件的情况下可调节营养液温度使其低于气温2~4℃，因为对于大多数植物来说，适当的根冠间的温差有利于植物的生长发育。

3. 无土栽培的优点和发展前景

植物的无土栽培方法无疑有多种优点。

第一，无土栽培可以不受环境条件的限制。地球上的许多地区（如极端寒冷地区、沙漠等）都不适宜于种植植物。但在温室、大棚等保护地内进行植物的无土栽培则一般不受地域限制。以色列在沙漠上创造了所谓的农业奇迹，其中在以色列科学家和农户的努力下广泛应用的无土栽培技术功不可没。在家庭、办公室等地方，也可充分利用窗台、阳台、走廊、屋顶及其他空闲地方进行植物的无土栽培。

第二，由于无土栽培经常采用柱式或多层式等立体栽培方式，故利用无土栽培技术可以大大提高土地使用效率。如利用柱式无土栽培方式种植生菜，可使种植面积达所占土地面积的3~5倍。这对于土地非常紧缺的我国而言尤其具有重要意义。而对于空间极为珍贵的情况（如空间站等），高密度的无土立体栽培技术无疑具有其独特的优势。美国宇航局（NASA）自20世纪80年代开始不间断地资助适于在空间站应用的植物无土栽培技术。

第三，利用无土栽培生产的蔬菜、花卉等不仅产量高，而且品质往往优于一般土壤栽培的植物产品。无土栽培的花卉其各项指标均强于土培产品，如无土栽培的玫瑰多采用脱毒苗，花瓣上无病害造成的斑点，而且整体形状均匀、美观，观赏价值大大提高。

第四，在当前"绿色农业"兴起的情况下，利用无土栽培方式生产"绿色"无污染植物产品也愈来愈受到关注。无土栽培过程中不存在杂草问题，因此避免了使用化学除草剂；而进行无土栽培的保护地（温室、大棚等设施）内也很少有病虫害，特别是没有由土壤感染而发生的病虫害，因此避免或极大地减少了农药的使用。因此，应用无土栽培生产的蔬菜、瓜、果等属于无公害食品。

第五，无土栽培的另一重要特点是节约水肥。一般大田作物用于栽培灌溉的水的大部分都被蒸发、流失和渗漏了，被植物吸收利用的水仅是其中很少一部分。而无土栽培由于在相对封闭的环境中进行，水的蒸发量要少得多，而流失或渗漏则几乎为零。有研究报告表明，每生产1kg茄子，利用无土栽培方式所消耗的水分仅是土培方式所消耗水分的1/7。因此，在我国这样一个水资源严重匮乏的国家大力发展无土栽培，对实现我国的资源节约型可持续农业发展具有重大的战略意义。大田作物栽培中所施肥料的损失也是很大的。如大田中一般氮肥的利用率为30%~50%，其余部分或随雨水流失或在土壤中的硝化细菌和反硝化细菌的作用下成为氮气进入大气中。又如磷酸盐在土壤中大部分被转化为难溶盐的形式，不能被植物吸收，当年利用率为20%。而无土栽培则没有以上在土壤中种植植物所存在的问题。

第六，无土栽培方式还便于使种植业实现工厂化。目前，世界上已有许多全自动化无土栽培设施和立体化无土栽培工厂。因此无土栽培具有十分诱人的广阔发展前景。

【知识窗】
施肥与人类健康

本章小结

（1）通过水培和砂培方法已经确认碳、氢、氧、氮、磷、钾、钙、镁、硫、铁、硼、锰、锌、铜、钼、氯、镍等为植物必需的元素，这些元素又可分为大量元素和微量元素。植物必需元素对植物生长起重要作用，植物缺乏时会呈现不同病征，可通过化学诊断、病征诊断、加入诊断法等方法来诊断。

（2）植物细胞对矿质元素有被动吸收、主动吸收和胞饮作用三种吸收类型。被动吸收包括单纯扩散与协助扩散；主动吸收消耗能量，是细胞吸收矿质元素的主要方式。

（3）植物吸收矿质元素的主要器官是根系，其吸收过程：离子通过交换形式吸附在根表，经质外体和共质体途径进入根内部，最终由共质体途径进入导管。温度、土壤通气状况、土壤溶液浓度、土壤pH等因素会影响矿质元素的吸收。

（4）根系吸收的矿质元素既可通过木质部向上运输，也可横向运输到韧皮部再进行运输。叶片吸收的元素在茎内向上或向下运输主要通过韧皮部、木质部。参与循环的元素（如氮、磷、钾、镁等）多分布于代谢旺盛的幼嫩部位，非可再利用元素主要集中在老叶或衰老的部位。

（5）植物矿质元素必须同化才能被植物利用。氮素同化包括生物固氮、硝态氮和铵态氮的同化等过程。

（6）合理施肥应根据植物特性、生产目的、生育期、土壤肥力、植物营养等方面针对性地采用基肥、种肥和追肥等方法，按配方进行施肥。无土栽培根据栽培植物的不同可采用不同的培养类型和配方。

复习思考题

一、名词解释

矿质营养　主动吸收　被动吸收　合理施肥

二、思考题

1. 植物必需的矿质元素有哪些？其确定标准和方法是什么？
2. 植物必需的矿质元素有哪些生理作用？
3. 为什么在观叶植物栽培中要多施氮肥？
4. 如何诊断植物缺素症状？
5. 试分析植物失绿（发黄）的可能原因。
6. 植物细胞吸收矿质元素的方式有哪些？
7. 什么是根外施肥？根外施肥有哪些优点？
8. 试述植物细胞被动吸收和主动吸收矿质元素的机理？
9. ATP 酶是如何参与矿质元素的主动转运的？
10. 影响植物吸收矿质营养的因素有哪些？
11. 氮的同化有哪几种方式？
12. 简述矿质元素在植物体内的运输和利用。
13. 为什么植物缺钙、铁等元素时，缺素症最先表现在幼嫩器官上，而缺氮、磷、钾时缺素症最先表现在老器官上？
14. 请谈谈在农业生产中如何做到合理施肥。

PPT 课件

第四章 植物的光合作用

【学习目标】
（1）掌握光合作用在生产实践中的有关应用。
（2）熟悉光合作用的基本机理。
（3）了解光合作用的概念、意义和叶绿体的结构、光合色素的种类。

第一节 光合作用概述及意义

一、概述

光合作用是绿色植物吸收太阳的光能，将 H_2O 分解放出 O_2，并将 CO_2 还原为有机物的过程。这一过程的能源是光能，场所是植物的绿色部分，原料是 CO_2 和 H_2O，产物是糖类和 O_2。在生物界中，光合作用是一个基本的生物化学过程，也是物质和能量转化的过程，为生物的生存和发展提供了必要的碳源、氢源、氧源和能源。所以说，光合作用是千姿百态、生机盎然的生物界赖以生存的基础。目前人类面临着粮食、能源、资源、环境和人口五大问题，这些问题的解决都和光合作用有着密切的关系。因此，深入探讨光合作用的规律，弄清光合作用的机理，对于有效利用太阳能，使之更好地服务于人类，具有重大的理论和实际意义。

光合作用的过程可用方程式表示：

$$CO_2 + H_2O \longrightarrow (CH_2O) + O_2$$

由于光合作用中释放的 O_2，不是来自 CO_2，而是来自 H_2O 的，因此反应方程式又可写成：

$$CO_2 + H_2O^* \longrightarrow (CH_2O) + H_2O + O_2^*$$

如果考虑光合作用中的能量关系的话，用葡萄糖代替 CH_2O，反应式又可写成：

$$6CO_2 + 6H_2O \longrightarrow C_6H_{12}O_6 + 6O_2$$

二、光合作用的意义

第一，制造有机物。绿色植物通过光合作用制造有机物的数量是非常巨大的。据估计，地球上的绿色植物每年大约制造四五千亿吨有机物，这远远超过了地球上每年工业产品的总产量。所以，人们把地球上的绿色植物比作庞大的"绿色工厂"。绿色植物的生存离不开自身通过光合作用制造的有机物。人类和动物的食物也都直接或间接地来自光合作用制造的有机物。

第二，转化并储存太阳能。绿色植物的光合作用完成了自然界规模巨大的能量转变，在这一过程中，它把太阳投射到地球表面上的一部分辐射能，转变为储存在有机物中的化学能。如果按照植物每年形成 4400 亿吨有机物计算，绿色植物每年就储存 7.1×10^{18} 千焦的能量。这个巨大的数字大约相当于 240000 个三门峡水电站每年所发出的电力，相当于人类在工业生产、日常生活和食物营养上所需要能量的 100 倍。因此，通过光合作用所储存的能量几乎是所有生物生命活动所需能量的最初源泉。从动力的角度看，随着近代科学的发展，工农业生产和日常所需的动力，虽然已经能够由原子能、水力发电以及太阳能的直接利用解决一部分，但是在现阶段人们所需动力的大约90%仍然必须依靠煤、石油、天然气、泥炭和薪柴来取得，而所有上述这些动力资源，都是从古代或现今的植物光合作用中积累下来的。

第三，使大气中的氧和二氧化碳的含量相对稳定。据估计，全世界所有生物通过呼吸作用消耗的氧和燃烧各种燃料所消耗的氧，平均为 $10000t \cdot s^{-1}$。以这样的消耗氧的速度计算，大气中的氧大约只需二千年就会用完。然而，这种情况并没有发生。这是因为绿色植物广泛地分布在地球上，不断地通过光合作用吸收二氧化碳和释放氧，从而使大气中的氧和二氧化碳的含量保持相对的稳定。

第四，对生物的进化具有重要的作用。在绿色植物出现以前，地球的大气中并没有氧。只是在距今20亿～30亿年以前，绿色植物在地球上出现并逐渐占有优势以后，地球的大气中才逐渐含有氧，从而使地球上其他进行有氧呼吸的生物得以发生和发展。大气中的一部分氧转化成臭氧（O_3），臭氧在大气上层形成的臭氧层能够有效地滤去太阳辐射中对生物具有强烈破坏作用的紫外线，从而使水生生物开始逐渐能够在陆地上生活。经过长期的生物进化过程，最后才出现广泛分布在自然界的各种动植物。

第二节　光合作用的结构基础

一、叶绿体的结构及成分

高等植物的叶肉细胞一般含50～200个叶绿体，可占细胞质的40%，叶绿体的数目因物种细胞类型、生态环境、生理状态而有所不同。叶绿体由叶绿体外被、基质和类囊体3部分组成，叶绿体含有3种不同的膜（外膜、内膜、类囊体膜）和3种彼此分开的腔（膜间隙、基质和类囊体腔），见图4-1。

（一）外被

叶绿体外被由双层膜组成，膜间为10～20nm的膜间隙。外膜的渗透性大，如核苷、无机磷、蔗糖等许多细胞质中的营养分子可自由进入膜间隙。内膜对通过物质的选择性很强，CO_2、O_2、Pi、H_2O、磷酸甘油酸、丙糖磷酸、双羧酸和双羧酸氨基酸可以透过内膜，ADP、ATP、己糖磷酸、葡萄糖及果糖等透过内膜较慢。蔗糖、$NADP^+$及焦磷酸不能透过内膜，需要特殊的转运体才能通过内膜。

（二）基质

被膜以内的基础物质称为基质，基质以水为主体，内含多种离子、低分子的有机物以及多种可溶性蛋白质等。基质是进行碳同化的场所，它含有还原 CO_2 与合成淀粉的全部酶系。此外，基质中含有氨基酸、蛋白质、DNA、RNA、脂类等物质及其合成和降解的酶类以及参与这些反应的底物与产物，因而在基质中能进行多种多样复杂的生化反应。基质中还有淀粉粒与质体小球，它们分别是淀粉和脂类的储藏库。

（三）类囊体

类囊体是由一个自身闭合的双层薄膜组成的，呈压扁了的囊状物，沿叶绿体的长轴平行排列。膜上含有光合色素和电子传递链的组分，又称光合膜。许多类囊体像圆盘一样叠在一起，称为基粒，组成基粒的类囊体，叫作基粒类囊体，它们构成内膜系统的基粒片层。基粒直径约 $0.25～0.8\mu m$，由10～100个类囊体组成。每个叶绿体中约有40～60个基粒。贯穿在两个或两个以上基粒之间的没有发生垛叠的类囊体称为基质类囊体，它们形成了内膜系统的基质片层。在基粒与基粒之间通过基质类囊体相互联系，加之基质类囊体较大，有时一个基质类囊体可以贯穿几个基粒，这样基质类囊体与基粒类囊体就连接成一个复杂的网状结构，使全部类囊体成为一个相互贯通的封闭系统，见图 4-2。

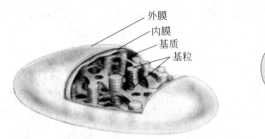

图 4-1　叶绿体立体结构模式图

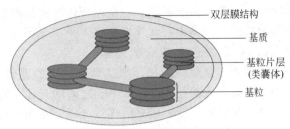

图 4-2　类囊体结构

二、光合色素

光合色素主要有三类：叶绿素、类胡萝卜素和藻胆素。高等植物叶绿体中含有前两类，藻胆素仅存在于藻类。

（一）光合色素的结构与性质

1. 叶绿素

类囊体中含两类色素：叶绿素和橙黄色的类胡萝卜素。叶绿素是使植物呈现绿色的色素，约占绿叶干重的 1%。植物的叶绿素包括 a、b、c、d 四种，高等植物中含有 a、b 两种，叶绿素 c、d 存在于藻类中，而光合细菌中则含有细菌叶绿素。叶绿素 a 呈蓝绿色，叶绿素 b 呈黄绿色。通常叶绿素和类胡萝卜素的比例约为 3:1，叶绿素 a 与叶绿素 b 也约为 3:1。全部叶绿素和几乎所有的类胡萝卜素都包埋在类囊体膜中，与蛋白质以非共价键结合，一条肽链上可以结合若干色素分子，各色素分子间的距离和取向固定有利于能量传递。叶绿素 a 与叶绿素 b 的分子式很相似，两者结构上的差别仅在于叶绿素 a 的 B 吡咯环上一个甲基（—CH_3）被醛基（—CHO）所取代。叶绿素分子含有一个卟啉环的"头部"和一个叶绿醇的"尾巴"。卟啉环由四个吡咯环与四个甲烯基（—CH ＝）连接而成，它是各种叶绿素的共同基本结构（图 4-3）。卟啉环的中央络合着一个镁原子，镁偏向带正电荷，而与其相连的氮原子则带负电荷，因而"头部"有极性，是亲水的。卟啉环上的共轭双键和中央镁原子容易被光激发而引起电子的得失，这

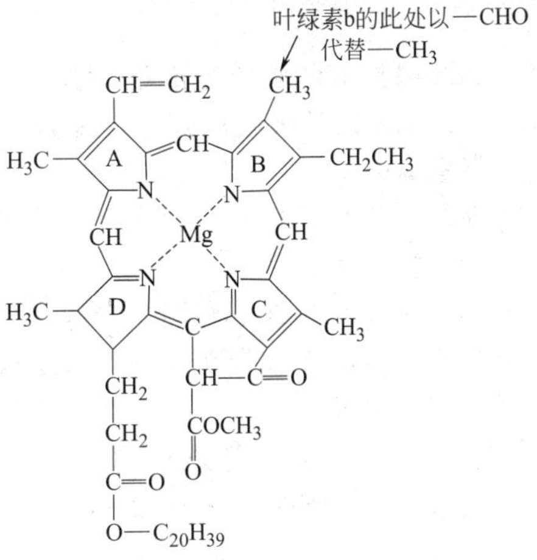

图 4-3　叶绿素 a 的结构式

决定了叶绿素具有特殊的光化学性质。卟啉环中的镁可被 H^+、Cu^{2+}、Zn^{2+} 等所置换。当为 H^+ 所置换后，即形成褐色的去镁叶绿素。去镁叶绿素中的 H^+ 再被 Cu^{2+} 取代，就形成铜代叶绿素，颜色比原来的叶绿素更鲜艳稳定。根据这一原理可用醋酸铜处理来保存绿色标本。叶绿素是一种酯，因此不溶于水。通常用含有少量水的有机溶剂，如 80% 的丙酮，或 95% 的乙醇，或丙酮:乙醇:水＝4.5:4.5:1 的混合液，来提取叶片中的叶绿素，用于测定叶绿素含量。这是因为叶绿素与蛋白质结合很牢，需要经过水解作用才能被提取出来。

2. 类胡萝卜素

类胡萝卜素包括胡萝卜素和叶黄素。胡萝卜素呈橙黄色，叶黄素呈黄色。通常叶片中叶

黄素与胡萝卜素的含量之比约为 2：1。一般来说，叶片中叶绿素与类胡萝卜素的比值约为 3：1，所以正常的叶子总呈现绿色。秋天或在不良的环境中，叶片中的叶绿素较易降解，数量减少，而类胡萝卜素比较稳定，所以叶片呈现黄色。类胡萝卜素总是和叶绿素一起存在于高等植物的叶绿体中，此外也存在于果实、花冠、花粉、柱头等器官的有色体中。

（二）光合色素的吸收光谱

太阳光不是单一的光，到达地表的大约是波长 300nm 的紫外光到 2600nm 的红外光，其中只有波长大约在 390～760nm 之间的光才是可见光。可见光通过三棱镜后，可分成红、橙、黄、绿、青、蓝、紫七色连续光谱。对光合作用起作用的是可见光谱范围内的光波。光

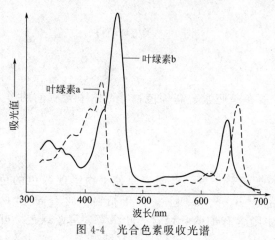

图 4-4　光合色素吸收光谱

具有波粒二重性，它是以波的形式传播，以粒子的形式被吸收的，这些粒子被称为光子，每个光子所具有的能量叫光量子（或称量子）。光子具有的能量与光的波长成反比，即波长越长，其光子所携带的能量越低。在可见光范围内，紫光波长最短，能量水平最高；红光波长最长，能量水平最低。用分光光度计能精确测定光合色素的吸收光谱（图 4-4）。叶绿素最强的吸收区有两处：波长 640～660nm 的红光部分和 430～450nm 的蓝紫光部分。叶绿素对橙光、黄光吸收较少，尤以对绿光的吸收最少，所以叶绿素的溶液呈绿色。叶绿素 a 和叶绿素 b 的吸收光谱很相似，但也稍有不同：叶绿素 a 在红光区的吸收峰比叶绿素 b 的高，而蓝光区的吸收峰则比叶绿素 b 的低，也就是说，叶绿素 b 吸收短波长蓝紫光的能力比叶绿素 a 强。

一般阳生植物叶片的叶绿素 a 与叶绿素 b 的比值约为 3：1，而阴生植物的叶绿素 a 与叶绿素 b 的比值约为 2.3：1。叶绿素 b 含量的相对提高就有可能更有效地利用漫射光中较多的蓝紫光，所以叶绿素 b 有阴生叶绿素之称。

类胡萝卜素的吸收带在 400～500nm 的蓝紫光区，它们基本不吸收红光、橙光、黄光，从而呈现橙黄色或黄色。

（三）光合色素的荧光现象和磷光现象

叶绿素溶液在透射光下呈绿色，而在反射光下呈红色，这种现象称为叶绿素荧光现象。如叶绿素溶液照光后，中断光源，立即用灵敏的光学仪器检验，则可发现有微弱的红色光，这个现象称磷光现象。

（四）光合色素在光合作用中的作用

在叶绿体中，光合色素分布在类囊体膜上，光合色素总的作用就是吸收、传递和转换光能。根据光合色素在光合中的作用，光合色素可分为两类，即反应中心色素和捕光色素。

1. 反应中心色素

在光合色素中，有一小部分处于特殊状态的叶绿素 a 分子能够进行光化学反应，把这些能够进行光化学反应的叶绿素 a 分子，称为反应中心色素。光化学反应指由光引起的氧化还原反应，即电子得失反应。反应中心色素的作用是将光能转化为电子能。植物体内的反应中心色素有两类，一类是吸收波长为 700nm 的 P700，另一类是吸收波长为 680nm 的 P680。

2. 捕光色素

捕光色素也称为天线色素，包括绝大部分的叶绿素 a、全部的叶绿素 b、全部的类胡萝

卜素，它的作用是吸收光能和传递光能，传递的方向是反应中心色素。

三、叶绿素的生物合成及其与环境条件的关系

（一）叶绿素的生物合成

叶绿素的合成是一个酶促反应。高等植物叶绿素的生物合成以谷氨酸和 α-酮戊二酸作为原料，先合成原叶绿酸酯，再经光还原变为叶绿酸酯 a，然后与叶醇结合形成叶绿素 a。叶绿素 b 是由叶绿素 a 转化而成的。

（二）影响叶绿素形成的条件

1. 光照

光是叶绿体发育和叶绿素合成必不可少的条件，如果没有光照，则影响叶绿素形成，一般植物叶子会发黄。黑暗中生长的幼苗呈黄白色，遮光或埋在土中的茎叶也呈黄白色，这种因缺乏某些条件而使叶子发黄的现象，称为黄化现象。然而，藻类、苔藓、蕨类、松柏科植物以及柑橘子叶和莲子的胚芽可在黑暗中合成叶绿素，其合成机理尚不清楚，推测这些植物中存在可代替可见光促进叶绿素合成的生物物质。

2. 温度

叶绿素的生物合成是一系列酶促反应，因此受温度影响很大。最适温度是 $20\sim30℃$，最低温度约为 $2\sim4℃$，最高温度为 $40℃$左右。温度过高或过低均降低合成速率，加速叶绿素降解。秋天叶子变黄和早春寒潮过后秧苗变白等现象，都与低温抑制叶绿素形成有关。高温下叶绿素分解大于合成，因而夏天绿叶蔬菜存放不到一天就变黄；相反，温度较低时，叶绿素解体慢，这也是低温保鲜的原因之一。

3. 矿质元素

氮和镁是叶绿素的组成成分，铁、铜、锰、锌是叶绿素合成过程中酶促反应的辅因子。缺乏这些元素影响叶绿素形成，植物出现缺绿症，尤以氮素的影响最大。因而叶色的深浅可作为衡量植株体内氮素水平高低的标志。

4. 水分

植物缺水会抑制叶绿素的生物合成，且与蛋白质合成受阻有关。严重缺水时，叶绿素的合成减慢，降解加速，所以干旱时叶片呈黄褐色。

5. 氧气

缺氧会影响叶绿素的合成；光能过剩时，氧引起叶绿素的光氧化。

此外，叶绿素的形成还受遗传因素的控制。如白化叶、花斑叶等都是叶绿素不能正常合成造成的。

第三节　光合作用的机理

光合作用是一系列光化学、光物理和生物化学转变的复杂过程，可分为光反应和暗反应。光反应需要光，通过原初反应、电子传递与光合磷酸化过程，吸收太阳的光能并转换为电能，再形成活跃的化学能，储存在 ATP 和 $NADPH_2$ 中，这一过程是在叶绿体的基粒片层上完成的，它随着光强的增大而加速。暗反应不需要光，通过吸收 CO_2 和 H_2O 合成有机物，同时将活跃的化学能转变为稳定的化学能，储藏在这些有机物分子的化学键当中，成为植物体的组成物质，这一过程是在叶绿体的基质中进行的，它随温度的升高而加快。

一、原初反应

原初反应是光合作用的起点，是光合色素吸收并传递光能所引起的一系列物理化学反应。原初反应包括光能的吸收、传递和光化学反应。原初反应通过捕光色素收集太阳的光能并以诱导共振的方式将其传递给反应中心色素分子，反应中心色素分子发生一种光化学反应，把光能转化为电能，以高能电子的形式存在。

（一）光能的吸收

原初反应的第一步是光合色素吸收光能，每个叶绿素分子每次可吸收一个光量子，然后将一个电子激发，使它从原来低能量的轨道转入高能量的轨道，这时光合色素分子就从低能量稳定的基态转入高能量的激发态。

（二）光能的传递

捕光色素吸收光能后，转变为激发态，激发态分子再将能量传递给相邻的色素分子，最后传递给反应中心色素。光能的传递方式是诱导共振。在类囊体膜上，光合色素排列很紧密，距离约为 $10 \sim 50nm$，一个激发态分子可通过诱导邻近分子振动的方式，把能量传递出去，而且传递能量速率非常高，1 个红光量子，在 $5 \times 10^{-9}s$ 内就可通过几百个叶绿素分子的传递。能量从叶绿素 b 传递给叶绿素 a，效率为 100%，从类胡萝卜素传递给叶绿素，效率为 90%。

（三）光化学反应

光化学反应是指反应中心色素吸收光能所引起的氧化还原反应。反应中心色素接受捕光色素传递来的光能被激发，将电子传递出去，光能就转换成了电能。光化学反应在反应中心进行，反应中心是指叶绿体中进行光化学反应的最基本的色素蛋白复合体。反应中心至少包括一个反应中心色素分子（P），一个原初电子供体（D），一个原初电子受体（A）。最终的电子供体是水，最终的电子受体是 $NADP^+$。图 4-5 表示光合作用原初反应的能量吸收、传递与转换的关系。

在光化学反应中，反应中心色素分子接受光能被激发，将电子传递出去，电子传递给原初电子受体，反应中心色素被氧化，电子受体被还原。反应中心色素从原初电子供体获得电子还原后，进行下一次光化学反应。

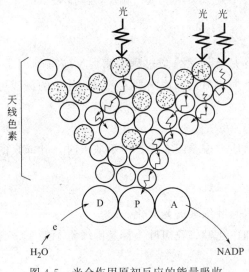

图 4-5 光合作用原初反应的能量吸收、
传递和转换关系示意图
D—原初电子供体；P—反应中心色素分子；
A—原初电子受体
◯ 捕光叶绿素分子；◌ 类胡萝卜素等辅助色素

（四）光系统和光合单位

1. 光系统

光系统是指吸收光能，并进行光化学反应的色素系统。它包括两部分：反应中心和捕光色素。在叶绿体内，光系统是以色素蛋白复合体形式存在的。高等植物有两种类型的光系统：一种是 PS I，反应中心色素为 P700；另一种是 PS II，反应中心色素是 P680。光合作用需要这两种光系统协同作用。对光系统的研究，最早开始于 Emerson 的两个试验：

① 1943 年，Emerson 等人用小球藻研究不同波长光的光合效率（吸收单位光能后所释

放的氧分子数量）。他们发现，当用波长大于 685nm 的远红光照射时，光虽然可被叶绿素大量吸收，但光合效率急剧下降，这种现象称为红降。

② 1957 年，Emerson 等人发现，当照射远红光（＞685nm）时，补照短红光（约650nm），光合效率大大增加，其光合效率大于用两种波长的光单独照射时的光合效率之和，这种现象称为双光增益效应或 Emerson 效应。红降现象和 Emerson 效应说明，植物中存在两种相互联系的进行光化学反应的光系统：单独用短红光或远红光照射，都会使光合效率下降；只有同时用两种波长的光照射，两种光系统同时运转，光合效率才能达到最大值。进一步的研究证明，叶绿体内确实存在两个光系统，即 PSⅠ和 PSⅡ。

2. 光合单位

光合单位是 Emerson 于 1932 年提出的。当时他把同化 1 分子 CO_2 或释放 1 分子氧所需要的叶绿素分子的数目称为光合单位。现在，光合单位是指进行光化学反应所需要的协同作用的光合色素分子的数目。一般 1 个光合单位包括 1 个反应中心色素分子、300 个叶绿素分子和 50 个类胡萝卜素分子。

二、光合电子传递

电子传递，是指在原初反应中产生的高能电子，经过一系列电子传递体，传递给 $NADP^+$，产生还原型的 NADPH 的过程。

（一）光合电子传递链的组成

光合电子传递链，简称光合链，如图 4-6 所示，是指在类囊体膜上由 PSⅠ、PSⅡ和其他电子传递体相互衔接所构成的电子传递体系。光合链由许多电子传递体构成，而且许多电子传递体都是以复合体形式存在的。它包括以下成分：

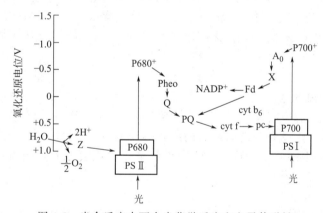

图 4-6 光合反应中两个光化学反应和电子传递链

1. PSⅡ复合体

PSⅡ复合体由三部分组成，即反应中心、捕光色素复合体和放氧复合体。反应中心包括反应中心色素、原初电子供体和受体。捕光色素复合体包括叶绿素、叶黄素和 Cyt b_{559}，作用是为反应中心提供光能。放氧复合体由三条多肽链构成，还包含一些无机离子（Mn^{2+}、Ca^{2+}、Cl^-），作用是分解水，释放 O_2，为 PSⅡ反应中心提供电子。

2. 质体醌

质体醌（PQ）是 PSⅡ复合体的电子受体。它的特点是不与任何其他成分结合，具有脂溶性，可在膜内运动，而且质体醌（PQ）在还原时还需要质子。

3. Cyt b_6f 复合体

Cyt b_6f 复合体是质体醌（PQ）的电子受体。

4. 质体蓝素

质体蓝素（PC）位于类囊体膜外侧，是 Cyt b_6f 复合体的电子受体，它是一个含 Cu 蛋白，分子量较小，它可能在膜表面运动。

5. PSⅠ

PSⅠ由两部分组成，反应中心和捕光色素复合体。反应中心色素为 P700，电子受体分别为叶绿素 a 分子，铁硫蛋白 Fe-Sx、Fe-SB、Fe-SA。捕光色素复合体含有叶绿素和胡萝卜素，作用是为反应中心提供光能。

6. 铁氧还蛋白

铁氧还蛋白（Fd）是一个可溶蛋白，位于类囊体膜外侧，它的作用是接受 PSⅠ复合体传递来的电子，再传递给 NADP 还原酶，由 NADP 还原酶将 $NADP^+$ 还原。

（二）电子传递的过程

高能电子在一系列电子传递体之间移动，释放能量并通过光合磷酸化作用把释放出来的电能转化为活跃的化学能（$NADPH_2$ 和 ATP），作为能量载体的电子是从水分子中夺取的，水分子失去电子，自身分解放出氧气，这是光合作用所释放氧气的来源。

原初光化学反应中，原初电子供体（P700 和 P680）受光激发后，将其高能电子给予原初电子受体，使受体带有负电荷，而 P700 和 P680 则带正电荷。因此，必然要引起电子在电子传递体之间传递。这一系列相互衔接着的电子传递物质系统，常被称为光合链。在光合链中，每个电子组分传递体都具有一定的氧化还原电位，将光合链中的各个电子传递体按它们在光合链中的顺序和氧化还原电位高低排列起来所构成的图形，像英文字母 Z，因此称为 Z 链。Z 链的 PSⅡ一侧，由于 P680（原初电子供体）受光激发而发生光化学反应，失去一个高能电子被原初电子受体 Q 所接受，从而引起一系列电子的传递，Q 先传给 PQ，再从 PQ 传至细胞色素 f（Cyt f），再其后将电子传给质体蓝素（PC），最后传给 PSⅠ的反应中心色素 P700。P680 由于供出电子而呈现氧化状态（$P680^+$），最终可从水的光解中得到电子而恢复原状。

Z 链的另一侧 PSⅠ的反应中心色素 P700 受光激发，将高能电子交给原初电子受体 F_X，继之传递给铁氧还蛋白（Fd）。在电子从 F_X 传至铁氧还蛋白之间，还存在一种称为铁氧还蛋白还原物质（FRS）的中间体，以后，在铁氧还蛋白-$NADP^+$ 还原酶作用下，电子从铁氧还蛋白传至 $NADP^+$，生成光合链的最后的产物 $NADPH_2$。所以，$NADP^+$ 是光合链的最终电子受体。P700 所失去的电子，可由 PC 中得到电子而恢复原状，再继续接受由捕光色素传递来的光能，发生光化学反应。

（三）光合电子传递形式

光合电子传递有三种形式：非环式电子传递、环式电子传递和假环式电子传递。

1. 非环式电子传递

① 在非环式电子传递过程中，电子传递的起点是 H_2O，终点是 $NADP^+$，电子经过 PSⅡ和 PSⅠ两个光系统。

② 不同的电子传递体有不同的氧化还原电位。

③ 光合电子传递过程是一系列的氧化还原反应。

④ 在自发的电子传递过程中，电子从氧化还原的负电位流向正电位。因此，非环式电子传递不能自发进行。这个过程的进行，必须借助外部能量，这个能量就是光能。

2. 环式电子传递

环式电子传递，就是在光合链形成闭路循环传递电子，这个闭路是由 PSⅠ，Cyt b_6f 复合体和 PC 形成的。在某些条件下，P700 接受光量子后，电子传递出去给 A_0、A_1、Fe-S，传递给 Fd，Fd 把电子传递给 Cyt b_6f 复合体，部分电子经 PQ 回到 Cyt b_6f，再经 PC 回到 P700。环式电子传递的目的是进行环式光合磷酸化，以合成更多的 ATP。

环式电子传递有几个特点：

① 只有 PS I 开动，与 PS II 无关。

② 没有 O_2 的释放（没有 H_2O 的分解）。

③ 没有 NADPH 的产生。

3. 假环式电子传递

假环式电子传递的过程与非环式电子传递过程相同，唯一的区别是电子的最终受体是 O_2，而不是 $NADP^+$，O_2 接受电子后还原为 H_2O，当细胞中 $NADP^+$ 供应不足时，就会发生这种传递。这种电子传递，没有净的分子氧产生。

三、光合磷酸化

在光下叶绿体将 ADP 和 Pi 合成为 ATP 的过程称为光合磷酸化。光合磷酸化是通过电子传递进行的，与光合电子传递是偶联在一起的。电子传递和光合磷酸化的作用是产生同化 CO_2 的活跃化学能，即同化力——ATP 和 NADPH。

（一）光合磷酸化的类型

光合磷酸化有三种类型：非环式光合磷酸化、环式光合磷酸化和假环式光合磷酸化。在光合作用中与非环式电子传递偶联在一起的磷酸化称为非环式光合磷酸化；与环式电子传递偶联在一起的，称为环式光合磷酸化；与假环式电子传递偶联在一起的，称为假环式光合磷酸化。

（二）光合磷酸化的机理

关于在光合电子传递过程中，ADP 和 Pi 合成为 ATP 的机理有多种学说，但普遍被接受的是化学渗透学说。根据化学渗透学说，光合电子传递的作用是建立一个跨类囊体膜的质子动力势，在质子动力势的作用下，类囊体膜上的 ATP 合成酶催化 ADP 和 Pi 合成 ATP。

四、二氧化碳的同化

二氧化碳同化在叶绿体的基质里进行，通过一系列的酶促反应，把 CO_2 和 H_2O 合成为有机物，同时活跃的化学能转化为稳定的化学能，即储存在所生成的有机物的化学键中。高等植物碳同化的途径有三条，即 C_3 途径（卡尔文循环）、C_4 途径和景天酸代谢途径（CAM 途径）。C_3 途径是最基本的碳素同化途径，其他两种途径都必须经过 C_3 循环才能把 CO_2 固定为光合产物。

（一）C_3 途径

二氧化碳的同化是一个十分复杂的问题。20 世纪 50 年代卡尔文及其同事本森等人利用放射性 ^{14}C 示踪、纸上色谱和放射自显影等技术，以绿藻作为试验材料，经过 10 年的努力，终于研究清楚了光合作用中碳转变的基本途径。这个途径现在都称 C_3 途径或卡尔文循环。整个循环可分三个阶段（如图 4-7 所示）：

1. 第一阶段

二氧化碳在还原以前，首先被固定形成羧基，然后被还原，以核酮糖-1.5-二磷酸（RuBP）作为二氧化碳的受体，在 RuBP 羧化酶的催化下，使 RuBP 和二氧化碳结合生成二分子磷酸甘油酸（PGA）。它是 CO_2 固定的最初产物，因为 3-磷酸甘油酸是含三个碳原子的，所以这个循环也称 C_3 循环。通过 C_3 循环进行光合作用的植物称为 C_3 植物，如小麦、水稻、大豆、烟草、棉花、菠菜等均属于 C_3 植物。

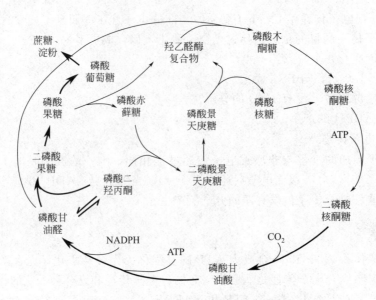

图 4-7　卡尔文循环各主要反应示意图
（粗黑线箭头表示 CO_2 转化成淀粉、蔗糖途径）

2. 第二阶段

首先是在磷酸甘油酸激酶催化下，PGA 被 ATP 磷酸化，形成 1,3-二磷酸甘油酸；然后，它又在丙糖磷酸脱氢酶催化下，被 NADPH 还原为 3-磷酸甘油醛（又称甘油醛-3-磷酸，GAP）。

3. 第三阶段

该阶段包括二氧化碳受体 RuBP 的再生和光合产物的形成，其主要反应过程是由 GAP 经过 C_4 糖、C_5 糖、C_6 糖、C_7 糖等中间产物，再形成 RuBP 的过程，部分 C_6 糖转化为光合产物。

（二）C_4 途径

20 世纪 60 年代中期，人们对甘蔗光合作用的研究发现，其固定二氧化碳后的初产物不是 C_3 化合物，而是 C_4 二羧酸。后来 Hatch 和 Slack 发现了其光合途径，证实甘蔗固定二氧化碳后的初产物是草酰乙酸（OAA），由于 OAA 是四碳二羧酸，故称该途径为 C_4 途径或 C_4 二羧酸途径，又名 Hatch-Slack 途径。具有这种固定二氧化碳途径的植物叫 C_4 植物，这类植物大多起源于热带或亚热带，适合于高温、强光与干旱条件下生长，主要集中于禾本科、莎草科、菊科、苋科、黎科等 20 多个科 1300 多种植物。其中禾本科占 75%，大多为杂草，农作物中只有玉米、高粱、甘蔗、黍与粟等数种。

C_4 植物的叶片与 C_3 植物有不同的解剖学特征。C_4 植物的维管束鞘细胞中含有大量的叶绿体，其叶绿体中的内膜系统主要由基质片层组成，基粒很少，在维管束鞘细胞外面有一圈整齐排列的叶肉细胞。

C_4 植物固定同化 CO_2 的整个过程是在两种不同功能的光合细胞中进行的（图 4-8）。首先，叶子吸收的 CO_2 到叶肉细胞的叶绿体内，在磷酸烯醇式丙酮酸羧化酶（PEP 羧化酶）的催化下，CO_2 和磷酸烯醇式丙酮酸结合，形成了最初产物草酰乙酸。草酰乙酸在相应酶的催化下，分别转化为苹果酸和天冬氨酸，这些都是四碳的二羧酸；这些转变都在叶肉细胞中进行。以后，苹果酸转移到邻近的维管束鞘细胞，在维管束鞘细胞的叶绿体内，苹果酸脱羧放出 CO_2 转变为丙酮酸。丙酮酸又转移回叶肉细胞，在 ATP 和酶的作用下，它又转变为磷酸烯醇式丙酮酸，重新作为受体，使反应循环进行。而苹果酸放出的 CO_2 进入 C_3 途径

（卡尔文循环）。

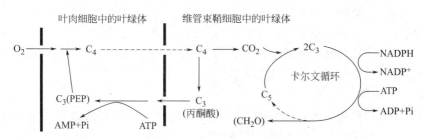

图 4-8 C_4 植物碳同化途径

C_4 植物叶肉细胞中的叶绿体与薄壁维管束鞘细胞中的叶绿体各有不同的酶系统，它们各有不同的生理特征，但其代谢活动则是相互联系的。在卡尔文循环及 C_4 途径中，二氧化碳受体的形成都需要 ATP。但是，C_4 途径固定的二氧化碳并不是直接同化成三碳糖，而要经过脱羧放出二氧化碳，再经过卡尔文循环固定及同化才能形成糖；只有卡尔文循环才能使二氧化碳同化成糖，它向叶绿体外输出作为植物生命活动的能源和物质基础，此途径起了转运二氧化碳的作用。

（三）景天酸代谢途径

仙人掌科、景天科、兰科和凤梨科等植物，具有一种类似 C_4 植物的碳素同化途径，称为景天酸代谢途径（CAM 途径）。这类植物白天气孔关闭以减少蒸腾，夜间开放以吸收大量 CO_2，并以形成苹果酸的方式暂存于大液泡中，到白天苹果酸脱羧放出 CO_2 进行光合作用形成光合产物。它的代谢途径与 C_4 途径十分相似，所不同的是这类植物采取了"晚上开门进料，白天闭门加工"的办法，巧妙地把 CO_2 的吸收与还原在时间上错开，从而达到储水节水的效果，以适应极度干旱的生长环境。C_4 植物的 C_3 途径和 C_4 途径是分别在维管束鞘细胞和叶肉细胞两个部位进行的，从空间上把两个过程分开；肉质植物没有特殊形态的维管束鞘，其 C_3 途径和 C_4 途径都是在具有叶绿体的叶肉细胞内进行的，它们通过时间把 CO_2 固定和还原巧妙地分开，其过程可分为三个阶段（图 4-9）：

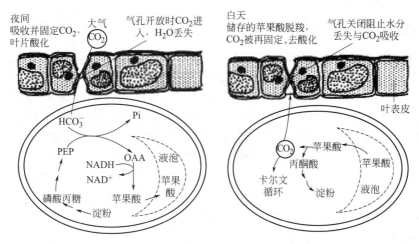

图 4-9 CAM 途径

1. 羧化阶段

在夜间 CAM 植物气孔开放，吸收的 CO_2 与 PEP 在 PEP 羧化酶的催化下转化为草酰乙酸。草酰乙酸在苹果酸脱氢酶的作用下，转化为苹果酸，苹果酸进入液泡储存起来。因此，在夜间 CAM 植物的含酸量很高。

2. 脱羧阶段

在白天叶片气孔关闭，停止固定 CO_2。苹果酸从液泡中转移出来进入细胞质中，在苹果酸脱羧酶的作用下，脱羧释放 CO_2，CO_2 进入 C_3 途径。苹果酸脱羧后，生成丙酮酸，丙酮酸进入线粒体被转化为其他物质。因此，白天 CAM 植物的有机酸含量降低。在白天，C_3 途径固定和还原 CO_2，生成淀粉或其他物质。

3. PEP 再生阶段

在夜间淀粉分解为葡萄糖，葡萄糖经糖酵解转化为 PEP，作为夜间 CO_2 固定的原初受体。从 CAM 途径的过程看，它的作用是固定 CO_2，并输送给 C_3 途径，这一点与 C_4 途径相同。具有 CAM 途径的植物都是旱生植物，它们生存所面临的最大问题是保水。CAM 途径的产生就是这类植物对干旱环境适应的结果。但是，由于 CAM 植物的 CO_2 固定和 CO_2 还原在时间上处于分隔状态，因此 CO_2 的同化效率很低。

第四节　光呼吸

一、光呼吸的概念及意义

光呼吸是指高等植物的绿色细胞在光下吸收氧放出二氧化碳的过程。它与光合作用密切相关，是一种特殊的呼吸作用，实际上是与光合作用偶联在一起的吸收 O_2 释放 CO_2 的过程。光呼吸现象是由美国科学家 Decker 于 1955 年发现的。他在用红外 CO_2 分析仪测定 C_3 植物烟草叶片光合作用时发现，正在光合的叶片，突然断光，会出现一个 CO_2 的释放高峰（测定光合时，是测定系统中的 CO_2 的浓度变化）。叶片断光后出现的 CO_2 释放高峰与断光前的光照强度有关，光照越强，断光后 CO_2 释放越多。这个 CO_2 释放高峰不是呼吸的结果，而是由光所引起的，因此该过程被称为光呼吸。

光呼吸在高等植物中普遍存在，是不可避免的过程。它是对内部环境（消除过多的乙醇酸和氧）的代谢调整，也是对外部条件（高光强）的主动适应。因此，对植物本身来说，光呼吸是一种自身防护体系。

二、光呼吸的过程——乙醇酸代谢

乙醇酸代谢以 RuBP 为底物，催化这一反应的酶为 RuBP 羧化酶/加氧酶（Rubisco）。它既参与 C_3 途径固定二氧化碳的作用，又参与光呼吸作用，所以 Rubisco 被认为是与光合作用效率有关的关键酶。Rubisco 的催化方向主要由 CO_2/O_2 的值决定。CO_2/O_2 的值低时，Rubisco 催化加氧反应，使 RuBP 裂解产生 PGA 和乙醇酸，形成光呼吸底物；当 CO_2/O_2 的值高时，Rubisco 催化羧化反应，形成 2 分子 PGA，参与卡尔文循环。

乙醇酸在叶绿体内形成后，就转移到过氧化物酶体中（图 4-10）。在乙醇酸氧化酶作用下，乙醇酸被氧化为乙醛酸和过氧化氢。这一反应以及形成乙醇酸时的加氧反应，就是光呼吸中吸收氧气的反应。乙醛酸在转氨酶作用下，从谷氨酸得到氨基而形成甘氨酸。甘氨酸转移到线粒体内，由两分子甘氨酸转变为丝氨酸并释放二氧化碳。这就是光呼吸中放出二氧化碳的过程。丝氨酸又在过氧化物酶体和叶绿体中得到 NADH 和 ATP 的供应，最后转变为3-磷酸甘油酸，重新参与卡尔文循环，进一步由核酮糖二磷酸又形成乙醇酸。

在整个光呼吸过程中，氧气的吸收发生于叶绿体和过氧化物酶体中，二氧化碳的释放发生在线粒体中。因此，乙醇酸代谢途径是在叶绿体、过氧化物酶体和线粒体三种细胞器的协同作用下完成的。经过乙醇酸代谢，2 分子乙醇酸（C_2）变成 1 分子的 PGA（C_3），中间放出 1 分子二氧化碳，消耗了光合作用固定的碳素，同时消耗能量 NADH 和 ATP。

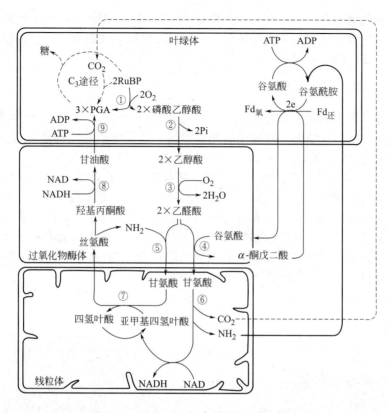

图 4-10　光呼吸途径及其在细胞内的定位

① Rubisco；② 磷酸乙醇酸磷酸（酯）酶；③ 乙醇酸氧化酶；④ 谷氨酸-乙醛转氨酶；⑤ 丝氨酸-乙醛酸氨基转移酶；⑥ 甘氨酸脱羧酶；⑦ 丝氨酸羟甲基转移酶；⑧ 羟基丙酮酸还原酶；⑨ 甘油酸激酶

三、光呼吸的生理功能

（一）解除乙醇酸的毒害

在叶绿体内，Rubisco 催化 RuBP 加氧反应产生乙醇酸，乙醇酸积累对植物将产生毒害。光呼吸可将乙醇酸转化为其他化合物，从而解除毒害。

（二）防止高光强对光合器的伤害

在高光强下，特别是还伴随着低 CO_2 条件，光反应形成的能量超过暗反应的需要，同化力的积累对光合器也会造成危害。例如，$NADPH/NADP^+$ 的值变小产生 O_2，光呼吸通过消耗同化力，防止危害。

（三）消除 O_2 的危害和对 Rubisco 活性的抑制

光呼吸消耗 O_2，可减少活性氧的形成，同时解除 O_2 对 Rubisco 羧化活性的抑制。

（四）回收碳素

通过 C_2 碳氧化环可回收乙醇酸中 3/4 的碳：2 个乙醇酸转化为 1 个 PGA，释放 1 个二氧化碳。

（五）维持 C_3 途径循环的运转

在叶片气孔关闭或外界二氧化碳浓度低时，光呼吸释放的二氧化碳能被 C_3 途径再利用，以维持光合碳还原循环的运转。

（六）补充氮代谢的途径

在光呼吸代谢途径中，有甘氨酸和丝氨酸的合成，因此，光呼吸可能是氨基酸合成的一个补充途径，是细胞氮代谢的一部分。另外，C_3 植物中有光呼吸缺陷的突变体在正常空气中是不能存活的，只有在高二氧化碳浓度下（抑制光呼吸）才能存活，这也说明在正常空气中光呼吸是一个必需的生理过程。

四、C_3 与 C_4 植物的光呼吸

根据光合作用碳素同化的途径不同，把高等植物分为 C_3 植物、C_4 植物和 CAM 植物。一般来说，C_4 植物比 C_3 植物具有较强的光合作用，其主要的原因就是 C_4 植物的光呼吸远远低于 C_3 植物。这需要从结构与功能两个方面来进行比较。

C_4 植物叶片解剖结构的典型特征之一是花环状结构（图 4-11）。花环状结构是指绿色组织围绕维管束呈放射状排列，呈两层同心圆，内层是含有叶绿体的薄壁维管束鞘细胞，外层是由一层或多层叶肉细胞组成的，其排列结构看起来似花环。C_4 植物叶片的维管束鞘薄壁细胞中含有许多叶绿体，它比叶肉细胞的叶绿体大，但没有基粒或者基粒发育不良。在维管束鞘薄壁细胞与其相邻的叶肉细胞之间有大量的胞间连丝相连。C_3 植物的维管束鞘薄壁细胞较小，不含叶绿体，周围的叶肉细胞排列较松散。

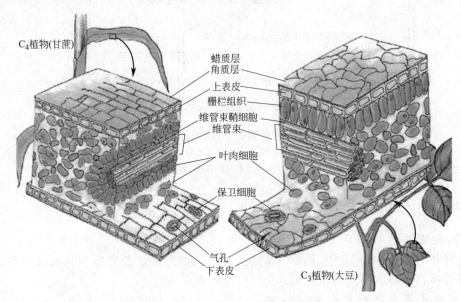

图 4-11　C_3 与 C_4 植物叶片结构示意图

在二氧化碳固定功能上，C_3 途径的二氧化碳固定是通过 Rubisco 的作用来实现的，C_4 途径的二氧化碳固定是通过 PEP 羧化酶的催化来完成的。尽管两种酶都可使二氧化碳固定，但是它们对二氧化碳的亲和力却差异很大。PEP 羧化酶比 Rubisco 对二氧化碳的亲和力大得多，这就使得 C_4 植物的纯光合速率比 C_3 植物快许多，尤其是在二氧化碳浓度低的环境下相差更是悬殊。据测定，C_4 植物的二氧化碳补偿点在 $0 \sim 10 \text{mg} \cdot \text{L}^{-1}$，远远低于 C_3 植物的补偿点 $50 \sim 150 \text{mg} \cdot \text{L}^{-1}$。

由于 C_4 植物的 PEP 羧化酶活性较强，这种酶对二氧化碳的亲和力很大，加之 C_4 途径中二氧化碳是由叶肉进入维管束鞘的，也就是叶肉细胞起一个"二氧化碳泵"的作用，负责把外界二氧化碳"压"进维管束鞘薄壁细胞中去，增加了维管束鞘薄壁细胞的二氧化碳/氧比率，从而促进了 Rubisco 催化羧化的反应，而减少了光呼吸底物乙醇酸的形成。另外，C_4 植物的光呼吸酶系主要集中在维管束鞘薄壁细胞中，光呼吸就局限在维管束鞘内进行。在它外面的叶肉细胞，具有对二氧化碳有很高亲和力的 PEP 羧化酶，所以，即使光呼吸在维管

束鞘放出二氧化碳，也很快被叶肉细胞再一次吸收、重新固定。因此，C_4 植物的光呼吸强度比起 C_3 植物要低得多。据估计，水稻、小麦等 C_3 植物的光呼吸耗损了光合所形成有机物的 $1/4 \sim 1/3$，而高粱、玉米、甘蔗等 C_4 植物的光呼吸仅消耗光合所形成有机物的 $2\% \sim 5\%$，甚至更少。因此，C_3 植物又被称为光呼吸植物或高光呼吸植物，而 C_4 植物则被称为非光呼吸植物或低光呼吸植物。

五、光呼吸的调节和控制

（一）提高二氧化碳浓度

提高二氧化碳浓度能有效地提高 Rubisco 的羧化活性，加速有机物质的合成。在生产上，多在温室或大棚内等封闭体系中，用干冰（固体二氧化碳）提高二氧化碳浓度，这是一条行之有效的办法。在大田则应采取相应的栽培措施，诸如：选好行向，以利于通风；增施有机肥，使土壤多释放二氧化碳（据测定，缺乏腐殖质的沙壤土二氧化碳释放率为 $2kg \cdot hm^{-2} \cdot h^{-1}$，而富含腐殖质的壤土二氧化碳释放率则为 $4kg \cdot hm^{-2} \cdot h^{-1}$）；深施化肥碳铵（$NH_4HCO_3$），也能为植物提供相当多的碳素。

（二）应用光呼吸抑制剂

施用某种化学药物，中断 C_2 循环运转，可达到抑制光呼吸的目的。主要抑制剂有：

1. α-羟基磺酸盐

α-羟基磺酸盐能够抑制乙醇酸氧化酶的活性，从而抑制乙醇酸的氧化而达到抑制光呼吸的目的。例如用 $3mmol \cdot L^{-1}$ α-羟基磺酸盐处理烟草叶圆片的试验表明，它能有效抑制乙醇酸被氧化成乙醛酸，明显加快二氧化碳固定速率。

2. 亚硫酸氢钠

亚硫酸氢钠（$NaHSO_3$）也能抑制乙醇酸氧化酶的活性，以 $100mg \cdot kg^{-1}$ $NaHSO_3$ 喷施大豆叶片，$1 \sim 6d$ 后光合速率平均提高 15.6%，而抑制光呼吸则高达 32.2%。在水稻、小麦、油菜等作物上也有相似报道。

3. 2,3-环氧丙酸

2,3-环氧丙酸的作用在于抑制乙醇酸的生物合成，可以提高净光合率。

（三）筛选低光呼吸品种

可采用"同室效应法"筛选低光呼吸品种。其具体做法是，经辐射处理或与 C_4 植物杂交的 C_3 植物幼苗和 C_4 植物的幼苗一同培养在密闭的光合室内，温度 $30 \sim 35℃$，幼苗长时间进行光合作用，室内的二氧化碳浓度逐渐降低；当浓度降至 C_3 植物的二氧化碳补偿点以下时，大部分 C_3 植物因消耗有机物过多而逐渐发黄死亡，但 C_4 植物仍能正常生长。如果 C_3 植物的极个别植株能够耐受低浓度二氧化碳而存活下来，那么这些植株就具有低二氧化碳补偿点，再通过育种手段就有可能培养出低光呼吸品种。

（四）改良 RuBP-羧化酶/加氧酶

人们试图通过基因工程的手段，通过突变或杂交等方法改良 RuBP 羧化酶/加氧酶，使其具有更高的二氧化碳亲和力和低的氧亲和力。

第五节 影响光合作用的因素

一、影响光合作用的内部因素

植物叶片的光合能力存在着种和品种、叶龄和叶位等的差异，这些差异归根到底是由其光能吸收传递和转化能力、二氧化碳固定途径、电子传递和光合磷酸化活力及固定二氧化碳有关酶的活力等因素决定的。

（一）光能的吸收、传递和转化能力

光能的吸收、传递和转化能力在很大程度上取决于光合色素的含量和叶绿体片层结构的发达与否。一是从小麦、水稻、棉花、玉米、大豆等多种作物的不同品种和杂交种的试验中，都证明在一定范围内叶绿素含量与光合速率呈正比关系，即随着叶绿素含量的增加，光合速率增加。当叶绿素含量超过一定值时，虽增加叶绿素含量，但光合速率不再增加。阴生叶片叶绿素的特点，叶绿素 b 含量高，而阳生叶片则相反。叶绿素 b 含量高，捕光色素多，有利于叶片捕获更多的光能。因此，阴生叶在低光强下光合速率大于阳生叶。但阳生叶叶绿素 a 含量高，反应中心色素所占比例比阴生叶大，光能转化能力大，加之其有较高的 Rubisco 活力，因此，在强光下阳生叶光合速率大于阴生叶。二是从光能的有效传递和转化的基粒片层结构来看，小麦旗叶高的光合速率与基粒的高度发达有关。叶片衰老时光合速率降低，可发现基粒解体。发育不充分的叶片光合速率低，是因其基粒未充分发育。

（二）二氧化碳固定途径

C_4 植物的光合能力大于 C_3 植物，C_3 植物又大于 CAM 植物，这主要是由于二氧化碳固定途径不同所致的。C_4 植物通过 C_4 途径，使维管束鞘细胞内的二氧化碳浓度提高，有效促进 Rubisco 羧化反应，抑制加氧反应，使光合能力位于三类植物之首。而 CAM 植物在夜间固定二氧化碳，白天光合多少主要取决于夜间固定二氧化碳的量，光合速率常常十分低下。

（三）电子传递和光合磷酸化活力

光合电子传递和光合磷酸化活力与植物光合速率呈正比关系。在干旱、热害等条件下，由于光合膜破损，光合磷酸化活力降低，光合能力也随之下降。某些除草剂抑制光合电子传递，同样抑制光合速率。

（四）固定二氧化碳有关酶的活力

在这些酶中，Rubisco 研究得最多，几乎所有的研究都认为叶片衰老过程中 Rubisco 活力与光合速率呈直线正比关系。

（五）光合产物供求关系

二氧化碳同化速率还受到光合产物输出的调节。因此，当需求增加时（如开花结实、块根块茎膨大），叶片的光合速率提高。反之去除这些需要光合产物的器官时，光合速率立即会受到抑制。而去除部分叶片，剩余叶片的光合速率会由于需求的增加而上升。果穗叶的光合速率大于其他叶片也是由于其需求比其他非果穗叶大。此外根系活力、气孔状况等也会影响叶片的光合能力。

二、影响光合作用的外界因素

光合作用强弱一般用光合速率表示。早期的单位常用每小时每平方分米叶面积吸收的二氧化碳的量（$mg \cdot dm^{-2} \cdot h^{-1}$）或放出氧的量表示，现一般采用国际标准单位每平方米叶片每秒钟吸收的二氧化碳的物质的量（$\mu mol \cdot m^{-2} \cdot s^{-1}$）来表示。光合速率的测定可采用改良半叶法、红外线二氧化碳分析法和氧电极法。但这些方法测定的光合速率是净光合速率。因为在光合作用固定二氧化碳的同时，植物还在进行呼吸作用，因此净光合速率＝总光合速率－呼吸速率。如要求总光合速率则必须测出呼吸速率，呼吸速率可在无光照条件下测出。

（一）光照

光是光合作用的能量来源，是叶绿体发育和叶绿素合成的必要条件。光的影响包括光质

及光照强度。自然界中太阳光的光质完全可以满足光合作用的需要，而光照强度则常常是限制光合速率的因素之一。在光照强度较低时，植物光合速率随光强的增加而相应增加，但光强进一步提高时，光合速率的增加幅度就逐渐减小，当光强超过一定值时，光合速率就不再增加，这种现象称为光饱和现象（图4-12）。开始达到光饱和现象时的光照强度称为光饱和点。不同植物的光饱和点不同。例如，水稻和棉花的光饱和点在4万~5万勒克斯，小麦、菜豆、烟草等的光饱和点比较低，约为3万勒克斯。

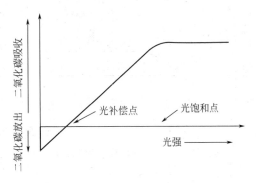

图 4-12 光照强度与光合速率的关系

但有些 C_4 植物的光饱和点可达10万勒克斯，而有些阴生植物或阴生叶在光照强度不到1万勒克斯时即达光饱和。光饱和现象产生的原因主要有两方面：第一方面，光合色素和光化学反应来不及利用过多的光能；第二方面，二氧化碳的固定及同化速率较慢，不能与光反应、电子传递及光合磷酸化的速率相协调。

植物达光饱和点以上时的光合速率表示植物同化二氧化碳的最大能力。在光饱和点以下，光合速率随光照强度的减少而降低，到某一光强时，光合作用中吸收的二氧化碳与呼吸作用中释放的二氧化碳达动态平衡，这时的光照强度称为光补偿点。在光补偿点时，光合生产和呼吸消耗相抵消，即光合作用中所形成的产物与呼吸作用中氧化分解的有机物在数量上恰好相等，无光合产物的积累；如果考虑到夜间的呼吸消耗，则光合产物还有亏空。所以，要使植物维持生长，光强度至少要高于光补偿点。不同植物或同种植物处在不同的生态条件下，光补偿点不同，并且随温度、水分和矿质营养等条件的不同而发生变化。其中温度的影响较显著，温度高时呼吸作用增加，光补偿点就被提高。光补偿点较低的植物在较低的光强度下能够形成较多的光合产物；光饱和点较高的植物在较强的光照下能形成更多的光合产物。了解植物的光补偿点在生产实践上很有意义，如间作、套种时作物品种的搭配，林带树种的配置，间苗、修剪、冬季温室蔬菜合理栽培等都与光补偿点有关。又如在栽培作物时，由于密度过大或肥水过多，造成徒长，此时中下层叶片所接受的光照常在光补偿点以下，这些叶片非但不能制造养分，反而消耗养分，生产上及时打去老叶，目的就在于改善透光通风条件，减少养分无谓消耗。在低光强度下植物光合速率低的原因主要是由于光能供应不足，影响光化学反应及电子传递的进行。此外，光不仅是光合作用中能量的来源，而且还具有调节气孔开放以及调节酶活性的作用。例如 Rubisco、1,6-二磷酸果糖酯酶等的活性都受光的调节。

（二）二氧化碳

二氧化碳是光合作用的原料之一。环境中二氧化碳浓度的高低明显影响光合速率。在一定范围内，植物的光合速率是随二氧化碳浓度增加而增加的，但到达一定程度时再增加二氧化碳浓度，光合速率也不再增加，这时外界的二氧化碳浓度称为二氧化碳饱和点。二氧化碳浓度增高对植物的影响包括两个方面：一方面增加叶片内外二氧化碳浓度梯度，促进二氧化碳向叶内扩散；另一方面，二氧化碳浓度过高会引起气孔开度减小而使气孔阻力增大，阻止二氧化碳扩散到叶肉。因此，大气中二氧化碳浓度增至一定程度时即饱和。

在二氧化碳饱和点以下，光合速率随二氧化碳浓度的降低而减慢，当二氧化碳浓度降低到一定值时，光合作用中吸收的二氧化碳与呼吸作用中释放的二氧化碳达到动态平衡，这时环境中二氧化碳浓度即称为二氧化碳补偿点。C_4 植物的二氧化碳补偿点低于 C_3 植物，C_4 植物在低二氧化碳浓度下光合速率的增加比 C_3 植物快，且二氧化碳的利用率高。二氧化碳

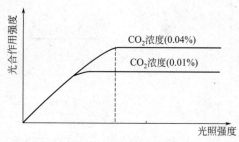

图 4-13　二氧化碳浓度和光照强度
对光合速率的影响

浓度和光照强度对植物光合速率的影响是相互联系的（图 4-13）。植物的二氧化碳饱和点是随着光强的增加而提高的；光饱和点也随着二氧化碳浓度的增加而增加。

（三）温度

光合作用同化二氧化碳的过程，即所谓的暗反应，是一系列的酶促反应。温度由于可以影响酶的活性，因而对光合速率有明显影响。温度对光合作用的影响同对其他生化过程的影响一样，存在着温度三基点：最低点、最适点和最高点。低温下（一般作物为 $2 \sim 10\,℃$）植物光合速率降低的原因主要是酶活性降低。另外叶绿体超微结构在低温下也受到损伤。一般来说，C_3 植物光合作用的最适温度是 $25 \sim 30\,℃$；在 $35\,℃$ 以上时，光合速率开始下降；$40 \sim 50\,℃$ 时，即完全停止。高温造成光合速率下降的原因主要是：叶绿体和细胞结构受到破坏；失水过多，影响气孔开度，二氧化碳供应减少；呼吸最适温高于光合最适温，于是呼吸速率的增加大于光合速率的增加。C_4 植物光合最适温高于 C_3 植物，这与 PEP 羧化酶最适温高于 Rubisco 的最适温相一致。

昼夜温差对光合净同化率有很大的影响。白天温度高，日光充足，有利于光合作用的进行；夜间温度较低，降低了呼吸消耗。因此，在一定温度范围内，昼夜温差大有利于光合产物的积累。

在农业实践中要注意控制环境温度，避免高温与低温对光合作用的不利影响。玻璃温室与塑料大棚具有保温与增温效应，能提高光合生产力，这已被普遍应用于冬春季的蔬菜栽培。

（四）水分

叶片接近水分饱和时，才能进行正常的光合作用。当叶片缺水达 20％ 左右时，光合作用受到明显抑制。虽然水分是光合作用的原料之一，但植物吸收的水分仅很少一部分（约 5％ 以下）用于光合作用。因此，水分缺乏使光合速率下降主要是间接的原因，主要有两方面。一方面水分亏缺可使气孔开度减小或关闭，进而影响二氧化碳向叶肉细胞内的扩散。在水分亏缺的情况下，C_4 植物比 C_3 植物有较高的净光合速率，因为 C_4 植物叶肉细胞有二氧化碳泵的作用，虽然气孔开度减小，仍可供应较充分的二氧化碳，促进羧化反应的进行。另一方面水分亏缺可影响叶片的正常生长，造成光合面积减少，因此间接影响了光合速率。

水分过多也会影响光合作用。土壤水分太多，通气不良妨碍根系活动，从而间接影响光合作用。雨水淋在叶片上，一方面遮挡气孔，影响气体交换；另一方面使叶肉细胞处于低渗状态，这些都会使光合速率降低。

（五）矿质营养

矿质元素直接或间接影响光合作用。氯、锰对水的光解，铁、铜、磷对光合电子传递及光合磷酸化，氮对酶的含量，氮、镁、铁、锰对叶绿素的组成或生物合成过程等都产生直接影响。而钾、磷、硼对光合产物的运输和转化起促进作用，从而对光合作用产生间接影响。在一定范围内，营养元素增多，光合速率就加快。"肥料三要素"中以氮对光合作用的影响最明显。原因如下：一是，氮素促进叶片面积增大和叶数增多，从而增加光合面积，间接提高光合作用效率；二是，氮素促进叶绿素含量增加，加速光反应；三是，氮素增加，可提高光合作用过程中酶的含量，加速暗反应。因此，适当的氮素含量能促进光合速率与干物质的积累。总之，矿质对光合作用的影响是多种多样的，保证植物矿质营养是促进光合作用的重要基础。

（六）光合速率的日变化

　　一天中，外界的光强、温度、土壤和大气的水分状况以及植物体的水分与光合中间产物的含量、气孔开度等都在不断地变化，这些变化会使光合速率发生日变化，其中光强日变化对光合速率日变化的影响最大。在温暖、水分供应充足的条件下，光合速率变化是单峰曲线，即日出后光合速率逐渐提高，中午前达到高峰，下午逐渐降低，日落后光合速率渐趋于负值（呼吸速率）。如果白天云量变化不定，则光合速率会随光强的变化而变化（图4-14）。即使在相同光强时，通常下午的光合速率要低于上午的光合速率，这是由于经上午光合后，叶片中的光合产物有积累而发生反馈抑制的原因。当光照强烈、气温过高时，光合速率日变化呈双峰曲线，大峰在上午，小峰在下

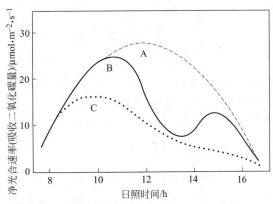

图4-14　植物叶片净光合速率的日变化方式

A—单峰的日进程；B—双峰的日进程，
具有明显的光合"午休"现象；C—单峰的日
进程，具有严重的光合"午休"现象

午。中午前后，光合速率下降，呈现"午休"现象。引起光合"午休"的主要因素是大气干旱和土壤干旱。在干热的中午，叶片蒸腾失水加剧，土壤中的水分蒸发也加强而造成亏缺，那么植株的失水大于吸水，就会引起植株萎蔫而气孔开度降低或关闭，使二氧化碳吸收减少或停止。另外，中午及午后的强光、高温、低二氧化碳浓度等条件都会使光呼吸激增，光抑制产生，这些也都会使光合速率在中午或午后降低。

　　光合"午休"是植物遇干旱时普遍发生的现象，也是植物对环境缺水的一种适应方式。但是"午休"造成的损失可达光合生产的30%，甚至更多，所以在生产上应适时灌溉，或选用抗旱品种，增强光合能力，以缓和"午休"程度。

　　总之，光合作用受多种外界因素的影响。当各因子同时作用于光合作用时，光合速率往往受最低因子所限制。例如溶液培养的水稻在缺氮情况下，在光照强度小于3000 lx的条件下即达到饱和，再增加光照强度也不能使光合速率增高，只有增加氮素供应才能提高光合速率。同样，二氧化碳与光照强度间的关系也相似，在弱光下，很低的二氧化碳浓度即达到饱和，这时光照便是限制因子，只有增加光强才能提高光合速率；但当光强达到一定程度后，二氧化碳又可能成为限制因子。总而言之，在分析各个外界因子对光合作用的影响时应考虑它们的综合作用。

第六节　光合作用产物的运输与分配

一、光合作用的产物

　　光合作用的产物主要是糖类，包括单糖（葡萄糖和果糖）、双糖（蔗糖）和多糖（淀粉），其中以蔗糖和淀粉最为普遍。卡尔文循环中，二氧化碳被还原产生的磷酸丙糖（3-磷酸甘油醛）不能在叶绿体内积累，两个磷酸丙糖缩合形成六碳糖；再通过一系列转化形成淀粉，暂时储藏在叶绿体中；同时磷酸丙糖还被运出叶绿体，在细胞质中合成蔗糖。实验证明：光合作用也可直接形成氨基酸、脂肪酸等。因此，应该改变过去认为糖类是光合作用的唯一直接产物的认识。

光合作用的直接产物是植物进行代谢活动最基本的物质，它既可作为呼吸的底物，又可进一步转变为生命活动中的其他物质，包括结构物质和其他储藏物质。不同种类的植物或同一植物处于不同的生态环境，其光合产物也有所不同。例如棉花、大豆、烟草等作物在光下以积累淀粉为主；小麦、蚕豆、水稻等则以合成蔗糖为主；洋葱、大蒜的光合产物则是葡萄糖和果糖，不形成淀粉。另外，不同发育时期的叶片和光质对光合产物也有影响。一般成长的叶片中主要形成糖类，而幼嫩叶片中除糖类外，还形成较多的蛋白质；在红光下，叶片形成较多的糖类（包括三碳糖、蔗糖和淀粉），蛋白质形成较少；而在蓝紫光下形成的蛋白质、脂肪和核酸的数量增加。磷肥促进蔗糖合成，氮肥促进蛋白质合成。这说明光合作用产物的种类与植物的遗传性以及环境条件有关。

二、光合产物的运输与分配

高等植物个体都是由多种器官组成的，这些器官之间分工明确，相互依存。叶片是产生光合产物的主要器官，所合成的有机物质能不断地向根、茎、芽、果实和种子中运输，为器官的生长发育和呼吸消耗提供能量或作为储藏物质加以积累。储藏器官中的光合产物也会在某一时期被调运到其他器官，供生长需要。如果某一作物的叶片光合能力很强，能形成大量的产物（即形成的生物学产量），但由于运输不畅或分配不合理，很少将光合产物运输或转移到种子内部，形成人类所要的经济产量，就不可能达到高产，实现人们的预期目的。因此，从农业实践来说，光合产物的运输与分配，无论对植物的生长发育，还是对农作物的产量及品质都十分重要。

（一）植物体内光合产物的运输系统

植物体内光合产物的运输与分配十分复杂，运输的形式和机理有许多不同。就运输而言，主要有短距离运输和长距离运输两种。

1. 短距离运输

（1）胞内运输　胞内运输主要指细胞内、细胞器间的物质交换。有分子扩散推动原生质的环流、细胞器膜内外的物质交换，以及囊泡的形成与囊泡内含物的释放等。

（2）胞间运输　胞间运输是指细胞间通过质外体、共质体以及质外体与共质体之间的短距离运输。由胞间连丝把原生质体连成一体的体系称为共质体；将细胞壁、质膜与细胞壁间的间隙以及胞间隙等空间称作质外体。图 4-15 所示为胞间运输示意图。

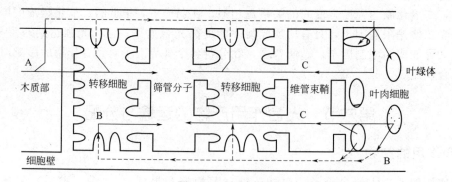

图 4-15　胞间运输
（实线箭头表示共质体途径；虚线箭头表示质外体途径）
A—蒸腾流；B—光合产物在共质体-质外体交替运输；C—共质体运输

胞间运输有共质体运输、质外体运输及共质体与质外体之间的交替运输。

共质体运输是指物质在共质体中的运输，与质外体运输相比，共质体中原生质的黏度大，运输阻力大，但共质体中的物质有质膜的保护，不易流失到体外。一般而言，细胞间的胞间连丝多，孔径大，存在的浓度梯度大，有利于共质体的运输。

质外体是一个连续的自由空间，它是一个开放系统，有机物在质外体的运输完全是靠自由扩散的物理过程，速度较快。但质外体内没有外围的保护，运输物质容易流向体外，同时运输速率也受外力的影响。

共质体与质外体交替运输，即物质进出质膜的运输。它包括三种方式：①顺浓度梯度的被动转运，包括自由扩散或载体的协助扩散；②逆浓度梯度的主动转运；③以小囊泡方式进出质膜的被动转运，包括内吞、外排和出胞现象等（图 4-16）。植物组织内物质的运输常不限于某一途径，如共质体内的物质可有选择地穿过质膜而进入质外体运输；质外体内的物质在适当的场所也可通过质膜重新进入共质体运输。在共质体与质外体的交替运输过程中，常需要经过一种特化的细胞，起运输过渡作用，这种细胞称转移细胞。转移细胞的特征是：细胞壁与质膜向内伸入细胞质中，形成许多皱褶，或呈片层或类似囊泡，扩大了质膜的表面，增加了溶质向外转运的面积。囊泡的运动还可以挤压胞内物质向外分泌到输导系统，即所谓的出胞现象。许多植物的根、茎、叶、花序的维管束附近存在着转移细胞。

2. 长距离运输

（1）光合产物的运输通道——韧皮部　植物体内长距离运输系统是维管束，维管束中的韧皮部以筛管为中心，周围有薄壁组织伴联。光合产物的运输是由韧皮部完成的，环割试验可以证明（图 4-17）。在植物的枝条或树干上近根部环割一圈，深度至形成层。剥去圈内的韧皮部，经过一定时间后环割上部的树枝照常生长，并在环割的上端切口处聚集许多有机物，形成粗大的愈伤组织，有时形成瘤状物。再过一段时间，地上部分就会慢慢枯萎直至整个植株死亡。该处理主要是切断了叶片形成的光合产物在韧皮部向下运输的通道，导致光合产物在环割上端切口处的积累而引起膨大，而环割下端，尤其是根系的生长得不到同化物质，也包括一些含氮化合物和激素等，时间一久根系就会死亡，这就是所谓的"树怕剥皮"。环割处理在实际生产的试验中有许多应用。例如对苹果、枣树等果树的旺长枝条进行适度的环割，使环割上方枝条积累较多的糖分，提高 C/N，促进花芽分化，对控制旺长、提高坐果率有一定的作用。再如在进行花卉苗木的高空压条繁殖时，可在欲生根的枝条上环割，在环割处敷上湿土并用塑料纸包裹，由于该处理能使养分和一些激素集中在切口处上端，再加上有一定水分，故能够在环割处促进生根。证明有机物质运输途径的更准确的方法是同位素示踪法，目前使用比较多的是在根部标记 ^{32}P、^{35}S 等盐类，以便跟踪根系吸收的无机盐类的运输途径；在叶片上使用 $^{14}CO_2$，可追踪光合同化物的运输方向。

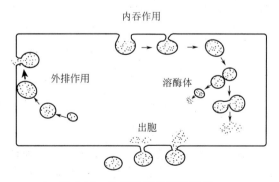

图 4-16　物质进出质膜的运输　　　　　图 4-17　木本枝条的环割

（2）韧皮部中运输的主要物质　韧皮部运输的物质因植物的种类、发育阶段、生理生态环境等因素的变化表现出很大的差异。一般来说，典型的韧皮部汁液样品其干物质含量占 10%～25%，其中多数为糖类，其余为蛋白质、氨基酸、无机离子和有机离子。

（二）植物体内光合产物的分配及其控制

光合产物的运输和分配直接关系到植物的生长发育好坏和经济产量的高低，因此了解其基本规律，对指导农业生产具有十分重要的意义。

1. 源与库的概念

人们在研究光合产物分配方面提出了源与库的概念。源是指能制造养料并向其他器官输出有机物的组织或器官。库是指接纳有机物质用于生长消耗或储藏的植物组织或器官。源和库就某些器官而言不同时期往往是相对的。例如幼嫩的叶片与展开叶片同样是叶片，前者就属库，而后者就属源。通常把在光合产物供求上有对应关系的源与库合称为源-库单位，如结果期的番茄植株（图4-18），通常每隔三叶着生一果穗，此果穗及其下三叶便组成一个源-库单位。但源库概念是相对的，其组成不是固定不变的，它会随生长条件而变化，并可人为改变。例如番茄通常是下部三叶向其上果穗输送光合产物，当把此果穗摘除后，这三叶制造的光合产物也可向其他果穗输送。源-库单位的可变性是整枝、摘心、疏果等栽培技术的生理基础。

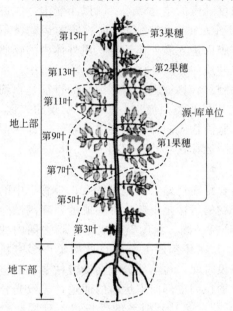

图4-18 番茄源-库单位模式图

第15叶　第3果穗
第13叶　第2果穗
第11叶　源-库单位
第9叶　第1果穗
第7叶
第5叶
第3叶
地上部
地下部

2. 源-库关系

源器官光合产物形成和输出的能力称源强。它与光合速率、丙糖磷酸从叶绿体向细胞质的输出速率以及叶肉细胞蔗糖合成速率有关。源强能为库提供更多的光合产物，所以植物生产上往往把不同时期的叶面积指数的大小作为高产栽培、合理施肥的重要指标。

库器官接纳和转化光合产物的能力称库强。根据光合产物到达库以后的用途不同可将库分为代谢库和储藏库两类。代谢库指代谢活跃、正在迅速生长的器官或组织，如顶端分生组织、幼叶、花器官。储藏库是指一些光合产物的储藏性器官，如块根、块茎、果实和种子。

实践证明，源是库的供应者，而库对源具有一定的调节作用，源库两者相互依赖，相互制约。同时认为源强有利于库强潜势的发挥，而库强则有利于源强的维持。在实际生产中，必须根据植物生长的特点，以及人们对植物的要求，提出适宜的源、库量。栽培技术上采用去叶、提高二氧化碳浓度、调节光强等处理可以改变源强；而采用去花、疏果、变温、使用呼吸控制剂等处理可以改变库强。

三、光合产物的分配规律

植物体内光合产物分配的总规律是由源到库，具体归纳为以下几点：

（一）优先供应生长中心

生长中心是指正在生长的主要器官或部位。其特点是代谢旺盛，生长速率快。各种植物，在不同的生育期都有其不同的生长中心。这些生长中心既是矿质元素的输入中心，也是光合产物分配中心。如稻、麦类植物前期主要以营养生长为主，因此根、新叶和分蘖是生长中心；孕穗期是营养生长和生殖生长共生阶段，营养器官的茎秆、叶鞘和生殖器官的小穗是生长中心；灌浆结实期，籽粒是生长中心。

不同器官对光合产物的吸收能力有较大的差异。在根、茎、叶营养器官中，茎、叶吸收能力大于根，因此当光照不足，光合产物较少时，优先供应地上部分器官，往往影响根系生长。在生殖器官中，果实吸收养料能力大于花。所以当养分不足，光合产物分配出现矛盾时，花蕾脱落增多，果树、棉花、豆科植物表现特别明显。因此人们在农业生产中，对该类植物采取摘心、整枝、修剪等技术，以调节有机养分的分配，提高坐果率和果实产量。

（二）就近供应

根据源-库单位理论，一个库的光合产物来源主要依靠附近源的供应，随着库源间距离的加大，相互间的供应能力明显减弱。一般来说，植物上部叶片的光合产物主要供应茎顶端嫩叶的生长，而下部叶的光合产物主要供应根和分蘖的生长，中间的叶片光合产物则向上与向下输送。例如，大豆、蚕豆在开花结荚时，本节位叶片的光合产物供给本节的花荚，棉花也同样如此。因此，保护果枝上的正常光合作用，是防止花荚、蕾铃脱落的方法之一。

（三）纵向同侧供应

纵向同侧供应是指同一方位的叶制造的光合产物主要供应相同方位的幼叶、花序和根。用放射性同位素 ^{14}C 喂向日葵的功能叶，结果发现与该叶片同一方向的叶片和果实内有 ^{14}C，分析其原因主要和同侧叶的输送组织有密切的关系。如叶序为 1/2 的稻、麦等禾本科植物，奇数叶在一侧，偶数叶在另一侧，由于同侧叶间的维管束相通，与对侧叶间维管束联系较少，因此幼嫩叶，包括其他的库所需的光合产物主要来源于同侧功能叶的提供。

四、光合产物的再分配与再利用

植物的器官衰老时，大量的糖以及可再利用的矿质元素（如氮、磷、钾）都要转移到就近新生器官中去。在生殖生长时期，营养体细胞内的内含物向生殖器官转移的现象尤为突出。小麦籽粒在达到 25％的最终饱满时，植株对氮、磷的吸收已达 90％，在籽粒最后充实期，叶片原有的 85％的氮和 90％的磷将转移到穗部。就是在生殖器官内部，许多植物的花在完成受精后，花瓣细胞中的内含物也会大量转移到种子中去，以致花瓣迅速凋谢。另外植物器官在离体后仍能进行同化物的转运。如已收获的洋葱、大蒜、大白菜、萝卜等，在储藏过程中其鳞茎或外叶已枯萎干瘪，而新叶甚至新根照常生长。这种物质的再度利用是植物体的营养物质在器官间进行再分配、再利用的普遍现象。

细胞内含物的转移与生产实践密切相关，只要明确原理，采取一定的调控手段，就能得到良好的效果。如小麦叶片中细胞内含物过早转移，会引起该叶片的早衰；而过迟转移则会造成贪青迟熟。小麦在灌浆后期，如遇干热风的突然袭击，不仅叶片很快失水枯萎，同时该叶片的大量营养物质也不能及时转移到籽粒中去。再如突然的高湿或低温也会导致类似现象。所有这些都与人们所采取的施肥、灌溉、整枝、打顶、抹赘芽、打老叶、疏花疏果等栽培措施十分有关。农产品的后熟、催熟、储藏保鲜等与物质再分配同样密切相关。

生产上应用光合产物的再分配与再利用这一特点的例子已有很多。例如北方农民为了减少秋霜危害，在严重霜冻来临之际，把玉米连秆带穗一同拔起并堆在一起，可大大减轻植株茎叶的冻害，使茎、叶的有机物继续向籽粒转移，这种被人们称为"蹲棵"的措施一般可增产 5％～10％。水稻、小麦、芝麻、油菜等收割后堆在一起，并不马上脱粒，对提高粒重效果同样比较明显。所以，探讨细胞内含物再分配的模式，寻找促控的有效途径，不但在理论研究方面，而且在生产实践上都十分重要。

五、光合产物的分配与产量形成

要达到提高产量的目的，必须促使更多的光合产物运往经济器官中去。

（一）源的输出能力

功能叶的光合强度一般与光合产物的输出速率存在着显著的正相关。水稻灌浆期间顶部叶片光合强度大，光合输出率也大。从时间上看，光合作用的日变化决定着光合产物运输的日变化，如测定叶片中的糖类，虽然昼夜均可运输，但上午 6～10 时很少，随着光合强度的增强，运输速率随之加快，14～18 时输出量最多，以后又逐渐减少，直至第二天早晨。近年来，从大麦、大豆等植物试验中还发现光照强度不仅通过光合作用间接影响光合产物的运输过程，而且直接影响光合产物从叶内的输出。

（二）库的拉力

输入器官（库）的拉力是指对灌浆物质的吸取能力。据沈允钢试验，正常情况下，有 71.4%～84.5% 的 ^{14}C 光合产物运入稻穗，去穗后，虽然叶鞘与茎内 ^{14}C 明显增加，但 57.4%～91.0% 的 ^{14}C 光合产物却仍滞留在叶片中，表明稻穗是灌浆期间吸取能力最强的输入器官。

（三）输导组织的分布状况

试验证明，受精后胚囊之所以能成为吸收中心，与激素的含量（尤其是吲哚乙酸的含量）较多有直接的关系，同时还证明与输导组织的分布状况同样有直接的关系。有机物质是在筛管内运输的，并由韧皮部薄壁细胞从能量上给以支持，而这些能量来自呼吸作用。例如水稻枝梗上的颖花、粒位分化早开花早的强势花，都与顶叶的维管束联系最为密切，其呼吸强度也为最强。因此一切不利于输导组织呼吸的因素均会减缓有机物质的运输。

第七节　光合作用及其在生产实践中的应用

一、光合作用与作物产量

光合作用为农作物产量的形成提供了主要的物质基础，但作物躯体各部分的经济价值是不同的。例如种植稻、麦、油菜和大豆等主要是为了收获籽粒；种植马铃薯、甘薯、甜菜等主要是为了收获块茎、块根等。为此，在收获中经济价值较高部分称为经济产量，而作物的总量就是生物产量，经济产量与生物产量的比值称为经济系数，即：

$$经济系数＝经济产量/生物产量$$
或：
$$经济产量＝生物产量×经济系数$$

各种作物的经济系数差异较大，一般禾谷类作物经济系数为 0.3～0.4，水稻为 0.5 左右，棉花按籽棉计算可达 0.35～0.4，大豆为 0.2，薯类为 0.7～0.85，叶菜类接近于 1。一般说来经济系数是品种比较稳定的一个性状，因此，品种的选择在农业生产上至关重要。但栽培条件与管理措施对经济系数也有很大影响。为使同化产物尽可能多地输入经济器官，就必须在经济产量形成的关键时期有良好的田间管理措施（如棉花、番茄、瓜果的整枝打顶，甘薯提蔓，马铃薯摘花等），以使更多的同化产物顺利地运往经济器官储存起来。相反，如果管理不善，植物生长衰弱或徒长，即使品种再好也会减产。

生物产量等于作物一生中的全部光合产量扣去消耗的同化物（主要是呼吸消耗），而光合产量是由光合面积、光合强度、光合时间这三个因素组成的，也就是说：

$$生物产量＝光合面积×光合强度×光合时间－光合产物消耗$$
或：
$$经济产量＝（光合面积×光合强度×光合时间－光合产物消耗）×经济系数$$

上式中的五个因素不是彼此孤立的，也不是固定不变的，因此一切农业措施都要兼顾它们的相互关系，使之有利于经济产量的提高。

二、作物的光能利用率

作物光能利用率是指在单位土地面积，作物光合产物中储存的能量占作物光合期间照射在同一地面上太阳总能量的百分率。我国幅员辽阔，各地辐射资源不大一样，大体上自兰州以西部分年辐射量较强，多在 $627kJ \cdot cm^{-2}$（辐射能以地面每平方厘米上每分钟所受到的太阳垂直平面照射的能量计算）以上，这是由于空气干燥、云量少的原因。我国东半部辐射量较少，在 $627kJ \cdot cm^{-2}$ 以下，其中华北平原和内蒙古自治区较高，在 $585.2kJ \cdot cm^{-2}$ 上下，长江中下游和华南广大地区年辐射量约 $501.6kJ \cdot cm^{-2}$。川、贵高原潮湿多雾、多雨，年辐射量只有 $376.2kJ \cdot cm^{-2}$ 左右。一般作物的光能利用率为 $0.5\% \sim 1\%$，树木为 0.1%。以沈阳地区为例，$5 \sim 9$ 月份，太阳辐射能为 $18988kJ \cdot m^{-2} \cdot d^{-1}$，折合 $12.66 \times 10^6 kJ \cdot 亩^{-1} \cdot d^{-1}$，如果玉米的生育期为 140 天，经济产量为 1000kg/亩（经济系数 0.4），那么，光能利用率为 2.44%。如以广州地区为例，水稻全生育期照射到地面的太阳能约为 $126 \times 10^{11} J \cdot hm^{-2}$，如光能利用率达到 4.0%，则水稻全生育期吸收的太阳能为 $126 \times 10^{11} \times 4.0/100 = 504 \times 10^9 J \cdot hm^{-2}$，水稻干物质的燃烧值为 $15.54 \times 10^3 J \cdot g^{-1}$，那么，水稻的生物学产量为 $504 \times 10^9/(15.54 \times 10^3) = 32.4 \times 10^6 g \cdot hm^{-2} = 32400kg \cdot hm^{-2}$。水稻的经济系数为 0.5，水稻的经济产量可达 $16200kg \cdot hm^{-2}$，这说明提高水稻单产的潜力还很大。

三、光能利用率低的原因

（1）光合作用对光谱吸收的选择性　在太阳辐射能中，植物光合作用只能利用波长为 $400 \sim 700nm$ 的可见光，约占太阳光总量的 50%。而在被吸收的光中，又以 $400 \sim 500nm$ 和 $600 \sim 700nm$ 的光波对光合最有效，$500 \sim 600nm$ 的光波效率低。由于光合作用对光谱的吸收有选择性，因而降低了叶片的光能利用率。

（2）量子转化效率的限制　光能转化效率的极限值是量子转化效率。在光合作用中每释放 $1mol\ O_2$ 或同化 $1mol\ CO_2$ 所需要光量子的摩尔数称为量子需要量，量子需要量的倒数称为量子产量，即光合组织每吸收 $1mol$ 光量子所释放 O_2 的摩尔数或同化 CO_2 的摩尔数。量子转化效率是指同化 $1mol\ CO_2$ 所储存的化学能占同化 $1mol\ CO_2$ 需要的光量子所含有能量的百分率。根据量子转化效率所有的太阳辐射能都被光合作用所利用，光能利用率的极限值为 $15\% \sim 16\%$。但实际上，一般农田的光能利用率只有 1% 左右。

（3）透射和反射损失　照射到地表太阳光的利用与群体密度、作物株型、叶片的薄厚和叶片着生角度等有关，照射到叶表面的光，有一部分被反射掉，一部分被透射，在良好的水肥条件下，这部分损失也达 8%。例如：水稻，若大田密植合理，作物株型较紧凑，叶片较直立，其反射光的损失则较小。至于透射光的损失，更与叶片的薄厚有关，杂交水稻的叶片比一般品种的厚且叶色较深，故透光损失较少。

（4）漏光损失　不同植物差异很大，不同生育期也不相同，在苗期漏光损失最大。因作物生长初期植株较小，或由于单位面积上苗数不足，或肥水等条件较差，造成叶面积指数过小，漏光严重，使得大量的光能未被利用。据调查在一般稀植缺肥的稻田、麦田中，平均漏光率高达 50% 以上。

（5）蒸腾损失　叶片吸收的辐射能，一部分以蒸腾方式散失，在良好的水肥条件下约为 8%。

（6）呼吸消耗　呼吸消耗的能量约占光合作用所转化能量的 40%。

（7）环境胁迫　如温度过高或过低，水分不足，某些矿质元素缺乏，二氧化碳供应不足及病虫为害等外因，都限制光合速率。此外，某些作物或品种叶绿体的光能转化效率和羧化效率均低，光合产物的运转、分配和储藏能力较差等，都会降低群体光能利用率。

四、提高光能利用率的途径

提高光能利用率，也就是使植物转化更多的光能成为植物体内可储藏的化学能，在农业生产上即为增加单位面积上的生物学产量。从农业措施上主要从调节影响生物学产量形成中的因素入手。

（一）增加光合面积

光合面积通常用叶面积系数表示，叶面积系数也称叶面积指数（LAI），它是指作物总叶面积与土地面积的比值。叶面积系数低，漏光多，对反射光和透射光的利用也差。因此，在一定范围内，提高叶面积系数是达到高产的重要手段。不同植物其适宜的叶面积系数是不同的，光补偿点较低的作物，叶面积系数就可以高一些。在不同生育期，叶面积系数也是在变化的。一般当叶面积系数低于 2.5 时，叶面积与产量成正比；叶面积系数超过 2.5 时，产量还可增加，但与叶面积已不成比例；叶面积系数在 4～5 以上时产量一般就不再增加了。小麦、大麦、甜菜、玉米、大豆等作物合适的最大叶面积系数是 2～4，不超过 4.5～5。水稻为 7 左右，甚至报道在高产时达到 9。叶片直立型的品种叶面积系数较平展型的

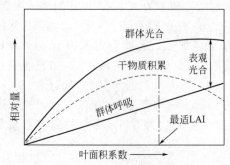

图 4-19 叶面积系数与群体光合作用、呼吸作用及干物质积累的关系示意图

高。但叶面积系数不可能无限制提高，叶面积过大，干物质积累反而降低，其间的关系如图 4-19 所示。这是因为叶面积过大，田间郁闭，中下层叶片光照不足，不但影响光合作用，促使叶片早衰，而且群体的呼吸上升，影响干物质积累。

在考虑叶面积系数时还应考虑叶片在不同层次中的分配比例以及不同生育期的叶面积动态。一般说来，前期叶面积应扩展快些，以减少漏光等损失；后期应有合适的各层叶片分布，保证下层叶片光强在光补偿点以上。因此，在生产上应注重以下措施：

（1）合理密植　合理密植是提高光能利用率的主要措施之一，因为它能够使植物群体充分利用光能和地力。栽种植物太稀，个体发育较好，但漏光严重，群体产量低；太密，下层叶子受到光照少，在光补偿点以下，无光合产物积累，产量也低。苗期由于个体小，对于可食用蔬菜和有其他用途的林木，可植得密一些，采取逐步间苗和部分移栽等措施，以提高光能利用率。许多果树的矮化密集栽培、提早结果等都有利于提高光能利用率。

（2）合适的肥水管理　科学管理肥水既可使植物苗期迅速增加叶面积，也可延长光合器官的寿命，又能使后期叶面积系数不致过大，从而提高群体干物质积累量。

（3）改变株型　现在培育出的比较高产的作物品种一般为矮秆、叶片角度小而厚的株型。这对耐肥抗倒、增加种植密度、提高光能利用率和产量曾起到积极的作用。但近来有部分作物生理学家认为，秆子过矮，叶片相互遮挡严重，不利于进一步增加叶面积指数，也会使冠层内二氧化碳浓度过低，抑制光合速率。因此提倡株高以中等为宜。在作物群体中，上层叶片为斜立型，中层为中间型，下层是平铺株型者，其光能利用率最好。株型主要受遗传控制，肥水只能在一定程度上改变它，因此改变株型应以育种为主。

（二）延长光合时间

延长光合时间主要是指延长全年利用光能的时间。不同地区，由于一年中气候不一，有的季节没有作物生长，有的存在作物换季空隙，人造林地也有砍伐和重植空隙，正确利用这一空隙，有利于提高光能利用率。生产上延长光合时间的措施如下：

（1）提高复种指数　复种指数是指一年中收获作物的面积与土地总利用面积之比。如果一年一熟，复种指数就是 1；一年三熟，复种指数为 3。因此从提高光能利用率的角度，应尽可能种几熟作物。大棚栽培有效地提高了南方（冬季）和北方地区的植物收获面积，是一项提高光能利用率行之有效的措施。

（2）合理的间套种　间种利用不同作物光饱和点的差异，在同一季节里、同一土地上种植高矮不同的植物，如高光饱和点的玉米田里套种低光饱和点的大豆。透过玉米冠层的光可防止高光强对大豆光合器官的危害，又可达到大豆光饱和点，不影响大豆光合。而大豆的固氮，又为玉米提供氮素营养。

套种是在一季作物成熟之前，播种下一季作物。也就是在前茬作物还未发展到最大叶面积或成熟前，就套进后茬作物，这样就充分拦截利用了前茬作物所不能利用的光，进行干物质生产。后茬作物在前茬作物收获后，很快发展到旺盛时期，大大减少了苗期的光能浪费，使作物能够利用全年辐射能进行干物质生产。

另外，这种方式还可以利用空间扩大物质生产面积。由于种植同种作物生长速率较一致，各植株的叶面分布在同一空间，使得上层叶片光照充分，主要是顶端平面光，而中下部叶片则往往光照不足。但几种生态习性不同的作物间套种后，叶片层次加多，叶面积增大，在高矮秆作物间套种条件下，矮秆作物生长的地方，成了高秆作物通风透光的"空间走廊"，光线可通过"走廊"直射到高秆作物的中、下部；同时由于矮秆作物的叶面反射，田间漫射光也大为增加，因此在间套种田中，不同作物可分层、分时交替用光，大大提高了田间群体的最大光合效率。因此，在同一块农田上实行间种套种，通过挑选搭配等人工措施，以减轻竞争，创造作物的互利条件，就可夺得高产。比如：麦套玉米、晚稻套麦、大菜套小菜等措施还可提高复种指数。

（3）延长生育期　在不影响后作的情况下，适当延长生育期，可减少空地造成的光能损失。通过改革耕作制度，提高复种指数，在温度允许的范围内，使1年中尽可能多的时间农田里生长有作物。育苗移栽是近年来发展很快的栽培方式，也可达到延长生长季节的目的。特别是温室生产，还可以利用非生长季节的太阳能。从露天逐步过渡到保护设施内生产，以达到"工厂"化生产，从而使生产不受气候条件的限制。

（三）提高光合速率，降低呼吸消耗

提高光合速率和降低呼吸消耗与增加光合面积和延长光合时间不同，该措施不是增加光能的吸收，而是提高吸收光能的转换。不少生理学家和农学家认为，要进一步提高产量必须提高净光合速率，尤其是植物群体的光合速率。具体措施如下：

（1）高光效育种　由于光合速率存在着种和品种的差异，因此人们试图通过育种手段培育高光效品种。高光效品种的特点是单叶和群体的光合速率均高，对强光和阴雨天气适应性好，光呼吸低。近年来国内外都试图通过分子生物学和遗传工程的手段改良 Rubisco，使其提高羧化速率，减少加氧活性；也有人试图把 C_4 途径的有关酶类引入 C_3 植物。

（2）增施二氧化碳"气肥"，增加光合作用原料　从光合作用的机理中可以看出，CO_2是光合作用的原料；但是空气中的 CO_2 含量却只有 0.03% 左右，远远不能满足光合作用提高作物产量的要求。如果设法适当增加空气或土壤中 CO_2 浓度，就可使光合效率提高。据研究发现：一般 CO_2 增加到 0.1%～0.5% 时就可提高光合作用，但当超过 0.6% 的浓度时，则反而会使光合作用受抑制，甚至使植物受到毒害；而当 CO_2 浓度低于 0.008%～0.01%时，则光合作用又会显著减低甚至完全停止，使植物无法制造养料而死亡。根据这个道理，可以施用有机肥，利用有机物分解放出的 CO_2，就可以达到保持作物下层叶片的 CO_2 不致亏缺而高产的目的。这可提高 Rubisco 羧化活性，减少加氧活性，从而降低光呼吸消耗。但此措施一般只限于大棚和温室使用。大田中可通过选择合适行向，加速通风，增施有机肥和碳酸氢铵等，适当增加冠层二氧化碳浓度。

（四）减轻农作物"午休"期的影响，增加光合产物积累机会

农作物在进行生理代谢时，需要一个适宜的外界环境条件。就光合作用来说，它除需要充足的光照、水分和一定的 CO_2 外，还需要有一个适宜的温度条件。一般来说，光合作用

的最适温度是 25～30℃，如高于此温度就会使作物蒸腾量过大而产生失水萎蔫，有机物运输受阻，CO_2 的吸收减少。此外，过高的温度还会破坏叶绿体的结构，导致叶绿体中酶活性下降，导致光合作用减缓甚至完全停止，这时便会出现"午休"现象。有研究指出，"午休"造成的损失可高达光合生产的 30％～50％，甚至更多。因此，在生产中要采取一系列的措施，来避免或减轻其"午休"期的影响。简单可行的方法之一就是用少量水改善田间小气候和作物的水分状况，以减轻光合"午休"现象，来达到增加作物产量的目的。

第八节　光合作用研究的发展前景

一、利用不同色光，改善光合产物品质

不同颜色的光线会对植物的生长发育产生不同的影响。研究表明：波长 390～410nm 的蓝紫光，可使叶绿体的运动活跃；波长 600～760nm 的红橙光，可增强叶绿素的光合能力，它们都能促进植物的生长；而波长 500～560nm 的绿色光，则会被叶绿体反射和透射，使植物的光合能力下降，不利于生长。根据这一原理，人们使用各种有色薄膜进行植物生产。有色薄膜的作用在于改变太阳光光谱成分，使通过的光线具有更多的红橙光和蓝紫光，从而提高植物光合效率，达到增加产量和改善品质的目的。

据研究：红色光能提高作物的含糖量；蓝色光能增加作物蛋白质的含量。由于不同的植物对不同波长的光有不同的反应，所以根据植物的不同品种，选择不同的有色薄膜就能在农、林、园艺、草药等绿色生产上达到不同的目的。据试验：甜瓜在红光照射下，不仅能显著提高瓜内糖分和维生素含量，而且可提前 20 天收获；小麦在红光下或晚播后覆盖红色薄膜，可加速生长，增加产量；四季豆和辣椒以红膜为好；棉花育秧也以红色膜为好，这样培育出来的棉花株高、茎粗、根多、叶大。用红色薄膜罩在黄瓜秧苗上，可使黄瓜增产 0.5～1 倍。用蓝色薄膜覆盖小麦，可加速其蛋白质的合成，大大改善小麦的品质；蓝色薄膜覆盖黄瓜和芫荽，维生素 C 的含量增加，有人认为，这与蓝光能激发气孔开放有关。试验发现：蓝光会启动排出细胞内带正电的氢离子（质子）的泵。此泵启动后，会在细胞膜内外产生一个电位差。这一电位差会把钾离子和水分吸入细胞，细胞随即鼓胀，于是气孔开放，便有利于二氧化碳这个光合作用原料的进入。其具体机理尚不清楚。但蓝光对黄瓜的生长则不利。除红、蓝光外，有人还用黄色薄膜栽培黄瓜，结果增产 40％左右；有人用黄色薄膜覆盖芹菜和莴苣，发现不仅叶柄显著伸长，植株高大，还能推迟抽薹，延长食用期；黄色薄膜罩在茶树上，茶树不仅增产，而且茶叶的品质也有提高。还有试验表明，番茄、茄子、韭菜在紫膜下产量增加。菠菜在紫膜和银色膜下，生长非常迅速。用青色（蔚蓝色）薄膜进行水稻育秧时，叶绿素、氮素、磷酸的含量都增加，可防止秧苗发生黄化现象。这种秧苗移栽以后，分蘖数提高 10％～20％，干物质量增加，这对寒冷地区的水稻生产来说，可起到稳产高产的作用。

二、应用生长调节物质，提高光合作用效率

美国的亨利·约克亚马（H. Yoroyama）等发现了一种新型的生物调节剂，它能使植物的光合效率大大提高，这种生物调节剂的化学名称为 2-二乙氨乙基-3,4-二氯酚基乙醚，缩写为 DCPTA。在多年的研究中发现，DCPTA 可以使银胶菊的橡胶含量成倍增加；使大田大豆的蛋白质含量提高 68％，脂肪提高 20％，产量增加 35％；在温室内能使棉花蕾铃增加 80％。DCPTA 提高了植物光合作用过程中把空气中二氧化碳转化为生化物质的能力，所以植物的产量明显提高了。有人认为 DCPTA 是迄今为止发现的第一种既能影响光合作用，又

能增加产量的生物调节剂。据研究者发现，DCPTA之所以能够促进光合作用，其机理是由于它调节着基因的表达。DCPTA使基因打开，从而促进了正常的光合作用途径，提高了光合效率，即使得植物的光合产物量增加，而光合产物的消耗却并未增加。同时，还发现DCPTA对其他激素也没有影响。约克亚马认为，对DCPTA的研究还处在初期阶段，至于它能提高光合作用的详细机理，还有待于人们作进一步研究来阐明。DCPTA的问世，为我们开拓了与世界人口增长相适应的食品开发研究的新途径。

三、光合作用在其他方面的应用

随着光合作用研究的进展和人类面临的食物、能源、资源和环境问题日益严峻，光合作用的应用研究更受到人们的关注。农业的核心是种植，因而农业是光合作用应用研究的重要内容。不少人预测21世纪将发生以提高作物光合效率为中心的第二次"绿色革命"。光合作用应用研究的另一个热点是初级生产力问题，这不仅将光合作用与生产实践的关系从耕地扩展到森林、草原、水域等自然生态系统，并且还联系到生物圈的运转和环境的保护。另外，与航天有关的实验室正在研究如何利用光合功能在密闭环境中为人们提供氧气、食物和去除 CO_2 等排出物。

在工业方面，模仿自然界植物的光合成作用原理，开发出人工光合成材料技术和模拟型太阳能电池，模拟光系统 II 作为生物芯片与分子电气元件都成为可能。总之，随着科学技术的不断发展，植物的光合作用在农业生产上的实际应用，必将得到进一步的发展。

本章小结

进行光合作用的细胞器是叶绿体，它由被膜、类囊体和基质三部分组成。被膜是叶绿体的界膜；类囊体是由单层膜构成的扁平囊状结构；基质是叶绿体被膜内可以流动的液体，是光合作用中 CO_2 固定还原的场所，它含有催化 CO_2 固定还原的所有的酶。

在高等植物中，光合色素有两大类，一类是叶绿素（包括叶绿素 a 和叶绿素 b），另一类是类胡萝卜素（包括胡萝卜素和叶黄素）。光合色素具有荧光现象和磷光现象。光合色素分布在类囊体膜上，总的作用就是吸收、传递和转换光能，在功能上可分为捕光色素和反应中心色素。捕光色素又称为天线色素，作用是吸收光能和传递光能。反应中心色素是处于特殊状态的叶绿素 a 分子，能够进行光化学反应。

光合作用分为原初反应、电子传递、光合磷酸化和 CO_2 同化。CO_2 同化的场所是叶绿体基质。同化的途径有三条，分别是 C_3 循环、C_4 途径、景天酸代谢途径。其中 C_3 循环是最基本的 CO_2 同化途径，它存在于所有的植物，既可以固定 CO_2，又可以还原 CO_2。C_4 途径和景天酸代谢途径是光合碳还原循环的附加途径，它们的作用是固定 CO_2，并把所固定的 CO_2 转运给光合碳还原循环。

在光合碳还原循环中，含有各种中间产物，这些中间产物都可以从循环中游离出来，形成光合作用的产物，如碳水化合物、蛋白质、脂肪、有机酸等。碳水化合物是光合作用的主要产物，而淀粉和蔗糖又是主要的碳水化合物。淀粉是在叶绿体的基质中合成的，蔗糖是在细胞质中合成的。蔗糖是光合产物向外输出的主要形式。光合作用的进行受许多环境因素的影响，其中主要有光照、温度、O_2、CO_2、水分和矿质元素。

光呼吸是由光引起的植物绿色细胞吸收 O_2 释放 CO_2 的过程，实际上是与光合作用偶联在一起的吸收 O_2 释放 CO_2 的过程。光呼吸的底物是乙醇酸，它来自 Rubisco 的加氧反应，其特点是：①光呼吸与光合碳还原偶联在一起，其底物乙醇酸的产生和 CO_2 固定都是 Rubisco 催化的；②光呼吸需要叶绿体、过氧化物酶体、线粒体三种细胞器的协同作用；③光呼吸是一个释放 CO_2 的过程，每 2 个乙醇酸经过光呼吸氧化，释放 1 个 CO_2，碳素损失为 25％；④光呼吸是耗能过程，每 2 个乙醇酸氧化消耗 1 个 ATP。光呼吸具有以下潜在的生理功能：①解除乙醇酸的毒害；②防止高光强对光合器的伤害；③消除 O_2 的危害和对 Rubisco 活性的抑制；④补充氮代谢的途径。

植物体内光合产物的运输有长距离运输和短距离运输。光合产物的分配规律：优先供应生长中心，就近供应，纵向同侧供应。

作物光能利用率是指在单位土地面积上作物光合产物中储存的能量占作物光合期间照射在同一地面上太阳总能量的百分率。在农业生产上提高光能利用率常采用的措施有：增加光合面积，延长光照时间，提高光合速率并降低呼吸消耗。

复习思考题

一、名词解释

光合膜　荧光现象　磷光现象　反应中心色素　捕光色素　原初反应　光合反应中心　红降现象　光系统　光合链　光合磷酸化　同化能力　C_3 途径　C_4 途径　CAM 途径　光呼吸　光补偿点　光饱和点　二氧化碳补偿点　二氧化碳饱和点　光能利用率　光合速率

二、思考题

1. 光合作用的光反应和暗反应是在叶绿体的哪部分进行的？各产生哪些物质？
2. 为什么 C_4 植物的光合效率一般比 C_3 植物的高？
3. 有哪些因素会对光合作用产生影响？
4. 为什么在有机物质的分配问题上会出现源-库单位的现象？
5. 植物体内有机物质的运输与分配遵循什么规律？
6. CAM 植物光合碳代谢有何特点？
7. 什么叫作物的光能利用率？农业生产上如何提高？

PPT 课件

第五章　植物的呼吸作用

【学习目标】

（1）掌握呼吸作用的概念及其生理意义，掌握线粒体的结构和功能，熟悉糖酵解、三羧酸循环和戊糖磷酸循环等呼吸代谢途径及其特点。

（2）理解呼吸链的概念与组成、电子传递多条途径和末端氧化系统的多样性。

（3）认识植物呼吸作用的生理指标及其影响因素，了解呼吸作用在农业生产、储藏中的重要应用。

生物体的新陈代谢是由两部分组成的，一是把非生活物质转化为生活物质的同化作用，二是把生活物质分解成非生活物质的异化作用。光合作用属于植物的同化作用，而呼吸作用属于植物的异化作用。一切生活细胞都要进行呼吸作用，呼吸停止，意味着生命也就终止。掌握植物呼吸作用规律，对植物生长发育的调控和利用有重要意义。

第一节　呼吸作用的概念与生理意义

一、呼吸作用的概念

呼吸作用是指生活细胞内的有机物，在一系列酶的参与下，逐步氧化分解，并释放能量的过程，也叫作生物氧化。呼吸作用原料即被氧化分解的有机物叫作呼吸基质，如碳水化合物、有机酸、脂肪都可以作为呼吸底物。呼吸作用的产物因呼吸类型不同而不同，呼吸作用需要酶的参与，是否需要氧也视呼吸类型不同而异。

二、呼吸作用的类型

呼吸作用分为有氧呼吸与无氧呼吸两大类。

（一）有氧呼吸

有氧呼吸是指在有氧条件下，生活细胞利用分子氧，将某些有机物彻底氧化分解，形成二氧化碳和水，并释放能量的过程。有氧呼吸的呼吸基质以葡萄糖、淀粉等碳水化合物为多。细胞进行有氧呼吸的主要场所是线粒体。

有氧呼吸的特点是氧化彻底，放出二氧化碳和水，释放能量多。如 1mol 葡萄糖彻底氧化分解，释放 2870kJ 能量。

$$C_6H_{12}O_6 + 6O_2 \xrightarrow{\quad 酶 \quad} 6CO_2 + 6H_2O + 能量；\quad \Delta G^{0\prime} = -2870kJ \cdot mol^{-1}$$

$\Delta G^{0\prime}$ 是指 pH 为 7 时标准自由能的变化。在此反应中，呼吸底物被彻底氧化分解成 CO_2 和 H_2O，O_2 被还原成 H_2O。需注意的是，此氧化作用分为许多步骤进行，分子氧并未直接参与葡萄糖的氧化，而由 H_2O 中的氧参与葡萄糖的降解。

有氧呼吸是高等植物和动物进行呼吸作用的主要形式，通常讲的呼吸作用是指有氧呼吸。

（二）无氧呼吸

无氧呼吸是生活细胞在无氧条件下进行的另一类呼吸作用，即把某些有机物分解为不彻底的氧化产物，同时释放能量的过程，这类呼吸作用叫作无氧呼吸。

无氧呼吸的特点是无氧下进行，氧化分解不彻底，放能较少。

无氧呼吸的种类也多，例如甘薯、苹果、香蕉储藏久了，稻种催芽时堆积过厚，都会产生酒味，这就是高等植物无氧呼吸的结果。

微生物常进行无氧呼吸，也就是发酵，如酵母菌酒精发酵就是在无氧条件下分解葡萄糖产生酒精的，该过程是最常见的发酵。

$$C_6H_{12}O_6 \xrightarrow{\text{酶}} 2C_2H_5OH + 2CO_2 + 能量；\quad \Delta G^{0\prime} = -226kJ \cdot mol^{-1}$$

乳酸菌在无氧条件下产生乳酸，这种作用称为乳酸发酵，可用于制酸奶、泡菜。马铃薯块茎、甜菜块根、玉米胚和青贮饲料在进行无氧呼吸时也产生乳酸。

$$C_6H_{12}O_6 \xrightarrow{\text{酶}} 2CH_3CHOHCOOH + 能量；\quad \Delta G^{0\prime} = -197kJ \cdot mol^{-1}$$

无氧呼吸不一定在完全缺氧条件下进行，如苹果在正常条件下也会产生酒味。

高等植物的有氧呼吸是由无氧呼吸进化而来的，在种子萌动未突破种皮前、成苗淹水或遇到不良环境时，种子或成苗可进行短暂的无氧呼吸来维持生命活动，以适应缺氧条件。

无氧呼吸是植物对短暂缺氧的适应，但植物不能长期靠无氧呼吸维持生命，长时间的无氧条件会对植物造成危害，其原因主要有以下四个方面：

（1）无氧呼吸积累酒精、乳酸，这两种物质可导致细胞蛋白质变性。

（2）无氧条件使三羧酸循环及电子传递无法进行，ATP 有效生产受阻，植株要维持正常生理需要，就要消耗更多的有机物，势必造成体内养料损耗过多。

（3）无氧呼吸没有丙酮酸氧化过程，许多由这个过程的中间产物形成的其他物质就无法合成。

（4）根系缺氧还阻碍根尖合成的细胞分裂素从根部向地上部运输，养分元素吸收减少，根际微生物产生的有毒物质积累，造成酒精中毒、酸中毒等。

三、呼吸作用的场所

植物呼吸作用是在细胞质和线粒体中进行的，其中与能量转换密切相关的步骤主要在线粒体中进行，如细胞内糖、脂肪、蛋白质等物质的终端氧化放能都在线粒体中进行，因此线粒体是呼吸作用的主要场所和能量代谢中心。

（一）线粒体的形态结构

线粒体是存在于大多数真核生物细胞中的细胞器。线粒体的形状多种多样，一般呈线状，也有粒状或短线状的。线粒体的直径一般为 $0.5 \sim 1.0\mu m$，长 $1 \sim 2\mu m$，在光学显微镜下用特殊的染色措施才能辨别。一个细胞内含有线粒体的数目可以从十几个到数百个不等，细胞中线粒体的具体数目取决于细胞的代谢水平，代谢活动越旺盛，线粒体越多，线粒体可占到细胞质体积的 25%。

线粒体（图 5-1）由两层膜包被，外膜平滑，通透性相对大，有利于线粒体内外物质交流，控制物质进出线粒体。内膜向内折叠形成嵴，嵴使内膜的表面积大大增加，有利于呼吸过程中的酶促反应的进行；内膜通透性小，可使酶系统存在于内膜中并保证其代谢正常进行；内膜的内侧表面有许多小而带柄的颗粒，即 ATP 合成酶复合体，它是合成 ATP 的场所。两层膜之间有腔，线粒体中央是基质，基质的化学成分是蛋白质、脂类和水，以及辅酶和核酸，其中蛋白质占线粒体干重的 65%～70%，脂类占 25%～30%。线粒体含有三羧酸循环所需的全部酶类，是三羧酸循环的场所。

（二）线粒体的生理功能

线粒体中进行三羧酸循环、电子传递和氧化磷酸化，是细胞呼吸作用的主要场所，是能量供应中心，有"细胞动力工厂"之称。另外，线粒体有自身的 DNA 和遗传体系，但线粒体基因组的基因数量有限，因此线粒体是一种半自主性的细胞器。除了为细胞供能外，线粒体还参与诸如细胞分化、细胞信息传递和细胞凋亡等过程，并拥有调控细胞生长和细胞周期的能力。

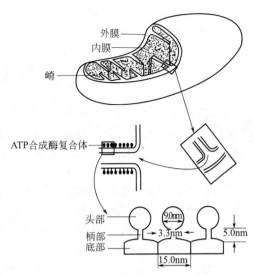

图 5-1 线粒体的结构模式图

四、呼吸作用的生理意义

如图 5-2 所示，呼吸作用是生物新陈代谢的重要部分，对植物生命活动有十分重要的意义。

（一）为生命活动提供能量

植物的生命活动需要呼吸释放的能量来推动，其他生命活动所需的能量也都依赖于呼吸作用。呼吸作用释放的能量，一部分以 ATP 形式储存起来。当 ATP 在酶的作用下分解时，把储存的能量释放出来，以满足植物体各种生理过程（如细胞的分裂、植株的生长、矿质元素的吸收等）对能量的需求。还有一部分未被利用的能量就转变为热能而散失掉。呼吸放热，可提高植物体温，有利于种子萌发、幼苗生长、开花传粉、受精等。

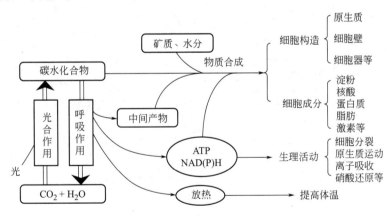

图 5-2 呼吸作用主要功能示意图

（二）中间产物是合成植物体内重要有机物质的原料

呼吸作用在有机物降解过程中产生许多中间产物，其中某些中间产物（如丙酮酸、乙酰辅酶 A、草酰乙酸、磷酸甘油酸等）能转化形成其他有机物（如丙氨酸、脂肪酸、天冬氨酸等），并进一步合成新的有机物。当呼吸作用发生改变时，中间产物的数量和种类也随之而改变，从而影响着其他物质的代谢过程。因此呼吸作用在植物体内的碳、氮和脂肪等代谢活动中起着枢纽作用。

（三）在植物免疫方面有重要作用

呼吸作用在植物免疫方面有重要作用。第一，呼吸作用可将病原微生物分泌的毒素氧化分解，消除其毒害。第二，植物受伤或受到病菌侵染时，通过迅速的呼吸作用可促进伤口愈合，减少病菌感染。第三，呼吸作用的中间产物能转化为具有杀菌作用的绿原酸、植保素等，以增强植物的免疫能力。

第二节　高等植物的呼吸系统

高等植物体内存在着多条呼吸代谢的生化途径，这是植物长期进化过程中对多变环境条件的适应。通过呼吸代谢多条途径之间的相互联系与相互制约，植物体内构成了调节自如的呼吸代谢网，从而保证植物生命活动的正常进行。例如，在淹水时，三羧酸循环和细胞色素氧化酶所催化的呼吸链停止，糖酵解途径加强；当植物受伤时，戊糖磷酸途径和多酚氧化酶的呼吸链加强，以促进伤口的修复。又如有氧条件下进行三羧酸循环和戊糖磷酸途径，缺氧环境下进行酒精发酵和乳酸发酵。

植物呼吸作用的底物主要是糖类物质，呼吸代谢就是细胞内糖类物质的降解氧化过程。高等植物体内的氧化降解途径主要是糖酵解（EMP）-三羧酸循环（TCA）途径、戊糖磷酸途径（HMP）、乙醛酸循环（GAC）途径等，以及酒精发酵和乳酸发酵等（图 5-3）。

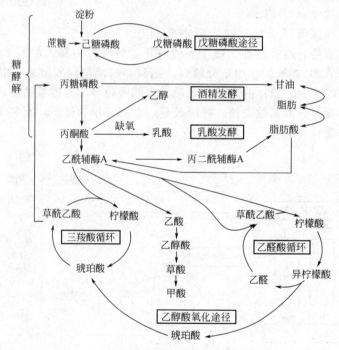

图 5-3　呼吸作用多条途径的关系示意图

一、糖酵解-三羧酸循环

（一）糖酵解

糖酵解途径是细胞质内，呼吸底物己糖在一系列酶的催化下，经过脱氢氧化，逐步降解为丙酮酸的过程。此过程没有游离氧的参加，其氧化作用所需要的氧来自水分子和被氧化的糖分子。

1. 糖酵解过程

糖酵解主要经历葡萄糖的活化、裂解、脱氢氧化三个阶段。葡萄糖在系列酶作用下，逐步磷酸化为果糖-1,6-二磷酸。果糖-1,6-二磷酸在醛缩酶的作用下，裂解异构为两个甘油醛-3-磷酸。甘油醛-3-磷酸脱氢氧化成磷酸甘油酸，并逐步脱磷酸形成丙酮酸。糖酵解途径如图 5-4 所示。

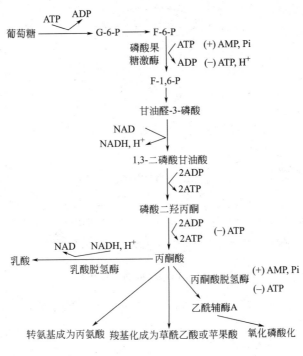

图 5-4　糖酵解途径

糖酵解反应式为：

$$C_6H_{12}O_6 + 2NAD^+ + 2ADP + 2H_3PO_4 \longrightarrow 2CH_3COCOOH + 2NADH + 2H^+ + 2ATP$$

2. 糖酵解的生理意义

（1）生物体中普遍存在糖酵解途径，生物有氧呼吸和无氧呼吸途径都要经过糖酵解途径，只是后续途径不一样。

（2）糖酵解的产物丙酮酸生化性质十分活跃，它可以通过各种代谢途径转化生成不同的物质。有氧条件下丙酮酸转移到线粒体进行三羧酸循环，然后进入呼吸链，被彻底氧化为二氧化碳和水；缺氧条件下丙酮酸进行无氧呼吸，生成酒精或乳酸；丙酮酸还可通过氨基化作用生成丙氨酸，进一步合成蛋白质；丙酮酸也可通过乙酰辅酶 A 用于合成脂肪酸。丙酮酸的转化作用如图 5-5 所示。

（3）通过糖酵解，生物体可获得生命活动所需的部分能量。对于厌氧生物来说，糖酵解是糖分解和获取能量的主要方式。

（4）糖酵解途径中，除了由己糖激酶、磷酸果糖激酶、丙酮酸激酶等所催化的反应以外，多数反应均可逆转，可再异生为糖。

（二）三羧酸循环

糖酵解产生的丙酮酸，在有氧条件下进入线粒体，经过三羧酸和二羧酸的循环逐步脱羧脱氢，彻底氧化分解，最终形成水和二氧化碳。此过程中产生含有三个羧基的有机酸，故这一过程称为三羧酸循环，也叫柠檬酸循环。该循环普遍存在于动物、植物、微生物细胞中，TCA 循环的起始底物乙酰辅酶 A 是糖代谢的中间产物，也是脂肪酸和某些氨基酸的代谢产物。因此 TCA 循环是糖、脂肪、蛋白质三大类物质的共同氧化途径。

1. 三羧酸循环的化学历程

在线粒体中存在着丙酮酸脱氢酶系，该酶系是一种催化丙酮酸脱羧反应的多酶复合体。糖酵解形成的丙酮酸由细胞质穿过线粒体膜进入线粒体后，在丙酮酸脱氢酶系作用下，经过

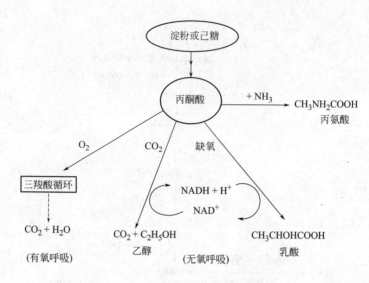

图 5-5　丙酮酸的转化作用

脱羧、脱氢、氧化，转变为乙酰 CoA 和 CO_2，并再生出草酰乙酸，进行下一循环。三羧酸循环途径如图 5-6 所示。

三羧酸循环的总反应式为：

$$CH_3COCOOH + 4NAD^+ + FAD + ADP + Pi + 2H_2O \longrightarrow$$
$$3CO_2 + 4NADH + 4H^+ + FADH_2 + ATP$$

2. 三羧酸循环的特点

（1）1 分子葡萄糖经糖酵解产生 2 分子丙酮酸，经过 2 次三羧酸循环，2 分子丙酮酸被彻底氧化分解，将葡萄糖的 6 个碳原子氧化，放出 6 分子 CO_2，这就是呼吸作用放出的 CO_2。当外界环境中二氧化碳浓度增高时，脱羧反应减慢，呼吸作用就减弱。TCA 循环中释放的 CO_2 中的氧，不是直接来自空气中的氧，而是来自被氧化的底物和水中的氧。

（2）1 次三羧酸循环中底物脱下 5 对 H^+（4 对 NADH，1 对 FADH）。其中 4 对 H^+ 在丙酮酸、异柠檬酸、α-酮戊二酸氧化脱羧和苹果酸氧化时用以还原 NAD^+，形成 NADH + H^+；1 对 H^+ 在琥珀酸氧化时用以还原 FAD 成 $FADH_2$。生成的 NADH 和 $FADH_2$，经呼吸链将 H^+ 和电子传给 O_2 生成 H_2O，同时推动了 ADP 和 Pi 生成 ATP，这种磷酸化叫作氧化磷酸化，是需氧生物生成 ATP 的主要方式。琥珀酰 CoA 形成琥珀酸时，也通过底物水平磷酸化产生 1 分子 ATP。

（3）在每次循环中需消耗 2 分子 H_2O。其中 1 分子消耗在柠檬酸合成时，另 1 分子消耗在延胡索酸生成苹果酸时。

（4）TCA 循环中并没有分子氧的直接参与，但该循环必须在有氧条件下才能进行。NAD^+ 和 FAD 是氢的受体，只有氧存在时，NADH 和 $FADH_2$ 才能氧化脱氢使 NAD^+ 和 FAD 再生，否则 TCA 循环就会受阻。

3. 三羧酸循环的生理意义

（1）三羧酸循环通过氧化磷酸化和底物水平磷酸化生成的 ATP，是生物体利用糖或其他物质氧化获得能量的有效途径。

（2）三羧酸循环是糖、脂肪、蛋白质彻底氧化分解的共同途径，又可通过代谢中间产物与其他代谢途径发生联系和相互转变。

（3）三羧酸循环中的一些中间产物，如乙酰 CoA 是合成脂肪酸的原料，可进一步合成脂肪；丙酮酸、α-酮戊二酸、延胡索酸、草酰乙酸等可以与 NH_3 结合生成丙氨酸、谷氨酸

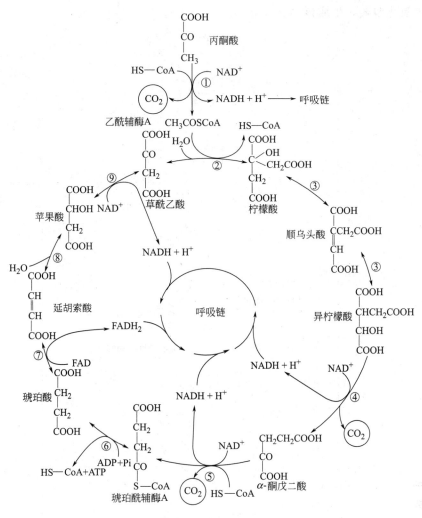

图 5-6 三羧酸循环途径

① 丙酮酸脱氢酶复合体；② 柠檬酸合成酶或称缩合酶；③ 顺乌头酸酶；④ 异柠檬酸脱氢酶；
⑤ α-戊酮二酸脱氢酶复合体；⑥ 琥珀酸硫激酶；⑦ 琥珀酸脱氢酶；⑧ 延胡索酸酶；⑨ 苹果酸脱氢酶

等相应氨基酸，并进一步合成蛋白质。因此三羧酸循环可以连接碳水化合物、脂肪、蛋白质等重要物质代谢。

二、戊糖磷酸途径

糖酵解-三羧酸循环途径并不是高等植物中有氧呼吸的唯一途径。戊糖磷酸途径（PPP）便是另一种有氧呼吸途径，它是葡萄糖在细胞质内直接氧化脱羧，并以戊糖磷酸为重要中间产物的有氧呼吸途径。因为这一途径中葡萄糖-6-磷酸（G-6-P）首先被氧化为 6-磷酸葡萄糖酸，故又称己糖磷酸途径（HMP）或己糖磷酸支路。

（一）戊糖磷酸途径的化学历程

葡萄糖在细胞质内直接氧化脱羧的过程包含葡萄糖的氧化脱羧和分子重组两个阶段，反应途径见图 5-7。

1. 葡萄糖氧化脱羧阶段

葡萄糖磷酸化后在葡萄糖-6-磷酸脱氢酶作用下脱氢氧化，而后水解为 6-磷酸葡萄糖酸

（6-P-G），再氧化脱羧，生成核酮糖-5-磷酸（Ru-5-P）。

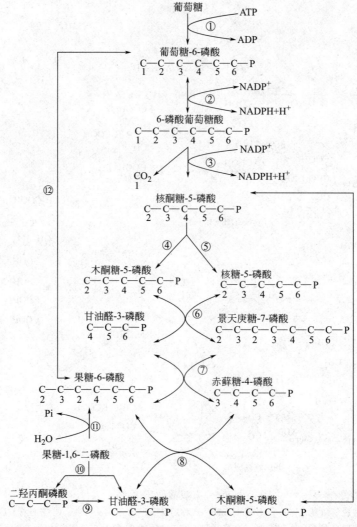

图 5-7　戊糖磷酸途径

① 己糖激酶；② 葡萄糖-6-磷酸脱氢酶；③ 6-磷酸葡萄糖酸脱氢酶；④ 木酮糖-5-磷酸表异构酶；⑤ 核糖-5-磷酸
异构酶；⑥ 转羟乙醛基酶（即转酮醇酶）；⑦ 转二羟丙酮基酶（即转醛醇酶）；⑧ 转羟乙醛基酶；⑨ 磷酸丙糖异构酶；
⑩ 醛缩酶；⑪ 磷酸果糖酯酶；⑫ 磷酸己糖异构酶

2. 分子重组阶段

核酮糖-5-磷酸经过一系列转酮基及转醛基反应，以及三碳糖、四碳糖、五碳糖、七碳糖中间代谢物的变化，最后生成 3-磷酸甘油醛（即甘油醛-3-磷酸）及果糖-6-磷酸，后二者经过系列反应，还可生成葡萄糖-6-磷酸，进入下一个循环。

从整个戊糖磷酸途径来看，6 分子的 G-6-P 经过两个阶段的运转，可以释放 6 分子 CO_2、12 分子 NADPH，并再生出 5 分子 G-6-P。

戊糖磷酸途径的总反应式为：

$$G\text{-}6\text{-}P + 12NADP^+ + 7H_2O \longrightarrow 6CO_2 + 12NADPH + 12H^+ + Pi$$

（二）戊糖磷酸途径的特点和生理意义

（1）戊糖磷酸途径每氧化 1 分子葡萄糖可产生 12 分子的 $NADPH + H^+$，进入呼吸链氧化生成 ATP，能量转化效率高。

（2）戊糖磷酸途径生成的 NADPH 在脂肪酸、固醇的生物合成，非光合细胞的硝酸盐、亚硝酸盐的还原以及氨的同化，丙酮酸羧化还原成苹果酸等过程中起重要作用，是重要的还原剂。脂肪合成旺盛的组织中，多进行戊糖磷酸代谢；油料种子成熟后，代谢途径从糖酵解-三羧酸循环转变为以戊糖磷酸途径为主。

（3）戊糖磷酸途径中的一些中间产物也是合成许多重要有机物质的原料。核酮糖-5-磷酸是合成核苷酸的原料。赤藓糖-4-磷酸（E-4-P）可合成莽草酸，经莽草酸途径可合成芳香族氨基酸，还可合成与植物生长、抗病性有关的生长素、木质素、绿原酸、咖啡酸等，故戊糖磷酸途径活跃的品种抗病性强。

（4）分子重组阶段形成的丙糖、丁糖、戊糖、己糖和庚糖的磷酸酯及酶类与光合作用卡尔文循环的中间产物和酶相同，戊糖磷酸途径和光合作用可以联系起来，但不是可逆反应。

（5）戊糖磷酸途径在许多植物中普遍存在，糖酵解-三羧酸循环途径受阻时，戊糖磷酸途径则可替代正常的有氧呼吸，特别是植物感病、受伤、干旱时多，可占全部呼吸的 50% 以上，以适应不同环境。

三、无氧呼吸

细胞质中进行糖酵解以后，有氧条件下进入三羧酸循环氧化分解，缺氧条件下只能进行无氧分解。植物无氧呼吸的主要途径是酒精发酵和乳酸发酵。

四、乙醛酸循环

油料种子中存在着能够将脂肪转化为糖的乙醛酸循环（GAC）。花生、油菜、棉籽等萌发时细胞中出现许多乙醛酸循环体，储藏脂肪首先水解为甘油和脂肪酸，然后脂肪酸在乙醛酸循环体内氧化分解为乙酰 CoA，并通过乙醛酸循环转化为糖，直到种子中储藏的脂肪耗尽为止，乙醛酸循环活性便随之消失。乙醛酸循环是富含脂肪的油料种子所特有的一种呼吸代谢途径。

乙醛酸循环和三羧酸循环存在着某些相同的酶类和中间产物。但是，它们是两条不同的代谢途径。乙醛酸循环是在乙醛酸循环体中进行的，是与脂肪转化为糖密切相关的反应过程。而三羧酸循环是在线粒体中完成的，是与糖的彻底氧化脱羧密切相关的反应过程。

五、电子传递和氧化磷酸化

三羧酸循环、戊糖磷酸途径等代谢过程中脱下的氢和电子，经一系列传递体传递到氧，生成水并放能。这种有机物在生物活细胞中所进行的一系列传递氢和电子的氧化还原过程，称为电子传递和氧化磷酸化，也称为生物氧化。

生物氧化与化学氧化不同，它是在生活细胞内，在常温、常压、接近中性的 pH 和有水的环境下，在一系列的酶以及中间传递体的共同作用下逐步完成的，而且能量是逐步释放的。生物氧化过程中释放的能量可被偶联的磷酸化反应所利用，储存在高能磷酸化合物 ATP 等中，以满足需能生理过程的需要。

（一）呼吸链

呼吸链也叫呼吸电子传递体，是线粒体内膜上一系列有序排列的氢传递体与电子传递体轨道。氢传递体包括一些脱氢酶的辅助因子，主要有 NAD^+、FMN（黄素单核苷酸）、FAD、UQ（泛醌，又叫辅酶 Q）等。它们既传递电子，也传递质子。电子传递体包括细胞色素系统和某些黄素蛋白、铁硫蛋白。细胞色素系统是以铁卟啉为辅基的结合蛋白，常用符号为 Cyt，分为 Cyt a、Cyt b、Cyt c 三类。

呼吸链传递体传递电子的顺序见图 5-8。

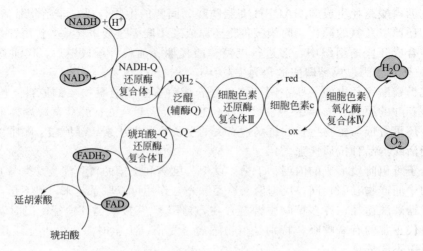

图 5-8　呼吸链传递体传递电子的顺序

（二）磷酸化的概念及类型

底物脱下的氢，在呼吸链传递过程逐渐释放能量，在此能量作用下，促动了 ADP 形成 ATP 的磷酸化反应。磷酸化一般有底物水平磷酸化和氧化磷酸化两种。

（1）氧化磷酸化在有氧条件下进行，是指电子从 NADH 或 $FADH_2$ 经电子传递链传递给分子氧生成水，并偶联 ADP 和 Pi 生成 ATP 的过程，也称电子传递体系磷酸化。氧化磷酸化是需氧生物合成 ATP 的主要途径，生物体内 95% 的 ATP 来自这种方式。

（2）底物水平磷酸化是指代谢物脱氢后，其分子内部所含的能量重新分布，先形成一个高能中间代谢物，再通过酶促磷酸基团转移反应促使 ADP 变成 ATP 的过程。在高等植物中以这种形式形成的 ATP 只占一小部分，糖酵解过程中有两个步骤发生底物水平磷酸化：

① 甘油醛-3-磷酸被氧化脱氢，生成一个高能硫酯键，再转化为高能磷酸键，其磷酸基团再转移到 ADP 上，形成 ATP。

② 2-磷酸甘油酸通过烯醇酶的作用，脱水生成高能化合物磷酸烯醇式丙酮酸（PEP），经激酶催化转移磷酸基团到 ADP 上，生成 ATP。

（三）氧化磷酸化的机理

氧化磷酸化作用的机理有多种假说，如化学偶联学说、化学渗透学说和构象学说。目前实验证据较充足的是英国生物化学家米切尔提出的化学渗透学说，米切尔认为呼吸链的电子传递所产生的跨膜质子动力是推动 ATP 合成的原动力。其要点如下：

（1）呼吸传递体不对称地分布在线粒体内膜上　呼吸链上的递氢体与电子传递体在线粒体内膜上有着特定的不对称分布，彼此相间排列，定向传递。

（2）呼吸链的复合体中的递氢体有质子泵的作用　它可以将 H^+ 从线粒体内膜的内侧泵至外侧。一对电子从 NADH 传递到 O_2 时，共泵出 6 个 H^+。从 $FADH_2$ 开始，则共泵出 4 个 H^+。膜外侧的 H^+ 不能自由通过内膜而返回内侧，这样在电子传递过程中，在内膜两侧建立起质子浓度梯度和膜电势差，二者构成跨膜的电化学势梯度，则为质子动力。

质子的浓度梯度越大，则质子动力就越大，用于合成 ATP 的能力越强。

（3）由质子动力推动 ATP 的合成　质子动力使 H^+ 流沿着 ATP 酶的 H^+ 通道进入线粒体基质时，释放的自由能推动 ADP 和 Pi 合成 ATP。

植物在遇到干旱或某些化学物质作用时，会抑制 ADP 形成 ATP 的磷酸化作用，但不抑制电子传递，使电子传递产生的自由能以热的形式散失掉，导致氧化过程与磷酸化作用不偶联，这就是氧化磷酸化解偶联现象。能对呼吸链产生氧化磷酸化解偶联作用的化学试剂叫解偶联剂。最常见的解偶联剂有 DNP（2,4-二硝基酚），含有一个酸性基团的 DNP 是脂溶性的，可以穿透线粒体内膜，并把一个 H^+ 从膜外带入膜内，从而破坏跨内膜的质子梯度，抑制 ATP 的生成。解偶联时会促进电子传递的进行，O_2 的消耗加大。

抑制剂不仅抑制 ATP 的形成，还同时抑制 O_2 的消耗。这是因为像寡霉素这一类的化学物质可以阻止膜间空间中的 H^+ 通过 ATP 合成酶进入线粒体基质，这样不仅会阻止 ATP 生成，还会维持和加强质子动力势，对电子传递产生反馈抑制，O_2 的消耗就会相应减少。

（四）呼吸链电子传递的多条途径

高等植物中的呼吸链电子传递具有多条途径（图 5-9）。植物线粒体中电子传递多条途径的存在，使呼吸能适应环境的变化。如在水稻幼苗线粒体中同时存在着四条不同的电子传递途径，这是水稻这种半沼泽植物能适应不同水分生态条件的重要原因。

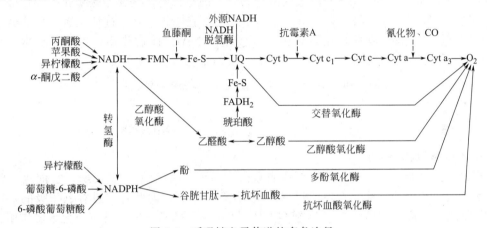

图 5-9　呼吸链电子传递的多条途径

（五）末端氧化系统的多样性

参与生物氧化反应的有多种氧化酶，其中处于呼吸链一系列氧化还原反应最末端能活化分子态氧的酶被称为末端氧化酶。末端氧化酶主要包括线粒体膜上的细胞色素氧化酶和抗氰氧化酶，还有存在于细胞质中的可溶性氧化酶（如酚氧化酶、抗坏血酸氧化酶和乙醇酸氧化酶等）。

1. 细胞色素氧化酶

细胞色素氧化酶是一种含铁和铜的氧化酶，是植物体内最主要的末端氧化酶，存在于线粒体，其作用是将 Cyt a_3 中的电子传递给 O_2 使生成 H_2O。这个酶与氧的亲和力最高，植物组织中消耗的氧，近 80% 是由这种酶的作用完成的，它在幼嫩组织中较活跃，在某些成熟组织中活性比较小，易受氰化物、一氧化碳抑制。由细胞色素氧化酶催化的反应如下：

$$4\text{ 细胞色素 } a(Fe^{2+})+O_2+4H^+ \xrightarrow{\text{细胞色素氧化酶}} 2H_2O+4\text{ 细胞色素 } a(Fe^{3+})$$

2. 交替氧化酶

交替氧化酶又名抗氰氧化酶，存在于线粒体，其作用是将 UQH_2 的电子经黄素蛋白（FP）传给 O_2 使生成 H_2O。交替氧化酶的分子量为 $27\times10^3 \sim 37\times10^3$，$Fe^{2+}$ 是其活性中心的金属。该酶对 O_2 的亲和力高，易被水杨基氧肟酸（SHAM）所抑制，但对氰化物、一氧化碳不敏感。

3. 酚氧化酶

酚氧化酶可分为单酚氧化酶和多酚氧化酶，含有铜。酚氧化酶存在于质体、微体中，与植物的创伤反应有关。正常情况下酚类大部分都在液泡中，与氧化酶类不在一处，所以酚类不被氧化。当植物组织受伤或被病菌侵染时，酚氧化酶会与酚类接触，它可催化分子氧将多种酚氧化成醌类，并进一步聚合成棕褐色物质。而醌类往往对微生物是有毒的，这样就可避免感染。当苹果或马铃薯被切伤后，伤口迅速变褐，就是酚氧化酶的作用。反应过程如下：

氧化底物 → NADH + H⁺　　醌 → 水
底物 → NAD⁺　　酚 → 1/2氧

在制茶和烤烟加工中都要根据酚氧化酶的特性加以利用。如制茶生产中，利用酚氧化酶充分与儿茶酚接触氧化，并聚合成红褐色的物质，制成红茶。而绿茶生产时，为保持茶色和香味，采下的茶叶要立即焙炒杀青，以破坏多酚氧化酶活性。烤烟生产中，为保持烟叶鲜黄，提高品质，也要在黄末期迅速脱水以抑制多酚氧化酶活性。

4. 抗坏血酸氧化酶

抗坏血酸氧化酶是线粒体外的氧化酶，是含铜的氧化酶，其作用是催化抗坏血酸（维生素C）氧化为脱氢抗坏血酸，存在于细胞质中或与细胞壁相结合。抗坏血酸氧化酶通过谷胱甘肽而与某些脱氢酶相偶联，还与 PPP 中所产生的 NADPH 起作用，可能与细胞内某些合成反应有关。反应过程如下：

脱氢底物 → NADPH + H⁺　　GS—SG　　抗坏血酸　　1/2氧
底物 → NADP⁺　　GSH　　脱氢抗坏血酸 → 水

5. 乙醇酸氧化酶

乙醇酸氧化酶是一个不含金属而含黄素蛋白（FMN）的末端氧化酶，它催化乙醇酸氧化为乙醛酸并产生 H_2O_2，H_2O_2 可以进一步分解产生氧，因此有促进有氧呼吸的效应。它还与甘氨酸的合成有密切关系，在光呼吸中及水稻根部的氧化还原反应中起重要作用。

6. 黄素氧化酶

黄素氧化酶（亦称黄酶）是一种不含金属的氧化酶，存在于乙醛酸循环体中。当脂肪酸在乙醛酸循环体中降解，脱下的部分氢由黄素氧化酶氧化生成 H_2O_2，后者随即被过氧化氢酶分解，放出氧和水。反应过程为：

还原的脂肪酸 → FAD　　$H_2O_2 \longrightarrow H_2O + 1/2O_2$
脱氢酶　　　　　　　黄酶
氧化的脂肪酸 → $FADH_2$　　水

呼吸作用电子传递的末端氧化酶主要是细胞色素氧化酶，线粒体外的氧化酶在呼吸作用中不是主要的氧化酶，仅起一些辅助作用。多种呼吸氧化酶的存在，使植物能适应复杂多变的外界条件。

六、光合作用和呼吸作用的关系

植物的光合作用与呼吸作用是相互独立又相互依赖且存在于统一的有机体的两个过程。通过光合作用把 CO_2 和 H_2O 转变成富含能量的有机物，同时产生氧气；而呼吸作用把有机物质氧化分解为 CO_2 和 H_2O，同时放出能量供生命活动利用。光合作用与呼吸作用在原料、产物、反应类型、发生条件、能量转换等方面有明显的区别（表5-1）。

表 5-1　光合作用与呼吸作用的区别

项目	光合作用	呼吸作用
原料	二氧化碳、水	氧，淀粉等有机物
产物	己糖、淀粉、蔗糖等有机物，氧	二氧化碳、水等

续表

项目	光合作用	呼吸作用
能量转换	储藏能量的过程 光能→电能→活跃化学能→稳定化学能	释放能量的过程 稳定化学能→活跃化学能
物质代谢类型	有机物合成作用	有机物降解作用
氧化还原反应	水被光解,二氧化碳被还原	呼吸底物被氧化,生成水
发生部位	绿色细胞、叶绿体、细胞质	生活细胞、线粒体、细胞质
发生条件	光照下才发生	光下、暗处都可发生

第三节　影响呼吸作用的因素

一、呼吸作用的生理指标

衡量呼吸作用强弱和性质的生理指标主要是呼吸速率和呼吸商。

（一）呼吸速率

呼吸速率也称呼吸强度,是指一定温度下,单位质量的活细胞（组织）在单位时间所放出的 CO_2 或吸收的 O_2 的含量。常用单位有 $\mu mol \cdot g^{-1} \cdot h^{-1}$, $\mu L \cdot g^{-1} \cdot h^{-1}$ 等,表示每克活组织在每小时内消耗氧或释放二氧化碳的量（μmol 或 μL）,某些材料（如水果、红薯等）用鲜重（FW）表示,而另一些含水量容易变化的材料（如叶片等）则用干重（DW）表示。呼吸速率的大小可反映生物体代谢活动的强弱。

不同植物种类、年龄、器官和组织,呼吸速率有很大的差异。幼嫩的、生长旺盛的组织呼吸速率高,老化的组织呼吸速率低;生殖器官的呼吸速率比营养器官要高;一般器官处于休眠状态时呼吸速率较低。图 5-10 所示为水稻籽粒成熟过程中干物质和呼吸速率的变化。

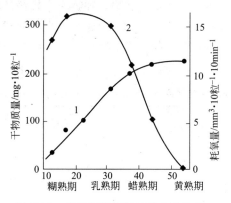

图 5-10　水稻籽粒成熟过程中干物质
和呼吸速率的变化
1—干物质含量；2—呼吸速率

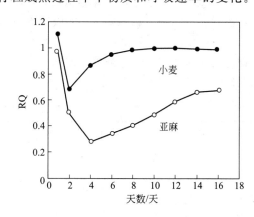

图 5-11　小麦和亚麻种子萌发
及幼苗生长过程中 RQ 的变化

（二）呼吸商

呼吸商也叫呼吸系数,简写为 RQ。呼吸商为植物组织在一定时间内释放的 CO_2 的量与吸收的 O_2 的量的比率,它是表示呼吸底物的性质及氧气供应状态的一种指标。计算方法为:

$$RQ＝放出的 CO_2 的量/吸收的 O_2 的量$$

通常情况下以葡萄糖或淀粉等碳水化合物作为主要的呼吸底物,脂肪、蛋白质以及有机酸等也可作为呼吸底物。图 5-11 所示为小麦和亚麻种子萌发及幼苗生长过程中 RQ 的变化。

底物种类不同，呼吸商也不同。以碳水化合物作为呼吸底物时，因其氧化分解彻底，故 RQ＝1。

$$C_6H_{12}O_6 + 6O_2 \longrightarrow 6CO_2 + 6H_2O；\quad RQ = 6/6 = 1$$

若呼吸底物是富含氢的高度还原物质蛋白质、脂肪的话，在整个反应过程中形成 H_2O 时消耗的 O_2 多，则呼吸商＜1，比如蓖麻油的氧化。

$$2C_{57}H_{104}O_9 + 157O_2 \longrightarrow 114CO_2 + 104H_2O；\quad RQ = 114/157 = 0.73$$

相反，以含氧比碳水化合物多的有机酸作为呼吸底物时，呼吸商则＞1，如柠檬酸的呼吸商。

$$C_4H_6O_5 + 3O_2 \longrightarrow 4CO_2 + 3H_2O；\quad RQ = 4/3 = 1.33$$

呼吸商的大小和呼吸底物的性质紧密相关，所以能根据呼吸商的大小反过来判断呼吸底物的种类及其性质的变化。例如油料种子萌发时，最初以脂肪酸作为呼吸底物，RQ 约为 0.4，但随后由于一部分脂肪酸转变为糖，并以糖作为呼吸底物，故 RQ 增加。有时呼吸商也可能是来自多种呼吸底物的平均值。

氧气供应充足与否也直接影响着呼吸商的大小。在无氧条件下发生酒精发酵，只有 CO_2 释放，无 O_2 的吸收，则 RQ 无限大。当植物体内发生物质的转化，呼吸作用中间产物用于其他物质的生物合成时，呼吸底物不能完全被氧化，其结果使 RQ 增大，如有羧化作用发生，则 RQ 减小。植物体内往往是多种呼吸底物同时进行呼吸作用，其呼吸商实际上是这些物质氧化时细胞耗 O_2 量和释放 CO_2 量的总体结果。

二、影响呼吸速率的主要因素

（一）内部因素对呼吸速率的影响

1. 不同植物有不同的呼吸速率

耐寒植物呼吸速率低于喜温植物，草本植物大于木本植物，旱生植物小于水生植物，阴生植物比阳生植物低。总的来说，呼吸速率较高的植物生长态势也比较快，呼吸速率较慢的植物生长态势也比较慢。例如细菌和真菌呼吸速率高于高等植物，它们的繁殖速度也大大超过高等植物；高等植物中小麦、蚕豆又比仙人掌高得多，几种常见植物（或植物组织）的呼吸速率见表 5-2。

表 5-2　几种常见植物的呼吸速率　　　　　　单位：$\mu mol \cdot g^{-1} \cdot h^{-1}$

植物（或植物组织）	氧	植物（或植物组织）	氧	植物（或植物组织）	氧
豌豆种子	0.005	仙人鞭	3.00	马铃薯块茎	0.3～0.6
大麦幼苗	70	仙人掌	6.80	玉米叶	54～68
番茄根尖	300	景天	16.60	南瓜雌蕊	29～48
甜菜切片	50	云杉	44.10	苹果果实	2～5
海芋佛焰花序	2000	蚕豆	96.60		

2. 同一植物不同器官呼吸速率不同

幼根、幼茎、幼叶、幼果等生长旺盛部位，呼吸作用所产生的能量和中间产物，大多数用来合成蛋白质、核酸等生物大分子物质供细胞生长，因而呼吸效率很高。生长活动已停止的成熟组织或器官内，呼吸作用所产生的能量和中间产物主要用于维持细胞活性，其中相当部分能量以热能形式散失掉，因而呼吸效率低。幼嫩器官呼吸速率大于老年器官。生殖器官呼吸速率大于营养器官。如雌雄蕊大于花冠，雄蕊中花粉呼吸速率最大，因此花器官对外界要求相当严格，一旦温度过高或过低便不能保证植物能正常开花结实。表 5-3 所示为不同植物器官的呼吸速率。

表 5-3　不同植物器官呼吸速率　　　单位：$\mu mol \cdot g^{-1} \cdot h^{-1}$

器官	氧	二氧化碳
带叶新梢	930	366
茎	910	355
根	394	352

3. 不同生育期不同生长过程，呼吸速率也不同

一般一年生植物发芽时呼吸会迅速增强，随着时间的推移植株生长速率减缓，此时的呼吸逐渐变得平稳，并开始有所下降，直到开花时又有所提高。多年生植物的呼吸速率呈季节周期性变化。温带植物的呼吸速率以春季发芽和开花时最高，冬天降到最低点。

（二）外界条件对呼吸速率的影响

1. 温度

呼吸作用是一系列酶来催化完成的化学反应过程，温度对酶的活性影响极大，因此温度对呼吸作用的影响很大。在一定温度范围内，随着温度增高呼吸速率增加。这个主要体现在温度三基点上，即最低温度、最适温度、最高温度。

最适温度是指植物保持稳定的最高呼吸速率时的温度。生长在温带区域植物的呼吸速率最适温度多为 25～30℃。一般来说，呼吸作用的最适温度稍高于光合作用和植物生长的最适温度。因此，在阴天温室光照不足时，光合积累弱，应调低温度，否则由于温度较高，呼吸消耗大于光合作用的积累，对植物生长不利。

最低温度是保证植物进行呼吸的最低极限温度，一般植物的呼吸作用最低温度为 0℃，0℃ 以下几乎测不出呼吸，但不同种类不同生理状态的植物最低温度有一定差异，冬小麦越冬时在 −25～−20℃ 低温下仍能进行呼吸，春季生长旺盛 0℃ 下就可停止呼吸。

植物呼吸作用的最高温度一般在 35～45℃ 之间，最高温度在短时间内可使呼吸速率较最适温度的高，但时间稍长后，呼吸速率就会急剧下降，这是因为高温造成了酶的钝化或失活，细胞质也会受到破坏（图 5-12）。

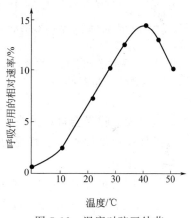

图 5-12　温度对豌豆幼苗
呼吸速率的影响

温度对呼吸作用的影响可以用温度系数（Q_{10}）来表示。温度系数是指温度每升高 10℃，呼吸速率增加的倍数。在 0～35℃ 温度范围内的温度系数约为 2～2.5，即表示温度每增高 10℃，呼吸速率增加 2～2.5 倍。温度系数的计算方法为：

$$Q_{10} = \frac{(t+10)℃\ 时的呼吸速率}{t℃\ 时的呼吸速率}$$

温度的差异对呼吸作用有影响，在昼夜温差较大的地方，白天温度高，光照强，酶的活性高，光合作用强，物质能量收入多，晚上温度低，酶的活性低，呼吸弱，消耗少，因此温差大的地方适宜植物生长，如新疆的西瓜比湖南的西瓜甜。

2. 水分

植物的含水量与呼吸作用有密切的关系，充足的水分为植物组织的正常呼吸作用提供了保证。在一定范围内，呼吸速率随植物含水量的增高而增高。

水分对呼吸作用的影响，在成熟风干种子上表现最显著，种子含水量是制约种子呼吸作

用强弱的重要因素。风干种子含水量较低，呼吸作用十分微弱，如干豌豆种子（干重）呼吸速率（以释放 CO_2 的量计）只有 $0.00012\mu L \cdot g^{-1} \cdot h^{-1}$。当种子吸水超过一定限度后，自由水含量大大增多，细胞原生质由凝胶状态变为溶胶状态，活性增强，糖类等呼吸底物也增多，导致呼吸速率急剧升高，比干种子的呼吸速率增加了上千倍。因此，粮食入仓储藏之前一定要晒干，以抑制其呼吸作用。

生长中的新鲜器官本身含水量通常在 $80\%\sim90\%$ 以上，因此含水量的变化对它们的呼吸作用影响不大，当水分严重缺乏时，其呼吸作用不降反增。这是因为活性增强的水解酶将淀粉水解为可溶性糖，增加了呼吸底物，也就增加了呼吸速率。

3. 氧气

呼吸作用需要游离的氧气，氧浓度不仅影响呼吸作用的强度，还决定植物的呼吸类型。

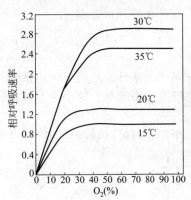

图 5-13 氧浓度和温度对洋葱根尖呼吸速率的影响

通常情况下，大气中氧气的含量约占大气成分的 21%，能够保证有氧呼吸的顺利进行，因此，植物的地上部分一般不会受到缺氧的危害。土壤的氧气含量是随土壤水分含量以及土壤板结程度而改变的，当土壤中氧气含量低于 $2\%\sim5\%$ 时根系的正常呼吸就会受到影响。水生植物细胞间隙大，耐氧性较强。

有氧呼吸速率随氧浓度的增大而增强，当氧浓度达到某个值时，呼吸作用停止增强，不再起促进作用。此时的氧浓度是呼吸作用的氧饱和点。例如洋葱根尖的呼吸作用，在 $15℃$ 和 $20℃$ 下，氧饱和点为 20%，在 $30℃$ 和 $35℃$ 下，氧饱和点则为 40% 左右（图 5-13）。

在低氧条件下通常无氧呼吸与有氧呼吸都能发生，氧的浓度与无氧呼吸的呼吸商呈反比关系，当氧浓度达到某个值时无氧呼吸会自动消失，此时的氧浓度是无氧呼吸的熄灭点。

为了保持植物种子、果实等的品质，在储藏时常通过调节氧气含量来控制呼吸强度。

4. 二氧化碳

呼吸作用的最终产物为二氧化碳，它在空气中的浓度与呼吸速率呈反比。环境中的 CO_2 浓度增大，有氧呼吸代谢过程中的脱羧反应减缓，呼吸受抑制，呼吸速率就减慢。研究发现当 CO_2 浓度高于 5% 时，植物的呼吸速率有明显下降趋势。

大气中的 CO_2 浓度在 0.03% 左右，不会对植物的呼吸作用产生太大影响，但在土壤中根系呼吸和土壤微生物的呼吸会产生大量的 CO_2，尤其在土壤通气不良时，积累可达 $4\%\sim10\%$，严重抑制根系的正常生长。因此要经常中耕松土，改善土壤通气状况，保证植物根系的正常生长。而一些受种皮限制的植物（如豆类），自身 CO_2 难以释放，抑制呼吸，易造成种子休眠。

5. 机械损伤

植物受到机械损伤、机械刺激时，呼吸速率显著加快。正常情况下，植物细胞内某些末端氧化酶与底物是隔开的，机械损伤破坏了原来的间隔，使底物迅速氧化，加快了生物氧化的进程；另外，机械损伤刺激某些细胞转化为分生组织状态，以形成愈伤组织去修补伤处，这些分生细胞的呼吸速率比原来休眠或成熟组织的呼吸速率快得多。因此，在农产品特别是果蔬产品的收获、包装、运输、储藏、销售中，应尽可能防止机械损伤。机械刺激导致呼吸速率短时间的波动，因此在测定植物样品的呼吸速率时，应避免因机械刺激带来的误差。

第四节　呼吸作用在农业生产中的应用

农业生产中的很多操作与植物呼吸作用密切相关，了解植物的呼吸规律在农业生产中的应用，对获得良好经济效益有十分重要的意义。

一、呼吸作用与种子的储藏

种子储藏的目的是保持种子生活力并减少干物质的消耗，使种子在储藏期间不变质。种子的呼吸作用与储藏有密切关系，种子储藏要求抑制呼吸作用。由于呼吸旺盛，不仅会引起大量储藏物质的消耗，而且由于呼吸作用的散热提高了粮堆温度，有利于微生物活动，易导致粮食的变质，使种子丧失发芽力和食用价值。

影响种子呼吸作用的因素主要是水分、氧气、温度，控制这些因素就能控制种子的呼吸，以便储藏。

1. 控制水分

对呼吸速率有重要影响的因素之一是种子的含水量。风干种子呼吸速率极弱，一般油料种子含水量在 $8\%\sim9\%$、淀粉种子含水量在 $12\%\sim14\%$ 范围，其原生质处于凝胶状态，呼吸酶活性低，呼吸极微弱，基本仅含束缚水，故可安全储藏，此时的含水量称之为安全含水量。当油料种子含水量达 $10\%\sim11\%$，淀粉种子含水量达到 $15\%\sim16\%$ 时，呼吸作用就显著增强。如果含水量继续增加，原生质由凝胶转变成溶胶，自由水含量升高，呼吸酶活性大大增强，呼吸速率几乎呈直线上升，会在短期内急剧上涨 5 倍。

淀粉种子安全含水量高于油料种子的原因，主要是淀粉种子中含淀粉等亲水物质多，其中存在的束缚水含量要高一些。而油料种子中含疏水的油脂较多，存在的束缚水也较少。安全含水量根据不同的种子而改变（图 5-14）。甚至由于地域不同，气候条件的改变，也对安全含水量有影响。温度越高安全含水量越低。粮油种子储藏中种子含水量不得超过安全含水量。

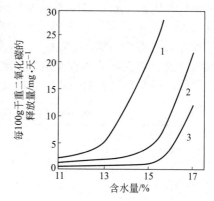

图 5-14　谷粒或种子含水量
对呼吸速率的影响
1—亚麻；2—玉米；3—小麦

2. 控制氧气和二氧化碳含量

种子呼吸需要吸收氧气放出二氧化碳，故氧气和二氧化碳对呼吸速率有重要影响。在储藏种子时储藏仓应适当降低氧含量，提高二氧化碳含量，以降低种子呼吸速率，延长种子保存时间。近年来，采用气调法进行粮食储藏取得了显著效果，即充入含氧低的空气（如将储藏仓中空气抽出，充入氮气），以达到抑制呼吸、安全储藏的目的，也有的通过充入磷化氢气体来延长种子储藏期。

3. 控制温度

温度也是影响种子储藏的因素之一。无任何人为改变条件下的水稻生产用种几乎只能保存一年，留存两年的种子发芽率都极低。若能采用低温储存的话，上述问题都能解决。但有些热带植物（如咖啡）不适宜用这种方法。

为了做到种子的安全储藏，应严格控制种子的含水量，同时注意通风降温，还需对空气成分加以控制，适当增高 CO_2 含量和降低 O_2 含量。水稻种子在 $14\sim15℃$ 条件下储藏 $2\sim3$ 年，仍有 80% 以上的发芽率。

二、呼吸作用与果蔬的储藏

果蔬的储藏也需要控制呼吸作用，利用对呼吸作用的控制对其进行保质保鲜是增加经济效益的措施。

肉质果实蔬菜含水量大，低水会变干燥皱缩，失去新鲜和品质，呼吸反而增强，并且肉质果蔬易受机械损伤，使呼吸速率剧增。因此果蔬储藏应在避免机械损伤的同时，调节气体成分，降低氧浓度，控制温度，并注意保持相当的湿度，一般库房维持在80%～90%的相对湿度较为适当。目前生产上较为有效的储藏方法是气调法，气调储藏即控制温度、湿度、氧气、二氧化碳，并适时排除乙烯，以延长果实的储藏期，如充氮法。也可采用低温速冻法。

果实成熟时，呼吸作用是逐渐下降的，在最后成熟时，其呼吸变化分为两种类型。一类具有呼吸跃变过程，如苹果、梨、香蕉、草莓等，在成熟时呼吸又急剧升高，达到一个小高峰后再下降。另一类果实，如柑橘、瓜类、菠萝等，没有明显的呼吸高峰。呼吸跃变的出现主要与温度有关，也与果实内乙烯的释放密切相关。如苹果在22.5℃时呼吸高峰出现早且明显，在10℃时呼吸高峰不太明显并且出现晚。因此适当低温可降低呼吸速率，延迟呼吸跃变期的到来，并且果实储藏期间应尽可能保持温度相对稳定。呼吸高峰与果实中储藏物质的水解过程是一致的，因此过了呼吸高峰，果实就进入成熟衰老阶段，而不能再继续储藏。显然降低温度，推迟呼吸高峰，就能延长果实的储存期限。

块根和块茎的储藏原理和果实差不多，主要是控制温度和气体成分。甘薯块根安全储藏温度为10～14℃，而马铃薯则为2～3℃，相对湿度在90%左右。另外，利用块根、块茎自体呼吸降低室内 O_2 浓度，增加 CO_2 浓度，即所谓"自体保藏法"，也有很好的储藏效果。例如四川南充果农将广柑储藏在密闭的土窖中，储藏时间可以达4～5个月之久。表5-4所列为甘薯块根在不同储藏条件下呼吸速率的变化。

表5-4 甘薯块根在不同储藏条件下呼吸速率的变化

处理	呼吸速率/mmol·g^{-1}·min^{-1}				
	总呼吸(A)	+KCN(B)(0.3mol·L^{-1})	B/A/%	+SHAM(C)(0.75mol·L^{-1})	$\frac{A-C}{A}$/%
对照(新鲜未储藏)	2.37	1.02	43.03	2.02	14.76
储藏60天	2.85	1.28	44.91	2.38	16.49
13～15℃储藏360天	6.28	3.58	57.01	4.64	26.11

注：品种为高系14号。

三、呼吸作用与栽培技术

呼吸作用在作物的生长发育以及物质吸收、运输和转变方面起着十分重要的作用，因此许多栽培措施是为了直接或间接地保证作物呼吸作用的正常进行而采取的。

种子萌发时，呼吸速率呈现上升—缓滞—再上升—显著下降的变化规律。第二阶段出现滞缓与种皮阻碍气体交换有关，如剥去种皮的种子，其呼吸滞缓期即缩短或不明显；第四阶段显著下降是由于种子在暗处萌发，储藏的营养物质大量消耗所致的。故在生产实践中常采用如下措施：早稻浸种催芽时，用温水淋种，保证呼吸所需温度，加快萌发；露白以后，种子进行有氧呼吸，要及时翻堆降温，防止烧苗；在秧苗期湿润管理，寒潮来临时灌水护秧，寒潮过后适时排水，以达到培育壮秧、防止烂秧的目的。

大田栽培中，应适时中耕松土，以改善氧气供应，保证根系的正常呼吸。在南方小麦灌浆期，雨水较多易造成高温高湿逼熟，植株提早死亡，籽粒不饱满，此时要特别注意开沟排渍，降低地下水位，增加土壤含氧量，以维持根系的正常呼吸和吸收活动。在水稻栽培管理中勤灌浅灌、适时烤田等措施也是为保证稻根的有氧呼吸。果树生产应进行整形修剪，改善通风透光条件，以加强光合速率，减少呼吸消耗。

四、呼吸作用与作物抗病

　　研究发现呼吸旺盛的作物抗病能力较强。凡是叶片呼吸旺盛、氧化酶活性高的马铃薯品种，对晚疫病的抗性较大；凡是过氧化物酶、抗坏血酸氧化酶活性高的甘蓝品种，对真菌病害的抵抗力也较强。说明作物呼吸作用与抗病能力呈正相关。

【知识窗】
呼吸作用与
鲜切花的储藏

　　呼吸旺盛会增强抗病能力的原因如下：一是呼吸可以产生抑制病原微生物的物质，可将毒素转化为二氧化碳和水等无毒物质；二是呼吸可促进伤口附近形成木栓层，伤口愈合快；三是呼吸旺盛能抑制病原菌的水解酶活性，因而可防止作物体内有机物分解，使病原菌得不到充分养料。

　　生产上常选育呼吸旺盛的抗病品种。

本章小结

　　呼吸作用是将植物体内的物质不断分解的过程，是植物体内代谢活动的枢纽。植物的呼吸作用分为有氧呼吸和无氧呼吸两类。在正常情况下，有氧呼吸是高等植物进行呼吸的主要形式，无氧呼吸是植物对不良缺氧条件的一种适应，但植物不能长期靠无氧呼吸维持生命。

　　高等植物体内存在着多条呼吸途径，其电子传递途径和末端氧化系统也具有多样性。通过呼吸代谢多条途径之间的相互联系与相互制约，植物体内构成了调节自如的呼吸代谢网，从而保证了植物生命活动的正常进行。糖酵解-三羧酸循环是高等植物的主要呼吸途径，戊糖磷酸途径在呼吸代谢中也占有重要地位。

　　糖酵解-三羧酸循环产生的能量储存在 NADH 和 $FADH_2$ 中。这些物质所含的氢要经过一系列呼吸传递体的传递，才能与分子氧结合生成水。在此传递过程中经偶联氧化磷酸化大量产生能量物质 ATP。因而，呼吸电子传递链和氧化磷酸化在植物生命活动中十分重要。

　　呼吸作用强弱的生理指标主要有呼吸速率和呼吸商。

　　呼吸作用在农业生产上有重要意义，根据植物呼吸作用规律采取有效措施，可以充分利用呼吸或控制呼吸。

复习思考题

一、名词解释

　　呼吸作用　有氧呼吸　无氧呼吸　酒精发酵　乳酸发酵　糖酵解　三羧酸循环　戊糖磷酸途径　呼吸链　氧化磷酸化　底物水平磷酸化　呼吸速率　呼吸商　安全含水量

二、思考题

　　1. 试述呼吸作用的生理意义。

　　2. 呼吸作用有哪些类型？比较有氧呼吸和无氧呼吸的异同。

　　3. 植物能否长期依靠呼吸作用维持生命，为什么？

　　4. 简述三羧酸循环及其特点与意义。

　　5. 在真核细胞中，1mol 葡萄糖通过糖酵解-三羧酸循环途径以及细胞色素系统，被彻底氧化，可以产生多少 ATP？能量转化效率是多少？

　　6. 植物呼吸代谢的多条途径表现在哪些方面？何有生物学意义？

　　7. 列表比较光合作用和呼吸作用的差异。

8. 植物组织受伤时呼吸速率为什么加快？

9. 生长旺盛部位与成熟组织或器官在呼吸效率上有何差异？

10. 简述外界条件对植物呼吸速率的影响。

11. 解释采取下列措施的生理原因：

(1) 夏天，人们经常用冰箱储藏蔬菜水果来达到保鲜效果，请分析其原理。

(2) 为什么小麦种子要晒干了再储存？

(3) 储存种子时，人们会向种子库内输入适量的二氧化碳，这是为什么？

(4) 制绿茶时为什么要把采下的茶叶立即焙火杀青？

(5) 阴天温室为什么要适当降温？

(6) 粮食储藏时为什么要降低呼吸速率？

(7) 为什么油料种子播种时应适当浅播？

(8) 早稻浸种催芽时，用温水淋种和翻堆的主要目的是什么？

PPT 课件

第六章 植物生长物质

【学习目标】

（1）掌握植物激素和植物生长调节剂各自的主要生理效应。

（2）熟悉植物激素概念、植物激素间的相互关系。

（3）了解植物生长物质在农业生产上的应用技术及注意事项。

植物生长物质是指具有调节和控制植物生长发育的一些微量化学物质，可以分为植物激素和植物生长调节剂两大类。植物激素是指植物体内合成的，并能从产生之处运送到别处，对植物生长发育产生显著作用的微量有机化学物质。目前得到普遍公认的植物激素有生长素类、赤霉素类、细胞分裂素类、脱落酸和乙烯五大类。随着生产和科学技术的发展，现在已经能够人工合成并筛选出许多生理效应与植物激素类似的，具有调节植物生长发育功能的物质，为了与内源激素相区别，这类物质称为植物生长调节剂，有时也称外源激素。外源激素主要包括生长促进剂、生长抑制剂和生长延缓剂等。植物生长物质在农业、林业、果树和花卉生产上有着十分重要的意义。

第一节 植物生长激素

一、生长素

（一）生长素的发现

生长素是人们最早发现的植物激素。1872年波兰园艺学家西斯勒克发现，置于水平方向的根因重力影响而弯曲生长，根对重力的感应部分在根尖，而弯曲主要发生在伸长区。由此认为植株体内可能有一种从根尖向基部传导的刺激性物质，使的伸长区在上下两侧发生不均匀的生长。1880年英国科学家达尔文父子利用金丝雀草胚芽鞘进行向光性研究时发现，在单方向光照射下，胚芽鞘向光弯曲。1928年荷兰人温特发现了类似的现象，并认为引起这种现象的物质在鞘尖上产生，然后传递到下部而发生作用。因此他首先在鞘尖上分离了与生长有关的物质。1934年荷兰的郭葛等从尿、玉米油和燕麦胚芽鞘里提取分离出了生长物质，经鉴定为3-吲哚乙酸。现已证明，吲哚乙酸是植物中普遍存在的生长素，简写为IAA。

（二）生长素的分布、运输与存在形式

生长素在植物体内分布很广，但大多集中在代谢旺盛的部位，如胚芽鞘、芽和根尖端的分生组织、形成层以及受精后的子房等。衰老器官中生长素含量较少。

生长素在植物体内的运输具有极性运输的特点，即IAA只能从植物形态的上端向下端运输，而不能反向运输。生长素的极性运输是主动运输的过程。从种子和叶片运出的生长素可向顶进行非极性运输，非极性运输主要通过被动的扩散作用进行，运输的数量很少。生长素在植物茎部的运输是通过韧皮部进行的极性运输，在胚芽鞘内通过薄壁组织运输，在叶片中通过叶脉运输。非极性运输则通过维管束运输。生长素在植物体内主要以游离型和束缚型两种形式存在，游离型具有生物活性。

（三）生长素的生理效应

生长素的生理作用十分广泛，包括对细胞分裂、伸长和分化的调控，以及对营养器官和生殖器官的生长、成熟和衰老的调控等方面。

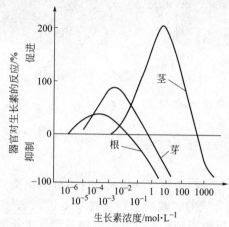

图 6-1　不同器官伸长对 IAA 浓度的反应

1. 促进营养器官的伸长生长

适宜浓度的生长素对芽、茎、根细胞的伸长有明显的促进作用，可达到促进营养器官伸长的效果。在一定浓度下，芽、茎、根器官的伸长可达到最大值，此时为生长素最适浓度，若再提高生长素浓度会对器官的伸长产生抑制作用。另外不同器官的生长素最适浓度是不相同的，顺序为茎端最高，芽次之，根最低（图 6-1）。所以，在使用生长素时必须注意使用的浓度、时期和植物的部位。

2. 促进器官和组织分化

生长素可诱导植物组织脱分化，产生愈伤组织，愈伤组织可进一步分化出不同器官和组织。如扦插时用生长素处理可诱导产生愈伤组织，长出不定根。

此外，生长素具有促进果实发育和单性结实、保持顶端优势、影响性别分化等作用。

3. 生长素的其他效应

生长素还广泛参与许多其他生理过程。如促进菠萝开花，引起顶端优势（即顶芽对侧芽生长的抑制），诱导雌花分化（但效果不如乙烯），促进形成层细胞向木质部细胞分化，促进光合产物的运输、叶片的扩大和气孔的开放等。此外，生长素还可抑制花朵脱落、叶片老化和块根形成等。

二、赤霉素

（一）赤霉素的发现

赤霉素（GA）是 1921 年日本人黑泽从水稻恶苗病的研究中发现的。患病水稻植株徒长，叶片失绿黄化，极易倒伏死亡。研究发现植株不正常生长是由赤霉菌的分泌物引起的，由此称该物质为赤霉素。最早从水稻恶苗病菌提取的是赤霉酸（GA_3）。到目前为止，已从真菌、藻类、蕨类、裸子植物、被子植物中发现 120 余种赤霉素，其中绝大部分存在于高等植物中，经过化学鉴定的已有 50 余种，GA_3 是生物活性最高的一种。

（二）赤霉素的合成部位、运输与存在形式

赤霉素普遍存在于高等植物中，含量最高的部位是植株生长旺盛部位（如茎端、根尖和果实种子），而合成的部位是芽、幼叶、幼根、正在发育的种子、萌发的胚等幼嫩组织。一般来说，生殖器官所含有的 GA 比营养器官中高，正在发育的种子是 GA 的丰富来源。在同一种植物中，往往含有几种 GA，如南瓜和菜豆分别含有 20 种与 16 种。

GA 在植株体内合成后，可以作双向运输，嫩叶合成的 GA 可以通过韧皮部的筛管向下运输，而根部合成的 GA 可以沿木质部导管向上运输。在植物体内赤霉素有自由型和束缚型两种存在形式。自由型赤霉素具有生物活性，束缚型赤霉素无活性。

（三）赤霉素的生理效应

1. 促进茎的伸长

赤霉素最显著的生理效应是促进植物茎叶的生长，尤其对矮生突变品种的效果特别明

显。生产上使用赤霉素可以促进以茎叶等为收获目的作物（如芹菜、莴苣、韭菜、牧草、茶、麻类等）的高产，使用效果十分明显。同时赤霉素使用时不存在超最适浓度的抑制作用，很高浓度的 GA 仍可表现出较明显的促进作用。但 GA 对离体茎切段的伸长几乎没有促进作用。

2. 打破休眠

对许多植物休眠的种子，使用 GA 可有效打破休眠，促进种子萌发。同时赤霉素也能促进树木和马铃薯休眠芽的萌发。

3. 促进抽薹开花

日照长短和温度高低是影响某些植物能否开花的制约因子，如芹菜要求低温和长日照两种条件均得到满足才能抽薹、开花，但通过 GA_3 处理，便能诱导开花。研究表明，对于花芽已经分化的植物，GA 对其开花具有显著的促进效应，如 GA 能促进甜叶菊、铁树及柏科、杉科植物的开花。

4. 促进雄花分化

对于雌雄同株异花植物，使用 GA 后雄花的比例增加。

5. 促进单性结实

赤霉素可以使未受精子房膨大，使其发育成为无籽果实。如葡萄花穗开花 1 周后喷 GA，可使果实的无籽率达 $60\%\sim90\%$，收割前 $1\sim2$ 周处理，还可提高果粒甜度。

6. 促进坐果

在开花期使用 GA 可以减少幼果脱落，提高坐果率。如用 $10\sim20mg \cdot L^{-1}$ 的赤霉素于花期喷施苹果、梨等果实，可以提高坐果率。

三、细胞分裂素

（一）细胞分裂素的发现

细胞分裂素（CTK）是一类促进细胞分裂的植物激素。1955 年斯库等在研究烟草愈伤组织培养中偶然使用了变质的 DNA，发现这种降解的 DNA 中含有一种促进细胞分裂的物质，它能使愈伤组织生长加快，后来从高压灭菌后的 DNA 中分离出一种纯结晶物质，它能促进细胞分裂，被命名为激动素。1963 年首次从未成熟的玉米种子中分离出天然的细胞分裂素，命名为玉米素。目前在高等植物中至少鉴定出了 30 多种细胞分裂素。

（二）细胞分裂素的分布、运输与存在形式

细胞分裂素广泛地存在于高等植物中，在细菌、真菌中也有细胞分裂素存在。高等植物的细胞分裂素主要分布在茎尖分生组织、未成熟种子和膨大期的果实等部位。细胞分裂素在植物体内的合成部位是根部，通过木质部运向地上部分。细胞分裂素在植物体内的运输是非极性的。

植物体内游离细胞分裂素一部分来源于 RNA 的降解，其中的细胞分裂素游离出来；另一部分从其他途径合成获得。细胞分裂素常常通过糖基化、酰基化等方式转化为结合态形式。非结合态和结合态细胞分裂素之间可以互变，从而可调节植物体内细胞分裂素水平。

（三）细胞分裂素的生理效应

1. 促进细胞分裂和扩大

细胞分裂包括细胞核分裂和细胞质分裂两个过程，生长素只促进细胞核分裂（因为促进了 DNA 的合成），而细胞分裂素主要是对细胞质的分裂起作用，所以只有在生长素存在的前提下细胞分裂素才能表现出促进细胞分裂的作用。

细胞分裂素还能促进细胞的横向扩大，不同于生长素促进细胞纵向伸长的效应。例如细胞分裂素可促进一些双子叶植物（如菜豆、萝卜）的子叶扩大，同时也能使茎增粗。

2. 促进芽的分化

促进芽的分化是细胞分裂素重要的生理效应之一。1957年斯库格等在烟草髓组织培养中发现，生长素和激动素浓度比值对愈伤组织的根和芽的分化能起调控作用。当培养基中激动素与生长素的比值高时，有利于诱导芽的形成；两者比值低时有利于根的形成；如果比值处于中间水平时，愈伤组织只生长而不分化。

3. 延缓衰老

延迟叶片衰老是细胞分裂素特有的作用。如在离体叶片上局部涂上细胞分裂素，其保持鲜绿的时间远远超过未涂细胞分裂素的叶片其他部位，说明细胞分裂素有延缓叶片衰老的作用，同时也说明了细胞分裂素在组织中一般不易移动。类似结果在玉米、烟草等植物离体试验中也得到证实。主要原因是老叶涂上CTK后可以从嫩叶或其他部位吸取养分，以维持其新鲜度，同时细胞分裂素还可抑制一些酶的活性使物质降解速率延缓（图6-2）。

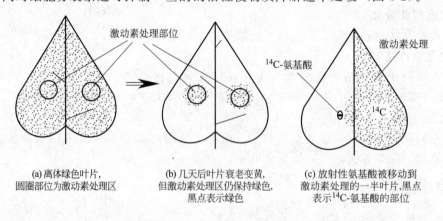

(a) 离体绿色叶片，圆圈部位为激动素处理区

(b) 几天后叶片衰老变黄，但激动素处理区仍保持绿色，黑点表示绿色

(c) 放射性氨基酸被移动到激动素处理的一半叶片，黑点表示^{14}C-氨基酸的部位

图 6-2 激动素的保绿作用及对物质降解速率的影响

4. 促进侧芽发育，解除顶端优势

豌豆幼苗第一片真叶叶腋内的腋芽，一般处于潜伏状态，若将激动素溶液滴在第一片真叶的叶腋部位，腋芽就能生长发育。其原因是CTK作用于腋芽后，能加快营养物质向侧芽的运输。这表明CTK有对抗植物生长素所导致的顶端优势的作用。

四、脱落酸

（一）脱落酸的发现

1963年美国阿狄柯特（F. T. Addicott）等在研究棉铃脱落的植物内源化学物质时，从棉铃中分离出一种促进脱落的物质，定名为脱落素Ⅱ。几乎同时，韦尔林（P. F. Wareing）等人从秋天即将进入休眠的桦树叶片中也分离出一种使芽休眠的物质，称之为休眠素。以后证明二者为同一类化合物，1967年在第一届国际植物生长物质会议上正式定名为脱落酸（ABA）。

（二）脱落酸的分布和运输

高等植物各器官和组织中都有脱落酸的存在，其中以将要脱落、衰老或进入休眠的器官和组织中较多，在干旱、水涝、高温等不良环境条件下，ABA的含量也会迅速增多。

脱落酸主要以游离型的形式运输，在植物体内运输速度很快，在茎和叶柄中的运输速度大约是$20mm \cdot h^{-1}$，属非极性运输，在菜豆的叶柄切段中^{14}C-脱落酸向基部运输速度比向顶端运输速度快2～3倍。

（三）脱落酸的生理效应

1. 促进脱落

器官或组织的脱落与其 ABA 的含量关系十分密切。例如，棉花受精的子房内有一定量的 ABA，受精两天后 ABA 含量会迅速增加，第 5～10 天的幼铃中 ABA 含量达到最多，而此时也是棉铃生理脱落的高峰期，以后 ABA 含量又下降，40～50 天棉桃成熟开裂时 ABA 含量又增加，促进成熟棉铃的开裂。

2. 调节气孔运动

植物干旱缺水时，体内形成大量 ABA，它使保卫细胞中的 K^+ 外渗，造成保卫细胞的水势高于周围细胞的水势，而使得保卫细胞失水，从而引起气孔关闭，降低蒸腾强度。1986年科尼什发现，在水分胁迫条件下，叶片的保卫细胞中 ABA 的含量是正常水分条件下含量的 18 倍。研究同时发现，ABA 还能促进根系的吸水与分泌速率，增加其向地上部分的供水量，因此，ABA 也是调节植物体蒸腾的激素。

3. 促进休眠

ABA 能促进多年生木本植物和种子的休眠。将 ABA 施用于红醋栗或其他木本植物生长旺盛的小枝上，植株就会出现节间缩短，营养叶变小，顶端分生组织有丝分裂减少，形成休眠芽，引起下部的叶片脱落等休眠的一般症状。

4. 增加抗逆性

近年研究发现，干旱、寒冷、高温、盐害、水渍等逆境都能使植株体内的 ABA 含量迅速增加，从而调节植物的生理生化变化，提高抗逆性。如 ABA 可显著降低高温对叶绿体超微结构的破坏，增加叶绿体的热稳定性。同时 ABA 可诱导某些酶的重新合成而增加植物的抗冷性、抗涝性和抗盐性，因此，人们又把 ABA 称为"应激激素"或"胁迫激素"。

5. 抑制生长

ABA 能抑制整株植物或离体器官的生长，也能抑制种子的萌发。酚类物质通过毒害抑制植物的生长，是不可逆的。ABA 的抑制效应比酚类物质高千倍，但它的抑制效应是可逆的，一旦除去 ABA，被抑制的器官仍能恢复生长，种子继续萌发。

五、乙烯

（一）乙烯的发现

乙烯是一种非常独特的植物激素，它是一种挥发性气体，结构也最简单。中国古代就发现将果实放在燃烧香烛的房子里可以促进其成熟。19 世纪德国人发现在泄露的煤气管道旁的树叶容易脱落。第一个发现植物材料能产生一种气体，并对邻近植物能产生影响的是卡曾斯，他发现橘子产生的气体能催熟与其混装在一起的香蕉。直到 1934 年甘恩（Gane）才首先证明植物组织确实能产生乙烯。随着气相色谱技术的应用，乙烯的生物化学和生理学研究取得了许多成果，并证明在高等植物的各个部位都能产生乙烯。1966 年乙烯被正式确定为植物激素。

（二）乙烯在植物体内的分布和运输

乙烯广泛存在于植物的各种组织中，特别在逐渐成熟的果实或即将脱落的器官中含量较多。在植物正常发育的某一阶段，如种子萌发、果实后熟、叶片脱落和花的衰老等阶段都会诱导乙烯的产生。在逆境条件下，如干旱、水涝和机械损伤等不利因素，都能诱导乙烯的合成。

乙烯在植物体内含量非常少，在植物体内极易移动，一般情况下乙烯就在合成部位起作用。

（三）乙烯的生理效应

1. 改变植物的生长习性

乙烯能改变植物的生长习性，如将黄化豌豆幼苗放在微量乙烯气体中，豌豆幼苗上胚轴会表现出特有的"三重反应"，即：抑制茎的伸长生长，促进茎或根的横向增粗及茎的横向生长。同时乙烯还能使叶柄偏上性生长，即植物茎叶部分如置于乙烯气体环境中，叶柄上侧细胞生长速率大于下侧细胞生长速率，叶柄向下弯曲成水平方向，严重时叶柄下垂（图6-3）。

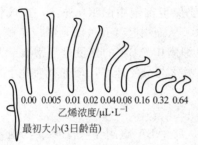

(a) 不同乙烯浓度下黄化豌豆幼苗的生长状态　　(b) $10\mu L \cdot L^{-1}$乙烯处理4h后番茄苗的形态

图 6-3　乙烯的"三重反应"和偏上性生长

2. 促进果实成熟

能催熟果实是乙烯最显著的效应，因此人们也称乙烯为催熟激素。乙烯促进果实成熟的原因是增加质膜的透性，提高果实中水解酶活性，呼吸加强使果肉有机物急剧变化，最终达到可以食用程度。如从树上刚摘下来的柿子，因涩口不能立即食用，当封闭储存一段时间后才会变软、变甜，这正是柿子产生的乙烯加快了果实的后熟过程。再如南方采摘的青香蕉，用密闭的塑料袋包装（使果实产生的乙烯不会扩散到空间）可运往各地销售，有的还在密封袋内注入一定量的乙烯，从而加快催熟。

3. 促进衰老和脱落

乙烯具有促进花衰老的作用，施用乙烯可促进花的凋谢，而施用乙烯合成抑制剂可明显延缓花衰老。乙烯可促进多种植物叶片和果实等的脱落。其原因是乙烯能促进纤维素酶和果胶酶等细胞壁降解酶的合成，使细胞衰老和细胞壁分解，并产生离层，从而迫使叶片、花或果实机械脱落。

4. 促进开花和雌花分化

乙烯可促进菠萝开花，使花期一致。乙烯同生长素一样也可以诱导黄瓜雌花分化。

此外乙烯还可诱导插枝不定根的形成，促进次生物质（如橡胶树的乳胶）分泌，打破顶端优势等。

六、其他植物生长物质

（一）油菜素甾体类物质

1970年Mitchell等在研究多种植物花粉中的生理活性物质时，发现油菜花粉中的提取物生理活性最强。1979年经分离纯化，鉴定为甾醇类（即固醇类）化合物，定名为油菜素内酯（BR）。它广泛存在于植物界中，植物体各部分都有分布。BR含量极少，但生理活性很强。目前已经从植物中分离出天然甾类化合物40余种，因此被认为是在自然界广泛存在的一大类化合物。

BR的主要生理效应是促进细胞伸长和分裂，促进光合作用，提高抗逆性。生产上BR

主要应用于增加农作物产量、提高植物耐冷性和耐盐性、减轻某些农药的药害等方面。

一些科学家已经提议将油菜素甾体类化合物正式列为植物的第六类激素。

（二）茉莉酸类

茉莉酸（JA）最早从一种真菌中分离得到，随后发现其广泛存在于植物界，至今已发现 20 余种。通常 JA 分布在植物的茎端、嫩叶、未成熟果实等部位，果实中的含量更为丰富。

茉莉酸类物质的生理效应非常广泛，具有多效性特点，主要包括促进、抑制、诱导等多个方面。JA 引起的很多效应与 ABA 的效应相似，但也有独特之处。JA 作为生理活性物质，已被第 16 届国际植物生长会议确认为一类新的植物激素。其主要生理效应是：提高抗逆性，诱导植物体内的防卫反应，抑制生长和萌发，促进成熟衰老，促进不定根形成，抑制花芽分化等。

（三）水杨酸

水杨酸（SA）即邻羟基苯甲酸。早在 20 世纪 60 年代就发现 SA 具有多种生理调节作用，如诱导某些植物开花，诱导烟草和黄瓜对病毒、真菌和细菌等病害的抗性。1987 年发现天南星科植物佛焰花序生热效应的原因是 SA 能激活抗氰呼吸。SA 诱导的生热效应是植物对低温环境的一种适应。在寒冷条件下花序产热，保持局部较高温度有利于开花结实，此外，高温有利于花序产生的具有臭味的胺类和吲哚类等物质的蒸发，以吸引昆虫传粉。另有试验发现，SA 可显著影响黄瓜性别表达，SA 抑制雌花分化，促进较低节位上分化雄花，并且显著抑制根系发育。SA 还可抑制大豆的顶端生长，促进侧生生长等。

（四）多胺

多胺（PA）是一类具有生物活性的低分子量脂肪族含氮碱，主要包括腐胺、尸胺、精胺和亚精胺等，以游离和结合形式存在，主要分布在植物的分生组织，有刺激细胞分裂、生长和防止衰老等作用。在农业生产上应用多胺可促进苹果花芽分化、受精和增加坐果率等。由于多胺的生理效应浓度高于传统所接受的激素作用浓度，所以不应归属于植物激素，而可将其归为植物生长调节剂。

七、植物激素间的相互关系

植物生长发育的调节往往不只是单一激素的作用，而是同时受到多种生长物质的调节，起作用的是几种激素的平衡比例关系。植物激素之间一方面相互促进或协调作用，另一方面也存在有相互抵消的拮抗作用。如低浓度生长素与赤霉素对离体器官（如胚芽鞘、下胚轴、茎端）的生长有促进作用，单独使用赤霉素对离体器官的促进效应不如生长素明显，合用时的生长促进效果就比各自单独使用效果会更大（这主要是因为赤霉素能够促进生长素合成并抑制其分解，从而使生长素含量处于较高水平）。而赤霉素与脱落酸在种子萌发与休眠的关系中作用相反，赤霉素能打破休眠，脱落酸则能抑制萌发，促进休眠，二者表现为拮抗作用。

在植物生长发育过程中，不同激素的变化规律不同，但与植物发育过程一致，从而调控植物发育过程。例如种子在休眠时 ABA 含量很高，随着休眠期的延长，成熟过程中的 ABA 含量逐渐下降，后熟作用时，ABA 水平降到最低，而 GA 水平很高，这时种子破眠，在适宜的条件下开始萌发，IAA 水平逐渐增加，GA 含量逐渐增加，促进了种子的萌发和幼苗的生长，再随着根系的不断生长，合成的 CTK 运到地上部分，促进茎、叶的生长。因此植物生长过程往往是在多种植物激素、多种生理功能的综合作用下进行的，诸多激素的各种生理功能的复杂过程经过相互协调，最终起到一种作用（即生长、衰老或脱落）。

第二节　植物生长调节剂

植物生长调节剂是指人工合成的生理效应与植物激素相似的有机化合物。由于内源植物激素在植物体内含量极微，提取困难，使得植物生长调节剂在农业上有更实际的意义。目前植物生长调节剂已经广泛应用于大田作物、果树、蔬菜、林木和花卉生产中。同内源植物激素相比较，植物生长调节剂具有以下特点：第一，植物生长调节剂都是用人工方法合成的物质，从外部施加给植物，通过根、茎、叶等的吸收起调节作用；第二，植物生长调节剂不同于化学肥料，它不是植物体的组成部分，而只是起调节植物生长发育的作用，且只需很少量就会产生很显著的效应，浓度略高可能会对植物产生抑制或伤害；第三，许多植物生长调节剂有类似于天然植物激素的分子结构和生理效应，也有许多分子结构与天然激素完全不同，但调节作用非常明显；第四，许多植物生长调节剂并不直接对植物生长发育起调节作用，而是通过影响植物体内植物激素的分布、浓度，间接地调节植物生长发育。

按植物生长调节剂对植物生长的作用，可将其分为植物生长促进剂、植物生长抑制剂和植物生长延缓剂等类型。

一、常用植物生长调节剂

（一）植物生长促进剂

凡是能够促进细胞分裂、分化和伸长的，可促进植物生长的人工合成的化合物都属于植物生长促进剂，主要包括生长素类、赤霉素类、细胞分裂素类等。

1. 生长素类

人工合成的生长素类植物生长调节剂主要有三种类型。第一种类型是与生长素结构相似的吲哚衍生物，如吲哚丙酸、吲哚丁酸；第二种类型是萘的衍生物，如 α-萘乙酸、萘乙酸钠、萘乙酸胺；第三种类型是卤代苯的衍生物，如 2,4-二氯苯氧乙酸（2,4-D）、2,4,5-三氯苯氧乙酸（2,4,5-T）、对氯苯氧乙酸（防落素）、4-碘苯氧乙酸等。

生长素类调节剂在农业生产上应用最早。浓度和用量不同，对同一种植物可有不同的效果。例如 2,4-D 在低浓度时，可促进坐果及无籽果实的发育。浓度稍高时会引起植物畸形生长，浓度更高时可能严重影响植物的生长、发育，甚至使植株死亡。因此，高浓度的 2,4-D 可作为除草剂使用。

（1）吲哚丁酸　吲哚丁酸主要用于促进插条生根。与吲哚乙酸相比，吲哚丁酸不易被光分解，比较稳定。与萘乙酸相比，吲哚丁酸安全，不易伤害枝条。与 2,4-D 相比，吲哚丁酸不易传导，仅停留在处理部位，因此使用较安全。吲哚丁酸对插条生根作用强烈，但不定根长而细，最好与萘乙酸混合使用。

（2）萘乙酸　萘乙酸浓度低时刺激植物生长，浓度高时抑制植物生长。萘乙酸的主要作用有：刺激生长，促进插条生根，疏花疏果，防止落花落果，诱导开花，抑制抽芽，促进早熟和增产等。萘乙酸性质稳定，不像吲哚乙酸那么易被氧化而失去活性；萘乙酸价格便宜，不像吲哚乙酸那样昂贵，因此萘乙酸在生产上使用较为广泛。

（3）2,4-D　2,4-D 的用途随浓度而异。2,4-D 在较低浓度（$0.5\sim1.0\,mg\cdot L^{-1}$）下是植物组织培养的培养基成分之一；在中等浓度（$1\sim25\,mg\cdot L^{-1}$）可防止落花落果，诱导产生无籽果实，使果实保鲜等；更高浓度（$1000\,mg\cdot L^{-1}$）可杀死多种阔叶杂草。

（4）防落素　防落素（PCPA 或 4-CPA）是对氯苯氧乙酸，其主要作用是促进植物生长，防止落花落果，加速果实发育，使形成无籽果实，促进提早成熟，增加产量和改善品质等。

（5）甲萘威　甲萘威（西维因）化学名称是 N-甲基-1-萘基氨基甲酸酯。该剂是高效低毒的杀虫剂，同时又是苹果的疏果剂，该剂能干扰生长素等的运输，使生长较弱的幼果得不到充足养分而脱落。

2. 赤霉素类

生产上应用和研究最多的 GA_3，国外有 GA_{4+7}（30% GA_4 和 70% GA_7 的混合物）和 GA_{1+2}（GA_1 和 GA_2 的混合物）。

GA_3 为固体粉末，难溶于水，而溶于醇、丙酮、冰醋酸等有机溶剂。GA_3 配制方法与 IAA 相同，可先用少量的乙醇溶解，再加水稀释定容到所需浓度。另外 GA_3 在低温和酸性条件下较稳定，遇碱失效，故不能与碱性农药混用。要随配随用，喷施时宜在早晨或傍晚湿度较大时进行。保存在低温、干燥处为宜。

3. 细胞分裂素类

细胞分裂素类常用的有 6-苄基腺嘌呤（6-BA）、激动素（$N6$-呋喃甲基腺嘌呤）等。主要用于植物组织培养、果树开花、花卉及果蔬保鲜等。

（二）植物生长抑制剂

植物生长抑制剂可使茎端分生组织的核酸和蛋白质的合成受阻，细胞分裂减慢，使植株矮小；同时还可抑制细胞的伸长与分化，使植物顶端优势丧失。外施植物生长素可逆转这种抑制作用，但外施赤霉素无此效果。天然抑制剂有脱落酸等，人工合成抑制剂有三碘苯甲酸、青鲜素和整形素等。

1. 三碘苯甲酸

三碘苯甲酸（TIBA）是一种阻止生长素运输的物质，可抑制顶端分生组织，促进腋芽萌发，因此它可促使植株矮化，增加分枝。TIBA 在大豆上使用可提高结荚率。

2. 马来酰肼

马来酰肼（MH）又称青鲜素，化学名称是顺丁烯二酰肼。其作用正好和 IAA 相反，由于其结构与 RNA 的组成成分尿嘧啶非常相似，所以 MH 进入植物体后可占据尿嘧啶的位置，但不能起代谢作用，破坏了 RNA 的生物合成，从而抑制细胞生长。MH 常用于马铃薯和洋葱的贮藏，抑制发芽，也用于抑制烟草腋芽生长。据报告 MH 可能致癌和使动物染色体畸变，应该慎用。

3. 整形素

整形素化学名称为 9-羟芴-9-羧酸，常用于木本植物。它是抗生长素，阻碍生长素极性运输，提高吲哚乙酸氧化酶活性，使生长素含量下降，故可抑制茎的伸长，促进腋芽发生，使植株发育成矮小灌木形状。

（三）植物生长延缓剂

植物生长延缓剂可抑制赤霉素的生物合成，使细胞延长慢，植物节间缩短。它不影响顶端分生组织生长，所以也不影响细胞数、叶片数和节数，一般也不影响生殖器官发育。外施赤霉素可逆转植物生长延缓剂的效应。植物生长延缓剂常见种类有矮壮素、B_9、多效唑、烯效唑、缩节胺等。

1. CCC

CCC 俗称矮壮素，是常用的一种生长延缓剂，它的化学名称是 2-氯乙基三甲基氯化铵。CCC 抑制 GA 的生物合成，因此抑制细胞伸长，抑制茎叶生长，但不影响生殖。CCC 促使植株矮化，茎秆粗壮，叶色浓绿，提高抗性，抗倒伏。在农业生产上，CCC 多用于小麦、棉花防止徒长和倒伏。

2. B_9

B_9（比久）又名 Alar，B_9 的化学名称是 N-二甲氨基琥珀酰胺酸。其作用机理是抑制

GA 生物合成。其生理功能是：使植株矮化，叶绿且厚，增强植物的抗逆性，促进果实着色和延长贮藏期等。使用 B_9 可抑制果树新梢生长，代替人工整枝。此外，B_9 还能提高花生、大豆的产量。

3. PP_{333}

PP_{333} 俗称多效唑，也称氯丁唑，化学名称是 1-(对氯苯基)-2-(1,2,4-三唑-1-基)-4,4-二甲基戊烷-3-醇。PP_{333} 可抑制 GA 的生物合成，减缓细胞的分裂与伸长，使茎秆粗壮，叶色浓绿。PP_{333} 对营养生长的抑制能力比 B_9 和 CCC 更大。PP_{333} 广泛用于果树、花卉、蔬菜和大田作物，效果显著。

4. 烯效唑

烯效唑又名 S-3307、优康唑、高效唑，化学名称为 (E)-(对氯苯基)-2-(1,2,4-三唑-1-基)-4,4-二甲基-1-戊烯-3-醇。烯效唑能抑制赤霉素的生物合成，有很强的抑制细胞伸长的效果，有矮化植株、抗倒伏、增产、除杂草、杀菌（黑霉菌、青霉菌）等作用。

5. 缩节胺

缩节胺又称 Pix（皮克斯）、助壮素，它与 CCC 相似。生产上主要用于控制棉花徒长，使其节间缩短，叶片变小，并且减少蕾铃脱落，从而增加棉花产量。

（四）乙烯释放剂

生产上常用的乙烯释放剂为乙烯利，使用后可在植物体内释放乙烯而起作用。乙烯利在常温和 pH 为 3 时较稳定，易溶于水、乙醇、乙醚制剂，一般为强酸性水剂。

使用乙烯利时必须注意以下几方面：一是乙烯利酸性强，对皮肤、眼睛、黏膜等有刺激作用，应避免与皮肤直接接触；二是乙烯利遇碱、金属、盐类即发生分解，因此不能与碱性农药混用；三是稀释后的乙烯利溶液不宜长期保存，尽量随配随用；四是要针对喷施器官或部位，以免对其他部位或器官造成伤害；五是喷施器械要及时清洗，防止腐蚀作用发生。

二、植物生长调节物质在农业中的应用

植物生长调节物质在农业上的应用范围较广泛（表 6-1）。

植物生长调节物质对植物的作用非常复杂，受多种因素影响。如作物的种类、品种、遗传性状不同，作用的器官及发育状况有别等，都可使作物对生长调节物质的反应表现出较大差异。使用植物生长调节物质时应该注意以下几个问题：一是根据生产问题的实质选用恰当的生长调节物质种类；二是确定适宜的施用生长调节物质的时期、处理部位和施用方式；三是根据处理对象、药剂种类和生产目的选用合适剂型，施用药剂的浓度、次数是决定应用成败的关键；四是注意温度、湿度、光照和风雨天气等环境因素对生长调节物质作用效果的影响；五是防止使用不当发生药害。

随着省工、节本、高产、优质的栽培措施的实施，农作物化学调控工程正在不断普及推广。农作物化学调控工程是从种子处理开始到下一代新种子形成的不同发育阶段，适时适量采用一系列的生长调节物质来控制作物生长发育的栽培工程，是化学调控与栽培管理、良种繁育与推广结合为一体，调动肥水和品种等一切栽培因素的潜力，以获得高产优质，并产生接近于有目标设计和可控生产流程的工程。

合理使用植物生长调节物质，可以对作物的性状进行修饰，如使高秆植物变为矮秆植物。还可以改变栽培措施，如通过使用植物生长调节物质使作物矮化，株型紧凑，控制高肥水情况下的徒长，从而达到密播密植，充分发挥肥水效果，使高产更高产。再就是可以提高复种指数，如用生长延缓剂培育油菜矮壮苗，解决了连作晚稻秧苗差等问题，实现了南方稻—稻—油三熟制高产新技术。此外生长调节物质能够提高作物的抗逆性，使作物安全渡过

不良环境或少受伤害。在许多作物中，都有化控工程取得成功的实际例子。

表 6-1　常用植物生长调节物质在农业上的应用

用途	药剂	对象	用法用量	效果
延长休眠	萘乙酸甲酯	马铃薯块茎、胡萝卜	收获后与1%粉剂混合	延长贮藏期
	青鲜素	马铃薯块茎	采收前 $2000\sim3000mg\cdot L^{-1}$，喷施	
		洋葱、大蒜鳞茎	采收前2周 $2500mg\cdot L^{-1}$，喷施	
		胡萝卜	采前 $1\sim2$ 周 $2500\sim5000mg\cdot L^{-1}$，喷施	
打破休眠，促进萌发	赤霉素	马铃薯块茎	$1.0mg\cdot L^{-1}$，浸泡1h	夏季块茎二季栽培
		葡萄、桃等枝条	$1000\sim4000mg\cdot L^{-1}$，喷施	打破芽休眠
促进生长，增加产量	赤霉素	芹菜等叶菜	采收前5~10天 $10\sim50mg\cdot L^{-1}$，喷施	增加茎叶产量
	助壮素	禾谷类	$20mg\cdot L^{-1}$浸种2h	分蘖快且多
	矮壮素	禾谷类	$0.3\%\sim10\%$浸种12h	增加分蘖和单株面积
控制生长	矮壮素	小麦	拔节期 $3000mg\cdot L^{-1}$，喷施	防倒伏，增产等
	多效唑	水稻	一叶一心期 $300mg\cdot L^{-1}$，喷施	壮秧，有效分蘖增多
		油菜	二叶一心期 $100\sim200mg\cdot L^{-1}$，喷施	壮秧，抗性加强，增产
	三碘苯甲酸	大豆	花期 $200\sim400mg\cdot L^{-1}$，喷施	控制营养生长，早熟，增产
		棉花	始花期 $100\sim200mg\cdot L^{-1}$，喷施	控制营养生长，减少蕾铃脱落，增产，抗倒伏
	缩节胺	花生	初花期5~30天，$1000mg\cdot L^{-1}$，喷施	增产
	比久	马铃薯	现蕾至始花期 $2000\sim4000mg\cdot L^{-1}$，喷施	抑制茎节生长，促进块茎膨大
扦插生根	吲哚乙酸 萘乙酸 ABT 生根粉	植物枝条	粉剂或溶液浸泡枝条基部，$25\sim100mg\cdot L^{-1}$	加速或增多根的形成
延缓叶片衰老	6-BA	水稻	$10\sim100mg\cdot L^{-1}$喷施	延缓衰老，保绿
		小麦	$0.05mg\cdot L^{-1}$，喷施	
		芹菜	$10mg\cdot L^{-1}$，喷施	
调节落叶	乙烯利	棉花	采收前3周 $800\sim1000mg\cdot L^{-1}$，喷施	促进落叶
促进花芽分化	乙烯利	凤梨	$400\sim1000mg\cdot L^{-1}$，50mL，灌心	促进增产
		苹果	$200\sim900mg\cdot L^{-1}$，喷施	
	赤霉素	菊花	$100mg\cdot L^{-1}$，喷施	花芽分化提前
抑制花芽形成	GA_{4+7}	苹果	花芽分化前 $2\sim6$ 周 $300mg\cdot L^{-1}$，喷施	避免大年花芽过多
	GA_3	葡萄	花芽分化前 $10\sim15mg\cdot L^{-1}$，喷施	抑制花芽分化
延迟花开放	比久	元帅苹果	秋季 $400mg\cdot L^{-1}$，喷施	延迟4~5天
	多效唑	水稻	$100\sim300mg\cdot L^{-1}$，喷施	延迟2~3天抽穗
延长花期	多效唑	菊花	$500mg\cdot L^{-1}$，喷施	延长10天
性别分化	乙烯利	黄瓜、南瓜	$2\sim4$ 叶期 $150\sim200mg\cdot L^{-1}$，喷施	增加雌花，降低节位，增加早期产量
	赤霉素	黄瓜	$2\sim4$ 叶期，$50mg\cdot L^{-1}$，喷施	促进雄花产生

续表

用途	药剂	对象	用法用量	效果
化学杀雄	乙烯利	小麦	孕穗期 4000～6000mg·L^{-1}，喷施	雄性不育
	青鲜素	玉米	6～7 叶期 500mg·L^{-1}，喷施，每周一次，共三次	雄蕊被杀死
		棉花	现蕾期开始 50～60mg·L^{-1}，每隔 15～16 天，喷施	雌蕊正常
疏花疏果	NAA 钠盐	鸭梨	局部 40mg·L^{-1}，喷施	鸭梨疏花 25%
	乙烯利	梨	盛花期、末花期 240～480mg·L^{-1}，喷施	干扰物质转运，使弱果脱落
		苹果	花前 20 天、10 天 250mg·L^{-1}，各喷一次	
	西维因	苹果	盛花后 10～25 天 0.09%～0.16%，喷施	
促花保果	NAA	棉花	开花盛期 10mg·L^{-1}，喷施	防止花果脱落
	GA	棉花	开花盛期 20～100mg·L^{-1}，喷施	
	6-BA	柑橘	幼果 400mg·L^{-1}，喷施	
	2,4-D	番茄	开花后 1～2 天 10～20mg·L^{-1}，浸花 1s	
		辣椒	20～25mg·L^{-1}，毛笔点花	
促进果实成熟	乙烯利	香蕉	1000mg·L^{-1}，浸果一下	促进果实提前成熟
		柿子	500mg·L^{-1}，浸果 0.5～1min	
		番茄	1000mg·L^{-1}，浸果一下	
		棉花	800～1200mg·L^{-1}，喷施	促进棉铃成熟开裂
延缓果实成熟	2,4-D	柑橙	采前 4 周 70～100mg·L^{-1}，喷果	提高呼吸速率，增强抗病性、耐贮力
	比久	苹果	采前 45～60 天 500～2000mg·L^{-1}，喷施	抑制乙烯释放，延迟果实成熟
改善品质	增甘膦	甘蔗	采收前 40 天 0.4%，喷施	催熟增糖
	GA$_{4+7}$	元帅苹果	盛花期 40mg·L^{-1}，喷施	改善果形指数
	青鲜素	烟草	1000～2000mg·L^{-1}，喷施	抑制侧芽生长，改善品质
	2,4-D	番茄	受粉前 10～25mg·L^{-1}，涂抹	果实生长快，形成无籽果实
	防落素	番茄	受粉前 10～25mg·L^{-1}，涂抹	
	赤霉素	葡萄	花前 10 天 1000mg·L^{-1}，喷施	形成无籽果实
杀除杂草	2,4-D 丁酯	双子叶杂草	幼苗 1000mg·L^{-1}，喷施	杀死杂草

本章小结

　　植物生长物质是一些可调节植物生长发育的微量有机物质，包括植物激素和植物生长调节剂，此外还有一些天然存在的生长活性物质和抑制物质。目前被公认的植物激素有五类，包括生长素类、赤霉素类、细胞分裂素类、脱落酸与乙烯。此外，油菜素甾体类、茉莉酸类、水杨酸类、多胺类等也有植物激素的特性。

　　各类植物激素的生理功能不同。生长素能促进细胞伸长和分裂，并且有促进插枝生根、抑制器官脱落、控制性别和向性、维持顶端优势、诱导单性结实等作用。赤霉素的主要功能是加速细胞的伸长生长，促进细胞分裂，打破休眠，诱导淀粉酶活性，促进营养生长，防止器官脱落等。细胞分裂素是促进细胞分裂的物质，它能促进细胞的分裂和扩大，诱导芽的分化，延缓叶片衰老，保绿和防止果实脱落等。脱落酸是抑制植物生长发育的物质，它可抑制细胞分裂和伸长，还能促进脱落和衰老，促进休眠，调节气孔开闭，提高植物的抗逆性。乙烯是促进衰老和催熟的激素，也可促进细胞扩大，引起偏上性生长，促进插枝生根，控制性别分化。油菜素甾体类可促进植物生长、细胞伸长和分裂，促进光合作用，增强抗性。茉莉酸能抑制生长和萌发，促进衰老，诱导蛋白质合成。水杨酸可诱导生热效应和提高抗性，并能诱导开花和控制性别表达。多胺能促进生长，延缓衰老，提高抗性。

　　植物生长调节剂包括生长促进剂、生长抑制剂和生长延缓剂等。常见的生长促进剂有吲哚丙酸、萘乙酸、激动素、6-苄基腺嘌呤等。常见的生长抑制剂有三碘苯甲酸、整形素、青鲜素。常见的生长延缓剂有氯丁唑、烯效唑、矮壮素、比久、Pix等。应用生长调节剂的注意事项：要明确生长调节剂不是营养物质，也不是万灵药，更不能代替其他农业措施；要根据不同对象（植物或器官）和不同的目的选择合适的药剂；正确掌握药剂的浓度和剂量；先试验，再推广。

复习思考题

一、名词解释

植物激素　植物生长调节剂　植物生长物质

二、思考题

1. 相比于动物激素，植物激素有哪些特点？
2. 生长素有哪些生理作用？
3. 生长素和赤霉素都影响茎的伸长，茎对生长素和赤霉素的反应在哪些方面表现出差异？
4. 植物激素对开花有哪些影响？
5. 植物生长调节剂在农业生产中应用在哪些方面？应注意些什么？

PPT 课件

第七章 植物的生长生理

【学习目标】
(1) 了解种子萌发的基本过程和影响因素，以及植物生长分化和发育的基本概念。
(2) 理解植物组织培养的基本原理和过程。
(3) 掌握植物生长的相关性、植物生长周期性的概念及其在农业生产上的应用。

第一节 种子的萌发

种子是由受精胚珠发育而来的，是可脱离母体的延存器官。严格地说，生命周期是从受精卵分裂形成胚开始的，但人们习惯上还是以种子萌发作为个体发育的起点，因为农业生产是从播种开始的。播种后种子能否迅速萌发，达到早苗、全苗和壮苗，这关系到能否为作物的丰产打下良好的基础。因此，了解种子的萌发生理，对于生产有实际指导意义。

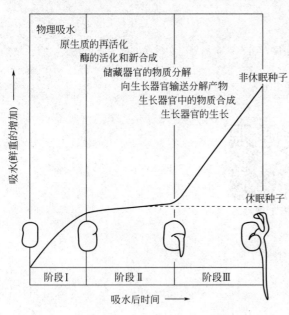

图 7-1 种子萌发的三个阶段和生理转变过程

风干种子的生理活动极为微弱，处于相对静止状态，即休眠状态。在有足够的水分、适宜的温度和正常的空气条件下，种子开始萌发（germination）。从形态角度看，萌发是具有生活力的种子吸水后，胚生长突破种皮并形成幼苗的过程，通常以胚根突破种皮作为萌发的标志。从生理角度看，萌发是无休眠或已解除休眠的种子吸水后由相对静止状态转为生理活动状态，呼吸作用增强，储藏物质被分解并转化为可供胚利用的物质，引起胚生长的过程。从分子生物学角度看，萌发的本质是水分、温度等因子使种子的某些基因表达和酶活化，从而引发的一系列与胚生长有关的反应。

一、种子萌发的特点与调节

（一）萌发过程与特点

根据萌发过程中种子吸水量，即种子鲜重增加量的"快—慢—快"的特点，可把种子萌发分为三个阶段（图7-1）。

1. 阶段 I：吸胀吸水阶段

吸胀吸水即依赖原生质胶体吸胀作用的物理吸水。此阶段的吸水与种子代谢无关。无论种子是否通过休眠，是否有生活力，同样都能吸水。通过吸胀吸水，活种子中的原生质胶体由凝胶状态转变为溶胶状态，使那些原在干种子中结构被破坏的细胞器和不活化的高分子得到伸展与修复，表现出原有的结构和功能。

2. 阶段Ⅱ：迟缓吸水阶段

经阶段Ⅰ的快速吸水，原生质的水合程度趋向饱和；细胞膨压增加，阻碍了细胞的进一步吸水；再则，种子的体积膨胀受种皮的束缚，因而种子萌发在突破种皮前，有一个吸水暂停或速度变慢的阶段。随着细胞水合程度的增加，酶蛋白恢复活性，细胞中某些基因开始表达，转录成 mRNA。于是，"新生"的 mRNA 与原有"储备"的 mRNA 开始翻译与萌发有关的蛋白质。与此同时，酶促反应与呼吸作用增强。子叶或胚乳中的储藏物质开始分解，转变成简单的可溶性化合物。如淀粉被分解为葡萄糖；蛋白质被分解为氨基酸；核酸被分解为核苷酸和核苷；脂肪被分解为甘油和脂肪酸。氨基酸、葡萄糖、甘油和脂肪酸则进一步被转化为可运输的酰胺、蔗糖等化合物（图 7-2）。这些可溶性的分解物运入胚后，一方面给胚的发育提供了营养，另一方面也降低了胚细胞的水势，提高了胚细胞的吸水能力。

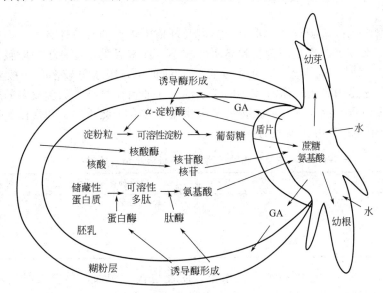

图 7-2　谷类种子萌发时胚中产生的 GA 诱导水解酶的产生和胚乳储藏物质的分解
（以淀粉、蛋白质和核酸为例）

3. 阶段Ⅲ：生长吸水阶段

在储藏物质转化转运的基础上，胚根、胚芽中的核酸、蛋白质等原生质的组成成分合成旺盛，细胞吸水加强。胚细胞的生长与分裂引起了种子外观可见的萌动。当胚根突破种皮后，有氧呼吸加强，新生器官生长加快，表现为种子的（渗透）吸水和鲜重的持续增加。

（二）萌发的调节

内源激素的变化对种子萌发起着重要的调节作用。以谷类种子为例，种子吸胀吸水后，首先导致胚（主要为盾片）细胞形成 GA，GA 扩散至糊粉层，诱导 α-淀粉酶、蛋白酶、核酸酶等水解酶产生，使胚乳中储藏物质降解。其次，细胞分裂素和生长素在胚中形成，细胞分裂素刺激细胞分裂，促进胚根、胚芽的分化与生长；而生长素促进胚根、胚芽的伸长，以及控制幼苗的向重性生长。

在种子萌发过程中，子叶或胚乳储藏器官与胚根、胚芽等生长器官间形成了源库关系。储藏器官是生长器官的营养源，其内含物质的数量及降解速率影响着库的生长。然而，库中激素物质的形成以及库的生长速率对源中物质的降解又起着制约作用。以大麦胚乳淀粉水解为例，GA 能诱导糊粉层中 α-淀粉酶的合成，α-淀粉酶进入胚乳使淀粉水解成麦芽糖和葡萄糖。然而麦芽糖或葡萄糖等的积累，一方面降低淀粉水解的速率；另一方面还抑制 α-淀粉酶在糊粉层中的合成。已有实验表明，将糊粉层放在高浓度的麦芽糖或葡萄糖溶液中，糊粉

层中 α-淀粉酶的合成被抑制。胚的生长既能降低胚乳中糖的浓度，又能解除糖对 α-淀粉酶合成的抑制作用，因而，去除胚后，胚乳降解受阻。

二、影响种子萌发的条件

影响种子萌发的主要外因有水分、温度、氧气，有些种子的萌发还受光的影响。

1. 水分

水分是种子萌发的第一条件。种子只有吸收了足够的水分才能萌发。种子吸水后，种子中的原生质胶体才能由凝胶转变为溶胶，使细胞器结构恢复。同时吸水能使种子呼吸加强，代谢活动加强，促进储藏物质水解成可溶性物质供胚发育。另外，吸水后种皮膨胀软化，一方面有利于种子内外气体交换，增强胚的呼吸作用；另一方面也有利于胚根、胚芽突破种皮而继续生长。

种子萌发时吸水的多少与种子水分、温度及环境中水分的有效性有关。一般含淀粉多的种子，萌发时需水较少，这是因为淀粉亲水性较小。如禾谷类作物种子一般吸水量达到种子干重的 $30\%\sim50\%$ 时，就能萌发。蛋白质含量高的种子，吸水量较多，一般要超过种子干重时才能发芽，这是因为蛋白质有较大的亲水性。而油料作物种子除含较多的脂肪外，往往也含有较多的蛋白质，因此，油料作物种子吸水量通常介于淀粉种子和蛋白质种子之间。表7-1列举了几种主要作物种子萌发时的吸水量。

表 7-1　几种主要作物种子萌发时最低吸水量占干重的百分率

作物种类	吸水率/%	作物种类	吸水率/%
水稻	35	棉花	60
小麦	60	豌豆	186
玉米	40	大豆	120
油菜	48	蚕豆	157

在一定温度范围内，温度高种子吸水快，萌发也快。例如，早春水温低，早稻浸种要3~4天；夏天水温高，晚稻浸种1天就能吸足水分。土壤中水分不足时，种子不能萌发；但土壤中水分过多，则会使土温下降，氧气缺乏，对种子萌发不利，甚至引起烂种。一般种子在土壤中萌发所需的水分条件以土壤饱和含水量的 $60\%\sim70\%$ 为宜，这样的土壤，用手握可成团，掉下来可散开。

2. 温度

种子的萌发是由一系列酶催化的生化反应引起的，因而受温度的影响较大，并有最低温度、最适温度和最高温度三个基点。在最低温度时，种子能萌发，但所需时间长，发芽不整齐，易烂种。种子萌发的最适温度是指在最短的时间内萌发率最高的温度。高于最适温度，虽然萌发速率较快，但发芽率低。而低于最低温度或高于最高温度，种子就不能萌发。一般冬作物种子萌发的温度三基点较低，而夏作物则较高。几种农作物种子萌发的温度范围见表7-2。

表 7-2　几种农作物种子萌发的温度范围　　　　　　　　　　单位：℃

作物种类	最低温度	最适温度	最高温度
大、小麦类	3~5	20~28	30~40
玉米、高粱	8~10	32~35	40~45
水稻	10~12	30~37	40~42
棉花	10~12	25~32	38~40
大豆	6~8	25~30	39~40
花生	12~15	25~37	41~46
黄瓜	15~18	3~37	38~40
番茄	15	25~30	35

虽然在最适温度下，种子萌发最快，但由于呼吸强，消耗的有机物较多，供给胚的养料相应减少，结果幼苗生长细长柔弱，对不良条件的抵抗力差。因此，种子的适宜播种温度一般应稍高于最低温度而低于最适温度。生产上为了早出苗，早稻可采用薄膜育秧，其他作物则可利用温室、温床、阳畦、风障等设施来提早播期。

3. 氧气

种子萌发与胚生长是活跃的生命活动，需要旺盛的呼吸作用供应能量消耗，因而需要足够的氧气。一般作物种子需在10%以上氧浓度下才能正常萌发，当氧浓度低于5%时，很多作物的种子不能萌发。油料作物种子（如花生、大豆和棉花等）萌发时需要的氧气更多，因此，这类种子宜浅播。但也有的种子（如马齿苋、黄瓜等）在2%的含氧条件下仍可萌发。种子萌发所需的氧气大多来自土壤空隙中。如土壤板结或水分过多，则会造成氧气不足，种子只能进行无氧呼吸，产生酒精毒害，影响种子萌发，甚至造成烂种。因而精细整地、排水等改善土壤通气条件的措施，有利于种子萌发和培育壮苗。

水稻对缺氧的忍受能力较强，其种子在淹水进行无氧呼吸的情况下仍可萌发，但幼苗生长不正常，只长芽鞘，不长根，即俗话所说的"水长芽，旱长根"。这是由于胚芽鞘的生长只是细胞的伸长，仅靠无氧呼吸的能量即可发生；而胚根和胚芽的生长则既有细胞分裂，又有细胞伸长，对能量和物质需求量较高，所以必须依赖于有氧呼吸。此外，无氧呼吸还会产生对种子萌发和幼苗生长有害的酒精等物质。因此，在水稻催芽时，要注意经常翻种，注意氧的供给。播种后，注意秧田排水，保证氧的供应，促进发根。

4. 光照

大多数作物（如水稻、小麦、大豆、棉花等）的种子，只要水、温、氧条件满足就能够萌发，不受光照的影响，这类种子称为中光种子。有些植物（如莴苣、紫苏、胡萝卜等）的种子，在有光条件下萌发良好，在黑暗中则不能发芽或发芽不好，这类种子称为需光种子。还有些植物（如葱、韭菜、苋菜等）的种子则在光照下萌发不好，而在黑暗中反而发芽很好，这类种子称为嫌光种子。

总之，要获得全苗壮苗，首先要有健全饱满的种子；其次要有适应的环境条件，即充足的水分、适宜的温度和足够的氧气。因此，适期播种，播种前充分整地，注意播种深度和方法，就能获得水、气、温、光协调的萌发环境，种子便能顺利萌发并长成壮苗。

三、种子的寿命

种子寿命（seed longevity）是指种子从成熟到失去生命力所经历的时间。在自然条件下，种子的寿命可以由几个星期到很多年。寿命极短的种子（如柳树种子），成熟后只在12h内有发芽能力。大多数农作物种子的寿命，也是比较短的，约1～3年；少数有较长的，如蚕豆、绿豆能达6～11年。种子寿命长的可达百年以上。我国辽宁省普兰店的泥炭土层中，多次发现莲的瘦果（莲子），根据土层分析，这些种子埋藏至少120年，也可能达200～400年之久，但仍能发芽和正常开花结果。

第二节　植物生长、分化和发育的概念

任何一种生物个体，总是要有序地经历发生、发展和死亡等时期，人们把一生物体从发生到死亡所经历的过程称为生命周期（life cycle）。种子植物的生命周期，要经过胚胎形成、种子萌发、幼苗生长、营养体形成、生殖体形成、开花结实、衰老和死亡等阶段。习惯上把生命周期中呈现的个体及其器官的形态结构的形成过程，称作形态发生（morphogenesis）或形态建成。在生命周期中，伴随形态建成，植物体发生着生长（growth）、分化（differentiation）和发育（development）等变化。

1. 生长

在生命周期中，生物的细胞、组织和器官的数目、体积或干重不可逆的增加过程称为生长。生长不仅包括原生质的增加、细胞体积的增大，也包括细胞的分裂。例如根、茎、叶、花、果实和种子的体积增大或干重增加都是典型的生长现象。通常将营养器官（根、茎、叶）的生长称为营养生长，繁殖器官（花、果实、种子）的生长称为生殖生长。

2. 分化

从一种同质的细胞类型转变成形态结构和功能与原来不相同的异质细胞类型的过程称为分化。分化可在细胞、组织、器官的不同水平上表现出来。例如：从受精卵细胞分裂转变成胚；从生长点转变成叶原基、花原基；从形成层转变成输导组织、机械组织、保护组织等。这些转变过程都是分化。正是由于这些不同水平上的分化，植物的各个部分才具有异质性，即具有不同的形态结构与生理功能。因为细胞与组织的分化通常是在生长过程中发生的，因此分化又可看作为"变异生长"。

3. 发育

在生命周期中，植物的组织、器官或整体在形态结构和功能上的有序变化过程称为发育。例如，从叶原基的分化到长成一张成熟叶片的过程是叶的发育；从根原基的发生到形成完整根系的过程是根的发育；由茎端的分生组织形成花原基，再由花原基转变成为花蕾，以及花蕾长大开花，这是花的发育；而受精的子房膨大，果实形成和成熟则是果实的发育。上述发育的概念是从广义上讲的，它泛指生物的发生与发展；然而狭义的发育概念，通常是指生物从营养生长向生殖生长的有序变化过程，其中包括性细胞的出现、受精、胚胎形成以及新的繁殖器官的产生等。人们常把生长发育连在一起谈，这时发育的概念也是狭义的。

4. 生长、分化和发育的相互关系

生长、分化和发育三者之间关系密切，有时相互交叉或相互重叠。例如，在茎的分生组织转变为花原基的发育过程中，不但有细胞的生长，而且有细胞的分化，似乎这三者之间并没有明确的界限，但根据它们的性质和表现是可以区别的：生长是量的变化，是基础；分化是质变；而发育则是器官或整体的有序的量变和质变，通常发育包含了生长和分化两个方面，也就是说生长和分化贯穿了整个发育过程。例如花的发育，包括花原基的分化和花器官各部分的生长；果实的发育包括了果实各部分的生长和分化等。这是因为发育只有在生长和分化的基础上才能进行，没有生长和分化就不可能进行发育，没有营养物质的积累、细胞的增殖、营养体的生长和分化，也就不可能有生殖器官的生长和分化，就没有花和果实的发育。当然，生长和分化同时也要受到发育的制约。植物某些器官的生长和分化往往要通过一定的发育阶段后才能开始。如水稻必须生长到一定的叶数以后，才能接受光周期诱导，而水稻幼穗的生长和分化都必须在通过光周期的发育之后才能进行；油菜在抽薹前后会长出不同形态的叶片，这也表明不同的发育阶段需要有不同的生长量的积累或达到一定的分化类型。

植物的发育是植物的遗传信息在内外条件影响下有序表达的结果，发育在时间上有严格的进程，如种子发芽、幼苗成长、开花结实、衰老死亡都是按一定的时间顺序发生的。同时，发育在空间上也有巧妙的布局，如茎上的叶原基是按一定的顺序排列形成叶序的；花原基的分化通常是由外向内进行的，如先发生萼片原基，以后依次产生花瓣、雄蕊、雌蕊等原基；在胚生长时，胚珠周围组织也同时进行生长与分化等。

第三节　植物生长和分化的控制生理

植物的形态建成是以细胞的分裂、生长和分化为基础的。植物体各个器官的形态及整体的宏观结构都是由组成它们的细胞的分裂方向、频度、细胞生长速率和分化状态所决定的。

一、细胞的分裂生理

（一）细胞周期

繁殖、分化和衰亡是细胞的基本生命活动，也是细胞生理研究的重要内容，高等植物因细胞的这些基本生命活动而完成个体的生活史。

细胞繁殖（cell reproduction）是通过细胞分裂来实现的。从一次细胞分裂结束形成子细胞到下一次分裂结束形成新的子细胞所经历的时期称细胞周期（cell cycle），细胞周期所需的时间叫周期时间（time of cycle），整个细胞周期可分为间期（interphase）和分裂期（division stage）两个阶段。间期是从一次细胞分裂结束到下一次分裂开始之间的间隔期。间期是细胞的生长阶段，其体积逐渐增大，细胞内进行着旺盛的生理生化活动，并做好下一次分裂的物质和能量准备，主要是 DNA 复制、RNA 的合成、有关酶的合成以及 ATP 的生成。细胞周期可分为以下四个时期。

（1）G_1 期　从有丝分裂完成到 DNA 复制之前的这段间隙时间叫 G_1 期（gap₁，presynthetic phase）。在这段时期中有各种复杂大分子（包括 mRNA、tRNA、rRNA 和蛋白质）合成。

（2）S 期　这是 DNA 复制时期，故称 S 期（synthetic phase），这期间 DNA 的含量增加一倍。

（3）G_2 期　从 DNA 复制完成到有丝分裂开始的一段间隙称 G_2 期（gap₂，post-synthetic phase），此期的持续时间短，DNA 的含量不再增加，仅合成少量蛋白质。

（4）M 期　M 期是指从细胞分裂开始到结束，也就是从染色体的凝缩到分离并平均分配到两个子细胞为止的时期。分裂后细胞内 DNA 减半，这个时期称 M 期（即有丝分裂，mitosis）或 D 期（division）。细胞分裂的意义在于 S 期中倍增的 DNA 以染色体形式平均分配到两个子细胞中，使每个子细胞都得到一整套和母细胞完全相同的遗传信息。

（二）细胞分裂的生化变化

细胞分裂过程最显著的生化变化是核酸含量，尤其是 DNA 含量的变化，因为 DNA 是染色体的主要成分。呼吸速率在细胞周期中，亦会发生变化。分裂期对氧的需求很低，而 G_1 期和 G_2 期后期氧吸收量都很高。G_2 期后期吸氧多是相当重要的，该期储存相当多的能量供给有丝分裂期用。

（三）细胞分裂与植物激素

植物激素在细胞分裂过程中起着重要的作用。在烟草细胞培养中，生长素和细胞分裂素刺激 G_1 cyclin（CYCD）的积累，因此支持进入新的细胞周期。干旱时，根部的脱落酸浓度增加，CDK-cyclin 复合物抑制剂（ICK）表达，于是抑制 CDK/CYCA，阻止进入 S 期。细胞分裂素通过活化磷酸酶，削弱 CDK 酪氨酸磷酸化的抑制作用（CDK/CYCB），促进进入 M 期。细胞分裂素对维持分生组织的分裂具有重要的作用（图 7-3）。

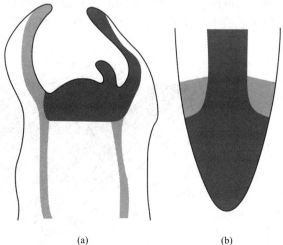

(a)　　　　　　　(b)

图 7-3　番茄茎尖（a）与根尖（b）中细胞分裂素的分布
颜色深的地方，细胞分裂素浓度大，细胞分裂频度高

二、细胞的伸长生理

细胞分裂后产生的子细胞，其体积只有母细胞的一半，所以子细胞必须增大至母细胞那样大小时才能进行下一次分裂。倘若子细胞不再分裂，其体积可增加几倍、几十倍。细胞生长受多种因素的影响，如受核质遗传基因的控制，因为细胞核与细胞质的数量比只能维持在一定的范围内；细胞生长及其形态受细胞壁以及周围细胞作用力的影响，也就是说细胞只能在一定的空间内生长；此外，细胞的生长还受环境因素的制约，如在水分少、温度低、光照强时，细胞体积相应变小。但在诸多因素中，对细胞形态起决定作用的应是细胞壁。

（一）细胞生长方向受微纤丝取向的影响

细胞生长的原动力是膨压，这种压力均等地施于各个方向。如果没有壁的束缚，在膨压的作用下，细胞应呈球状（无壁的原生质体为球状）。然而，植物细胞都有各自的形态，这主要取决于细胞壁中微纤丝的取向和交织程度。植株细胞中最常见的是圆柱形细胞，它的伸长程度要远大于加粗的程度，这是由于细胞圆柱面中所沉积的微纤丝通常与伸长轴的方向垂直，成圈状排列，因而限制了细胞的加粗生长，而对伸长生长的限制较小。如叶肉细胞原先是柱状细胞，细胞空隙少，在生长过程中，由于微纤丝在壁中成带状沉积，局部地限制了生长，导致叶肉细胞成为多突起的细胞。

细胞壁的存在阻碍着细胞体积的增长。克服这种阻碍有两种方式：一种是增加膨压，因为只有当膨压超过细胞壁的抗张程度时细胞才能生长；另一种是让细胞壁松弛，减弱壁的强度。在通常情况下，植物通过第二种方式使细胞生长。植物的细胞质膜中有 ATP 酶，它被 IAA 激活后，可将细胞质中的 H^+ 分泌到细胞壁中，而低 pH 值一方面可降低壁中氢键的结合程度，另一方面也可提高壁中适于酸化条件的水解酶的活性，使壁发生松弛。壁一旦松弛，在膨压的作用下，细胞就得以伸展。同时，一些新合成的成壁物质会填充于壁中，以增加壁的厚度和强度。

（二）微纤丝的取向由微管控制

采用微管荧光抗体法可观察到，在细胞生长时微管聚集于壁下，并在质膜内侧面沿着微纤丝沉积方向有规则地排列端正。用微管蛋白合成抑制剂秋水仙碱处理，细胞壁中微纤丝的排列就会变得杂乱无章。大量的研究都表明，微管在质膜内侧面的排列方向控制着微纤丝在细胞壁中的取向。图 7-4 所示为纤维素微纤丝沉积的一种模式。这种模式要点如下：①纤维素在原生质膜中合成并沉积在细胞壁的内侧；②质膜中有末端复合体，其中含纤维素合成

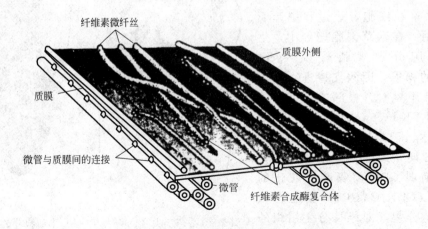

图 7-4　纤维素微纤丝在质膜外沉积的一种模式

酶，复合体一边在膜中移动，一边合成纤维素，其移动的方向决定了微纤丝沉积的方向；③微管排列在质膜内侧，像轨道一样引导着末端复合体在膜中移动，从而控制了微纤丝的沉积方向。

激素和一些外界因素能影响微管在质膜内侧的排列方向，从而影响微纤丝在细胞壁中的沉积方向，进而影响细胞的伸长和植株的形态。例如赤霉素和乙烯对豌豆幼茎表层细胞中微管的排列有着不同的效应：赤霉素能使微管在质膜内侧的排列与细胞长轴方向成直角，因而当用赤霉素处理豌豆芽时，幼茎伸长而不增粗；而乙烯则能使微管在质膜内侧的排列与细胞长轴方向平行，因而当用乙烯处理豌豆芽时，幼茎增粗而少伸长。

三、细胞的分化生理

（一）细胞分化的分子机理

细胞分化的分子基础是细胞基因表达的差别。一般情况下，同一植物体中的细胞都具有相同的基因，因为它们都是由同一受精卵分裂而来的，而且其中的每一个细胞在适宜的条件下都有可能发育成与母体相似的植株。在个体的发育过程中，细胞内的基因不是同时表达的，而往往只表达基因库中的极小部分。比如，在胚胎中有开花的基因，但在营养生长期，它就处于关闭状态。一定要达到花熟状态，处在生长点的开花基因才表达，即花芽才开始分化。这就是个体发育过程中基因在时间和空间上的顺序表达。

细胞的基因是如何有选择性地进行表达，合成特定蛋白质的，即基因是如何调控的，这是细胞分化的关键问题。在已分化的细胞中仍然保留着整套染色体的全部基因，因此，细胞分化一般不是因为某些基因丢失或永久性失活所致的，而是不同类型细胞有不同基因表达的结果。从某种意义上讲，具有相同基因的细胞而有着不同蛋白质产物的表达，即为细胞分化。

基因表达要经过两个过程：一是转录，即由 DNA 转录成 mRNA；二是翻译，即以mRNA 为模板合成特定的蛋白质。在转录与翻译水平上的调节都会使不同的细胞产生不同的蛋白质（酶），从而控制不同的功能代谢，并诱导细胞的分化。然而在细胞分化时的基因表达控制主要发生在转录水平上，因此，细胞分化的本质就是不同类型的细胞专一地激活了某些特定基因，再使这些特定基因转录成特定的 mRNA 的过程。

（二）细胞分化的控制因素

细胞分化既受遗传基因控制，又受外界环境的影响。人们虽然对控制分化的详细机理了解得还很少，但已清楚以下因素会对细胞分化起作用。

1. 极性是细胞分化的前提

极性（polarity）是指细胞（也可指器官和植株）内的一端与另一端在形态结构和生理生化上存在差异的现象。极性主要表现在细胞质浓度的不一、细胞器数量的多少、核位置的偏向等方面。极性的建立会引发不均等分裂，使两个子细胞的大小和内含物不等，由此引起分裂细胞的分化。

2. 细胞分化受环境条件诱导

光照、温度、营养、pH、离子和电势等环境条件以及地球的引力都能影响细胞的分化。如短日照处理，可诱导菊花提前开花；低温处理，能使小麦通过春化（见第九章）而进入幼穗分化；对作物多施氮肥，则能使其延迟开花。

3. 植物激素在细胞分化中的作用

植物激素能诱导细胞的分化，这在组织培养中已被证实。1955 年韦特莫尔（Wetmore）等在丁香愈伤组织中插入一个茎尖（内含 IAA），可以看到在茎尖的下部愈伤组织中有管胞的分化。如以含有 IAA 的琼脂代替茎尖，也可以诱导管胞的分化。这个试验证明了 IAA 有诱导维管组织分化的作用。对烟草愈伤组织器官分化的研究表明，在改变培养基中生长素和细胞激动素（KT）的比例时，可改变愈伤组织的分化。当细胞激动素相对浓度高，IAA 与 KT 的比值低时，则有利于芽的形成，而抑制根的分化；反之，当生长素的相对浓度高时，则有利于根的形成，而抑制芽的分化（图 7-5）。

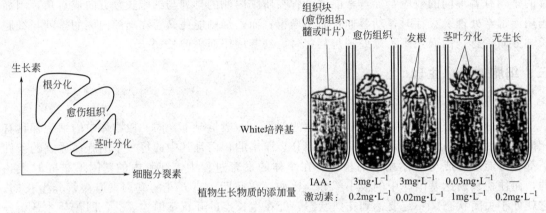

图 7-5　生长素和细胞分裂素（或激动素）对根芽分化的影响

第四节　组 织 培 养

一、组织培养的概念与分类

植物组织培养（plant tissue culture）是指植物的离体器官、组织或细胞在人工控制的环境下培养发育再生成完整植株的技术。用于离体培养进行无性繁殖的各种植物材料称为外植体（explant）。根据外植体的种类，可将组织培养分为：器官培养、组织培养、胚胎培养、细胞培养以及原生质体培养等（图 7-6）。

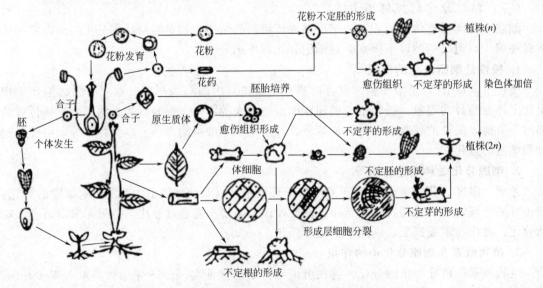

图 7-6　由高等植物的细胞、组织和器官培养成植株的过程

1. 器官培养

器官培养包括根、茎、叶、花等器官及其原基的培养，其中茎尖培养具有快速繁殖和去除病毒的优点。

2. 花药和花粉培养

花药是花的雄性器官，花药培养属器官培养；花粉是单倍体细胞，花粉培养与单细胞培养相似，花药和花粉都可以在培养过程中诱导使形成单倍体细胞系和单倍体植株。单倍体植株经过染色体加倍就可成为纯合二倍体植株，这样可缩短育种周期，获得纯系。花培已成为植物育种的一种重要手段。

3. 组织培养

组织培养包括分生组织、形成层组织、愈伤组织和其他组织的培养。愈伤组织（callus）原来是指植物受伤后于伤口表面形成的一团薄壁细胞，在组织培养中则指在培养基上由外植体长出的一团无序生长的薄壁细胞。愈伤组织培养是最常见的培养形式，因为除了一部分器官（如茎尖分生组织、原球茎）外，其他各种培养形式往往都要经过愈伤组织培养与诱导后才产生植株。

4. 胚胎培养

胚胎培养包括原胚和成熟胚培养、胚乳培养、胚珠和子房（未授粉或已授粉的）培养。胚胎培养可用于研究胚胎发生以及影响胚生长的因素；用试管受精或幼胚培养可获得种间或属间远缘杂种，因此它也是研究生殖生理的有用方法；胚乳培养是研究胚乳的功能、胚乳与胚的关系，以及获得三倍体植株的一个手段。

5. 细胞培养

细胞培养包括单细胞、多细胞和细胞的遗传转化体的培养。细胞培养也称细胞克隆（cell clone）技术，培养单离的细胞，可诱导再分化，用于取得单细胞无性系，进行突变体的选育。至今已有多种生物发生器（bioreactor）用于批量培养增殖细胞，这些发生器可分为两大类：悬浮培养（suspension culture）发生器和固相化细胞（immobilized cells）发生器，前者的细胞处于悬浮、可动状态，而后者的细胞包埋于支持物内，呈固定不动的状态。

6. 原生质体培养

原生质体培养包括原生质体、原生质融合体和原生质体的遗传转化体的培养。将去壁后裸露的原生质体进行培养，它易于摄取外来的遗传物质、细胞器以及病毒、细菌等，常应用于体细胞杂交和转基因的研究。

二、组织培养的基本方法

（一）材料准备

尽管已确立了植物细胞全能性的理论，但实践中，全能性表达的难易程度在不同的植物组织之间有着很大的差异。将同一植株不同器官作为外植体诱导愈伤组织，它们的分化频率和模式与来源器官有关。由根、下胚轴及茎形成的愈伤组织分化成根的频率很高；由叶或子叶形成的愈伤组织分化成叶的频率很高；由茎端形成的愈伤组织分化成芽与叶的频率亦很高；靠近上部的茎段与接近基部的茎段相比能形成较多的花枝和较少的营养枝。这说明外植体的发育状态在组织分化中有"决定"作用的存在。决定（determination）这一术语是指植物发育过程中细胞逐渐成为具有特异专一性倾向的过程，这个过程具有稳定的表型变化，而且这些变化在原初刺激消失时还能存在。因此要根据研究目标，有针对性地选择材料。一般来说，受精卵、发育中的分生组织细胞和雌雄配子体及单倍体细胞较易表达全能性。

通常采集来的材料都带有各种微生物，故在培养前必须进行严格的消毒处理。常用的消毒剂有 70％酒精、次氯酸钙（漂白粉）、次氯酸钠、氯化汞（$HgCl_2$，升汞）等。消毒所需时间长短依外植体不同而异，消毒后需用无菌水充分清洗。

（二）培养基制备

培养基（medium）中含有外植体生长所需的营养物质，是组织培养中外植体赖以生存和发展的基地。White 培养基是最早的植物组织培养基之一，被广泛用于离体根的培养；MS（Murashige 和 Skoog，1962）培养基含有较高的硝态氮和铵态氮，适合于多种培养物的生长；N_6 培养基含有与 MS 差不多的硝态氮，但铵态氮仅为 MS 的 1/4 多一些，特别适合于禾本科花粉的培养；B_5 培养基则适合于十字花科植物的培养。总之，应根据培养的目的选择一种适宜的培养基。常见的培养基配方如表 7-3 所示。

表 7-3　常见培养基配方　　　　　　　　　　　　　单位：$mg \cdot L^{-1}$

培养基成分	MS(1962)	White(1963)	N_6(1974)	Miller(1967)	B_5(1968)
NH_4NO_3	1650	—	—	1000	—
KNO_3	1900	80	2830	1000	2500
$(NH_4)_2SO_4$	—	—	463	—	134
KCl	—	65	—	65	—
$CaCl_2 \cdot 2H_2O$	440	—	166	—	150
$Ca(NO_3)_2 \cdot 4H_2O$	—	300	—	347	—
$MgSO_4 \cdot 7H_2O$	370	720	185	35	250
Na_2SO_4	—	200	—	—	—
KH_2PO_4	170	—	400	300	—
$FeSO_4 \cdot 7H_2O$	27.8	—	27.8	—	27.8
Na_2-EDTA	37.3	—	37.3	—	37.3
Na-Fe-EDTA	—	—	—	32	—
$Fe_2(SO_4)_3$	—	2.5	—	—	—
$MnSO_4 \cdot 4H_2O$	22.3	4.5	4.4	4.4	—
$MnSO_4 \cdot H_2O$	—	—	—	—	10
$ZnSO_4 \cdot 7H_2O$	8.6	3	1.5	1.5	2
$CoCl_2 \cdot 6H_2O$	0.025	—	—	—	0.025
$CuSO_4 \cdot 5H_2O$	0.025	0.001	—	—	0.025
$Na_2MoO_4 \cdot 2H_2O$	0.25	0.0025	—	—	0.25
KI	0.83	0.75	0.8	0.8	0.75
H_3BO_3	6.2	1.5	1.6	1.6	3.0
$NaH_2PO_4 \cdot H_2O$	—	16.5	—	—	150
烟酸	0.5	0.3	0.5	—	1
盐酸吡哆醇	0.5	0.1	0.5	—	1
盐酸硫胺素	0.1	0.1	1	—	10
肌醇	100	100	—	—	100
甘氨酸	2	3	2	—	—
蔗糖	30000	20000	50000	30000	20000
pH	5.8	5.8	5.8	6.0	5.5

1. 培养基成分

培养基的成分大致可分五类：

（1）水　一般用蒸馏水或去离子水配制培养基，煮沸过的自来水也可利用。

（2）无机营养　包括大量和微量必需元素。对硝酸铵等用量较大的无机盐通常先按配方表配成 10 倍的混合母液。植物必需微量元素因用量小，常配成 100 倍或者 1000 倍的母液。

（3）有机营养　主要有糖、氨基酸和维生素。糖为培养物提供所需要的碳源，并有调节渗透压的作用，常用的是 2％～4％的蔗糖，有时也加入葡萄糖和果糖等。一般来说，以蔗糖为碳源时，离体的双子叶植物的根长得较好；而以葡萄糖为碳源时，单子叶植物的根长得较好。已知植物能够利用的其他形式的碳源有麦芽糖、半乳糖、甘露糖和乳糖，有的还能利用淀粉。

维生素和氨基酸类的物质，主要有硫胺素（维生素 B_1）、吡哆素（维生素 B_6）、烟酸（维生素 B_3）、泛酸（维生素 B_5）以及甘氨酸、天冬酰胺、谷氨酰胺、肌醇和水解酪蛋白等。

（4）天然附加物　培养基中有时还加一些天然的有机物，如椰子乳、酵母提取物、玉米胚乳、麦芽浸出物或番茄汁等。它们对愈伤组织的诱导和分化往往是有益的。

（5）植物生长物质　植物生长物质常用的有生长素类和细胞分裂素类两类。生长素类如2,4-D、萘乙酸、吲哚乙酸、吲哚丁酸等被用于诱导细胞的分裂和根的分化。IAA易被光和酶氧化分解，所以加入的浓度较高，常为 $1\sim30mg\cdot L^{-1}$，NAA、2,4-D的浓度则以 $0.1\sim2mg\cdot L^{-1}$ 为宜。细胞分裂素（如激动素、6-苄基腺嘌呤、异戊烯基腺嘌呤、玉米素等）可以促进细胞分裂和诱导愈伤组织或器官分化不定芽，它们常用的浓度为 $0.01\sim1mg\cdot L^{-1}$。在初代培养中，一般都须加入激素类物质，但随着继代培养次数的增加，加入量可逐代减少，最终常可做到"激素自养"。离体培养物的根芽分化取决于生长素与细胞分裂素的比值。吲哚乙酸、酶和维生素C等因在高温高压灭菌时易遭破坏，故使用时以过滤或抽滤灭菌为好。

2. 培养方式

植物组织培养方式有固体培养和液体培养两种。通常在液体培养基中加入 $0.7\%\sim1\%$ 的琼脂作凝固剂，便成了固体培养基。固体培养使用方便，能满足多种目的的培养需要，且培养基质地透明，便于观察发根状况，因此得到了广泛的应用。液体培养分静止培养和振荡培养两类。静止培养不需增添专门设备，适合某些原生质体的培养；而振荡培养需要摇床或转床等设备，在振荡培养过程中，可使培养基充分混合，也可使培养物交替地浸没在液体中或暴露在空气中，有利于气体交换。通常半月至1月后须移换新鲜培养基。

（三）接种与培养

1. 接种

接种是指把消毒好的材料在无菌的情况下切成小块并放入培养基的过程。接种时一定要严格做到无菌操作，一般在接种室、接种箱或超净工作台中进行。

2. 愈伤组织的诱导

植物已经分化的细胞在切割损伤或在适宜的培养基上可以诱导形成失去分化状态的结构均一的愈伤组织或细胞团，这一过程即为脱分化（dedifferentiation）。一般诱导愈伤组织的培养基中含有较高浓度的生长素和较低浓度的细胞分裂素。外植体一旦接触到诱导培养基，几天后细胞就出现DNA的复制，迅速进入细胞分裂期。细胞的分裂增殖，使得愈伤组织不断生长。如果把处在旺盛生长且未分化的愈伤组织切成小块进行继代培养，就可维持其活跃生长。经过多代继代培养的愈伤组织还可采用悬浮培养，用于单细胞培养研究、细胞育种和分离原生质体等。无论是固体培养还是液体培养，都须控温在 (25 ± 2)℃之间。除某些材料诱导愈伤组织需要黑暗条件外，一般培养都需一定的光照，光源可采用日光灯或自然光线，每天光照约16h，光强为2000lx左右。

3. 器官形成或体细胞胚发生

愈伤组织转入诱导器官形成的分化培养基上，可发生细胞分化。分化培养基中含有较高浓度的细胞分裂素和较低浓度的生长素。在分化培养基上，愈伤组织表面几层细胞中的某些细胞启动分裂，形成一些细胞团，进而分化成不同的器官原基。器官形成过程中一般先出现芽，后形成根。如果先出现根则会抑制芽的出现，而对成苗不利。有时愈伤组织只形成芽而无根的分化，此时须切取幼芽转入生根培养基上诱导生根。生根培养基一般用 1/2 或 1/4 的 MS 培养基，再添加低浓度的生长素而不加细胞分裂素。这种由处于脱分化状态的愈伤组织或细胞再度分化形成不同类型细胞组织、器官乃至最终再生成完整植株的过程称为再分化（redifferentiation）。

在特定条件下，由植物体细胞发生形成的类似于合子胚的结构称为胚状体（embryoid）或体细胞胚（somatic embryo），简称体胚。胚状体最根本的特征是具有两极性，即在发育的早期阶段能从方向相反的两端分化出茎端和根端，而不定芽或不定根都是单极性的。胚状体由于具有根茎两个极性结构，因此可以一次性再生完整植株。而由器官发生的植株则一般需要先诱导成芽，再诱导芽生成根，最终形成植株。胚状体发生及其再生的过程是植物表达全能性的有力证明，也是获得再生植株最理想的途径。胚状体发生的方式可分为直接发生和间接发生两类：直接发生是指胚状体是从原外植体不经愈伤组织阶段直接发育来的；而间接发生是指胚状体是从愈伤组织、悬浮细胞或已形成的胚状体上发育来的。

（四）小苗移栽

当试管苗具有 4～5 条根后，即可移栽。移栽前应先去掉试管塞，在光线充足处炼苗。移栽时先将小苗根部的培养基洗去，以免招细菌繁殖污染。苗床土可采用沙性较强的菜园土，或用泥炭土、珍珠岩、蛭石、砻糠灰等调配成的混合培养土。用塑料薄膜覆盖并经常通气，小苗长出新叶后，去掉塑料薄膜就能成为正常的田间植株。

三、组织培养的应用

植物组织培养在科研和生产上的应用十分广泛，简介如下：

（一）无性系的快速繁殖

快速繁殖是组织培养在生产上应用最广泛、最成功的一个领域。对上千种植物离体繁殖得到了无性系，并带来了巨大的经济效益，不少国家成立了专业公司，无性系的快速繁殖已形成一种产业。无性系繁殖植物的主要特点是繁殖速度快，通常一年内可以繁殖数以万计的种苗，对名贵品种、稀优种质、优良单株或新育成品种的繁殖推广具有重要的意义。离体繁殖良种种苗最早在兰花工业上获得成功。兰花成熟的种子中大多数胚不能成活，种子不能发芽，但通过原球茎组织培养，兰花的繁殖系数大为提高，从而形成了 20 世纪 60 年代风靡全球的"兰花工业"。甘蔗繁殖用种量大，$1hm^2$ 需用 7.5～15t 的种蔗。采用茎尖、嫩叶组织培养繁殖种苗，节省了大量的种蔗，加速了优良品种的推广。其他难以扦插的名贵品种（如牡丹、香石竹、唐菖蒲和菊花等）以及无籽西瓜、草莓、猕猴桃、葡萄、菠萝、柑橘、樱桃、桉树、杉木等的无性系快速繁殖都取得了进展，有力地推动了生产。

（二）培育无病毒种苗

农作物受病原菌侵染后既影响产量和质量，也影响植物材料的国际交流。然而感病植株的不同部位病毒分布不一致，新生组织及器官病毒含量很低，生长点几乎不含病毒。这是由于分生组织的细胞生长快，病毒繁殖的速度相对较慢；而且病毒要靠筛管或胞间连丝传播，在分生组织中的扩散也受到一定的限制。茎尖越小，去病毒机会越大，但分离技术难度也越大，也较难成活。一般以 0.2～0.5mm、带 1～2 个叶原基的茎尖为外植体，可获得无病毒株系。病毒病常使马铃薯减产 50% 左右。1990 年中国马铃薯的无病毒种苗栽培面积已超过 25 万公顷，约占全国马铃薯栽培面积的 1/10，目前仍在继续扩大之中。另外，在香蕉、苹果、甘蔗、葡萄、桉树、毛白杨、草莓、甜瓜以及花卉上均通过试管脱毒，建立了试管苗工厂及无病苗圃。

（三）新品种的选育

组织培养在品种改良、新种质资源的提供、新品种的选育方面涉及和应用的范围十分广泛，并已取得了成效。

1. 花培和单倍体育种

花药和花粉培育的主要目的是诱导花粉发育形成单倍体植株，以便快速地获得纯系，缩短育种周期，且有利于隐性突变体筛选，提高选择效率。中国科学院遗传研究所于 1970 年获得第一批水稻花药培养形成的幼苗，1971 年又获得小麦花药培养的单倍体植株。近年来已有烟草、水稻、小麦、大麦、玉米和甜椒等一大批花培优良新品种在生产上大面积推广。

2. 离体胚培养和杂种植株获得

离体胚培养是用于克服远缘杂交不亲和的一种有效方法。例如，棉花远缘杂交杂种胚胎发育过程中，胚乳生长不正常，致使幼胚分化停止，如将杂交授粉后 2～5 天的胚珠进行离体培养，可使胚发育成杂种植株。至今，用胚培养技术已得到许多栽培种与野生种的种间杂种，并选育出一批高抗病、抗虫、抗旱、耐盐的优质品系或中间材料，从而扩充了作物的基因库。

3. 体细胞诱变和突变体筛选

植物细胞存在着广泛的异质性，在整体中常被掩盖而无法表现出来。在离体培养条件下，细胞不受整体的调控而直接与环境接触，而且培养基中的化学成分和植物激素，又可能含有诱变因素或促进突变的条件，因此植物体细胞在离体培养条件下容易发生染色体畸变与基因突变。如果再加上物理或化学诱变处理，则诱发突变的概率更高。物理诱变的因素有 X 射线、α 射线、β 射线、γ 射线、中子、质子和紫外线等。化学诱变的因素有烷化剂、亚硝酸、羟胺、天然碱基结构类似物以及某些抗生素等。目前，筛选出的突变品系已在十几种作物的改良中得到了应用。如早熟、丰产的水稻和小麦新品系，高产多穗的玉米新品系，抗白叶枯病的水稻，抗赤霉病或根腐病的小麦，高赖氨酸含量的玉米和大麦，抗早疫病的番茄、耐枯黄萎病、耐高温、耐盐的棉花新品系，抗晚疫病、枯萎病的马铃薯突变系，以及抗除草剂的烟草品系，等等。

4. 细胞融合和杂种植株的获得

细胞融合（cell fusion）是指在一定的条件下，将 2 个或多个细胞融合为一个细胞的过程。当前，细胞融合已成为遗传转化实验最有效的手段之一。用纤维素酶、半纤维素酶和离析酶等离析细胞可以获得纯净的原生质体。原生质体脱掉了细胞壁后，易于诱导融合，也易于摄取外源遗传物质、细胞器等。通过原生质体融合可以部分克服远缘杂交中的不亲和性，提供新的核质组合，创造新的细胞杂种，为进一步选种育种扩展新的资源。对那些有性生殖能力很低的香蕉、木薯、马铃薯、甘薯和甘蔗等作物的改良，体细胞杂交可能具有更为特殊的意义。最初（1985 年）采用聚乙二醇（PEG）等化学融合剂进行细胞融合，因化学融合剂对原生质体易引起伤害，现已不用，而大多采用电融合法。电融合法将需处理的原生质体放在两电极中，并用一定强度的电脉冲将质膜击穿，以促进原生质体融合。目前，已得到栽培烟草与野生烟草、栽培大豆与野生大豆、籼稻与野生稻、籼稻与粳稻、小麦与鹅冠草等细胞杂种及其后代，获得了有价值的新品系或育种上有用的新材料。

（四）人工种子和种质保存

人工种子（artificial seeds）又称人造种子或超级种子，是指将植物组织培养产生的胚状体、芽体及小鳞茎等包裹在含有养分的胶囊内，形成的具有种子的功能并可直接播种于大田的颗粒。人工种子通常由培养物、人工胚乳和人工种皮三部分组成。人工种皮常采用海藻酸钠、聚氯乙烯、明胶、树胶等。人工种子可解决有些作物繁殖能力差、结籽困难或发芽率低等问题，使像无籽西瓜一类的不育良种得以迅速推广；有利于保持杂种一代高产优势，防止第二代退化；在制作过程中可以添加农药、肥料、固氮细菌等各种附加成分，以利于作物生长；还可以节约用作种子的粮食。制作人工种子首先要培养大批同步生长的、高质量的胚状体、芽体（不定芽、腋芽、顶芽）等培养物。现在已有胡萝卜、芹菜、柑橘、咖啡、棉花、玉米、水稻、橡胶等几十种植物的人工种子试种成功，但由于成本较高，中国尚未应用于生产。

（五）药用植物和次生物质的工业化生产

植物是许多有用化合物的重要来源，有些尚供不应求。目前植物细胞的大量培养主要用来生产药物和次生代谢物质，如抗癌药物、生物碱、调味品、香料、色素等。运用组织培养生产化学物质可以不受地区、季节与气候等限制，便于进行代谢调控和工厂化生产，而且生产速率也比植物正常生长的速率快。例如日本大量培养人参细胞，并从中取得了人参皂苷等有效成分，德国培养洋地黄取得了疗效高、毒性低的强心苷，中国正在进行人参、三七、三分三、贝母、紫草、紫杉等药用植物的细胞培养，其发展前景十分诱人。

第五节　植物的生长生理

一、植物的生长大周期与生长曲线

植物器官或整株植物的生长速率会表现出"慢-快-慢"的基本规律，即开始时生长缓慢，以后逐渐加快，然后又减慢以至停止，这一生长全过程称为生长大周期（grand period of growth）。如果以植物（或器官）体积对时间作图，可得到植物的生长曲线。生长曲线表示植物在生长周期中的生长变化趋势，典型的有限生长曲线呈"S"形［图 7-7(a)］。如果用干重、高度、表面积、细胞数或蛋白质含量等参数对时间作图，亦可得到类似的生长曲线。

根据 S 形曲线的变化情况，大致可将植物生长分成三个时期，即指数期（logarithmic

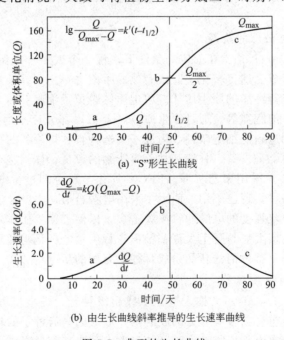

(a) "S"形生长曲线

(b) 由生长曲线斜率推导的生长速率曲线

图 7-7　典型的生长曲线

a—指数期；b—线性期；c—衰减期

phase)、线性期（linear phase）和衰减期（senescence phase）。在指数期绝对生长速率是不断提高的，而相对生长速率则大体保持不变；在线性期绝对生长速率为最大，而相对生长速率却是递减的；在衰减期生长速率逐渐下降，绝对生长速率与相对生长速率均趋向于零值。在生长大周期中绝对生长速率的变化如图7-7(b)所示。

　　一个有限生长的根、茎、叶、花、果等器官的生长表现出"S"形曲线的原因，可从细胞的生长和物质代谢的情况来分析。细胞生长有三个时期，即分生期、伸长期和分化期，生长速率呈"慢-快-慢"的规律性变化。器官生长初期，细胞主要处于分生期，这时细胞数量虽能迅速增多，但物质积累和体积增大较少，因此表现出生长较慢；到了中期，则转向以细胞伸长和扩大为主，细胞内的RNA、蛋白质等原生质和细胞壁成分合成旺盛，再加上液泡渗透吸水，使细胞体积迅速增大，因而这时是器官体积和质量增加最显著的阶段，也是绝对生长速率最快的时期；到了后期，细胞内RNA、蛋白质合成停止，细胞趋向成熟与衰老，器官的体积和质量增加逐渐减慢，直至最后停止。

二、植物生长的周期性

　　植株或器官生长速率随昼夜或季节变化发生有规律的变化，这种现象叫作植物生长周期性（growth periodicity）。

（一）生长的昼夜周期性

　　活跃生长的植物器官，其生长速率有明显的昼夜周期性（daily periodicity）。这主要是由于影响植株生长的因素（如温度、湿度、光强以及植株体内的水分与营养供应）在一天中发生有规律的变化。通常把这种植株或器官的生长速率随昼夜温度变化而发生有规律变化的现象称为温周期现象（thermoperiodism）。

　　一般来说，植株生长速率与昼夜的温度变化有关。如越冬植物，白天的生长量通常大于夜间，因为此时限制生长的主要因素是温度。但是在温度高、光照强、湿度低时，影响生长的主要因素则为植株的含水量，此时在日生长曲线中可能会出现两个生长峰，一个在午前，另一个在傍晚。如果白天蒸腾失水强烈造成植株体内的水分亏缺，而夜间温度又比较高，日生长峰会出现在夜间。

　　植物生长的昼夜周期性变化是植物在长期系统发育中形成的对环境的适应性。例如番茄虽然是喜温作物，但系统发育是在变温下进行的。番茄在白天温度较高（23～26℃），而夜间温度较低（8～15℃）时生长最好，果实产量也最高。若将番茄放在白天与夜间都是26.5℃的人工气候箱中或改变昼夜的时间节奏（如连续光照或光暗各6h交替），植株则生长得不好，产量也低；如果夜温高于日温，则生长受抑更为明显。水稻在昼夜温差大的地方栽种，不仅植株健壮，而且籽粒充实，米质也好，这是因为：白天气温高，光照强，有利于光合作用以及光合产物的转化与运输；夜间气温低，呼吸消耗下降，则有利于糖分的积累。

（二）生长的季节周期性

　　农作物的生长发育进程大体有以下几种情况：春播、夏长、秋收、冬藏；或春播、夏收；或夏播、秋收；或秋播、幼苗（或营养体）越冬、春长和夏收。总之，一年生、二年生或多年生植物在一年中的生长都会随季节的变化而呈现一定的周期性，即所谓生长的季节周期性（seasonal periodicity of growth）。这种生长的季节周期性是与温度、光照、水分等因素的季节性变化相适应的。春天，日照时间延长，气温回升，为植物芽或种子的萌发提供了最基本的条件。到了夏天，光照时间进一步延长，温度不断提高，夏熟作物开始成熟，其他作物则进一步旺盛生长，并开始孕育生殖器官。秋天来临，日照时间缩短，气温下降，叶片接收到短日照的信号后，将有机物运向生殖器官，或储藏在根和芽等器官中。同时，体内糖分与脂肪等物质的含量提高，组织含水量下降，原生质趋向凝胶状态；生长素、赤霉素、细胞分裂素等促进植物生长的激素由游离态转变为束缚态，而脱落酸等抑制生长的激素含量增加，因此植物体内代谢活动大为降低，最终导致落叶。一年生植物完成生殖生长后，种子成熟并进入休眠期，营养体死亡。而多年生植物（如落叶木本植物），其芽进入休眠期。

一年生植物的生长量的周期变化呈 S 形曲线，这也是植物生长季节周期性变化的表现。

第六节　植物生长的相关性

植物体是多细胞的有机体，构成植物体的各部分存在着相互依赖和相互制约的相关性（correlation）。这种相关是通过植物体内的营养物质和信息物质在各部分之间的相互传递或竞争来实现的。

一、地上部分与地下部分的相关性

（一）地上部分与地下部分的关系

植物的地上部分和地下部分处在不同的环境中，两者之间由维管束联络，存在着营养物质与信息物质的大量交换。根部的活动和生长有赖于地上部分所提供的光合产物、生长素、维生素等；而地上部分的生长和活动则需要根系提供水分、矿质、氮素以及根中合成的植物激素（CTK、GA 与 ABA）、氨基酸等。图 7-8 概括了土壤干旱时根冠间的物质与信息交流。其中的 ABA 被认为是一种逆境信号，在水分亏缺时，根系快速合成并通过木质部蒸腾流将 ABA 运输到地上部分，调节地上部分的生理活动。如缩小气孔开度，抑制叶的分化与扩展，以减少蒸腾来增强植株对干旱的适应性。另外，叶片的水分状况信号（如细胞膨压）以及叶片中合成的化学信号物质也可传递到根部，影响根的生长与生理功能。通常所说的"根深叶茂""本固枝荣"就是指地上部分与地下部分的协调关系。一般地说，根系生长良好，其地上部分的枝叶也较茂盛；同样，地上部分生长良好，也会促进根系的生长。利用土壤干旱（局部即可）诱导根系 ABA 合成并运送到地上部分，使气孔开度减少的原理，张建华、康绍忠等人提出了控制性交替灌溉的节水栽培新思路。

（二）根冠比及影响因素

1. 根冠比的概念

对于地上部分与地下部分的相关性常用根冠比（root-top ratio，R/T）来衡量。所谓根冠比是指植物地下部分与地上部分干重或鲜重的比值，它能反映植物的生长状况，以及环境条件对地上部分与地下部分生长的不同影响。不同物种有不同的根冠比，同一物种在不同的生育期根冠比也有变化。例如，一般植物在开花结实后，同化物多用于繁殖器官，加上根系逐渐衰老，使根冠比降低；而甘薯、甜菜等作物在生育后期，因大量养分向根部运输，储藏根迅速膨大，根冠比反而增高；多年生植物的根冠比有明显的季节变化。

2. 影响根冠比的因素

（1）土壤水分　土壤中常有一定的可用水，所以根系相对不易缺水。而地上部分则依靠根系供给水分，又因枝叶大量蒸腾，所以地上部分水分容易亏缺。因而土壤水分不足对地上部分的影响比对根系的影响更大，使根冠比增大。反之，若土壤水分过多，氧气含量减少，则不利于根系的活动与生长，使根冠比减少。水稻栽培中的落干烤田以及旱田雨后的排水松土，由于能降低地下水位，增加土中含氧量而有利于根系生长，因而能提高根冠比。

（2）光照　在一定范围内，光强提高则光合产物增多，这对根与冠的生长都有利。但在

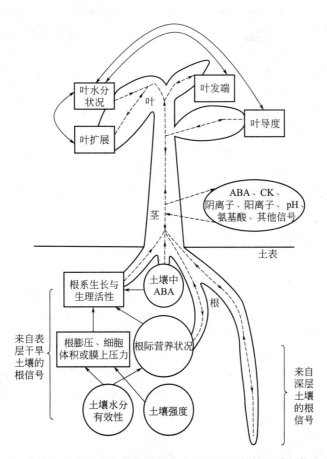

图 7-8 土壤干旱时根中化学信号的产生以及根冠间的物质与信息交流

圆圈表示土壤的作用；矩形代表植物的生理过程；虚线表示化学物质的传递；实线表示相互间
的影响。叶发端指叶的分化和初期生长；土壤强度主要指土壤质地对根的压力；土壤中 ABA 主要
来源于微生物的合成与根系的分泌，它能被根系吸收（W. J. Davies，张建华，1991）。

强光下，空气中相对湿度下降，植株地上部蒸腾增加，组织中水势下降，茎叶的生长易受到抑制，因而使根冠比增大；光照不足时，向下输送的光合产物减少，影响根部生长，而对地上部分的生长相对影响较小，所以根冠比降低。

（3）矿质营养 不同营养元素或不同的营养水平，对根冠比的影响有所不同。氮素少时，首先满足根的生长，运到冠部的氮素就少，使根冠比增大；氮素充足时，大部分氮素与光合产物用于枝叶生长，供应根部的数量相对较少，根冠比降低。磷、钾肥有调节碳水化合物转化和运输的作用，可促进光合产物向根和储藏器官的转移，通常能增加根冠比。

（4）温度 通常根部的活动与生长所需的温度比地上部分低些，故在气温低的秋末至早春，植物地上部分的生长处于停滞期时，根系仍有生长，根冠比因而加大；但当气温升高，地上部分生长加快时，根冠比就下降。

（5）修剪与整枝 修剪与整枝去除了部分枝叶和芽，当时效应是增加了根冠比，然而其后效应是减少根冠比。这是因为修剪和整枝一方面刺激了侧芽和侧枝的生长，使大部分光合产物或储藏物用于新梢生长，从而削弱了对根系的供应。另一方面，因地上部分减少，留下的叶与芽从根系得到的水分和矿质（特别是氮素）的供应相应地增加，因此地上部分的生长要优于地下部分的生长。

（6）中耕与移栽 中耕引起部分断根，降低了根冠比，并暂时抑制了地上部分的生长。

但由于断根后地上部分对根系的供应相对增加，土壤又疏松通气，这样为根系生长创造了良好的条件，促进了侧根与新根的生长，因此，其后效应是增加根冠比。苗木、蔬菜移栽时也有暂时伤根，以后又促进发根的类似情况。

（7）生长调节剂　三碘苯甲酸、整形素、矮壮素、缩节胺等生长抑制剂或生长延缓剂对茎的顶端或亚顶端分生组织的细胞分裂和伸长有抑制作用，可使植株节间变短，增大其根冠比。GA、油菜素内酯等生长促进剂，能促进叶菜类（如芹菜、菠菜、苋菜等）茎叶的生长，由此根冠比降低而产量提高。

在农业生产上，常通过肥水来调控根冠比。对甘薯、胡萝卜、甜菜（含马铃薯）等这类以收获地下部分为主的作物，在生长前期应注意氮肥和水分的供应，以增加光合面积，多制造光合产物；中后期则要施用磷、钾肥，并适当控制氮素和水分的供应，以促进光合产物向地下部分的运输和积累。

二、主茎与侧枝的相关性

（一）顶端优势

植物的顶芽长出主茎，侧芽长出侧枝，通常主茎生长很快，而侧枝或侧芽则生长较慢或潜伏不长。这种由于植物的顶芽生长占优势而抑制侧芽生长的现象，称为顶端优势（apical dominance）。除顶芽外，生长中的幼叶、节间、花序等都能抑制其下面侧芽的生长，根尖能抑制侧根的发生和生长，冠果也能抑制边果的生长。

顶端优势现象普遍存在于植物界，但各种植物表现不尽相同。有些植物的顶端优势十分明显，如向日葵、玉米、高粱、黄麻等的顶端优势很强，一般不分枝；有些植物的顶端优势较为明显，如雪松、桧柏、水杉等越靠近顶端的侧枝生长受抑越强，从而形成宝塔形树冠；有些植物顶端优势不明显，如柳树以及灌木型植物等。同一植物在不同生育期，其顶端优势也有变化。如稻、麦在分蘖期顶端优势弱，分蘖节上可多次长出分蘖。进入拔节期后，顶端优势增强，主茎上不再长分蘖；玉米顶芽分化成雄穗后，顶端优势减弱，下部几个节间的腋芽开始分化成雌穗；许多树木在幼龄阶段顶端优势明显，树冠呈圆锥形，成年后顶端优势变弱，树冠变为圆形或平顶。由此也可以看出，植物的分枝及其株型在很大程度上受到顶端优势强弱的影响。

（二）产生顶端优势的原因

关于顶端优势产生的原因，很早就引起了学者们的注意。有多种假说用来解释顶端优势，但一般都认为这与营养物质的供应和内源激素的调控有关。

1. 营养假说

营养假说由戈贝尔（K. Goebel，1900）提出。该假说认为，顶芽是一个营养库，它在胚中就形成，发育早，输导组织也较发达，能优先获得营养而生长，侧芽则由于养分缺乏而被抑制。这种情况在营养缺乏时表现更为明显。如亚麻植株在缺乏营养时，侧芽生长完全被抑制，而在营养充足时侧芽可以生长。但该假说未涉及激素对芽生长的调节作用。

2. 激素抑制假说

自发现生长素后，人们的注意力就集中到了生长素与顶端优势的关系上来，形成了激素抑制（hormonal inhibition）假说。蒂曼和斯科格（K. V. Thimann ＆ F. Skoog，1934）指出，顶端优势是由于生长素对侧芽的抑制作用而产生的。植物顶端形成的生长素，通过极性运输，下运到侧芽，侧芽对生长素比顶芽敏感，而使生长受抑。其最有力的证据是，植物去顶以后，可导致侧芽的生长；使用外源的 IAA 可代替植物顶端的作用，抑制侧芽的生长（图 7-9）。

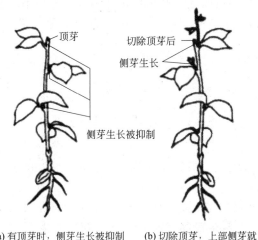

(a) 有顶芽时，侧芽生长被抑制　　　(b) 切除顶芽，上部侧芽就　　　(c) 切除顶芽，并在　　　　(d) 在切口放上含IAA
　　　　　　　　　　　　　　　　萌发生长，并代替顶芽，　　切口处放上琼脂，　　　　的琼脂，即使没有顶芽
　　　　　　　　　　　　　　　　抑制下部侧芽的萌发　　　生长情况同(b)　　　　也抑制侧芽生长

图 7-9　顶端优势和 IAA 的作用

3. 营养转移假说

温特（F. Went，1936）将营养假说和激素假说相结合，提出营养转移（nutrient diversion）假说。该假说认为：生长素既能调节生长，又能控制代谢物的定向运转，植物顶端是生长素的合成部位，高浓度的 IAA 使其保持为生长活动中心和物质交换中心，将营养物质调运至茎端，因而不利于侧芽的生长。

4. 细胞分裂素在顶端优势中的作用

威克森（Wickson）和蒂曼（1958）首先报道，用细胞分裂素处理豌豆植株的侧芽可以诱导侧芽生长。有人比较了两种不同顶端优势强度的番茄品系后指出，在顶端优势强的突变种中，细胞分裂素含量低。也有人认为，生长素与细胞分裂素的浓度比值决定了顶端优势的强弱。由根合成而向上运输的细胞分裂素在侧芽部位与生长素对抗，细胞分裂素与生长素的比值高时促进侧芽生长，反之，抑制侧芽生长。

5. 原发优势假说

优势现象不仅存在于植物的营养器官，也存在于花、果实和种子等繁殖器官。为了解释众多的优势现象，班更斯（F. Bangenth，1989）提出了原发优势（primigenic dominance）假说。该假说认为器官发育的先后顺序可以决定各器官间的优势顺序，即先发育的器官的生长可以抑制后发育器官的生长。顶端合成并且向外运出的生长素可以抑制侧芽中生长素的运出，从而抑制其生长。由于这一假说中所提到的优势是通过不同器官所产生的生长素之间的相互作用来实现的，所以也称为生长素的自动控制（autoinhibition）假说。这一假说也可以解释植物生殖生长中众多的相对优势现象。

由于分子生物学的迅速发展，基因工程已被应用于植物顶端优势机理的研究，经研究进一步证实了生长素和细胞分裂素与植物顶端优势有密切的关系。

（三）顶端优势的应用

生产上有时需要利用和保持顶端优势，如麻类、向日葵、烟草、玉米、高粱等作物以及用材树木，需控制其侧枝生长，而使主茎强壮、挺直。有时则需消除顶端优势，以促进分枝生长，如：水肥充足，植株生长健壮，则有利于侧芽发枝、分蘖成穗；棉花打顶和整枝、瓜类摘蔓、果树修剪等可调节营养生长，合理分配养分；花卉打顶去蕾，可控制花的数量和大小；茶树栽培中弯下主枝可使长出更多侧枝，从而增加茶叶产量；绿篱修剪可促进侧芽生长，而使植株形成密集灌丛状；苗木移栽时的伤根或断根，则可促进侧根生长；使用三碘苯甲酸可抑制大豆顶端优势，促进腋芽成花，提高结荚率；B_9 对多种果树有克服顶端优势、促进侧芽萌发的效果。

三、营养生长与生殖生长的相关性

（一）营养生长与生殖生长

营养生长和生殖生长是植物生长周期中的两个不同阶段，通常以花芽分化作为生殖生长开始的标志。

种子植物的生殖生长可分为开花和结实两个阶段。根据开花结实次数的不同，可以把植物分为两大类：一次开花植物和多次开花植物。

一次开花植物的特点是营养生长在前，生殖生长在后，一生只开一次花。开花后，营养器官所合成的有机物，主要向生殖器官转移，营养器官逐渐停止生长，随后衰老死亡。水稻、小麦、玉米、高粱、向日葵、竹子等植物均属此类。然而，有些一次开花植物在条件适宜时，开花结实后并不引起全部营养体的死亡。如南方的再生稻，在早稻收割后，稻茬上再生出的分蘖仍能开花结实。

多次开花植物，有棉花、番茄、大豆、四季豆、瓜类以及多年生果树等，这类植物的特点是营养生长与生殖生长有所重叠。生殖器官的出现并不会马上引起营养器官的衰竭，在开花结实的同时，营养器官还可继续生长。不过通常在盛花期以后，营养生长速率降低。

无论是一次开花植物，还是多次开花植物，营养生长和生殖生长并不是截然分开的。例如小麦、水稻等禾谷类作物，从萌发到分蘖是营养生长期，从拔节前到开花是营养生长与生殖生长并进时期，而从开花到成熟是生殖生长期；棉花从萌芽到现蕾是营养生长期，从现蕾到结铃吐絮则一直处于营养生长和生殖生长并进阶段；多年生木本果树从种子萌发或嫁接成活到花芽分化之前为营养生长期，此后即进入营养生长和生殖生长并进阶段，而且可以持续很多年。

（二）营养生长与生殖生长的关系

营养生长与生殖生长的关系主要表现为以下两方面：

1. 依赖关系

生殖生长需要以营养生长为基础。花芽必须在一定的营养生长的基础上才分化。生殖器官生长所需的养料，大部分是由营养器官供应的，营养器官生长不好，生殖器官的发育自然也不会好。

2. 对立关系

如营养生长与生殖生长之间不协调，则造成对立。对立关系主要表现在以下两方面：

（1）营养器官生长过旺，会影响生殖器官的形成和发育。例如，稻、麦若前期肥水过多，则引起茎叶徒长，延缓幼穗分化，增加空瘪率；若后期肥水过多，则造成恋青迟熟，影响粒重。大豆、果树、棉花等，如枝叶徒长，往往不能正常开花结实，或者导致花、荚、果严重脱落。

（2）生殖生长抑制营养生长。一次开花植物开花后，营养生长基本结束；多次开花植物虽然营养生长和生殖生长并存，但在生殖生长期间，营养生长明显减弱。由于开花结果过多而影响营养生长的现象在生产上经常遇到，例如果树上的大小年，又如某些种类的竹林在大量开花结实后会衰老死亡，这在肥水不足的条件下更为突出。生殖器官生长抑制营养器官生长可能是由于花、果是当时的生长中心，对营养物质的竞争力大所致的。

在协调营养生长和生殖生长的关系方面；生产上积累了很多经验。例如，加强肥水管理，既可防止营养器官的早衰，又可不使营养器官生长过旺。在果树生产中，适当疏花、疏果以使营养上收支平衡，并有积余，以便年年丰产，消除大小年。对于以营养器官为收获物的植物（如茶树、桑树、麻类及叶菜类），则可通过供应充足的水分、增施氮肥、摘除花芽等措施来促进营养器官的生长，而抑制生殖器官的生长。

四、植物的极性与再生

植物体的极性在受精卵中已形成，并延续给植株。当胚长成新植物体时，仍然明显地表现出极性。例如，将柳树枝条悬挂在潮湿的空气中，枝条基部切口附近的一些细胞可能由于受生长素和营养物质的刺激而恢复分生能力，形成愈伤组织，并分化出不定根。这种在伤口再生根的现象与枝条的极性密切相关。无论柳树枝条如何挂，其形态学上端总是长芽，而形态学下端则总是长根，即使上下倒置，这种极性现象也不会改变（图 7-10）；根的切段在再生植株上也有极性，通常是在近根尖的一端形成根，而在近茎端形成芽；叶片在再生时也表现出极性。不同器官的极性强弱不同，一般来说，茎＞根＞叶。

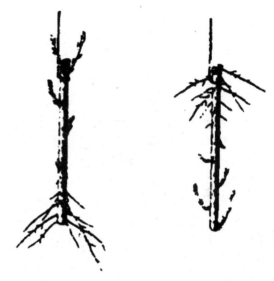

(a) 正放:上端出芽,下端生根　　(b) 倒置:下端出芽,芽朝上;上端长根,根朝下

图 7-10　柳树枝条的极性与再生

极性产生的原因一般认为与生长素的极性运输有关。由于生长素在茎中的极性运输而使形态学下端 IAA/CTK 的值较大，从而促使下端发根，上端发芽。另外，由于不同器官 IAA 的极性运输强弱不同（如茎＞根＞叶），因此不同器官的极性强弱也存在差异。植物的极性现象在生产上早就受到了人们的注意。在扦插、嫁接以及组织培养时，都需将其形态学的下端向下，上端朝上，应避免倒置。

第七节　环境对植物生长的影响

高等植物一生位置固定，本身不能迁移，而且植物体的表面积很大，即与环境的接触面积很大，因此，环境对植物体生长的影响要比对动物的大。影响植物生长发育的环境因素可概括为三类：物理因子、化学因子和生物因子。

一、物理因子

在自然环境中，对植物生长影响显著的物理因子有温度、光、机械刺激与重力等。

1. 温度

植物是变温生物，其体温与周围环境的温度相平衡，各器官的温度也受土温、气温、光照、风、雨、露等影响。温度能影响光合、呼吸、矿质与水分的吸收、物质合成与运输等代谢功能，所以也影响细胞的分裂、伸长、分化以及植物的生长。与恒温动物相比，植物生长的温度范围较宽，其生长温度最低点与最高点一般可相差 35℃，然而生长温度的三基点因植物原产地不同而有很大差异。原产热带或亚热带的植物，温度三基点较高，分别为 10℃、

30～35℃和 45℃左右；而原产温带的植物，生长温度三基点稍低，分别为 5℃、25～30℃、35～40℃左右；原产寒带的植物，生长温度三基点更低，如北极的植物在 0℃以下仍能生长，最适温度一般不超过 10℃。对农作物而言，夏季作物的生长温度三基点较高，而冬季作物则较低（表 7-4）。

表 7-4　几种农作物生长温度的三基点　　　　　　　　　　　单位：℃

作物	最低温度	最适温度	最高温度
水稻	10～12	30～32	40～44
小麦	0～5	25～30	31～37
大麦	0～5	25～30	31～37
向日葵	5～10	31～35	37～44
玉米	5～10	27～33	40～50
大豆	10～12	27～33	33～40
南瓜	10～15	37～40	44～50
棉花	15～18	25～30	31～38

同一植物的不同器官，不同的生育时期，生长温度的三基点也不一样。例如根系能活跃生长的温度范围一般低于地上部分。

生长温度的最低点要高于生存温度最低点，生长温度最高点要低于生存温度的最高点。生长的最适温度一般是指生长最快时的温度，而不是生长最健壮的温度。能使植株生长最健壮的温度，叫协调最适温度，通常要比生长最适温度低。这是因为，细胞伸长过快时，物质消耗也快，其他代谢（如细胞壁的纤维素沉积、细胞内含物的积累等）就不能与细胞伸长相协调地进行。

2. 光

光对植物生长有两种作用：间接作用和直接作用。

（1）间接作用即为光合作用　由于植物必须在较强的光照下生长一定的时间才能合成足够的光合产物供生长需要，所以说，光合作用对光能的需要是一种高能反应。

（2）直接作用是指光对植物形态建成的作用　如光促进需光种子的萌发、幼叶的展开、叶芽与花芽的分化等。由于光形态建成只需短时间、较弱的光照就能满足，因此，光形态建成对光的需要是一种低能反应（有关内容见：光形态建成）。再如光能促进黄化植株的转绿、叶绿素的形成。

就生长而言，只要条件适宜，并有足够的有机养分供应，植物在黑暗中也能生长，如豆芽发芽、愈伤组织在培养基上生长等，但与正常光照下生长的植株相比，其形态上存在着显著的差异，如茎叶淡黄、茎秆细长、叶小而不伸展、组织分化程度低、机械组织不发达、水分多而干物质少等。黄化植株每天只要在弱光下照光数十分钟就能使茎叶逐渐转绿，但组织的进一步分化又与光照的时间与强度有关，即只有在比较充足的光照下，各种组织和器官才能正常分化，使叶片伸展加厚，叶色变绿，节间变短，植株矮壮。

不过植物在黑暗中伸长特别快的特点也有其适应意义，它可使植株从土壤中或暗处很快伸长到光亮处。如土中的种子萌发后可迅速出土见光进行自养，这对储藏养分少的小粒种子显得十分重要。此外，在蔬菜生产中，也可利用黄化植株组织分化差、薄壁细胞多、机械组织不发达的特点，用遮光或培土的方法来生产柔嫩的韭黄、蒜黄、豆芽菜、葱白、软化药芹等。在日本的水稻机械化育秧中，为了快速培育秧龄短而又有一定株高的小苗或乳苗，通常要在播种后的 2～4 天中，对幼芽（苗）进行遮光处理，使秧苗伸长，以利于机械栽插。

植物体含有各种色素，它们可吸收不同波长的光，而不同波长的光对生长的作用又各不相同。一般来说，植物生长在远红光下与生长在暗处相似，也呈现黄化现象；而蓝紫光则抑制生长，阻止黄化并促进分化。通常植株在夜间比白天伸长快些，这可能与晚上消除光对伸长的抑制有一定关系。

紫外线（ultraviolet，UV）对生长有抑制作用。太阳光中的紫外线依其波长，可分为UV-A（320～390nm）、UV-B（280～320nm）和UV-C（小于280nm）三部分。太阳光经过大气层时，UV-C被臭氧层全部吸收，UV-B被臭氧层部分吸收，所以到达地面的是剩余部分的UV-B和全部的UV-A，其中对植物生长影响较大的是UV-B。试验表明，UV-B能使核酸分子结构破坏，多种蛋白质变性，IAA氧化，细胞的分裂与伸长受阻，从而使植株矮化、叶面积减少；UV-B还能降低叶绿素和类胡萝卜素的合成，破坏叶绿体的结构，钝化Rubisco和PEPC等光合酶的活性，使光合速率下降，从而使植物生长量减少。高山上空气稀薄，短波长的光易透过，日光中紫外线特别丰富，因而高山植物长得相对矮小。植物在受到紫外线照射后，会增加抗UV色素（如黄酮、黄酮醇、肉桂酰酯及肉桂酰花青苷等）的合成，这些抗UV色素分布于叶的上表皮，能吸收UV-B而使植株免受伤害，这也是植物的一种保护反应。

3. 机械刺激

机械刺激是植物生活环境中广泛存在的一种物理因子，刺激的方式包括风、机械、动物及植物的摩擦、降雨、冰雹对茎叶的冲击、土壤颗粒对根的阻力以及摇晃、振动等。植物的生长发育受机械刺激的调节。例如，用布条、木棍等刺激番茄幼苗，能使番茄株高降低，节间变短，根冠比增大；用振动刺激黄瓜幼苗，不但能使株高降低，而且能使瓜数和瓜重增加；水稻、大麦、玉米等幼苗感受到机械刺激后，株高也显著降低。田间的植株要比温室或塑料大棚中的植株矮壮，原因之一是田间的植株常受到由风、雨造成的机械刺激。机械刺激影响植株生长发育的现象，称为植物的接触形态建成（thigmomorphogenesis）。

关于接触形态建成的生理机理，一般认为，机械刺激能使植株产生动作电波，动作电波因能影响质膜透性、物质运输、激素平衡（通常是乙烯增加，生长素、赤霉素活性下降）以及某些基因的活化，从而对植物的生长发育产生影响。

机械刺激能使植株矮化和生长健壮的效应，现已开始用于作物的育苗，如对苗床幼苗用棍棒定时扫荡，培苗密度可以加大而不致徒长。

4. 重力

重力除诱导植物根的向重性和茎的负向重性生长（见植物的运动）外，还影响植物叶的大小、枝条上下侧的生长量以及瓜果的形状。例如悬挂在空中的丝瓜因受重力影响要比平躺在地面的长得长、细、直。

二、化学因子

化学因子包括各种化学物质，如水分、大气、矿质、生长调节物质等。

1. 水分

植物的生长对水分供应最为敏感。原生质的代谢活动，细胞的分裂、生长与分化等都必须在细胞水分接近饱和的情况下才能顺利进行。细胞的扩大生长较细胞分裂更易受细胞含水量的影响，且在相对含水量稍低于饱和时细胞的扩大生长就不能进行。因此，供水不足，植株的体积增长会提早停止。在生产上，为使稻麦抗倒伏，最基本的措施就是控制第一、二节间伸长期的水分供应，以防止基部节间的过度伸长。水分亏缺还会影响呼吸作用、光合作用等（详见水分代谢、呼吸作用与光合作用等章节）。

2. 大气

大气成分中对植物生长影响最大的是氧、CO_2和水汽。氧为一切需氧生物生长所必需，大气含氧量相当稳定（21%），所以植物的地上部分通常无缺氧之虑，但土壤在过分板结或含水过多时，常因空气中氧不能向根系扩散，而使根部生长不良甚至坏死。大气中的 CO_2 含量很低，常成为光合作用的限制因子，田间空气的流通以及人为提高空气中 CO_2 浓度，常能促进植物生长。大气中水汽含量变动很大，水汽含量（相对湿度）会通过影响蒸腾作用而改变植物的水分状况，从而影响植物生长。由于人类的活动，产生了许多大气污染物质（如 SO_2、HF 等），它们能影响植物的正常生长。

3. 矿质

土壤中含有植物生长必需的矿质元素。这些元素中有些属原生质的基本成分；有些是酶的组成成分或活化剂；有些能调节原生质膜透性，并参与缓冲体系以及维持细胞的渗透势。植物缺乏这些元素便会引起生理失调，影响生长发育，并出现特定的缺素症状。另外，土壤中还存在许多有益元素和有毒元素。有益元素促进植物生长，有毒元素则抑制植物生长。

4. 植物生长物质

植物生长物质对植物的生长有显著的调节作用。如 GA 能显著促进茎的伸长生长，因而在杂交水稻制种中，在抽穗前喷施 GA_3 能促进父母亲本穗颈节的伸长，便于亲本间传粉，提高制种产量。

三、生物因子

植物个体的生长不可避免地要受到与它群生在一起的植物和其他生物的影响。

在寄生情况下，寄生物（可以是动物、植物和微生物）有时能杀伤杀死寄主植物或抑制寄主植物的生长，如菟丝子寄生在大豆上会严重危害大豆的生长。寄生物有时则能引起寄主植物的不正常生长，如形成瘤瘿。在共生情况下则共生双方的生长均受到促进，如根瘤菌与豆类的共生。

生物体也可通过改变生态环境来影响另一生物体，这表现在两个方面：一是相互竞争（allelospoly），即对环境生长因素（如光、肥、水）的竞争。二是相生相克（allelopathy），即通过分泌化学物质来促进或抑制周围植物的生长。

相生相克也称他感作用。引起他感作用的化学物质称为他感化合物（allelochemical），它们几乎都是一些分子量较小、结构较简单的植物次生物质，如直链醇、脂肪酸、醛、酮、肉桂酸、萘醌、生物碱等，最常见的是酚类和类萜化合物。这些物质对植物生理代谢及生长发育均能产生一定的影响。

相生的例子在植物生态系统中很常见。例如：豆科与禾本科植物混种（小麦和豌豆、玉米和大豆等种在一起），豆科植物上的根瘤固定的氮素能供禾本科植物利用；而禾本科植物由根分泌的载铁体（如麦根酸），能络合土壤中的铁供豆科植物利用，使豆科植物能在缺铁的碱性土壤里生长。在种过苜蓿的土壤里种植番茄、黄瓜、莴苣等植物，它们均能生长良好，这是因为苜蓿分泌三十烷醇。洋葱和食用甜菜、马铃薯和菜豆种在一起，有相互促进的作用。

生态系统中的相克现象更为普遍。例如：番茄植株释放的鞣酸、香子兰酸、水杨酸等能严重抑制莴苣、茄子种子的萌发和幼苗生长，对玉米、黄瓜、马铃薯等作物的生长也有抑制作用。薄荷叶强烈的香味能抑制蚕豆的生长。多种杂草产生他感化合物严重阻抑作物生长。例如，苇状羊茅分泌物影响油菜、红三叶草生长，它的粗提物抑制菜豆、绿豆发芽和生长，其中含有许多次生物质，包括多种酚类化合物。植物残体也会产生他感物质，如玉米、小麦、燕麦和高粱的残株分解产生的咖啡酸、氯原酸、肉桂酸等抑制高粱、大豆、向日葵、烟草生长；小麦残株腐烂产生的异丁酸、戊酸和异戊酸抑制小麦本身生长；水稻秸秆腐烂产生的羟基苯甲酸、苯乙醇酸、香豆酸等抑制水稻秧苗生长；甘蔗残株腐烂产生的羟苯甲酸、香豆酸、丁香酸等抑制甘蔗截根苗的萌发与生长。因此，在作物布局上可利用有益的作物组合，尽量避免与相克的作物为邻，对有自毒的作物应避免连作。

水生植物生态系统中也有相生相克现象。中国科学院上海植物生理研究所的科研人员在富营养化的水域中种植凤眼莲，一方面利用凤眼莲快速生长的特点大量吸收水中营养物质，另一方面利用凤眼莲对藻类的相克效应，以清除大部分藻类，使水澄清，从而可收到绿化水面和净化水质的效益。

第八节　植物的运动

高等植物虽然不能像动物或低等植物那样整体移动，但是它的某些器官在内外因素的作用下能发生有限的位置变化，这种器官的位置变化就称为植物运动（plant movement）。高等植物的运动可分为向性运动（tropic movement）和感性运动（nastic movement）。

一、向性运动

向性运动是指植物器官由环境因素的单方向刺激所引起的定向运动。根据刺激因素的种类可将其分为向光性（phototropism）、向重性（gravitropism）、向触性（thigmotropism）和向化性（chemotropism）等。并规定对着刺激方向运动的为正运动，背着刺激方向运动的为负运动。

植物的向性运动一般包括三个基本步骤：①刺激感受（perception），即植物体中的感受器接收环境中单方向的刺激；②信号转导（transduction），即感受细胞把环境刺激转化成物理的或化学的信号；③运动反应（motor response），即生长器官接收信号后，发生不均等生长，表现出向性运动。

所有的向性运动都是生长运动，都是由于生长器官不均等生长所引起的。因此，当器官停止生长或者除去生长部位时，向性运动随即消失。

（一）向光性

植物生长器官受单方向光照射而引起的生长弯曲的现象称为向光性。对高等植物而言，向光性主要指植物地上部分茎叶的正向光性。以前认为根没有向光性反应，然而后来以拟南芥为研究材料，发现根有负向光性。王忠（1999）用透明容器（如玻璃缸）水培刚萌发的水稻等，并以单侧光照射根，也观察到根具有负向光性，即种子根向背光的一面倾斜生长（与水平面夹角约 60°）。

（二）向重性

植物感受重力刺激，并在重力矢量方向上发生生长反应的现象称植物的向重性。种子或幼苗在地球上受到地心引力影响，不管所处的位置如何，总是根朝下生长，茎朝上生长。这种顺着重力作用方向的生长称正向重性（positive gravitropism），而逆着重力作用方向的生长称负向重性（negative gravitropism）。通常初生根有明显的正向重性，次生根则几乎趋于水平生长；主茎有明显的负向重性，但侧枝、叶柄、地下茎却偏向水平生长。根的正向重性有利于根向土壤中生长，以固定植株并摄取水分和矿质。茎的负向重性则有利于叶片伸展，使植株从空间获得充足的空气与阳光。

对重力的感受只限于生长器官的某些部位，如离根尖约 1.5～2.0mm 的根冠、离茎端约 10mm 的一段嫩组织以及其他尚未失去生长机能的节间、胚轴、花轴等。此外，禾本科植物的节间在完成生长之后的一段时间内也能因重力的作用而恢复生长机能，使节在向地的一侧显著生长，故水稻、小麦在倒伏时还能重新竖起。这是一种非常有益的生物学特性，可以降低因倒伏而引起的减产。植物对重力的反应，受重力加速度、重力方向和持续时间的影响。在地球上，重力加速度和重力方向是恒定的，因而向重性反应主要受持续时间影响。通常把植物从感受重力刺激到出现生长反应所需的时间叫反应时间，从感受刺激到引起反应的最短时间称为阈时（presentation time）。

（三）其他向性

1. 向触性

向触性是生长器官因受到单方向机械刺激而引起运动的现象。许多攀缘植物（如豌豆、黄瓜、丝瓜、葡萄等），它们的卷须一边生长，一边在空中自发地进行回旋运动，当卷须的上端触及粗糙物体时，由于其接触物体的一侧生长较慢，另一侧生长较快，使卷须发生弯曲而将物体缠绕起来。其可能的机理是，卷须某些幼嫩部位的表皮细胞的外壁很薄，原生质膜具有感触性，容易对外界机械刺激产生反应。当这些细胞受到机械刺激后，质膜内外会产生动作电位，动作电位以 $0.04cm \cdot s^{-1}$ 左右的速度在卷须的维管束或共质体中传递。因而推测，在动作电位传递的过程中质膜的透性被改变，从而影响离子、水分及营养物质的运输方向和数量，最终使接触物体一侧的细胞膨压减少，伸长受抑，而其背侧细胞膨压增加，伸长促进，从而产生卷须的卷曲生长。也有人认为，向触性反应是卷须受机械刺激，引起生长素不均匀分布，背侧 IAA 含量高，促进生长所致的。

2. 向化性

向化性是化学物质分布不均匀引起的生长反应。植物根的生长就有向化性。根在土壤中总是朝着肥料多的地方生长。深层施肥的目的之一，就是为了使作物根向土壤深层生长，以吸收更多的肥料。根的向水性（hydrotropism）也是一种向化性。当土壤干燥而水分分布不均时，根总是趋向潮湿的地方生长，干旱土壤中根系能向土壤深处伸展，其原因是土壤深处的含水量较表土高。香蕉、竹子等以肥引芽，也是利用了根和地下茎在水肥充足的地方生长较为旺盛的这个特点。此外，高等植物花粉管的生长也表现出向化性。花粉落到柱头上后，受到胚珠细胞分泌物（如退化助细胞释放的 Ca^{2+}）的诱导，就能顺利地进入胚囊。

二、感性运动

前述的向性运动是具有方向性的生长运动，而感性运动则是指无一定方向的外界因素均匀作用于植株或某些器官所引起的运动。感性运动多数属膨压运动（turgor movement），即由细胞膨压变化所导致的运动。常见的感性运动有感夜运动、感震运动和感温运动。

（一）感夜运动

感夜运动主要是由昼夜光暗变化引起的。一些豆科植物（如大豆、花生、合欢）和酢浆草的叶子，白天张开，夜间合拢或下垂，这是由于叶柄基部叶枕的细胞发生周期性的膨压变化所致的。如合欢的叶片是二回偶数羽状复叶，它有两种运动方式：一是复叶的上（昼）下（夜）运动；二是小叶成对的展开（昼）与合拢（夜）运动。在叶枕和小叶基部上下两侧，其细胞的体积、细胞壁的厚薄和细胞间隙的大小都不同，当细胞质膜和液泡膜因感受光的刺激而改变其透性时，两侧细胞的膨压变化也不相同，使叶柄或小叶朝一定方向发生弯曲。

此外，三叶草和酢浆草的花以及许多菊科植物的花序的昼开夜闭，月亮花、甘薯、烟草等花的昼闭夜开，也是由光引起的感夜运动。

感夜运动可以作为判断一些植物生长健壮与否的指标。如花生叶片的感夜运动很灵敏，健壮的植株一到傍晚小叶就合拢，而当植株有病或条件不适宜时，叶片的感夜性就表现得很迟钝。

（二）感震运动

感震运动是由于机械刺激而引起的植物运动。含羞草在感受刺激的几秒钟内，就能引起叶枕和小叶基部的膨压变化，使叶柄下垂，小叶闭合，其膨压变化情况类似于合欢的感夜运动。有趣的是含羞草的刺激部位往往是小叶，可发生动作的部位是叶枕，两者之间虽隔一段叶柄，但刺激信号可沿着维管束传递。含羞草还对热、冷、电、化学等刺激作出反应，并以 $1\sim3cm\cdot s^{-1}$（强烈刺激时可达 $20cm\cdot s^{-1}$）的速率向其他部位传递。另外，食虫植物的触毛对机械触动产生的捕食运动也是一种反应速率更快的感震运动。

那么，刺激感受后转换成什么样的信号会引起动作部位的膨压变化呢？有两种看法。一种认为是由电信号的传递诱发了感震运动，而另一种认为，信号为化学物质。二者都有些证据。现已清楚，含羞草的小叶和捕虫植物的触毛受到刺激后，其中感受刺激的细胞的膜透性和膜内外的离子浓度会发生瞬间改变，即引起膜电位的变化。感受细胞的膜电位的变化还会引起邻近细胞膜电位的变化，从而引起动作电位的传递，当其传至动作部位后，使动作部位细胞膜的透性和离子浓度改变，从而造成膨压变化，引起感震运动。有人测到含羞草的动作电位为 $10^3 mV$，传递速率在 $1\sim20cm\cdot s^{-1}$ 之间。对于引起膨压变化的化学信号，已有人从含羞草、合欢等植物中提取出一类叫膨压素（turgorin）的物质，它是含有 β-糖苷的没食子酸，可随着蒸腾流传到叶枕，迅速改变叶枕细胞的膨压，导致小叶合拢。然而从感震性反应的速率来看，似乎动作电位更能作为刺激感受的传递信号。

（三）感温运动

感温运动是由温度变化导致器官背腹两侧不均匀生长而引起的运动。如郁金香和番红花的花，通常在温度升高时开放，温度降低时闭合。这些花也能对光的变化产生反应，例如，将花瓣尚未完全伸展的番红花置于恒温条件下，照光时花开，在黑暗中花则闭合。

本章小结

种子萌发必须有足够的水分、适当的温度和充足的氧气，有些种子的萌发还受光的影响。种子萌发时吸水，可分 3 个阶段，即开始的急剧吸水、吸水的停止和胚根长出后的重新迅速吸水。种子萌发初期进行无氧呼吸，随后是有氧呼吸，呼吸速率越来越快。种子萌发时储藏的有机物发生强烈的转变，淀粉、脂肪和蛋白质在酶的作用下，被水解为简单的有机物，并运送到幼胚中作营养物质。

植物整体的生长是以细胞的生长为基础的，即通过细胞分裂增加细胞数目，通过细胞伸长增大细胞体积，通过细胞分化形成各类细胞、组织和器官。植物的生长和分化是同时进行的，最终表现出细胞的形态建成。

细胞全能性是细胞分化的理论基础，而极性是植物分化中的基本现象。组织培养是生长发育研究的一项重要技术，在科研和生产上的应用十分广泛。

植物生长周期是一个普遍性的规律。茎、根和叶等营养器官的生长各有其特性，光、温度、水分和植物激素等影响这些器官的生长。

植物各部分间的生长有相关性，可分为根和地上部分相关、主茎和分枝相关及营养器官和生殖器官相关等。

高等植物的运动可分为向性运动和感性运动。

复习思考题

一、名词解释

萌发　生长　分化　发育　细胞周期　极性　植物组织培养　植物生长的周期性　温周期现象　根冠比　顶端优势　向性运动

二、思考题

1. 早稻浸种催芽时用温水淋种，并要及时翻动，为什么？

2. 试分析种子萌发时的条件及其生理作用。

3. 为什么储藏种子时必须晒干后才能进仓？

4. 某地调入麦种一批，为计算播种量，如何尽快测知种子活力？依据是什么？

5. 试说明生产上是怎样调节根冠比的。

6. 为什么用 TTC 溶液处理活种子时，胚呈红色，而用红墨水处理胚时呈白色？

7. 温室栽培作物如何调节人工光照条件，以获得较高的光合效率？

8. 为什么日温较高、夜温较低能提高甜菜、马铃薯的产量？

9. 试说明高山上的植物长得矮小的原因。

10. 为什么在禾谷类作物种植过密时，易发生倒伏？

11. 水稻为什么要烤田？

12. 为什么在栽培行道树时，往往要去除植株的顶部？

13. 为什么棉花整枝摘心可避免蕾铃脱落？

14. 举例说明农业生产上如何控制顶端优势现象。

15. 为什么棉花生产中要保护果位芽，打掉赘芽？

16. 为什么根具有正向重性，茎具有负向重性？

17. 窗台上的盆花，其植株为什么向着光线射来的方向生长？

18. 从生理上解释向日葵为什么向着太阳转？

19. 为什么小麦倒伏后还会直立？

20. 为什么果树有时会出现大小年？

21. 为什么手触含羞草时，其小叶合拢，复叶柄下垂？

22. 为什么水稻种子萌发时，表现出"旱长根，湿长芽"？

23. 为什么说种子萌发时需要水和氧气？

24. 什么叫生长曲线？它在栽培实践中有何意义？

25. 简述植物地下部分与地上部分生长的相关性及其在生产上的应用。

26. 简述植物的主茎与分枝的相关性及其在生产上的应用。

27. 种子休眠原因及破除方法有哪些？

28. 简述顶端优势及其产生原因。生产上了解顶端优势有何意义？

29. 简述形成生长大周期的原因。生产上了解生长大周期有何意义？

PPT 课件

第八章 植物的生殖生理

【学习目标】
(1) 了解春化作用的概念、光周期现象、花器官的发育、受精作用。
(2) 理解光敏色素的作用机理、调控花器官发育的模型和植物成花的分子机制。
(3) 掌握植物生殖生理与农业有关的应用。

当植物的营养生长到一定阶段后，在适宜的外界环境条件下，营养枝的顶端分生组织分化出生殖器官，最后开花结实。在自然条件下，温度和昼夜长度随季节有规律地变化，植物在长期的环境适应和系统进化过程中，形成了对低温与昼夜长度的感应，以顺利完成生命周期。

第一节 植物的幼年期与花熟状态

大多数植物都有一个共同点，就是在开花之前要达到一定年龄或是达到一定的生理状态，然后才能在适宜的外界条件下开花。植物开花之前必须达到的生理状态称为花熟状态（ripeness to flower state）。植物在达到花熟状态之前的生长阶段称为幼年期（juvenile phase）。处于幼年期的植物，即使满足其成花所需的外界条件也不能成花。已经完成幼年期生长的植物，也只有在适宜的外界条件下才能开花。研究表明，植物开花与温度和日照长度密切相关。许多植物总在特定的季节开花，这与它们在进化过程中长期适应外界环境的周期性变化有关。因此，幼年期、温度和日照长短是控制植物开花的三个重要因素。

高等植物幼年期的长短，因植物种类不同而有很大差异。草本植物的幼年期一般只需几天或几个星期；果树为 3～15 年；而有些木本植物的幼年期可长达几十年；也有些植物根本没有幼年期，在种子形成过程中已经具备花原基，如花生种子的休眠芽中已出现花原基。

由于植株处于幼年期不能开花，所以在生产实践中，有时要设法加速生长，使植物迅速通过幼年期，以促进提早开花。内源赤霉素在植物从幼年期转变为成年期的过程中起作用。

第二节 春化作用

一、春化作用的发现及植物对低温反应的类型

1918 年，加斯纳（Garssner）用冬黑麦进行试验时发现，冬黑麦在萌发期或苗期必须经历一个低温阶段才能开花，而春黑麦则不需要；1928 年，李森科（Lysenko）将吸水萌动的冬小麦种子经低温处理后春播，发现其可在当年夏季抽穗开花，他将这种处理方法称为春化，意指冬小麦被春麦化了。现在春化的概念不仅限于种子对低温的要求，也包括成花诱导中植物在其他时期对低温的感受。这种低温促进植物开花的作用称为春化作用（vernalization）。

需要春化的植物包括大多数二年生植物（如萝卜、胡萝卜、白菜、芹菜、甜菜、天仙子等）、一些一年生冬性植物（如冬小麦、冬黑麦、冬大麦等）和一些多年生草本植物（如牧

草）。需要春化的植物，经过低温处理才能顺利开花，但这些植物经过低温春化后，往往还要在较高温度和长日照条件下才能开花。因此，春化过程只对植物开花起诱导作用。

春化作用是温带地区植物发育过程中表现出来的特征。在温带地区，一年之中由于太阳到达地面的入射角变化很大，引起四季温度的变化十分明显，温带植物在长期适应温度的季节性变化过程中，其发育过程中表现出要求低温的特性。植物对低温的要求大致表现为两种类型：一类是相对低温型，即植物开花对低温的要求是相对的，低温处理可促进这类植物开花，一般冬性一年生植物属于此种类型；另一类是绝对低温型，即植物开花对低温的要求是绝对的，若不经低温处理，这类植物则绝对不能开花，一般二年生和多年生植物属于此类。

二、春化作用的条件

1. 低温和时间

低温是春化作用的主要条件之一，但植物种类或品种不同，有效低温的范围以及低温持续的时间也不一样。对大多数要求低温的植物而言，最有效的春化温度是 $1\sim7℃$。但只要有足够的时间，$-1\sim9℃$ 范围内都同样有效。

一般低于最适生长的温度对成花就具有诱导作用，但植物的原产地不同，通过春化时所要求的温度也不一样。如禾谷类植物的春化温度可低至 $-6℃$，而热带植物橄榄的春化温度则高达 $10\sim13℃$。根据原产地的不同，可将小麦分为冬性品种、半冬性品种和春性品种三种类型，一般冬性愈强，要求的春化温度愈低，春化的时间也愈长（表 8-1）。我国华北地区的秋播小麦多为冬性品种，黄河流域一带的多为半冬性品种，而华南一带的则多为春性品种。

表 8-1 不同类型小麦通过春化需要的温度及时间

类型	春化温度范围/℃	春化时间/天
冬性	$0\sim3$	$40\sim45$
半冬性	$3\sim6$	$10\sim15$
春性	$8\sim15$	$5\sim8$

各类植物通过春化时要求低温持续的时间有所不同，在一定期限内，春化的效应随低温处理时间的延长而增加。有些植物只要经过几天或长至 2 个星期的低温处理后，其开花过程就受到明显促进。植物在春化过程结束之前，如将植物置于较高温度下，低温的效果会被减弱或消除。这种由于高温消除春化作用的现象称为脱春化作用或去春化作用（devernalization）。一般脱春化的有效温度为 $25\sim40℃$。植物经过低温春化的时间越长，解除春化就越困难。一旦低温春化过程结束后，春化效应就非常稳定，高温处理就不起作用。大多数去春化的植物重返低温，可重新进行春化，且低温的效应可以累加，这种去春化的植物再度被低温恢复春化的现象称为再春化现象（revernalization）。

2. 氧气、水分和糖分

植物春化时除了需要一定时间的低温外，还需要有充足的氧气、适量的水分和作为呼吸底物的糖分。植物在缺氧条件下不能完成春化。吸胀的小麦种子可以感受低温通过春化，而干燥种子则不能通过春化。若将小麦的胚在室温下萌发至体内糖分耗尽时，然后再进行低温诱导，这样离体胚就不起反应；如果添加 2% 的蔗糖后，则离体胚就能感受低温而接受春化。

3. 光照

光照对植物春化的影响因植物种类不同而存在明显差异，并且与春化之间的相互作用非常复杂。一般在春化之前，充足的光照可以促进二年生和多年生植物通过春化，这可能与充足的光照可缩短植物的幼年期、有利于储备充足的营养有关。

在黑麦等某些冬性禾谷类品种中，短日照（short day，SD）处理可以部分或全部代替春化处理，这种现象称为短日春化现象（SD vernalization）。但大多数植物在春化之后，还需在长日条件下才能开花。如二年生的甜菜、天仙子、月见草、桂竹香等，在完成春化处理以后若在短日下生长，则不能开花，春化的效应逐步消失（如图 8-1 所示）。菊花是一个例外，它是需春化的短日植物。

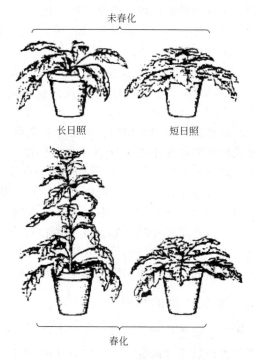

图 8-1　天仙子成花诱导对低温和长日照的要求

三、春化作用的时期、部位和刺激传导

不同植物感受低温的时期具有明显差异，大多数一年生植物在种子吸胀以后即可接受低温诱导。但是一些一年生植物（如冬小麦、冬黑麦等）既可在种子吸胀后进行春化，也可在初苗期进行春化，其中以三叶期为最快。大多数需要低温的二年生和多年生植物只有当幼苗生长到一定大小后才能感受低温，而不能在种子萌发状态下进行春化。如甘蓝幼苗在茎粗超过 0.6cm、叶宽 5cm 以上时才能接受春化。

感受低温的部位是茎尖端的生长点。研究结果表明，芹菜或甜菜生长在温度较高的温室中，用细胶管缠绕在顶端，胶管中不断通过冰水使茎尖接受低温条件，其他部分处于高温条件，此条件下的植株在适宜的光照条件下就能开花。但是把芹菜或甜菜放在低温温室中，茎尖缠绕的细胶管通过 25℃温水，虽然其他部分处于低温中，即使在适宜光照条件下植株也不能开花。这表明茎的尖端是接受春化的部位。冬性禾谷类作物（如冬小麦、冬黑麦）的一部分胚组织即能有效感受低温，而成熟组织则无此反应。这说明植物在春化作用中感受低温的部位是分生组织和能进行细胞分裂的组织。

完成春化作用的植株不仅能将这种刺激保持到植物开花，而且还能传递这种刺激。嫁接试验也证明植物感受的低温刺激可以传递。将春化的二年生天仙子枝条或叶片嫁接到未经春化的同一品种植株上，可诱导没有春化的植株开花；如果将已春化的天仙子枝条嫁接到没有春化的烟草或矮牵牛上，也同样可诱导这两种植物开花。说明通过低温春化的植株可能产生某种可以传递的物质，并且这种物质是可以不断"复制"的，有人把这种刺激物称为春化素（vernalin），春化素可在植株间进行传递，但至今未能在植物中分离出这种物质。然而，有些植物间这种低温刺激却不能传导，如菊花顶端给予局部低温处理，被处理的芽可以开花，但其他未被低温处理的芽仍保持营养生长而不能开花。

四、植物在春化过程中的生理生化变化

通过春化的冬小麦种子呼吸速率增高。用氧化磷酸化解偶联剂 2,4-二硝基酚（DNP）处理种子，发现 DNP 在抑制氧化磷酸化的同时，也抑制春化效果，且抑制效果在春化处理的前期最明显。说明氧化磷酸化过程对春化作用有重要影响，可能与 ATP 的形成有关。

春化作用是低温诱导植物体内基因特异表达的过程。早在 20 世纪 40 年代，就观察到低温处理的小麦种子中可溶性蛋白质含量增加。电泳分析表明，冬小麦和冬黑麦经春化之后，

有特异蛋白质的出现。而将进行春化的冬小麦经高温脱春化处理以后，就观察不到特异蛋白质组分出现。因此，在春化过程中，低温能诱导新的蛋白质组分合成，但它是一个缓慢过程，出现在春化的中后期。

研究表明，春化过程中核酸（特别是 RNA）含量会增加。低温处理的冬小麦幼苗中 mRNA 及 rRNA 含量提高，表明春化可诱导基因特异性表达，可能对冬小麦以后的成花起重要作用。

许多植物（如冬小麦、燕麦、油菜等）经过春化以后，体内赤霉素含量增加。用赤霉素合成抑制剂处理小麦会抑制其春化作用。一些需春化的二年生植物（如天仙子、白菜、甜菜、胡萝卜等），不经低温处理则呈莲座状，不能开花；如外施赤霉素后却能开花。这表明赤霉素与春化作用有关，可以部分代替低温的作用。因此，有人认为赤霉素就是春化过程中形成的一种开花刺激物。但一般短日植物对赤霉素却不起反应，且在很多情况下，施用赤霉素不能诱导需春化的植物开花。植物对赤霉素的反应也不同于春化反应，经春化处理的植物，花芽的形成与茎的伸长几乎同时出现，而对赤霉素起反应的莲座状植物，茎先伸长形成营养枝以后，花芽才出现。因此，赤霉素与成花之间的关系，有待进一步研究。

五、春化作用的机理

尽管春化作用已被研究了几十年，但目前对其作用机理还了解甚少。有关春化作用的机理曾提出过几种假说，这里重点介绍 Melchers 和 Lang（1965）的假说。他们根据二年生天仙子的嫁接试验及高温解除春化的试验，提出春化作用由两个阶段组成：第一阶段，春化作用的前体物在低温下转变为不稳定的中间产物，这种中间产物在高温下会遭到破坏或钝化；第二阶段，在 20℃ 以下，中间产物转变为热稳定的最终产物，从而促进春化植物的开花。

近年来，通过建立 cDNA 文库，运用差异显示技术，在冬小麦中得到了 4 个与春化相关的 cDNA 克隆：verc17、verc49、verc54 和 verc203。它们只在春化后的冬小麦体内表达。此外，DNA 的甲基化程度与春化作用也有密切关系。如用去甲基化试剂处理冬小麦和拟南芥（*Arabidopsis thaliana*）晚花型突变体可使其开花提前，而春小麦和早花型拟南芥对 5-氮胞苷不敏感。Finnegan 等（1998）发现拟南芥经一定时间的低温处理后，其 DNA 的甲基化水平大大降低，使营养生长向生殖生长转变。由此可见，春化作用诱导一些特异基因的活化、转录和翻译，从而导致一系列生理生化代谢过程的改变，最终促使花芽分化、开花结实。

六、春化作用在农业生产上的应用

1. 人工春化处理

农业生产上对萌动的种子进行人为的低温处理，使之完成春化作用的措施称为春化处理。中国农民创造了闷麦法，即将萌动的冬小麦种子闷在罐中，放在 0~5℃ 低温下 40~50 天，处理后的种子就可用于在春天补种冬小麦；在育种工作中利用春化处理，可以在一年中培育 3~4 代冬性作物，加速育种过程；为了避免春季倒春寒对春小麦的低温伤害，可以对种子进行人工春化处理后，适当晚播，缩短生育期。

2. 调种引种

不同纬度地区的温度有明显的差异，中国北方纬度高而温度低，南方纬度低而温度高。在南北方地区之间引种时，必须了解品种对低温的要求，北方的品种引种到南方，就可能因当地温度较高而不能满足它对低温的要求，致使植物只进行营养生长而不开花结实，造成不可弥补的损失。

3. 控制花期

在园艺生产上可用低温处理促进石竹等花卉的花芽分化；低温处理还可使秋播的一二年生草本花卉改为春播，当年开花；利用解除春化的效应还能控制某些植物开花，如越冬贮藏的洋葱鳞茎在春季种植前用高温处理以解除春化，可防止它在生长期抽薹开花而获得大的鳞茎，以增加产量；中国四川省种植的当归为二年生药用植物，当年收获的块根质量差，不宜入药，需第二年栽培，但第二年栽种时又易抽薹开花而降低块根品质，如在第一年将其块根挖出，贮藏在高温下使其不通过春化，就可减少第二年的抽薹率而获得较好的块根，从而可提高产量和药用价值。

第三节 光周期

一、植物光周期现象的发现和光周期类型

1. 光周期现象的发现

早在 1914 年，就已经有科学家发现蛇麻草和大麻的开花受到日照长度的控制。从 1920 年开始，美国园艺学家加纳尔（W. W. Garner）和阿拉尔特（H. A. Allard）对日照长短与开花的关系进行了研究。他们观察到：美洲烟草在华盛顿附近地区夏季长日照下，株高达 3~5m 时仍不开花；但在冬季温室中栽培时，株高不到 1m 即可开花；而在冬季温室内补充人工光照延长光照时间后，则烟草保持营养生长状态而不开花；在夏季用黑布遮光人为缩短日照长度后，这种美洲烟草就能开花。他们从实验中得出美洲烟草的花诱导取决于日照长度的结论。后来，又观察到不同植物的开花对日照长度有不同的反应。这是植物长期适应自然气候的规律性变化的结果。在一天 24h 的循环中，白天和黑夜总是随着季节不同而发生有规律的交替变化（图 8-2）。一天之中白天和黑夜的相对长度称为光周期（photoperiod）。植物对白天和黑夜相对长度的反应，称为光周期现象（photoperiodism）。

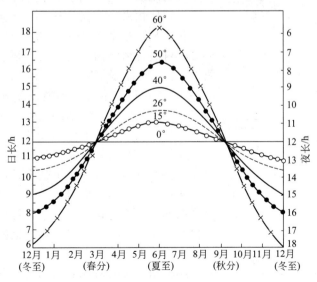

图 8-2 北半球不同纬度地区昼夜长度的季节变化

2. 光周期的反应类型

根据植物开花对光周期的反应不同，一般将植物分为三种主要类型：短日植物、长日植物和日中性植物。

（1）短日植物 短日植物（short day plant，SDP）是指在昼夜周期中日照长度短于一

定时数才能开花的植物。如果适当地缩短光照长度或延长黑暗长度，植株可提早开花；相反，如果延长光照长度，植株则延迟开花或者不能开花。这类植物有大豆、菊花、苍耳、晚稻、高粱、紫苏、黄麻、大麻、日本牵牛、美洲烟草等。

（2）长日植物　长日植物（long day plant，LDP）是指在昼夜周期中日照长度大于一定时数时才能开花的植物。延长日照长度可促进植株开花；而延长黑暗长度，则植株推迟开花或不能开花。这类植物有小麦、大麦、黑麦、燕麦、油菜、菠菜、甜菜、天仙子、胡萝卜、芹菜、洋葱、金光菊等。

（3）日中性植物　日中性植物（day neutral plant，DNP）是指在任何日照长度条件下都能开花的植物。这类植物的开花对日照长度要求的范围很广，一年四季均能开花，如番茄、黄瓜、茄子、辣椒、四季豆、棉花、蒲公英以及玉米、水稻的一些品种等属于此类。

除了上述三种典型的光周期反应类型外，还有些植物，花诱导和花形成的两个过程很明显地分开，且要求不同的日照长度，这类植物称为双重日长（dual day length）类型。如大叶落地生根、芦荟等，其花诱导过程需要长日照，但花器官的形成则需要短日条件，这类植物称为长短日植物（long-short-day plant，LSDP）；而风铃草、白三叶草、鸭茅等，其花诱导需短日照，而花器官形成需要长日条件，这类植物称为短长日植物（short-long-day plant，SLDP）。还有一类植物，只有在12h左右日照下才能开花，而延长或缩短日照长度均抑制其开花，这类植物称为中日性植物（intermediate day length plant，IDP）。如甘蔗开花要求11.5～12.5h的日照长度，缩短或延长日照长度，对其开花均有抑制作用。

试验表明，长日植物开花所需的日照长度并不一定长于短日植物所需要的日照长度，而主要取决于在超过或短于临界日长时的反应。所谓临界日长（critical day length）是指昼夜周期中诱导短日植物开花所需的最长日照时间或诱导长日植物开花所必需的最短日照时间。对于长日植物来说，当日长大于其临界日长时，即可诱导开花，且日照越长开花愈早，在连续光照下开花最早。而对短日植物而言，日长必须小于其临界日长时才能开花，而日长超过其临界日长时则不能开花（图8-3），但日长过短也不能使短日植物开花，可能是因为光照时间不足，植物缺乏营养物质。如短日植物菊花，在日长只有5～7h时，开花明显延迟。

此外，有些植物开花对日长有非常明确的要求。对短日植物而言，当日长大于临界日长时，植物就绝对不能开花；对长日植物而言，当日长短于其临界日长时，植物也绝对不能开花。这两类植物分别称为绝对短日植物和绝对长日植物。而多数长日植物或短日植物对日长的反应并不十分严格，即使是处于不适宜的光周期条件下，经过相当长的时间后，植株也能或多或少地开花，

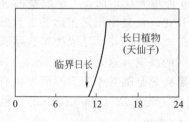
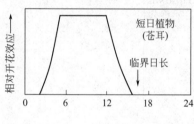
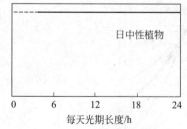

图8-3　三种主要光周期反应类型

这些植物称为相对长日植物或相对短日植物，它们没有明确的临界日长。

二、光周期诱导的机理

1. 光周期诱导

对光周期敏感的植物，只有在适宜的光周期条件（长日植物和短日植物按临界日长而

定）下才能开花，但这种适宜的光周期并不需要一直持续到植物的花芽分化。达到一定生理年龄的植株，只要经过一定时间适宜的光周期处理，以后即使处在不适宜的光周期条件下，仍然可以长期保持刺激的效果而诱导开花，这种现象称为光周期诱导（photoperiodic induction）。因此，适宜的光周期处理只是对植物成花反应起诱导作用，花芽的分化并不出现在光周期诱导当时，往往出现在光周期诱导之后的若干天。

不同植物通过光周期诱导所需的时间也不同，有的短日植物（如苍耳、水稻等）只需要一个适宜的光周期处理，以后即使处于不适宜的光周期条件下，仍可诱导花芽的分化。如苍耳的临界日长为 15.5h，只要一个循环的 15h 光期及 9h 黑暗处理（15L-9D）就可诱导开花。大部分短日植物需要 1 天以上，如大豆（比洛克西品种）3 天，大麻 4 天，菊花、红叶紫苏和高凉菜 12 天。有些长日植物（如菠菜、油菜、白芥、毒麦等）也只需 1 个光周期诱导。其他长日植物的光周期也在 1 天以上，如天仙子 2～3 天，甜菜（一年生）15～20 天，拟南芥 4 天，胡萝卜 15～20 天。植物通过光周期诱导所需的时间，与植株年龄以及环境条件（特别是温度、光强等）的变化有关。一般增加光周期诱导的天数，可加速花原基发育，增加花的数目。

2. 临界暗期与暗期间断

在自然条件下，昼夜变化总是在 24h 的周期内交替出现的，与临界日长相对应的还有临界暗期（critical dark period）。Hamner 和 Benner（1938）以短日植物苍耳为材料，发现在 24h 的光暗周期中只有当暗期长度超过 8.5h 时，苍耳才能开花（图 8-4）。通过改变暗期后发现，若以 4h 光期和 8h 暗期处理时，苍耳不能开花；当以 16h 光期和 23h 暗期处理后，苍耳却能开花。表明在光暗周期中，只有当暗期

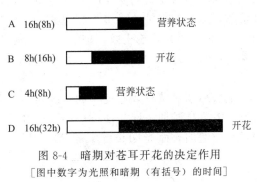

图 8-4　暗期对苍耳开花的决定作用
[图中数字为光照和暗期（有括号）的时间]

超过一定的临界值时才引起短日植物的成花反应。以临界日长为 13～14h 的短日植物大豆（比洛克西品种）为材料时，如果将光期长度固定为 16h 或 4h，在 4～20h 范围内改变暗期长度，观察到只有当暗期长度超过 10h 以上时大豆才能开花。由此可见，暗期长度比日照长度对植物开花更为重要。所谓临界暗期，是指在昼夜周期中长日植物能够开花的最长暗期长度或短日植物能够开花的最短暗期长度。从这一点来看，短日植物实际上就是长夜植物（long night plant），而长日植物实际上是短夜植物（short night plant），特别是对于短日植物而言，其开花主要是受暗期长度的控制，而不是受日照长度的控制。

暗期间断对植物开花的影响，表明暗期对植物开花的重要性。Hamner 等以短日植物苍耳为材料，当给予 16h 暗期处理时，发现在暗期中间即使是短至 1min 的照光处理（暗期间断），苍耳也将保持营养生长状态而不能开花，其效果如同将苍耳置于长日照下一样，而间断白昼则对其开花毫无影响（图 8-5）。以其他短日植物为材料时，暗期间断同样抑制其花芽分化。Borthwick 等以临界日长大于 12h 的长日植物大麦为材料，给予 12.5h 的暗期处理时，其开花受到明显抑制，暗期间断则显著促进其开花。暗期间断也同样使一些长日植物在超过其临界暗期条件下开花，如同它们处于长日照条件下一样。暗期间断试验表明，临界暗期对短日植物和长日植物的开花都是十分重要的。

一般认为植物通过光周期诱导所需的光强较低，约 50～100lx，而暗期间断所需要的光强亦很低，处理的时间也很短，如几分钟的低强度光照就可完全阻止大豆、紫苏、苍耳等的开花，而水稻甚至对夜间 8～10lx 的闪光就有反应。这表明光周期诱导过程不同于光合作用，它是一个低能反应。试验证明，在足以引起短日植物开花的暗期的中间，被一个足够强

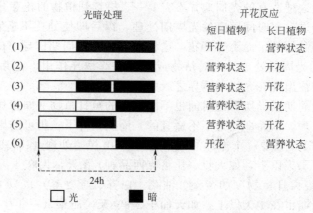

图 8-5　暗期间断对开花的影响

度的闪光所间断，短日植物就不能开花，长日植物却能开花。

　　暗期间断所需要的照光时间一般也比较短，像苍耳、大豆、紫苏和高凉菜这些敏感的短日植物，照光几分钟（最多不超过 30min）就足以阻止成花。菊花需要在暗期的中间连续数周大于 1h 的照光才能生效，但高强度的荧光灯照光几分钟也能抑制其成花。某些长日植物（如天仙子、大麦、毒麦等），当长暗期被 30min 或更短时间的光照间断时，成花反应受到促进。

　　虽然暗期对植物成花反应起着决定性作用，但光期也是不可缺少的条件。短日植物的成花反应需要长暗期，但光期过短亦不能成花。如大豆在固定 16h 暗期时，开花反应随着光期的延长而增加，而光期长度大于 10h 后，开花数反而下降（图 8-6）。这在表面上看起来，似乎是花的发育需要光合作用提供足够的营养物质，因此，适当延长光期会增加植物的成花数量。但长日植物天仙子在 16h 光期中，若只给予对光合作用有效的红光，并不能使其开花，当有远红光或蓝光的配合时则开花，说明光在光周期反应中的作用并不只限于对光合作用的影响。

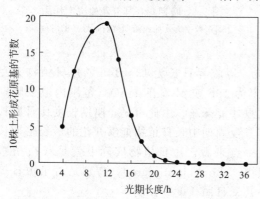

图 8-6　光期长度对大豆花原基形成的作用

　　用不同波长的光间断暗期的试验表明，无论是抑制短日植物开花，还是促进长日植物开花，都是以红光最有效，蓝光效果很差，绿光几乎无效。如果在照射红光之后再立即照射远红光，就不能产生间断暗期的作用，即对间断暗期最有效的红光的作用可被远红光所抵消。而且这个反应可以反复逆转多次，暗期间断的效果取决于最后一次照射的是红光还是远红光。对短日植物而言，红光阻止植株开花，远红光促进开花；对长日植物来说，红光促使植物开花，而远红光则阻止开花。植物成花反应存在对红光-远红光的可逆反应，表明光敏色素系统参与了成花诱导过程。

　　3. 光周期刺激的感受和传导

　　植物的成花部位是茎尖端的生长点，那么植物是靠什么部位感受光周期的刺激的呢？试验表明，感受光周期刺激的部位并不是茎尖的生长点，而是叶片。如短日植物菊花，若将其下部叶片每天按时遮光，缩短其日照长度，顶芽（附近的叶片打去）即使处于长日下，植株也可开花；若只给顶芽以短日处理而叶片处于长日照下，则植株仍然保持营养生长状态（图 8-7）。表明只有菊花的叶片得到短日处理，才能诱导植株开花。

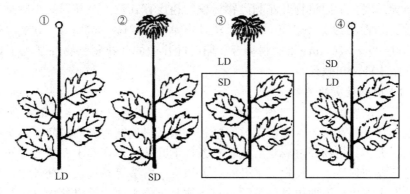

图 8-7 叶片和营养芽的光周期处理对菊花开花的影响

LD—长日照；SD—短日照

通常植株长到一定年龄后，叶片才能接受光周期的诱导，不同植物开始对光周期表现敏感的年龄不同，大豆在子叶伸展期，水稻在七叶期左右，红麻在六叶期。一般植株年龄越大，通过光周期诱导的时间越短。叶片作为感受光周期刺激最有效的部位，其对光周期的敏感性与叶龄密切相关，成熟的叶片敏感性最好，幼叶和衰老叶的敏感性差一些。并不是所有的叶片都要处于适宜的光周期诱导条件下才能开花，有时只要一片叶子甚至是叶片的一小部分处于适宜的光周期条件下就足以诱导开花，像短日植物苍耳、萝卜等。

由于感受光周期的部位是叶片，而成花部位是茎尖端的生长点，从而设想叶片在光周期诱导下可能产生某种化学物质并向茎尖端转移。20 世纪 30 年代，苏联学者柴拉轩（Chaila-khyan）用嫁接试验证实了这种假设：将 5 株苍耳嫁接在一起，只要把一株上的一个叶片置放在适宜的光周期（短日照）下进行诱导，其他植株即使处于不适宜的光周期（长日照）下，最后所有植株也都能开花（图 8-8）。该试验证实叶片中产生的开花刺激物可以在不同植株间进行传递并发挥作用。柴拉轩把这种开花刺激物称为成花素（florigen）。更有趣的是，不同光周期类型的植物通过嫁接后，能相互影响开花。如长日植物景天属的蝎子掌（*Sedum spectabile*），嫁接到短日植物高凉菜的茎上后，可在短日条件下开花；反之，若把短日植物高凉菜嫁接到长日植物大叶落地生根的茎上，即使是在长日照条件下，高凉菜也可大量开花。这说明不同光周期反应类型的植物所产生的开花刺激物的性质没有明显区别。

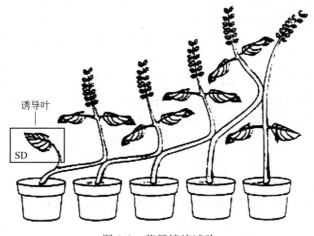

图 8-8 苍耳嫁接试验

利用环割、局部冷却或蒸汽热烫以及麻醉剂处理叶柄或茎，以阻止韧皮部物质的运输，可抑制开花，说明开花刺激物的运输途径是韧皮部。Evans 以短日植物苍耳为材料，探讨光周期刺激的传导速度。不同植物开花刺激物运输的速度存在较大差异，每小时从几十毫米到几百毫米不等。如毒麦为 $10\sim24mm\cdot h^{-1}$；日本牵牛为 $240\sim330mm\cdot h^{-1}$，与其标记同化物的运输速度 $330\sim370mm\cdot h^{-1}$ 很接近。同时叶片中的开花刺激物在强光下运出叶片的数量也多于黑暗中的运出数量。

4. 温度和光周期反应的关系

对光周期反应敏感的植物，虽然光照长短是影响成花的主导因素，但其他条件（如温度）与光周期还存在相互作用。温度不仅影响植物通过光周期所需的时间，还会改变植物对光周期的要求。大多数植物经过春化后在长日条件下开花，即在春末和夏初开花，其中有些长日植物经过低温处理后，可在短日下开花。如黑麦、甘薯等经过低温处理后，失去对日照长度的敏感性而表现出日中性植物的特征。对于短日植物来说，低温处理可使其在长日条件下开花。如短日植物烟草、牵牛、苍耳、一品红等，在低温下都表现为长日性。说明低温处理可代替或改变植物的光周期反应类型。

5. 植物生长物质与成花诱导

（1）赤霉素　在植物激素与成花诱导的关系中，GA 是研究得最多的一种。许多长日植物在不利于花芽分化的环境条件下，常呈莲座状，当环境条件适宜时，植物的茎伸长，花芽也随之分化。当外施 GA 时，可促使这些长日植物在短日条件下成花；而且 GA 还可部分或全部代替低温的作用促使多种需低温的长日植物在非诱导条件下，从莲座状生长状态转入抽薹、开花过程。施用抗 GA 的生长延缓剂（如 CCC）则抑制长日植物的成花，而外施 GA 可克服生长延缓剂对成花的抑制作用，表明 GA 在某些植物中是主要的成花控制因子。但对同样呈莲座状生长的长日植物菠菜来说，外施生长延缓剂使其体内 GA 含量大大降低，却并不影响其成花。此外，有些莲座状植物即使经 GA 处理后，在非诱导条件下仍不能成花。对短日植物草莓、长日植物倒挂金钟、短长日植物早熟禾与雀麦、日中性植物番茄等，外施 GA 还有抑制成花的作用。

（2）生长素　许多实验表明，生长素也是影响植物成花的重要激素之一，外施 IAA 抑制短日植物成花，如将苍耳插枝浸入 IAA 溶液中，则抑制光周期诱导的成花反应；若用 IAA 极性运输的抑制剂三碘苯甲酸（TIBA）处理后，对苍耳成花有促进作用。一些长日植物（如天仙子、毒麦等）的成花受外源 IAA 的促进。一般来说，高浓度生长素处理，对植物成花都表现为抑制效应。研究者认为，生长素对长日植物和短日植物成花所表现出来的截然相反的效应，可能在于两类植物内源 IAA 水平的差异。长日植物内源 IAA 含量对其成花来说偏低，因此，外施 IAA 有利于成花；而短日植物内源 IAA 含量偏高，外施 IAA 就会抑制成花。

（3）细胞分裂素　CTK 影响植物成花因植物种类而异。CTK 能促进紫罗兰、牵牛、浮萍等短日植物成花，也能促进长日植物拟南芥的成花。不过，CTK 是促进植物成花还是抑制成花取决于 CTK 施用的剂量和处理时间。如烟草花梗外植体在 $1mmol\cdot L^{-1}$ 苄基腺嘌呤或二氢玉米素培养基中花芽分化最多，当缺少 CTK 时不分化出花芽，在浓度过高时，也只产生营养芽而不形成花芽。CTK 在促进花器官的发育中与 IAA 具有协同作用。

（4）脱落酸　在一定条件下（如高光强、供给蔗糖和生长延缓剂），ABA 可代替短日条件促进少数短日植物（如浮萍等）在长日条件下成花，这可能是 ABA 抑制营养生长的结果，就犹如某些生长延缓剂可以促进植物成花一样。但 ABA 对长日植物以及一些短日植物的成花都具有抑制作用。即使是成花受到 ABA 促进的某些短日植物（如牵牛等），如果处于严格的非诱导条件下，ABA 处理也不能使其发生成花反应。因此，ABA 并不是促进植物成花反应的主要物质。

6. 光周期诱导开花的经典假说

大量研究表明，植物在适宜的光周期、温度等条件的诱导下，体内发生了一系列生理生化变化，从而由营养生长转向生殖生长而完成花的诱导过程。但有关诱导开花的机理尚不甚清楚，这里主要介绍几种经典的假说。

(1) 成花素假说　早在 1937 年，柴拉轩就提出，植物在适宜的光周期诱导下，叶片产生一种类似激素性质的物质，即成花素，成花素传递到茎尖端的分生组织，从而引起开花反应。

大量的嫁接试验都证实，叶片经光周期诱导后产生的成花素，可在不同植株间通过韧皮部进行传递；甚至可以引起不同光周期类型的植物开花。然而到目前为止，成花素这种物质尚未被分离鉴定出来。随后，Lang（1956）发现 GA_3 在某些长日植物中可代替长日条件，诱导其在短日条件下开花。尤其是一些营养生长呈莲座状特性的植物，GA_3 处理后的一个明显作用就是促进抽薹（茎的伸长）和花的分化。对某些冬性长日植物 GA_3 处理还可代替低温的作用，使其不经春化也可开花。但 GA_3 不能促进短日植物在非诱导条件下（即长日照下）开花。说明赤霉素并不是人们一直在寻找的开花激素。

为了解释赤霉素在开花中的作用，柴拉轩（1958）提出了成花素假说：他认为成花素是由形成茎所必需的赤霉素和形成花所必需的开花素（anthesin）两种互补的活性物质所组成的，开花素必须与赤霉素结合才表现活性。植物必须形成茎后才能开花，即植物体内存在赤霉素和开花素两种物质时，才能开花。日中性植物本身具有赤霉素和开花素，所以，无论在长、短日照条件下都能开花；而长日植物在长日条件下、短日植物在短日条件下，都具有赤霉素和开花素，因此，都可以开花；但长日植物在短日条件下缺乏赤霉素，而短日植物在长日条件下缺乏开花素，所以都不能开花；冬性长日植物在长日条件下具有开花素，但无低温条件时，缺乏赤霉素的形成，所以，仍不能开花。赤霉素是长日植物开花的限制因子，而开花素则是短日植物开花的限制因子。因此，用赤霉素处理处于短日条件下的某些长日植物可使其开花，但赤霉素处理处于长日条件下的短日植物则无效。

由于成花素假说缺乏充足的实验证据，难以让人普遍接受。到目前为止，寻找开花素的工作仍未取得任何明显的进展，而且不少长日植物〔如倒挂金钟（*Fuchsia hybrida*）、多花山柳菊（*Hieracium floribundum*）〕在非诱导的短日条件下，赤霉素处理不能促进其花的分化。按照成花素假说，短日植物在长日条件下，体内含有丰富的赤霉素，而长日植物在短日条件下体内的开花素也不缺乏。但将处于营养生长状态的短日植物和长日植物相互嫁接，最终也未能观察到植物开花的发生。

(2) 开花抑制物假说　由于寻找开花刺激物的研究一直没有取得满意的结果，研究者又提出与开花刺激物相对立的理论。认为植物在非诱导条件下，体内产生一种或几种开花抑制物，从而使植物不能开花；植物在诱导条件下，阻止了这些开花抑制物的产生，或者使开花抑制物降解，从而使花的发育得以进行。因此，当植物体内的开花抑制物在诱导条件下降低到某一阈值时，植物才能开花。但有关开花抑制物的性质也仍未明确。

(3) 碳氮比假说　20 世纪初期，克勒布斯（Klebs）等经过大量观察，发现植物经光周期诱导后，明显提高了叶片和茎尖的糖类的水平以后，才引起茎尖端由营养生长进入生殖生长的转变，遂提出控制植物开花的碳氮比假说。他们认为植物体内糖类与含氮化合物的比值（即 C/N）高时，植株就开花；而比值低时，植株就不开花。此后，有人用日中性植物番茄做试验，用控制不同光强的办法调节植物体内的糖类，通过控制氮肥的施用量来调节体内含氮化合物的数量，最后证实了这一点。但后来的研究却发现 C/N 高时，仅对那些长日植物或日中性植物的开花有促进作用，但对短日植物（如菊花、大豆等）而言，情况并非如此。因为长日照无一例外地会增加植物体内的 C/N，但却抑制短日植物开花。此外，在缩短光照时间的情况下，提高光照强度，也能增加植物内的 C/N，但却不能使长日植物（如白芥）开花。

显然，碳氮比假说不能很好地解释植物成花诱导的本质，但是，植物开花过程的实现确实需要营养物质和能量物质作基础。同时碳氮比理论对农业生产实践也有一定的指导意义，即通过控制肥水的措施来调节植物体内的 C/N，从而适当调节营养生长和生殖生长。如果在作物的生育中后期，氮肥施用量过大，会降低植物的 C/N，使营养生长过旺，甚至导致徒长，造成生殖生长延迟而出现贪青晚熟现象。在果树栽培管理中，也可利用砍伤或环剥树皮等方法，使上部枝条累积较多糖分，提高 C/N，促进花芽分化，从而提高果树产量。

随着分子遗传学和生物技术的迅速发展，人们对开花机理有了崭新的认识。根据控制植物开花过程的基因的作用阶段不同，可将其分为两类：开花决定基因（floral meristem identity genes）和器官决定基因（organ identity genes）。其中开花决定基因是指控制茎端分生组织转变为花序分生组织的基因。由此可见，利用分子生物学技术深入研究开花的控制机制，为从根本上揭示植物生长发育的奥秘提供了强有力的手段。

三、光敏色素与成花诱导

1. 光敏色素的化学结构与理化性质

光敏色素在植物成花过程中起着重要作用。除真菌以外，光敏色素广泛存在于藻类、苔藓、地衣、蕨类、裸子植物及被子植物中。在高等植物的根、胚芽鞘、茎、下胚轴、子叶、叶柄、叶片、营养芽、花组织、种子和正在发育的果实中检测出了光敏色素。光敏色素在细胞中的含量极低，在黄化组织中浓度约为 $10^{-7} \sim 10^{-8} \, mol \cdot L^{-1}$，而一般绿色组织中的光敏色素含量比黄化组织中的还低。

（1）化学结构　光敏色素是一种易溶于水的浅蓝色的色素蛋白质，它由两部分组成：生色团和蛋白质。生色团和藻兰素相似，是非环式的胆三烯类的四吡咯结构，生色团以共价键与蛋白质部分相连。蛋白质中含有高比例的碱性氨基酸与酸性氨基酸，这表明光敏色素是一个带电荷高的蛋白质，而且是能起活跃反应的分子，能进行分子内部重组而改变空间构型。

（2）理化性质　光敏色素主要以两种形式存在，即红光吸收型（Pr）和远红光吸收型（Pfr），Pr 的最大吸收峰在 660nm 处，Pfr 的最大吸收峰在 730nm 处。光敏色素具有生理活性的存在形式是 Pfr。光敏色素的两种存在形式可以相互转化，即在 660nm 的红光照射下，Pr 转化为 Pfr；而在远红光 730nm 的照射下，Pfr 又转化为 Pr。据研究，在 Pr 与 Pfr 的相互转化过程中生色团结构与蛋白质空间构型均发生变化。其中生色团的变化可能与两个氢原子转移有关。

光敏色素的生理活跃型 Pfr 除在远红光下迅速地转换为 Pr 外，在黑暗中也可缓慢地转化为 Pr，或通过代谢过程而分解。

2. 光敏色素在成花诱导中的作用

光敏色素不是成花素，但在光周期影响开花过程中，光信号是由光敏色素接受的。一般认为，影响成花刺激物质的形成不是光敏色素 Pr 和 Pfr 的绝对含量，而可能是 Pfr/Pr 的值。长日植物成花刺激物质的形成要求较高的 Pfr/Pr 值；而短日植物要求低的 Pfr/Pr 值。在光期结束时，光敏色素主要呈 Pfr 型，这时 Pfr/Pr 的值高。进入暗期后，Pfr 逐渐逆转为 Pr，或是 Pfr 降解而减少，使 Pfr/Pr 的值逐渐降低。在连续长暗期中，Pfr/Pr 的值降低到一定的阈值水平，就可促发短日植物成花刺激物质形成的代谢过程而促进成花；长日植物成花刺激物质的形成要求高的 Pfr/Pr 值，因此长日植物需要短的暗期，甚至在连续光照下也能成花。如果暗期被红光间断，Pfr/Pr 的值升高，因此抑制短日植物成花，促进长日植物成花。若用远红光再照射时，Pfr 又转变成 Pr，Pfr/Pr 的值又降低，短日植物可开花，长日植物开花受到抑制（图 8-9）。

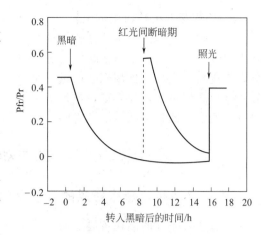

图 8-9 红光间断暗期对叶片中光敏色素 Pfr/Pr 的可能影响

四、光周期理论在生产实际中的应用

1. 植物的地理起源和分布与光周期特性

自然界的光周期决定了植物的地理分布与生长季节，植物对光周期反应的类型是对自然光周期长期适应的结果。低纬度地区不具备长日条件，所以一般分布着短日植物；高纬度地区的生长季节是长日条件，因此多分布着长日植物；中纬度地区则长短日植物共存。在同一纬度地区，长日植物（如小麦等）多在日照较长的春末和夏季开花；而短日植物（如菊花等）则多在日照较短的秋季开花。

事实上，由于自然选择和人工培育，同一种植物可以在不同纬度地区分布。例如短日植物大豆，从中国的东北到海南岛都有当地育成的品种，它们各自具有适应本地区日照长度的光周期特性。如果将中国不同纬度地区的大豆品种均在北京地区栽培，则因日照条件的改变，会引起它们的生育期随其原有的光周期特性而呈现出规律性的变化：南方的品种由于得不到短日条件，致使开花推迟；相反，北方的品种因较早获得短日条件而使花期提前。这反映了植物与原产地光周期相适应的特性。

2. 引种和育种

生产上常从外地引进优良品种，以获得优质高产。在同纬度地区间引种容易成功；但是在不同纬度地区间引种时，如果没有考虑品种的光周期特性，则可能会因提早或延迟开花而造成减产甚至颗粒无收。对此，在引种时首先要了解被引品种的光周期特性，同时要了解作物原产地与引种地生长季节的日照条件的差异，还要根据被引进作物的经济利用价值来确定所引品种。在中国将短日植物从北方引种到南方，会造成植物提前开花，如果所引品种是为了收获果实或种子，则应选择晚熟品种；而从南方引种到北方，则应选择早熟品种。如将长日植物从北方引种到南方，会造成植物延迟开花，宜选择早熟品种；而从南方引种到北方时，应选择晚熟品种。

通过人工光周期诱导，可以加速良种繁育，缩短育种年限。如在进行甘薯杂交育种时，可以人为地缩短光照，使甘薯开花整齐，以便进行有性杂交，培育新品种。根据中国气候多样的特点，可进行作物的南繁北育：短日植物水稻和玉米可在海南岛加快繁育种子；长日植物小麦夏季在黑龙江、冬季在云南种植，可以满足作物发育对光照和温度的要求，一年内可繁殖 2～3 代，加速了育种进程。

具有优良性状的某些作物品种间有时花期不遇，无法进行有性杂交育种。通过人工控制光周期，可使两亲本同时开花，便于进行杂交。如早稻和晚稻杂交育种时，可在晚稻秧苗 4～7 叶期进行遮光处理，促使其提早开花，以便和早稻进行杂交授粉，培育新品种。

3. 控制花期

在花卉栽培中，已经广泛地利用人工控制光周期的办法使花卉植物提前或推迟开花。例如，菊花是短日植物，在自然条件下秋季开花，但若给予遮光缩短光照处理，则可使其提前至夏季开花。而对于杜鹃、茶花等长日的花卉植物，进行人工延长光照处理，则可使其提早开花。

4. 调节营养生长和生殖生长

对于收获营养体为主的作物,可通过控制光周期来抑制其开花。如短日植物烟草,原产热带或亚热带,引种至温带时,可提前至春季播种,利用夏季的长日照及高温多雨的气候条件,促进营养生长,提高烟叶产量。对于短日植物麻类,南种北引可推迟开花,使麻秆生长较长,提高纤维产量和质量,但种子不能及时成熟,可在留种地采用苗期短日处理方法,解决种子问题。此外,利用暗期光间断处理可抑制甘蔗开花,从而提高产量。

第四节 成花启动和花器官的形成生理

一、成花启动和花器官形成的形态及生理生化变化

经过适宜条件的成花诱导之后,产生成花反应,其明显标志就是茎尖分生组织在形态上发生显著变化,从营养生长锥变成生殖生长锥,经过花芽分化过程,逐步形成花器官。图8-10 是短日植物苍耳接受短日诱导以后,生长锥由营养生长状态转向生殖生长状态时的形态变化过程。在花芽分化过程中,细胞代谢明显加快,特别是 RNA 和蛋白质含量明显增高,淀粉也有大量积累。

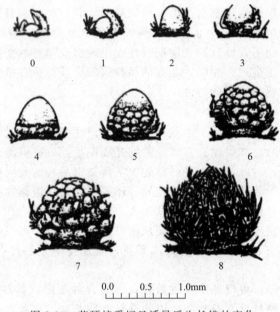

图 8-10 苍耳接受短日诱导后生长锥的变化

图中数字为发育阶段;0 阶段为营养生长时的茎尖

二、影响花器官形成的条件

1. 光照

光照对花的形成影响很大。一般植物在完成光周期诱导之后,光照越长,光照强度越大,形成的有机物越多,对成花越有利。但不同植物开花所要求的最低光强不同,如阴地植物开花要求的最低光强低于阳地植物。当光照强度降低时,成花数量减少。如生产中栽培密度过大时,反而引起减产,就是因为相互遮阴严重、群体受光不足而造成的结果。

2. 温度

温度是影响花器官形成的另一个重要因素。以水稻为例,温度较高时幼穗分化进程明显

缩短；而温度较低时幼穗分化进程明显延缓，甚至中途停止。尤其是在减数分裂期，若遇低温（如 17℃ 以下），则花粉母细胞损坏，进行异常分裂，同时，绒毡层细胞肿胀肥大，不能为花粉粒输送养料，最终形成不育花粉粒。

3. 水分

雌、雄蕊分化期和减数分裂期对水分特别敏感，如果此时土壤水分不足，则花的形成减缓，引起颖花退化。

4. 肥料

肥料中以氮肥的影响最大。土壤氮不足，花的分化减慢且花的数量明显减少；土壤氮过多，引起植株贪青徒长，由于营养生长过旺，养料消耗过度，花的分化推迟且花发育不良。只有在氮肥适中，氮、磷、钾均衡供应的情况下，才促进花的分化，增加花的数目。此外，微量元素（如 Mo、Mn、B 等）缺乏，也引起花发育不良。

5. 植物生长物质

研究证明，花芽分化受内源激素的调控。外施植物生长物质也同样影响花芽的分化和花器官的发育。细胞分裂素、吲哚乙酸、脱落酸和乙烯可促进多种果树的花芽分化。而有些生长调节剂或化学药剂还会引起花粉发育不良，如乙烯利可引起小麦花粉败育。

三、植物的性别分化

1. 性别分化及其意义

植物经过适宜环境条件的诱导后，顶端分生组织在花芽分化过程中，同时进行着性别分化（sex differentiation）。大多数植物在花芽分化中逐渐在同一朵花内形成雌蕊和雄蕊，这类花称为两性花，这类植物称为雌雄同花植物（hermaphroditic plant），如水稻、小麦、棉花、大豆等；而有一些植物，在同一植株上却有两种花，一种是雄花，一种是雌花，这类植物称为雌雄同株植物（monoecious plant），如玉米、黄瓜、南瓜、蓖麻等；还有不少植物，在单个植株上，要么形成只具有雌蕊的雌花，要么形成只具有雄蕊的雄花，即同一植株上只具有单性花，这类植物称为雌雄异株植物（dioecious plant），如银杏、大麻、杜仲、千年桐、番木瓜、菠菜、芦笋等。

植物花器官的性别分化，不仅有理论意义，也有实际意义。不少有经济价值的植物都有性别问题，如银杏、千年桐、杜仲、番木瓜、大麻等都是雌雄异株植物，而雄株和雌株的经济价值明显不同。以收获果实或种子为栽培目的的（如银杏、千年桐、番木瓜、留种用的大麻、菠菜等）需要大量的雌株；而以纤维为收获对象的大麻，则以雄株为优，其纤维的拉力较强。即使是对于雌雄同株的瓜类，在生产中也往往希望增加雌花的数量，以便收获更多的果实。因此，如何在早期鉴别植物尤其是那些雌雄异株的木本植物的性别，是生产中迫切需要解决的实际问题，该问题很早就被人们所重视和研究。

2. 雌雄个体的代谢差异

雌雄异株植物中，雌雄个体间的代谢存在差异。在番木瓜、大麻、桑等植物中，雄株组织的呼吸速率大于雌株，雄株过氧化氢酶活性比雌株高 50%～70%。银杏、菠菜等植物雄株幼叶中的过氧化物同工酶谱带数比雌株少。千年桐雌株叶组织的还原能力大于雄株。此外，雌雄株间内源激素含量也存在差异。如玉米的雌蕊原基中 IAA 水平相对较高，而雄穗原基中则 GA 含量较高。

3. 环境对植物性别分化的影响

（1）光周期　一般来说，短日照促进短日植物多开雌花，长日植物多开雄花；而长日照则促使长日植物多开雌花，短日植物多开雄花。

（2）营养因素　土壤中氮肥和水分充足时，一般促进雌花的分化；而土壤氮少且干旱时，则促进雄花分化。在一些雌雄异株植物中 C/N 低时，提高雌花的分化数目。

（3）温度　温度（特别是夜间温度）能影响植物性别分化。如较低的夜温能促进南瓜雌花的分化。

（4）植物激素　生长素和乙烯可促进黄瓜雌花的分化，而赤霉素则促进雄花的分化。烟熏植物可增加雌花数量，主要是烟中具有不饱和气体（如 CO、乙烯等），CO 能抑制 IAA 氧化酶的活性，减少 IAA 的降解，因而烟熏植物可促进雌花分化，但常常会引起果实变小。细胞分裂素也具有促进雌花分化的作用。

四、花形态发生中的同源异形基因和 ABC 模型

近年以拟南芥和金鱼草的突变体为试验材料，发现植物发育也和动物发育一样，有同源异形（homeosis）现象。同源异形是指在正常情况下，属性相同的分生组织由于发生变异，最后生成不同的器官或组织的现象。决定花器官特征的基因是从花同源异形突变体中发现的。从同源异形突变体中发现的一组同源异形基因（产生同源异形突变的基因）常常不编码酶类，而编码一些决定花器官各部分发育的转录因子，这些基因在花发育过程中起着"开关"的作用。

拟南芥有 5 种决定花器官特征的基因：Apetala1（AP1）、Apetala2（AP2）、Apetala3（AP3）、Pistillata（PI）和 Agamous（AG）。器官特征基因的鉴定是通过突变体花器官改变而证实的。例如，带有 AP3 的突变体在第 2 轮产生萼片而不形成花瓣，在第 3 轮形成心皮而不形成雄蕊。这些基因由于改变花器官特征而不影响花的发端，所以是同源异形基因。这5 种基因可归纳为 A、B、C 3 类，它们对花器官特征各有不同的影响。在第 1 轮中，只有 A类（AP2）表达就导致形成萼片；在第 2 轮中，A 类（AP2）和 B 类（AP3/PI）同时表达，则形成花瓣；在第 3 轮中，B 类（AP3/PI）和 C 类（AG）同时表达，则形成雄蕊；在第 4轮中，只有 C 类（AG）表达，则形成心皮。E. Meyerowitz 和 E. Coen（1991）提出 ABC 模型去解释同源异形基因控制花形态发生的机理（图 8-11）。这个模型的要点是：正常花的四轮结构（萼片、花瓣、雄蕊和雌蕊）的形成是由 A、B、C 三类基因的共同作用而完成的，每一轮花器官特征的决定分别依赖 A、B、C 三类基因中的一类或两类基因的正常表达；如果其中任何一类或更多类的基因发生突变而丧失功能，则花的形态发生将出现异常。许多单突变体、双突变体甚至三突变体中某一基因的器官特性表达，也在不同程度上支持这个模型。

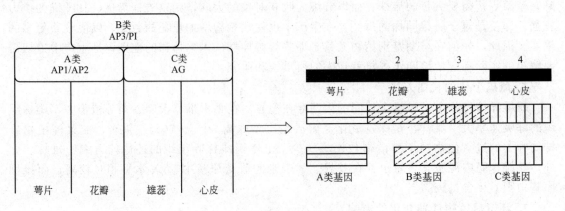

图 8-11　花器官发育的 ABC 模型

自 ABC 模型提出以来，研究者陆续从多种植物中克隆并鉴定出大量的决定花器官特征

的基因，而 D 功能基因和 E 功能基因的发现，将 ABC 模型发展为 ABCD 模型和 ABCDE 模型。如在对矮牵牛花中影响胚珠发育突变体的研究中发现，存在有决定胚珠发育的 MADS-box 基因 FBP7 和 FBP11，它们同时也影响种子的发育。FBP11 在胚珠原基、珠被和珠柄中表达，转基因植株的花上形成异位胚珠或胎座。如果干扰 FBP11 的表达，就会在应该形成胚珠的地方发育出心皮状结构。这个发现使人们认识到还存在有与 C 类基因功能部分重叠的 D 类基因（图 8-12）。通过调控 ABC 基因的表达，可以人为地操作每轮花器官发育状态，但是，却无法使叶片转变成花器官。由此可见，这些基因虽然对花器官的发育至关重要，但是它们并不是营养器官转化成花器官的充分条件。这预示着由营养器官向花器官转变还有另一类花特征基因参与。在寻找与 ABC 类基因相互作用的蛋白质时发现了 SEP 基因，将此类基因定为 E 类基因，并进而提出了 ABCDE 模型（图 8-12）。

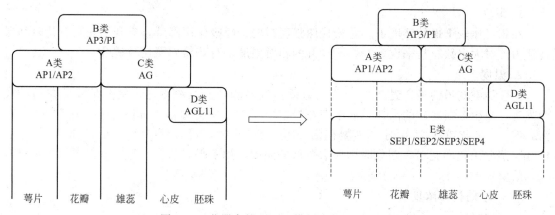

图 8-12　花器官的 ABCD 模型和 ABCDE 模型

由于 D 功能基因决定胚珠的发育，胚珠在授粉受精后发育为种子，不同于萼片、花瓣、雄蕊和雌蕊是独立的花器官，故将 ABCDE 模型最后修正为 ABCE 模型。就拟南芥而言，A＋E 功能基因控制萼片的发育，A＋B＋E 功能基因控制花瓣的发育，B＋C＋E 功能基因控制雄蕊的发育，C＋E 功能基因控制雌蕊的发育。

第五节　受精生理

成熟花粉从花粉囊中散出，借助外力（地心引力、风、动物传播等）落到柱头上的过程，称为授粉。授粉是受精的前提，花粉传到同一花的雌蕊柱头上称自花授粉；而传到另一花的雌蕊柱头上称异花授粉，包括同株异花授粉及异株异花授粉。然而在栽培及育种实践中，异花授粉是指异株异花间的传粉，而同株异花授粉则视为自花授粉。

植物开花之后，经过花粉在柱头上萌发、花粉管进入胚囊和配子融合等一系列过程才完成受精作用（fertilization），被子植物的受精作用是一个较长的过程，而且包含着激烈的代谢变化。

只有经异株异花授粉后才能发生受精作用的称为自交不亲和或自交不育。

一、花粉和柱头的生活力

不同植物花粉的生活力存在很大差异。禾谷类作物花粉的生活力维持时间较短：如水稻花药开裂后，花粉的生活力在 5min 后即下降 50％以上；小麦花粉在花药开裂 5h 后结实率下降到 6.4％；玉米花粉的生活力较前二者长，但也只能维持 1～2 天。果树花粉的生活力维持时间较长，如苹果、梨可维持 70～210 天。向日葵花粉的生活力可保持一年。

植物的花粉一般较小，储藏的营养物质有限，而花粉的呼吸作用又比较强烈，花粉生活力的降低就是由于高强度的呼吸导致花粉的养分消耗过度所致的。

花粉中内含物的数量和组分与花粉育性密切相关。可育花粉，其内含物中淀粉、蔗糖特别是脯氨酸的含量较高。而遇碘不变蓝色的花粉，则为未发育花粉，蔗糖的缺乏可引起花粉退化，而不育花粉中脯氨酸往往缺乏或含量很少。

柱头的生活力一般能维持一周左右。

二、影响花粉生活力的外界条件

花粉的生活力还受到环境条件的影响，一般干燥、低温、空气中 CO_2 浓度增加和氧气减少的情况下，有利于保持花粉的活力。

1. 湿度

在相对比较干燥的环境下，花粉代谢强度减弱，呼吸作用降低，有利于花粉较长时间保持活力。对大多数花粉来说，20％～50％的相对湿度，对花粉储藏比较适合。

2. 温度

一般储藏花粉的最适温度为 1～5℃。适当低温能延长花粉寿命，主要是降低花粉的代谢强度，减少储藏物质的消耗。如小麦花粉在 20℃时，只能存活 15min 左右；在 0℃下可存活 48h。玉米花粉在 20℃时，只能存活 25h；在 5℃时，可存活 56h；在 2℃时则可存活 120h。某些果树的花粉在储藏时则要求更低的温度，如苹果花粉在 -15℃下储藏 9 个月仍有 95％的萌发率。

3. CO_2 的相对浓度

增加储藏容器中 CO_2 的含量，可延长花粉寿命。

4. 光线

一般以遮阴或在暗处储藏较好。

三、花粉和柱头的相互识别与受精

1. 花粉的萌发和生长

植物开花以后，花药开裂，通过传粉作用，花粉被传到雌蕊的柱头上，受到柱头分泌物的刺激，便吸水萌发。过于干旱，花粉吸水困难，难以萌发；湿度过大，花粉过度吸水而胀裂，也不利于花粉的萌发。此外，温度过低或较高，也影响花粉萌发。低温影响花药开裂，高温引起柱头干枯、花粉失活。

花粉的萌发和花粉管的生长表现出群体效应（population effect），即单位面积内，花粉的数量越多，花粉管的萌发和生长越好。

2. 花粉和柱头的相互识别

花粉落在柱头上能否顺利萌发，受环境条件的影响很大。但花粉萌发后，能否最终完成受精过程，还受到花粉和柱头之间亲和性的影响。自然界中有许多植物都表现出自交不亲和性，而在远缘杂交中出现不亲和的现象更是非常普遍。从进化角度来看，自交不亲和性是植物丰富变异以增强对环境适应能力的基础，而杂交不亲和性则是植物在繁衍过程中保持物种相对稳定的基础。

花粉与柱头之间的相互识别，涉及花粉壁中的蛋白质与柱头乳突细胞表面的蛋白质薄膜之间的相互作用。花粉壁中有内壁蛋白和外壁蛋白。内壁蛋白具有很高的酶活性，主要是与花粉萌发和花粉管穿入柱头有关的酶类；而外壁蛋白参与识别反应，其识别物质就是外壁蛋白中的糖蛋白。雌蕊的识别感受器就是柱头表面的亲水性蛋白质薄膜，具有黏性，易于捕捉花粉。当种内花粉落到柱头表面以后，花粉很快释放出识别蛋白——外壁中的糖蛋白，扩散进入柱头表面，与柱头表面的感受器——蛋白质薄膜中所含的识别糖蛋白结合。如果双方是亲和的，花粉管尖端产生能溶解柱头薄膜下角质层的酶，使花粉管穿过柱头而生长，直至受精；如果双方是不亲和的，柱头的乳突细胞立即产生胼胝质，阻碍花粉管穿入柱头，且花粉管尖端也被胼胝质封闭，花粉管无法继续生长，使受精失败。

3. 克服不亲和性的途径

在育种实践中，常常要克服花粉与雌蕊组织之间的不亲和性，从而达到远缘杂交的目的。采用的措施如下。

（1）花粉蒙导法　花粉蒙导法即在授不亲和花粉的同时，混入一些杀死的但保持识别蛋白活性的亲和花粉，从而蒙骗柱头，达到受精的目的。

（2）蕾期授粉法　蕾期授粉法即在雌蕊组织尚未成熟、不亲和因子尚未定型的情况下授粉，以克服不亲和性。

（3）物理化学处理法　采用变温、辐射、激素或抑制剂处理雌蕊组织，以打破不亲和性。或者用电刺激柱头（90～100V）、CO_2 处理雌蕊（3.6%～5.9% 的 CO_2 处理雌蕊 5h）以及盐水处理雌蕊（5%～8% NaCl）等，都可克服自交不亲和性。

（4）离体培养　利用胚珠、子房等的离体培养，进行试管受精，可克服原来自交不亲和植物及种间或属间杂交的不亲和性。

（5）细胞杂交、原生质体融合或转基因技术　细胞杂交、原生质体融合或转基因技术可以克服种间、属间杂交的不亲和性，达到远缘杂交的目的。

四、受精过程中雌蕊的生理生化变化

传粉后，雌蕊组织的呼吸速率明显增强，比未传粉时增加 0.5～1 倍。如兰科植物传粉几十小时后，合蕊柱的呼吸速率增加约 1 倍，花被的呼吸速率增加 2 倍多。同时，雌蕊组织吸收水分和无机盐的能力增强，糖类和蛋白质代谢加快。如兰科植物传粉后，合蕊柱吸水增加三分之一，氮、磷含量明显增多；而花被的氮、磷含量下降，蒸腾作用急剧增加，造成花被凋萎。

授粉后雌蕊中的生长素含量大大增加，这与花粉含有生长素有关。受精引起子房代谢剧烈变化的原因之一是子房的生长素含量迅速增加。大量生长素"吸引"营养器官的养料集中运到生殖器官，子房便迅速生长发育成果实。用生长素处理未受精的番茄雌蕊，得到无子果实就是这种情况的例证。自然界中，香蕉、柑橘和葡萄等一些品种存在单性结实现象，也是由于其未受精的子房中含有高浓度的生长素所致的。

本章小结

枝条顶端分生组织花形态建成要经过感受、决定和表达三个环节，最后才开花。

植物幼年期不能诱导开花，到了成熟期，有一定的物质基础，才能诱导开花。

低温和光周期是花诱导的主要外界条件。气候、栽培和生理条件影响着花形成的质量和数量。在花诱导的基础上，茎生长锥在原来形成叶原基的地方形成花原基，最终形成花器官。

一些二年生植物和冬性一年生植物的春化作用是显著的。春化作用进行的时期，一般在种子萌发或植株生长时期。接受低温的部位是茎的生长点或其他具有细胞分裂的组织。

光周期对花诱导有极显著的影响。按光周期反应类型分，植物主要有 3 种：短日植物、长日植物和日中性植物。春化处理和光周期的人工控制在控制花期和引种工作中有实用价值。

以拟南芥为试验材料研究得知，花器官的形成受一组同源异形基因的控制，ABC 模型用以解释这组基因的作用。

复习思考题

一、名词解释

花熟状态　春化作用　脱春化　再春化作用　光周期现象　长日植物　短日植物　日中性植物　临界日长　临界暗期　光周期诱导　同源异型突变　集体效应

二、思考题

1. 设计一个简单实验证明植物感受低温的部位是茎生长点。

2. GA 与春化作用有何关系？

3. 春化作用在农业生产实践中有何应用价值？

4. 什么是光周期现象？举例说明植物的主要光周期类型。

5. 用实验证明植物感受光周期的部位，并证明植物可以通过某种物质来传递光周期的刺激。

6. 如果发现一种尚未确定光周期特性的新植物种，怎样确定它是短日植物、长日植物或日中性植物？

7. 植物激素与成花有何关系。

8. 为什么说光敏色素在植物的成花诱导中起重要作用？

9. 用实验说明暗期和光期在植物的成花诱导中的作用。

10. 简述光周期反应类型与植物原产地的关系。

11. 光周期理论在农业实践中有哪些应用？请举例说明。

12. 南麻北种有何利弊？为什么？

13. 根据所学生理知识，简要说明从远方引种要考虑哪些因素。

14. 高等植物的受精作用受哪些因素影响？克服自交和远缘杂交不亲和的途径有哪些？

PPT 课件

第九章 植物的成熟与衰老生理

【学习目标】
(1) 了解果实的生长过程和果实成熟时的生理生化变化。
(2) 理解种子和果实成熟时的生理生化变化、种子休眠的原因及破除方法。
(3) 理解植物器官的衰老和脱落的原因。
(4) 掌握人为调控器官脱落的技术。

植物授粉受精后，受精卵发育成胚，胚珠发育成种子，子房壁发育成果皮，子房发育成果实。果实、种子生长的好坏，不仅决定作物产量的高低和品质的好坏，而且影响下一代的繁育。随着植物的生长，必然会发生衰老和器官脱落现象。在当前农业生产中出现的果树落花落果、棉花蕾铃脱落、大豆落花落荚、水稻空壳粒、果蔬产品及鲜花如何保鲜等，均与植物成熟、衰老生理有关。因此，研究和调控植物的成熟、衰老及器官脱落，不仅有着重要的理论和应用意义，而且在农林生产实践中也有着重要的指导意义。

第一节 种子和果实的成熟生理

一、种子成熟时的生理生化变化

种子成熟时的物质变化，大体上和种子萌发的变化相反，植株营养器官的养料，以可溶性的低分子化合物状态（如蔗糖和氨基酸等）运往种子，在种子内逐渐转化为淀粉、蛋白质和脂肪等高分子化合物并储藏起来。

（一）主要有机物的变化

1. 糖类的变化

以储藏淀粉为主的种子（如小麦、玉米）成熟过程中，大量的糖从叶片运往种子，可溶性碳水化合物含量逐渐降低，而不溶性碳水化合物含量不断提高。研究证明小麦种子成熟时，胚乳中的蔗糖和还原糖含量迅速减少，而淀粉的积累迅速增加，说明淀粉是由可溶性糖转化合成的（如图9-1所示）。淀粉种子在成熟时，碳水化合物的变化主要有两个特点：(1) 催化淀粉合成的酶类活性增强；(2) 可溶性的小分子化合物转化为不溶性的高分子化合物（如淀粉、纤维素）。

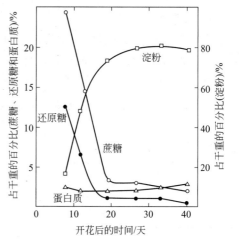

图 9-1 正在发育的小麦种子胚乳中蔗糖、还原糖、淀粉和蛋白质的含量变化

2. 蛋白质的变化

豆科植物的种子含有丰富的蛋白质，在种子发育过程中，叶片或其他器官的氮素以氨基酸或胺的形式运到荚果，然后荚皮中的氨基酸或酰胺合成蛋白质，暂时成为储藏状态；之

后，暂存的蛋白质分解，以酰胺态运至种子转变为氨基酸，最后合成蛋白质，用于储藏（如图 9-2 所示）。

3. 脂肪的变化

脂肪种子或油料种子在成熟过程中，脂肪是由碳水化合物转化而来的。脂肪代谢有以下特点：（1）油料种子在成熟过程中，脂肪含量不断提高，而糖类（葡萄糖、蔗糖、淀粉）含量不断下降；（2）油料种子在成熟初期形成大量的游离脂肪酸，随着种子成熟，游离脂肪酸逐渐合成复杂的油脂；（3）在种子成熟初期，先合成饱和脂肪酸，然后由饱和脂肪酸转化为不饱和脂肪酸，最后才逐渐形成甘油酯。因此，未成熟的种子，不仅含油量低，而且酸值高，酸值高的油品质差。如图 9-3 所示为油料种子在成熟过程中干物质的积累情况。

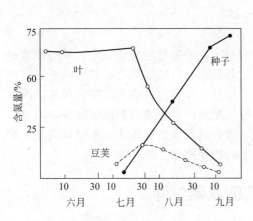

图 9-2　蚕豆中含 N 物质由叶运到豆荚，
然后又由豆荚运到种子的情况

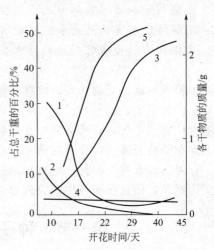

图 9-3　油料种子在成熟过程中干物质的积累情况
1—可溶性糖；2—淀粉；3—千粒重；4—含 N 物质；5—粗脂肪

（二）其他生理变化

1. 水分变化

种子含水量与有机物的积累恰恰相反，是随着种子的成熟而逐渐降低的。种子成熟时幼胚中具有浓厚的细胞质而无液泡，自由水含量极低，这有利于储藏，抵御不良环境，延长种子寿命。例如小麦的总质量减少，这只是含水量的减少，累积的干物质却在增加（表 9-1）。

表 9-1　小麦种子成熟过程中干重和含水量的变化（100 粒小麦）

项目	总重/g	干物质/g	水分/g
乳熟始期	5.89	2.86	3.03
乳熟末期	7.23	3.58	3.65
蜡熟期	6.65	4.19	1.46
完熟期	4.59	4.22	0.37

2. 呼吸速率的变化

种子成熟过程是有机物质合成与积累的过程，需要呼吸作用提供大量能量。所以，干物质积累迅速时，呼吸速率亦高，种子接近成熟时，呼吸速率逐渐降低（图 9-4）。

3. 内源激素的变化

在种子成熟过程中内源激素在不断发生变化。如图 9-5 所示，小麦从抽穗到成熟期间，籽粒内源激素含量发生明显变化，受精后 5 天左右玉米素含量迅速增加，15 天左右达到高峰，然后逐渐下降。接着是赤霉素含量迅速提高，受精后第 3 周达到高峰，然后减少。在赤霉素含量下降之际，IAA 含量急剧上升，收获前 1 周鲜重达最大值之前 IAA 含量最高，籽粒成熟时几乎测不出其活性。脱落酸在籽粒成熟期含量大大增加。不同内源激素的交替变化调节种子发育过程中细胞的分裂、生长以及有机物的合成、运输、积累和耐脱水性形成及进入休眠等。

（三）外界条件对种子成熟和品质的影响

种子的形成与成熟是干物质的累积过程。凡是影响同化物的制造、运输和转化的条件，都会对种子成熟和化学成分产生影响。

（1）光照　种子成熟期间输入的营养物质主要来自光合作用的产物，因而光照条件直接影响种子内有机物质的积累，如水稻籽粒三分之二的干物质来源于抽穗后叶片的光合产物，此时光照强，同化

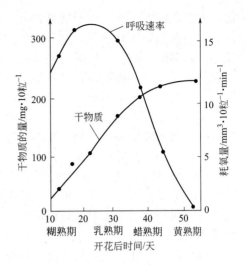

图 9-4　水稻籽粒成熟过程中干物质和呼吸速率的变化

物多，产量高。抽穗结实期的光照也影响籽粒的蛋白质含量和含油率。小麦灌浆期遇到阴雨连绵的天气，因光照不足、蒸腾作用减弱，种子成熟将推迟。此外，光照还影响光合产物的种类，红光有利于淀粉的形成，蓝紫光则促进蛋白质的合成。

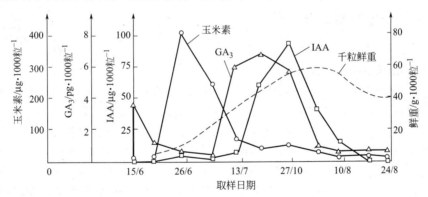

图 9-5　不同小麦生育期玉米素、GA₃、IAA 含量的变化

（2）温度　温度主要影响有机物的运输和转化。温度过高时呼吸消耗大，不利于有机物的积累，籽粒不饱满；温度过低时不利于物质转化与运输，种子瘦小，成熟推迟；温度适宜时利于物质的积累，且能促进成熟。据报道，我国小麦单产最高地区在青海，其原因为：青海高原地区除日照充足外，昼夜温差亦大（表 9-2）。

表 9-2　不同地区小麦灌浆期的温度和千粒重

地区	海拔 /m	平均温度 /℃	平均最高温度 /℃	平均最低温度 /℃	平均温差 /℃	千粒重 /g
上海	0~50	15.8~19.6	20.7~24.9	12.0~16.2	8.5~8.7	28~32
河南辉县	0~50	17.6~26.4	24.4~26.0	10.7~12.7	11.7~13.3	32~38
青海德令哈	2200~3100	14.1~18.1	22.9~25.9	3.9~11.8	14.1~18.0	38~40

高温使籽粒积累同化物的能力过早减弱或停止，因此在高温下，灌浆持续时间缩短，籽粒成熟加速，粒重降低。如水稻（早稻）在乳熟后期（抽穗后 11~15 天）遇上 35℃ 以上高

温，灌浆期缩短，呼吸作用增强，有机物的消耗过多，不利于谷粒充实，造成米质疏松，腹白大，质量差，千粒重低，这种现象称为高温逼熟。水稻灌浆的最适温度为 21～25℃。而晚稻成熟期间一般温度较低，使成熟速度变慢，接受同化物质输入的时间延长，所以有机物质积累比较充分，产量高，品质好。但温度过低也会推迟成熟，降低结实率和千粒重。

（3）空气湿度　阴雨多造成空气湿度高，会延迟种子成熟；若湿度较低则加速成熟；如空气湿度太低，出现大气干旱，不但阻碍同化产物的运输，且合成酶活性降低，水解酶活性增高，干物质积累减少，种子瘦小且过早成熟，产量低，但蛋白质的积累过程受阻较淀粉的小。因此，小麦在温暖潮湿条件下淀粉含量较高，低温干旱时蛋白质含量则较高。

（4）土壤含水量　土壤水分供应不足，会破坏植物内水分平衡，严重影响种子灌浆，造成籽粒不饱满，通常淀粉含量少，而蛋白质含量高。我国北方雨量及土壤含水量比南方少，所以北方栽种的小麦比南方栽种的小麦蛋白质含量高。土壤水分过多，根系进行无氧呼吸，种子不能正常成熟。

（5）营养条件　氮肥充足能提高种子中蛋白质的含量。种子形成期间，适当增施氮肥，可减缓叶片衰老，有利于高产；但氮肥过多（尤其是生育后期）易引起贪青晚熟，使成熟期推迟，籽粒不饱满，油料种子则含油率降低。钾肥能促进糖类自叶、茎运向籽粒或其他储存器官（如块茎、块根），并加速其转化，从而增加籽粒或其他储存器官的淀粉含量。合理施用磷肥对脂肪的形成有良好作用，在油料种子形成期间保证磷的供给，可增加种子的含油量。所以适当增施磷、钾肥可促进糖分向种子运输，增加淀粉含量，也有利于脂肪的合成和累积。

二、果实成熟时的生理生化变化

（一）果实的生长

1. 单 S 形和双 S 形生长曲线

果实的生长曲线有两种类型（图 9-6）。一种是简单的 S 形生长曲线，如苹果、梨、草莓、番茄、香蕉等肉质果实，具有生长大周期，这类果实在发育初期生长速率较慢，以后进入快速膨大期，达到高峰后又逐渐减慢，成熟期停止生长，表现出"慢—快—慢"的生长节奏。另一种是双 S 形生长曲线，如一些核果（桃、杏、樱桃、李、柿子等）及某些非核果（葡萄等），在发育初期生长速率较慢，然后快速膨大，之后又缓慢生长，再重新进入快速膨大期，到成熟期停止生长，即在两个快速生长时期间有一个硬核期，表现出"慢—快—慢—快—慢"的生长节奏。即在第一个快速膨大期子房、珠心和珠被迅速生长；进入硬核期珠心和珠被生长停止，果核开始木质化，胚乳渐为胚的发育所吸收，子房的体积增加不多；第二个快速膨大期胚和胚乳生长停止，子房生长开始膨大，并持续到果实成熟，如图 9-6 所示。目前还发现猕猴桃、中国醋栗具有三 S 形生长曲线，即有三个快速生长时期，有两个缓慢生长期，其原因还有待进一步研究探讨。

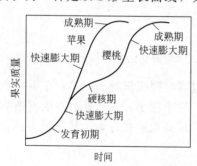

图 9-6　苹果生长的 S 形曲线和
樱桃生长的双 S 形曲线

2. 单性结实

在自然条件下，有些果实不经受精也能发育成果实，这种不经受精作用而形成的不含种子的果实，称为无籽果实，而这种现象叫单性结实。单性结实可分为天然的单性结实和刺激性单性结实。天然的单性结实就是不经授粉、受精作用或其他诱导而结实的现象，如香蕉、蜜柑、葡萄、柿子等这些无籽果实只能用无性繁殖法繁殖。而刺激性单性结实是指在外界环境条件的刺激下产生无籽果实的现象，在生产上常用植物生长物质处理获得无籽果实，如生长素（IAA、NAA、2,4-D）可诱导番茄、茄子、辣椒、黄瓜、西瓜及无花果等单性结实。

（二）果实成熟时的生理生化变化

果实成熟时的生理生化变化是指果实达到最佳可食状态所经历的各种变化。这些变化主要表现在呼吸跃变、储藏物质的转化和色、香、味的变化。

1. 呼吸跃变

随着果实的成熟，呼吸速率发生规律性的变化：最初低，到成熟末期又急剧升高，然后又下降。某些果实在成熟过程中发生的呼吸速率骤然升高的现象叫果实的呼吸跃变。呼吸跃变的出现，标志着果实成熟达到可食的程度。根据果实的呼吸跃变现象，果实分为跃变型和非跃变型两类。跃变型果实（例如梨、桃、苹果、芒果、番茄、西瓜、白兰瓜、哈密瓜等）在母株上或离体时成熟过程中均有呼吸跃变现象（图9-7）；非跃变型果实（例如柑橘、橙、凤梨、葡萄、草莓、柠檬等）成熟期间无呼吸跃变现象。据研究，这两种果实成熟期间在呼吸上差异的原因可能与乙烯含量、酶类活性、储藏物质有关。跃变型果实在成熟期间产生大量乙烯，其乙烯产生高峰出现在呼吸跃变之前或同时；非跃变型果实在成熟期间乙烯含量变化不大。跃变型果实在成熟过程中，呼吸酶类和水解酶类的活性急剧增高；非跃变型果实的呼吸酶类和水解酶类活性变化不大或逐渐降低。跃变型果实储藏有淀粉、脂肪等复杂有机物质，通过呼吸作用加以转化；非跃变型果实不含大分子不溶性化合物，在成熟过程中利用可溶性物质。

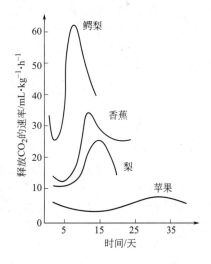

图 9-7　各种果实的呼吸跃变
（温度为 15℃）

而原产热带、亚热带的果实与温带果实相比，呼吸高峰的出现稍有不同，原产热带、亚热带的果实呼吸跃变较显著，如香蕉在常温下成熟，呼吸峰出现时，其呼吸速率可增加10倍，而杏子只增加30％。此外，原产热带、亚热带的果实呼吸高峰维持时间很短暂，高峰后急骤下降，完熟期完成很快，因而不耐储藏。

呼吸跃变标志着果实达到最佳食用状态，同时也标志着果实衰老已开始。采用各种办法推迟呼吸跃变的出现，就可以延长果实的储藏寿命，这在果品保鲜上有重要意义。生产上可以通过调节呼吸跃变的出现，提前或推迟果实的成熟，如适当降低温度和氧气的浓度或提高二氧化碳浓度或充氮气，都可延迟呼吸高峰的出现，延缓果实成熟；反之，提高温度和氧气浓度或用乙烯（乙烯利）处理，都可以刺激呼吸跃变的来临，加速果实的成熟。

2. 激素的变化

在果实成熟过程中，生长素、赤霉素、细胞分裂素、乙烯和脱落酸五类激素都有规律地参与到代谢反应中。有人测定苹果、柑橘等果实成熟过程中激素的动态变化（图9-8），他们认为生长素、赤霉素、细胞分裂素的含量在发育初期较高，然后逐渐降低，在苹果、柑橘果实成熟时乙烯和脱落酸含量达到最高峰。研究表明，草莓果实采后成熟衰老过程中，ABA呈逐渐上升趋势，上升高峰先于乙烯的

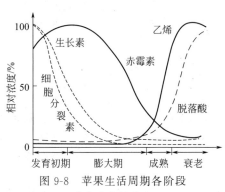

图 9-8　苹果生活周期各阶段
激素变化的情况

增加，说明 ABA 可诱导乙烯生成；外源 ABA 对纤维素酶的合成也有促进作用，说明 ABA 可能是衰老过程中的重要启动因子，在草莓果实生长发育、成熟软化中起重要作用。近年来研究同样表明，猕猴桃、梨、柿子等跃变型果实随着果实的成熟，ABA 含量逐渐增加，成熟期达到最高水平。

3. 各种物质的变化

（1）色泽变化　果实成熟时，色泽发生明显的变化。如香蕉、苹果、柑橘等果实成熟时，果皮颜色由绿色逐渐转变为黄色、红色、橙色。因为未成熟果实表皮细胞含有较多的叶绿素，故呈绿色，成熟时果皮中的叶绿素被逐渐破坏而丧失绿色，类胡萝卜素的颜色就呈现出来，因而果实底色由绿变黄，类胡萝卜素中有番茄红素，使果实呈现红色（如番茄）。同时，由于新形成的花青素，它在酸性溶液中呈红色，在碱性中呈蓝色，中性时呈紫色，因不同果实细胞液 pH 值不同，而呈现不同色彩。高温、强光、充足的糖分供应有利于花青素的合成，因而光照充足、日夜温差较大的地区或果实向阳面着色较好。

（2）香味产生　果实成熟时常常产生特有的芳香物质，据报道，苹果、香蕉中的挥发性气体种类多达 200 种以上，在葡萄中也测出 70 多种。据分析这些物质主要是酯类，还有一些特殊的醛、酮类物质，例如香蕉的香味是乙酸戊酯，柠檬、橘子的香味为柠檬醛，苹果的香味为乙基-2-甲基丁酯。

（3）果实变甜　由叶子制造运入的糖，主要以淀粉形式储存于果肉细胞中，所以早期果实生硬而无甜味。随着果实的成熟，呼吸跃变出现，淀粉降解为可溶性糖（果糖、葡萄糖、蔗糖等）并积累在果肉细胞的液泡中，因而果实变甜。

（4）酸味减少　未成熟果实的液泡中存在大量的有机酸，因而果实具有酸味。例如苹果、梨主要含有苹果酸，葡萄含酒石酸，柑橘和柠檬含柠檬酸多。果实成熟过程中含酸量的减少，是因为一部分有机酸用于供给结构物质的合成，有些转变为糖，有些作为呼吸基质被消耗，有些则被 K^+、Ca^{2+} 等中和形成有机酸盐，所以，成熟果实中酸味减少，甜味增加，糖酸比提高。

（5）涩味消失　有些未成熟的果实（例如柿子、李子、香蕉等）具有涩味，这是由于这些果实细胞液内含有单宁（即鞣质）。果实成熟过程中，单宁被过氧化物酶氧化成无涩味的过氧化物，或单宁凝结成不溶于水的胶状物质，因而涩味消失。

（6）果实变软　随着果实的成熟，果实另一个明显的变化就是由硬变软。未成熟的果实生硬，这主要是因为果肉细胞具有由纤维素等组成的坚硬细胞壁，其中沉积了不溶于水的原果胶，细胞之间的胞间层由不溶于水的果胶酸钙构成，使细胞间紧密结合，果肉组织机械强度高，质地坚硬。果实成熟时，水解酶类（果胶酶类、纤维素酶等）形成，原果胶被原果胶酶分解，产生可溶性果胶，果胶酶分解果胶而形成果胶酸，而果胶酸又被果胶酸酶分解形成半乳糖醛酸。由于果胶物质被分解，胞间层彼此分离，果肉变得松软。另外，纤维素酶使纤维素长链水解变短与果实内含物由不溶态变为可溶态（如淀粉转变为可溶性糖）也是果实变软的原因。据报道，在鳄梨、桃果实的软化中纤维素酶也起关键作用。

第二节　种子的休眠生理

多数植物的生长都要经历季节性的不良气候时期，如温带的四季在光照、温度、降水等方面差异十分明显，植物如果不存在某些防御机制，在不适宜生长的季节便会受到伤害甚至死亡。休眠是植物的整体或某一部分（延存器官）生长暂时停滞的现象，是植物抵御不良自然环境的一种自身保护性的生物学特性。

通常把由于不利于生长的环境条件引起的植物休眠称为强迫休眠；而把在适宜的环境

条件下，由植物本身内部的原因造成的休眠称为生理休眠。一般所说的休眠主要是指生理休眠。植物的休眠器官有多种形式，如一年生、二年生植物多以种子为休眠器官；多年生落叶树以休眠芽为休眠器官；多年生草本植物则以根系、鳞茎、球茎、块根、块茎等为休眠器官。

一、种子休眠的原因和破除

1. 种皮限制

一些种子（如苜蓿、紫云英等的种子）的种皮不能透水或透水性弱，这些种子称为硬实种子。另有一些种子（如椴树的种子）的种皮不透气，外界氧气不能透进种子内，种子中的 CO_2 又累积在种子中，因此会抑制胚的生长。还有一些种子（如苋菜的种子）虽能透水、透气，但因种皮太坚硬，胚不能突破种皮，也难以萌发。在自然条件下，用细菌和真菌等微生物分泌的酶类水解种皮使种皮变软，透水、透气性增加，从而可以逐步破除休眠。生产上一般采用物理或化学方法来破坏种皮，使种皮透水、透气。如有的用趟擦法使紫云英种皮磨损；有的用氨水（1∶50）处理松树种子或用98%浓硫酸处理皂荚种子 1h，之后清水洗净，再用 40℃ 温水浸泡 86h 等，由此可以破除休眠，提高发芽率。

2. 种子未完成后熟

有些种子的胚已经发育完全，但在适宜条件下仍不能萌发，它们一定要经过休眠，在胚内部发生某些生理生化变化后，才能萌发。这些种子在休眠期内发生的生理生化过程，称为后熟。一些蔷薇科植物（如苹果、桃、梨、樱桃等）和松柏类植物的种子，必须经过 1～3 个月的低温（5℃ 左右）层积处理，经后熟才能萌发，晒种可加速它们的后熟过程。

3. 胚未完全发育

有些植物（如人参、冬青、当归和欧洲白蜡树等）的种子成熟时种胚体积很小，结构不完善，必须经过一段时间的发育才能萌发。银杏种子成熟后从树上掉下来时还没有受精，只有种皮腐烂，种子吸收水分和氧气后，种子才受精形成合子，发育成胚。

4. 抑制物质的存在

有些植物的果实或种子，存在抑制种子萌发的物质，以防止种子的萌发。生长抑制剂香豆素，可以抑制莴苣种子的萌发。洋白蜡树种子休眠是因种子和果皮内都有脱落酸，当种子脱落酸含量降低时，种子就破除休眠。在农业生产上，可以把种子从果实中取出，并借水流洗去抑制剂，促使种子萌发，番茄的种子就需要这样处理。

二、延存器官休眠的打破和延长

马铃薯块茎在收获后，也有休眠。马铃薯休眠期长短依品种而定，一般是 40～60 天。因此，马铃薯在收获后立即作种薯就有困难，需要破除休眠。用赤霉素破除休眠是当前最有效的方法。具体的方法是将种薯切成小块，冲洗过后在 0.5～1mg·L^{-1} 的赤霉素溶液中浸泡 10min，然后上床催芽。此外，用晒种法效果也很好，即收获后晾 2～3 天，使薯块水分减少，然后在阳光下晒种，经常翻动，使薯块各部分受热均匀，两周左右，芽眼有明显突起，即可切块播种。马铃薯在长期储藏中，度过休眠期就会萌发，这样就会失去它的商品价值，所以，要设法延长休眠。在生产上可用 0.4%萘乙酸甲酯粉剂（用泥土混制）处理马铃薯块茎，处理后马铃薯块茎可安全储藏。将马铃薯块茎在架上摊成薄层，保持通风，也可安全贮藏 6 个月。此外，洋葱、大蒜等鳞茎延存器官，在生产上也有因破除休眠而出芽的问题，也可用萘乙酸甲酯延长休眠。

第三节 植物衰老与器官脱落

一、植物的衰老

（一）植物衰老的生物学意义

植物的衰老是指一个器官或整个植株的生命功能逐渐衰退，最终自然死亡的过程。

植物个体、器官、组织乃至一个细胞的生命后期均会出现衰老现象，并且最终死亡，这是生命发展的必然，是不可避免的发展规律。植物衰老方式多种多样，按照植物生长习性的不同，高等植物的衰老模式分为四种类型：

（1）整株衰老型 一年生、二年生植物通常在开花结实以后，整株植物衰老死亡，一些多年生植物（如竹子）开花后，母竹就衰老死亡。

（2）地上部衰老型 多年生草本植物，地上部分每年都衰老死亡，根系和其他地下系统仍然生存着，来年重新生长。

（3）落叶衰老型 多年生落叶木本植物的茎秆和根生活多年，但叶片通常都在每年同一时期内衰老脱落（亦被称为同步衰老）。

（4）渐进衰老型 多年生常绿木本植物老的器官和组织逐渐衰退，如叶片的衰老不在同一时期，它们是逐渐衰老脱落的，往往下部叶片或内膛叶片先衰老。此外，在植物组织的生长发育中，有些细胞或组织（如木质部导管或管胞或厚壁组织）已衰老和死亡，而整株植物仍处于旺盛生长阶段。而繁殖器官（如花和果实）各有其特殊的衰老形式，开花后花瓣和雄蕊最先衰老和死亡，整个雄花也是如此，雌花如果未授粉和受精也很快衰老脱落。果实成熟后衰老而脱离母体。

整株、器官、组织或细胞水平的衰老，都不是简单的消极作用，衰老具有积极的生物学意义。例如整株衰老，植株在其死亡前，将体内的营养物质（大量的 N、P、K 和蛋白质、糖类）转移到种子中，休眠状态的种子有利于抵御不良的环境，保证物种的繁衍；草本植物地上部分衰老死亡，有利于抵御冬季的严寒；落叶衰老，在落叶前将其营养物质转移到茎中储藏，以便再利用，有利于越冬；随着茎的生长，基部老叶因受光不足常常是养分的消耗者，叶片自基部而上渐次衰老脱落，利于植物保存营养物质，多年生常绿木本植物的内膛叶片先衰老也类似，这对植物的生长或生存是有利的。而导管分子的衰老死亡，导致水分输导系统的形成。果实的成熟衰老，有利于靠动物传播种子，便于种子的扩散和种的生存。

（二）植物衰老时生理生化变化

（1）蛋白质的变化 叶片衰老时，总的表现是蛋白质含量显著下降。在衰老过程中，离体叶片的蛋白质降解发生在叶绿素水解之前。在蛋白质水解的同时，还伴随着游离氨基酸的积累，可溶性氮的含量暂时增加（图 9-9）。叶片衰老时蛋白质含量下降的原因有三种可能：一是蛋白质分解过快；二是蛋白质合成能力下降；三是两者同时进行。目前这三种不同观点都有实验证实，衰老过程可能是由细胞蛋白质合成速率和降解速率的不平衡引起的。

（2）核酸的变化 叶片衰老时，RNA 总含量下降。一般认为叶绿体和线粒体的 rRNA 对衰老过程最敏感，而细胞中的 tRNA 衰退最晚。据报道，烟草叶片衰老的 3 天内 RNA 下降 16%，DNA 减少 3%。说明在各种核酸中核糖体 RNA（rRNA）减少最明显，DNA 下降速度较 RNA 缓慢。如用激动素处理，可提高叶片中 RNA 的含量，延缓衰老。也有一些试验表明，叶片衰老时核糖核酸酶活性增强。因此，衰老时 RNA 含量下降可能是合成减弱和 RNA 水解酶活性增强所致的。

（3）光合速率下降 植株衰老时，叶片变化最明显，衰老时叶绿体的类囊体逐渐被破坏，叶绿素含量减少，叶片的光合速率随叶龄的增长而下降（图9-10）。可能的原因有：一是叶片衰老时叶绿体的间质被破坏，类囊体膨胀、裂解，嗜锇体的数量增多，体积增大，导致叶绿素含量迅速下降；二是在衰老过程中，光合电子传递与光合磷酸化受阻，导致光合速率明显下降。

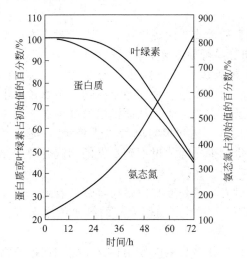

图9-9 离体叶片衰老过程中叶绿素、蛋白质和氨态氮的变化

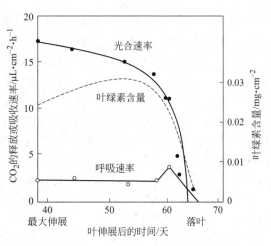

图9-10 白苏叶片的叶绿素含量、光合速率与呼吸速率随叶伸展后时间（天）的变化

（4）呼吸速率下降 呼吸作用的变化较平稳，但在后期似成熟果实一样出现一个呼吸跃变期，以后呼吸则迅速下降。例如白苏叶片，呼吸速率在56天前基本稳定，在叶片衰老脱落之前增加，继而很快下降（图9-10）。衰老时呼吸过程的氧化磷酸化逐步解偶联，形成的ATP量也逐渐减少使衰老加速。相关研究表明叶片衰老期间叶绿体和游离核糖体是最早解体的细胞器，而线粒体的结构能保持到衰老后期。

（5）细胞结构的变化 衰老细胞生物膜结构也发生重大变化，表现为膜脂过氧化加剧，膜选择透性功能丧失，透性增大。在衰老期间，一些具有膜结构的细胞器（如叶绿体、核糖体、内质网、线粒体、细胞核、液泡等）其膜结构也先后发生衰退、破裂甚至解体，从而影响各类与其有关的生理功能，如光合速率降低，呼吸强度下降，蛋白质合成能力显著减弱和RNA含量的下降等一系列的代谢变化。生物膜结构的破坏引起细胞透性增大，选择透性功能丧失，使细胞液中的水解酶分散到整个细胞中，产生自溶作用，进而使细胞解体和死亡。

（6）植物内源激素的变化 在植物衰老过程中，植物内源激素有明显变化。一般情况是促进植物生长的激素［如生长素（IAA）、赤霉素（GA）和细胞分裂素（CTK）等］的含量逐步下降，而诱导衰老和成熟的植物激素［如脱落酸（ABA）和乙烯（ETH）等］的含量逐步增加。

（三）植物衰老的原因

不同植物不同器官其衰老模式不同，植物在什么时候、以什么方式衰老，除受遗传基因控制外，同时还受营养物质、植物激素的调控，也受环境条件等的影响。其衰老原因错综复杂，下面介绍几种理论。

1. 营养亏缺理论

很早人们就观察到，一生只开花一次的植物在开花结实后整株衰老并死亡。一个经典的开花引起衰老死亡的例子是竹子。竹子如果不开花，可生活多年，一旦开花，母株就衰老死亡。许多一年生植物去掉花和花芽可以延缓衰老。例如 Leopold（1959）在大豆开花期，不断摘去花朵，可明显延缓植株衰老，去花时间愈早，植物生育期愈长，番茄也类似。因此，有人认为衰老是由于有性生殖垄断了植物营养的分配，耗尽营养所引起的。但雌雄异株的大麻和菠菜，雄株开雄花不能结实，谈不上聚集了营养体的养分，但雄株照样衰老死亡；一些多次结实植物的整株衰老死亡，一般与有性生殖没有直接关系。因此，衰老不能简单地用有性生殖耗尽营养物质来解释。

2. 植物激素调控理论

植物衰老受到多重内、外因子的调节，植物激素是重要的内源因子，五大类激素中，生长素、赤霉素和细胞分裂素可以延缓衰老，ABA 和乙烯可促进衰老。

在 Richmond 和 Lang（1957）发现细胞分裂素可延缓苍耳离体叶片衰老之后，人们已经通过许多实验发现，凡具有细胞分裂素活性的物质均可作为叶片衰老延缓剂。植物营养生长时，根系合成的细胞分裂素运到叶片，促进叶片蛋白质的合成，从而推迟植株衰老。离体叶片生根后，蛋白质合成能力加强。而植物开花结实时，花和果实成为"营养库"，促使叶片的养料运向果实，再者根系合成的细胞分裂素数量减少，叶片得不到足够的细胞分裂素导致叶片衰老。

赤霉素对延缓旱金莲叶片的衰老有明显效应，对阻止蒲公英和白蜡树等衰老有效，在衰老期间内源赤霉素水平逐渐降低。IAA 或 2,4-D 对有些树木（如樱桃）的叶子的衰老有推迟作用，但对有些树木则无效。

脱落酸和乙烯对衰老的作用与细胞分裂素、赤霉素和生长素的作用相反，它们促进植物的衰老。用脱落酸处理许多植物的离体叶子，均可导致衰老加速。这是因为脱落酸可抑制核酸和蛋白质的合成，加速叶片中 RNA 和蛋白质的分解，促进气孔关闭。在干旱、水涝和黑暗等不良条件下，植物体内 ABA 也有所增加，从而加速衰老。Thimann 认为脱落酸是叶片衰老的主要内在因素。乙烯也能促进离体叶片衰老，但效果不及对促进果实成熟的效果明显。有人观察到乙烯的释放与叶子的衰老相伴而行。为此，用乙烯生物合成抑制剂 Ag^{2+}、Co^{2+}、Ni^{2+}、氨基氧代乙酸（AOA）、氨基乙氧基乙烯基甘氨酸（AVG）等均可抑制内源乙烯产生，推迟果实和叶片衰老。而用 1-氨基环丙烷-1-羧酸（ACC）处理离体叶片，可促进内源乙烯产生（因为 ACC 为合成乙烯的前体物质），加速叶片衰老。因此有人认为衰老是由于植物体内或器官内各种激素平衡改变的结果。

3. 自由基损伤学说

植物衰老的自由基损伤学说较受重视。该学说认为植物衰老是由于植物体内产生过多的自由基，对生物大分子（如：蛋白质、叶绿素、核酸等）有破坏作用，使植物体及器官衰老、死亡。正常情况下，植物体内自由基的产生和清除是平衡的。当植物遇到不良环境时，自由基的产生增加，而清除能力下降，从而加速植物衰老。

自由基造成膜脂质过氧化和脱酯化作用引起膜损伤，并破坏蛋白质、核酸、含巯基化合物，导致植物衰老。凡能诱导生物自由基产生的条件（如环境胁迫、某些生物分子的自动氧化、分子氧单电子还原和某些酶促反应等），均可诱发生物自由基（如超氧阴离子自由基、羟自由基等）大量产生，加速其衰老。植物体内存在有超氧化物歧化酶、过氧化氢酶、过氧化物酶等清除自由基的保护酶系统，在正常情况下自由基的产生和清除处于动态平衡状态，自由基的浓度很低，不会引起伤害。但在一定生长发育时期或植物处于不良的环境下时，保护酶活性下降，体内自由基增多，从而造成细胞伤害，促进衰老。因此，一切有利于提高保护酶活性的措施，均有延缓衰老的作用。近年来，不少报道认为某些激素和激素类物质可以消除活性氧而延缓植物衰老。

二、植物器官的脱落

脱落是指植物细胞、组织或器官自然离开母体的过程，可分为正常脱落、胁迫脱落和生理脱落三类。正常脱落是由于衰老或成熟引起的脱落，如叶片的衰老脱落、果实和种子的成熟脱落；生理脱落是因植物自身的生理活动而引起的脱落，如营养生长与生殖生长的竞争、源与库不协调等引起的脱落；由于环境条件胁迫（干旱、水涝、高温、低温、盐渍、病害、虫害、大气污染、光照不足等）引起的脱落称为胁迫脱落。植物器官脱落是一种生物学现象，是植物对外界环境的适应特性。尤其在不良生活条件下，淘汰掉一部分器官，让剩下来的器官得以发育成熟，这是植物自我调节的手段，其生物学意义在于在不适宜生长的条件下有利于植物种的保存。脱落现象是农林生产上的一个重要问题。例如，棉花蕾铃脱落率可达70%左右，大豆花荚的脱落率一般可达50%～70%，果树、番茄、茄子等都有花果脱落问题，对生产造成严重损失。因此，防止器官脱落是农林生产上的一个重要课题。

（一）离层与器官脱落

一般来说，器官在脱落前必须形成离层。离层位于叶柄、花柄、果柄以及某些枝条的基部。现以叶片为例说明离层的形成过程。在叶柄基部经横向分裂而形成的几层细胞，其体积小，排列紧密，有浓稠的原生质和较多的淀粉粒，核大而突出，这几层细胞就是离层细胞。离层是器官脱落的部位，一般于叶片达最大面积之前形成；而在叶片行将脱落之前，离层细胞衰退，变得中空而脆弱，果胶酶与纤维素酶活性增强，细胞壁的中层分解，细胞彼此离开，叶柄只靠维管束与枝条相连，在重力与风力等的作用下，维管束折断，于是叶片脱落。当器官脱落后暴露面木栓化所形成的一层组织叫保护层，保护层使暴露面免受干旱和微生物的伤害。器官脱落时离层细胞先行溶解，木本植物叶片脱落通常是位于两层细胞间的胞间层先发生溶解，于是相邻两个细胞分离，分离后的初生细胞壁依然完整；或者是胞间层与初生壁均发生溶解，只留一层很薄的纤维素壁包着原生质。而草本植物通常是一层或几层细胞整个溶解。绝大多数植物只有在离层形成后叶片才脱落，但也有例外。有些植物不产生离层（禾谷类），叶片照样脱落；烟草叶子不形成离层，枯萎后也不

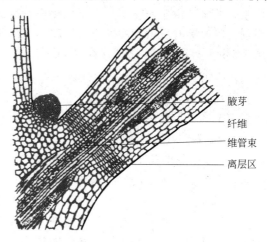

图 9-11　棉叶柄茎部纵切面，示意离层区结构

脱落；有些植物虽有离层，叶片却不脱落。可见离层的形成并不是脱落的唯一原因，然而却是绝大多数植物脱落的一个基本条件（图 9-11）。

（二）激素与脱落

由于植物衰老导致器官脱落，这与植物的内源激素有关。

1. 生长素

生长素（IAA）对植物器官的脱落效应与处理部位、浓度有关。一般认为，较低浓度IAA能促进器官脱落，而较高浓度的IAA则能抑制器官脱落。切取四季豆具有叶柄的茎段，试验发现，如果处理离层远茎的一端（远轴端），可降低脱落；如果处理离层距茎近的一端（近轴端）可促进脱落。F. T. Addicott 等人提出脱落的生长素梯度学说：不是叶柄内生长素的绝对含量，而是横过离层两端生长素的浓度梯度影响脱落。即生长素含量远轴端大于近轴端时，离层不能形成，叶片不脱落；如生长素含量远轴端小于近轴端时，离层能形成，因而产生脱落。有人推测，IAA含量高的器官，是个强库，能够"吸引"更多的营养物质。

2. 乙烯

乙烯（ETH）能诱发纤维素酶和果胶酶的合成，并能提高这两种酶的活性，使离层细

胞壁溶解而引起器官的脱落。Osborne（1978）研究认为双子叶植物的离层内存在着特殊的 ETH 反应靶细胞，受 ETH 激发，使其分裂扩大，并产生和分泌多聚糖水解酶，使细胞壁中胶层和基质结构疏松，导致脱落。可是禾本科植物的叶片不存在离层，ETH 对这类植物不起脱落作用。有人还认为叶片脱落前 ETH 作用的最初部位不在离层，而在叶片中，ETH 可阻碍 IAA 向离层转移（极性运输），提高了离层细胞对 ETH 的敏感性，即使在 ETH 含量不再增加的情况下也可导致脱落。此外，ETH 能提高 ABA 的含量。

3. 脱落酸

脱落酸（ABA）促进叶片脱落。正常生长的叶片中 ABA 含量极微，而衰老叶片中含量增高，秋天短日照促进 ABA 的合成，因此该季节落叶与此有关。ABA 促进脱落的机理可能与其抑制叶柄内 IAA 的传导和促进分解细胞壁酶类的分泌有关。但 ABA 促进脱落的作用低于 ETH。而 CTK 能够拮抗 ABA 的合成，所以能抑制器官的衰老和脱落。

（三）营养与脱落

一般来说，碳水化合物和蛋白质等有机营养不足是花果脱落的主要原因之一。受精的子房在发育期间需要大量的氨类构成种子的蛋白质及大量的碳水化合物用于呼吸消耗。一般情况下，增加糖的积累，避免氮素过量，水分供应适当，光照充足，就可减少脱落。用棉花进行遮光试验，由于光线不足，碳水化合物合成减少，极易引起棉铃脱落。如在果枝基部进行环割，以改善有机营养的供应，可增加坐果率，提高产量。

（四）外界条件对脱落的影响

1. 温度

温度过高或过低对脱落都有促进作用，其机理主要是通过影响酶的活性。在大田，高温能引起土壤干旱促进脱落，而秋季低温是影响树木落叶的重要原因之一。

2. 氧气

提高 O_2 浓度到 10% 以上，能促进 ETH 合成，促进脱落，还能增加光呼吸，消耗过多的光合产物；低浓度的 O_2 抑制呼吸作用，降低根系对水分及矿质的吸收，造成发育不良。

3. 水分

干旱引起植物叶、花、果的脱落，这样可减少水分散失，使植物适应环境。干旱导致植物体内各种内源激素平衡的破坏，能提高 IAA 氧化酶的活性，使 IAA 含量及 CTK 活性降低，促使离层的形成而导致脱落。淹水条件下，土壤中氧分压降低，产生 ETH，导致叶、花、果脱落。

4. 矿质

缺乏 N、Zn 能影响 IAA 的合成；缺少 B 会使花粉败育，引起花而不实；Ca 是细胞壁中果胶酸钙的重要组分。所以缺乏 N、B、Zn、Ca 能导致脱落。

5. 光照

强光能抑制或延缓脱落，弱光则促进脱落，如作物密度过大时常使下部叶片过早脱落，原因是弱光下光合速率降低，糖类物质合成减少；长日照延迟脱落，短日照促进脱落，可能与 GA 和 ABA 的合成有关。

综上所述，器官脱落受多种因素的综合影响，研究延迟或促进植物器官的脱落对农业生产都很重要。如苹果采收前的落果，既降低产量又影响品质，可在采收前使用生长素类物质延迟果实脱落，一般可延迟一周或更长时间。国外常采用乙烯合成抑制剂 AVG 等防止果实脱落，效果显著。生产上也常采用促进脱落的措施，常用的脱落剂有乙烯利、2,3-二氯异丁酸、氟代乙酸等。生产上施用乙烯利促使棉花落叶，便于棉铃吐絮和机械采收。

拓展学习

本章小结

　　种子在成熟期间，有机物主要向合成方向进行，即把可溶性的低分子有机物（如葡萄糖、蔗糖、氨基酸等）转化为不溶性的高分子有机物（淀粉、蛋白质、脂肪），并将其积累在子叶或胚乳中。

　　肉质果实在成熟过程中有呼吸跃变现象，且与果肉内乙烯含量增多有关。在实践上通过控制气体或外施乙烯利推迟或促进果实的成熟。

　　休眠是植物的一个重要适应现象。休眠的原因有种皮限制、种子未完成后熟、胚未完全发育和抑制物质的存在等［延存器官（如块茎和鳞茎）也有休眠］，在生产上常要求人为地破除或延长休眠。

　　植物衰老的方式有四种：渐进衰老型、地上部衰老型、落叶衰老型和整株衰老型。强光、适温和充足营养可延缓器官衰老。

　　器官脱落是植物适应环境、保存自己和保证后代繁殖的一种生物学现象。生长素和细胞分裂素延迟器官脱落，脱落酸、乙烯和赤霉素促进器官脱落。

复习思考题

一、名词解释

　　单性结实　呼吸跃变　休眠　生理休眠　强迫休眠　衰老　脱落　离层

二、思考题

　　1. 种子成熟时有哪些生理生化变化？

　　2. 果实成熟时有哪些生理生化变化？

　　3. 引起种子休眠的原因有哪些？如何破除休眠？

　　4. 植物衰老时在生理生化上有哪些变化？

　　5. 如何调控器官的衰老与脱落？

PPT 课件

第十章 植物的逆境生理

【学习目标】
(1) 掌握逆境、逆境的类型及抗逆性的基本概念。
(2) 了解逆境对植物的危害和植物抗逆性的生理基础。
(3) 了解植物对逆境的适应性。

植物生长在多变的环境中，在生长发育过程中，常常会遇到一些不良的环境条件，如干旱、水涝、低温、盐渍、病虫害与有害物质污染等。这些对植物生存、生长发育不利的不良环境统称为逆境（stress），又叫胁迫。植物对逆境的抵抗和忍耐能力称为植物的抗逆性，简称抗性（stress resistance）。植物逆境生理（stress physiology）是研究不良环境对植物生命活动的影响和植物对其抗御能力的科学。

植物对逆境的适应（或抵抗）大致可分为两种方式，即避逆性（stress avoidance）和耐逆性（stress tolerance）。避逆性是指植物通过对生育周期的调整躲避不良环境，而在相对适宜的环境中完成其生活史的特性，如沙漠中的植物只在雨季生长。耐逆性是指植物在逆境条件下，通过自身代谢的调节，随逆境而发生相应的变化，从而阻止、降低或者修复由逆境造成的损伤，使其生存，甚至保持正常的生理活动，如某些苔藓植物在极度干旱的季节仍然存活。

第一节 干旱、高温、水涝胁迫与植物的抗性

一、植物的抗旱性

植物常遭遇的不良环境之一就是缺水。植物耗水大于吸水时，组织内水分亏缺，植物组织过度水分亏缺的现象，称为干旱（drought）。旱害（drought injury）则是指土壤水分缺乏或大气相对湿度过低对植物的危害。植物对旱害的抵抗能力叫抗旱性（drought resistance）。我国西北、华北干旱缺水是影响农林生产的重要因子，南方各省虽然雨量充沛，但由于各月雨量不均，有时也有干旱危害。

（一）干旱类型

干旱可分为以下三种：

（1）大气干旱 空气过度干燥，大气相对湿度低（<20%），蒸腾过强，根系吸水补偿不了失去的水分，水分平衡失调，植物从而受到危害。我国西北、华北地区常有大气干旱发生。

（2）土壤干旱 土壤中有效水缺乏或不足，植物吸水不能弥补蒸腾失水，使其水分亏缺，植物难以维持正常生命活动，甚至死亡。土壤干旱时，植物受害情况比大气干旱严重。我国西北和东北的某些地区有土壤干旱现象。

（3）生理干旱 土壤中水分并不缺乏，因土温过低或土壤溶液过高或积累有毒物质等，妨碍植物根系吸水，造成水分平衡失调，从而使植物受到干旱。

（二）干旱对植物的伤害

干旱对植物最直观的影响是使叶片和幼茎萎蔫。萎蔫（wilting）是指植物因水分亏缺，细胞失去紧张度，叶片和茎的幼嫩部分出现下垂的现象。萎蔫可分为暂时萎蔫与永久萎蔫。如在炎热的夏季中午，蒸腾强烈，根系吸水暂时不能补偿水分亏缺，导致叶片和嫩茎萎蔫；傍晚或夜晚，蒸腾下降，因根系供水消除了水分亏缺，植物又恢复原状。这种靠降低蒸腾即能消除植物体内水分亏缺，并使植物恢复原状的萎蔫，称为暂时萎蔫（temporary wilting）。这是一种经常发生的植物对水分亏缺的适应现象，尤其是阔叶植物，叶片愈大，这种现象愈为明显。因萎蔫时气孔关闭，可抑制水分散失，对植物是有利的。发生暂时萎蔫时，叶肉细胞临时水分失调，并未造成原生质严重脱水，对植物不产生破坏性影响。如果土壤中已无植物可利用的水，即使蒸腾作用降低植物仍不能恢复正常的萎蔫，称为永久萎蔫（permanent wilting）。若永久萎蔫时间过长，则会导致植物死亡。

永久萎蔫与暂时萎蔫的根本差别在于：永久萎蔫发生时，原生质发生了严重脱水，引起了一系列生理生化变化，虽然暂时萎蔫也给植物带来一定损害，但通常所说的旱害实际上是指永久萎蔫对植物所产生的不利影响。干旱对植物的伤害表现在以下几方面：

1. 改变膜的结构及透性

在正常情况下膜内脂类分子呈双分子层排列，这种排列主要靠磷脂极性与水分子相互连接，所以膜内必须有一定量的束缚水，才能保持膜中脂类分子的双层排列。当干旱使细胞严重脱水（含水量降低到20%以下），直至不能保持膜内必需水分时，膜上磷脂层分子的排列结构即遭破坏。膜的结构被改变后，膜的透性增加，首先是电解质外渗，其次是氨基酸、糖分子等有机物外渗。例如葡萄叶片干旱失水时，细胞膜的相对透性比对照增加3～12倍。

2. 各器官间水分重新分配，生长被抑制

干旱时，植物体内水分不足，不同器官或不同组织间的水分按水势大小重新进行分配，即水分从水势高的部分流向水势低的部分。一般在干旱时，幼叶向老叶夺取水分，促使老叶衰老脱落或发黄干枯。小穗、花、蕾、幼果水势高，很容易被幼叶等水势较低的部分夺去水分，造成落花、落果或枯萎、籽粒不饱满，从而导致产量降低甚至颗粒无收。

干旱对生长的影响，主要表现在细胞伸长受到抑制，细胞分裂减慢或停止。因此，受干旱危害的植物，细胞小，植株矮小，节间短。

3. 破坏正常代谢过程

干旱时，随原生质脱水而发生一系列变化，其特点为：抑制合成代谢，加强分解代谢；水解酶活性加强，合成酶活性降低或消失。

（1）光合作用与呼吸作用的变化　水分不足时，光合作用速率明显下降，最后完全停止。其原因有：水分亏缺后造成气孔关闭，CO_2 进入体内受阻；叶绿体受损伤，光系统 II 活性减弱甚至丧失，光合磷酸化解偶联；叶绿素合成速度与光合酶的活性降低。此外，干旱时，叶片内积累较多的可溶性物质，光合产物向外运输受阻，反馈抑制光合作用的进行。如有资料表明：番茄叶片水势低于 $-0.7MPa$ 时，光合作用开始下降，当水势达到 $-1.4MPa$ 时，光合作用几乎为零。

干旱对呼吸作用的影响较为复杂，一般认为水分亏缺会使呼吸强度短时间上升，然后下降。有些植物在干旱时呼吸强度增高，如洋常春藤（*Hedera helix*）增加34%～67%，小麦增加6%等。这是水分亏缺时呼吸基质增多的缘故，比如缺水时淀粉酶活性增加，使淀粉水解为糖，可暂时增加呼吸基质。但到水分亏缺严重时，呼吸又会大大降低，如马铃薯叶的水势下降至 $-1.4MPa$ 时，呼吸速率可下降30%左右。干旱持续较久时，氧化磷酸化解偶联，P/O 的值下降，ATP 不能正常形成，这会加剧各代谢过程间的失调。

（2）蛋白质分解，脯氨酸积累　干旱时植物体内的蛋白质分解加速，合成减少，这与蛋白质合成酶的钝化和能源（ATP）的减少有关，如玉米水分亏缺 3h 后 ATP 含量减少 40%。随 ATP 减少，游离氨基酸增高 25%。蛋白质分解加速了叶子衰老与死亡，当复水后蛋白质合成迅速恢复。因此，植物经干旱后，在灌溉与降雨时适当增施氮肥有利于蛋白质合成，补偿干旱的有害影响。

肯布尔（Kemble）与麦克费森（Macpherson, 1954）发现，萎蔫的多年生黑麦草蛋白质降解生成的氨基酸、酰胺或者多肽，在数量上都少于蛋白质原有的含量，唯一例外的是脯氨酸含量大大地超过了原有的数值。在其他受旱的植物中也证明有脯氨酸积累现象，据报道，大麦、小麦、豌豆等受旱严重时，脯氨酸积累多。在水分正常的植物体中，游离脯氨酸含量为每克干重 0.2～0.6mg；当干旱脱水时，脯氨酸急增达每克干重 40～50mg。可见，脯氨酸与植物抗旱性存在一定相关性，有人提出脯氨酸累积能力可作为培育抗旱作物品种的生理指标。

（3）破坏核酸代谢　有人试验把植物组织置于一定浓度的高渗溶液中（常用聚乙二醇，PEG）以引起组织脱水（人工干旱），在很多植物中（如大麦、小麦、豌豆、向日葵等）都证明随着细胞脱水，组织内 RNA 与 DNA 含量减少。RNA 减少，一方面是由于干旱促使 RNA 酶活性加强，加速了 RNA 的分解；另一方面是 DNA、RNA 合成代谢减弱。进一步研究证明干旱时，RNA 酶破坏了结合在核糖体和多聚核糖体上的 mRNA，因而破坏了蛋白质合成的模板，阻碍了各种酶蛋白的形成，导致核酸与蛋白质合成代谢受阻。

（4）激素的变化　植物干旱时，细胞分裂素（CTK）含量降低，脱落酸含量增加。有人试验表明，盆栽葡萄叶片水势从 −0.2MPa 降低到 −1.3MPa 时，ABA 含量增加 44 倍，随着 ABA 的积累，促进了气孔关闭，有利于植物抗旱。因干旱抑制根内细胞分裂素的合成，因此受旱的植株叶内细胞分裂素减少。细胞分裂素和脱落酸对 RNA 酶的活性有相反的影响，即细胞分裂素降低 RNA 酶的活性，而脱落酸增加 RNA 酶的活性。干旱打破了 CTK 与 ABA 之间的平衡，降低了其比值，提高了 RNA 酶活性，降低了合成代谢活性。此外，干旱时乙烯含量也提高，从而可加快植物部分器官的脱落，促进植株的衰老。

（5）蛋白质变性凝聚　干旱时细胞失水，蛋白质分子结构间含氢的键（—SH、—OH、—NH 等键）发生改变，使蛋白质分子相互靠拢而凝聚和折叠且体积缩小。特别是蛋白质分子中相邻肽键外部的硫氢键（—HS—SH—），脱氢而形成二硫键（—S═S—），造成蛋白质分子空间构象发生变化，蛋白质变性凝聚（参考本章第二节冻害的巯基假说）。试验证明，甘蓝叶片脱水时，分子间的二硫键增多是引起细胞损害的原因，而且这些二硫键的发生可能也导致膜蛋白变性。

4. 机械性损伤

细胞严重脱水或突然复水会造成细胞或植物立即死亡。试验证明，植物受旱的方式不同，对植物伤害也不一样，干得愈快存活细胞愈少，对细胞的伤害愈严重。对细胞严重脱水或突然复水所造成的伤害，Iijin 提出了机械损伤假说，他认为：在正常情况下细胞壁紧紧附在原生质上，当细胞干旱失水时，原生质和细胞壁收缩，使细胞发生褶皱变形，细胞原生质体会受到机械损害，当细胞壁因弹性所限不再收缩，而原生质继续收缩时，原生质体就会被撕破，致使细胞死亡，细胞壁愈坚硬的细胞，这种现象愈明显；有时细胞失水并未造成死亡，当细胞吸水尤其是骤然大量吸水膨胀时，由于细胞壁吸水膨胀速度远远超过原生质体，这种不协调的膨胀，就可撕破粘连在细胞壁上的原生质，使细胞再遭受机械损害而死亡。在干旱致死的组织中，常可看到被撕破的并黏附在细胞壁上的原生质体小块，也可看到干旱复水时有原生质体破裂的现象。

由上可见，旱害对植物的伤害是多方面的，大致可分为直接伤害和间接伤害。直接伤害就是细胞脱水直接破坏了细胞结构而引起的细胞死亡；这种危害发生快，常常是不可逆的。

间接伤害是由于细胞失水而引起的代谢失调、营养缺乏、加速衰老、降低产量等；这种危害过程缓慢，除持续较长时间外，一般不造成植株死亡。

（三）作物抗旱的生态生理基础

植物的抗旱性是对干旱的一种适应，不同植物或同一植物不同品种适应的方式与能力不相同。植物对干旱的适应可概括为两种途径：即避旱（drought escape）和抗旱。避旱是缩短生育期逃避干旱，如某些沙漠植物；抗旱是指植物在干旱条件下借形态结构或生理活动的调节，以减轻或防御干旱对植物造成的伤害。因此，抗旱作物主要以形态结构和生理生化反应来适应干旱环境。

1. 形态结构特征

（1）根系形态结构对干旱环境的适应　　根系发育情况包括根系的深度、广度、根长、根数、体积与质量、根/冠等。一般抗旱性强的种类或品种往往根系发达，即根深，根长，根密度［单位土壤体积内根的长度，以厘米·厘米$^{-3}$（cm·cm^{-3}）表示］大，根冠比大，这样能使植株有效地利用土壤水分，保持水分平衡，有利于作物抗旱。如棉花主根深入土层达3m左右，苎麻长达2m左右，因此抗旱力较强；根系发达的高粱、玉米根/冠分别为209、146（以干重表示，根、冠单位分别为mg、g），其抗旱能力较根/冠为117的农林21号水稻要强得多。可见根/冠愈大，愈有利于抗旱。因此根/冠常作为选择抗旱品种的形态指标。

（2）叶的形态结构对干旱环境的适应　　一般抗旱性较强的作物其叶片有以下特点：叶细胞体积小，细胞间隙少，可减少失水时细胞收缩产生的机械伤害；维管束发达，叶脉致密，单位面积气孔数目较多，通过提高蒸腾促进水分传导，有利于植物吸水；叶片表面绒毛多，角质化程度高或蜡质层厚，可减少蒸腾失水。有些作物品种在干旱时叶片卷曲成筒状以减少蒸腾，可见，不同植物可通过不同形态特征以适应干旱环境。

2. 生理生化特征

旱害的核心是细胞原生质脱水。因此，在干旱环境下，细胞原生质具有很强的抗脱水能力，这是抗旱植物的主要基础。具体表现为：细胞渗透势较低，吸水能力强，有利于抗旱；原生质胶体亲水性强，束缚水含量高，原生质黏度大，保水能力强，遇干旱时抗脱水能力也就强；原生质黏度大，弹性也强，原生质脱水时，机械损伤可能性较小；原生质结构稳定，细胞代谢不会发生紊乱，抗旱植物在干旱时仍能保持合成酶类的活性与同化水平。

脯氨酸的积累也是植物抗旱能力的重要特征。这是由于：①脯氨酸的亲水性强，有较好的水合作用，可防止水分散失，对原生质起到保护作用与保水作用；②脯氨酸能提高原生质胶体的稳定性，是稳定物质代谢的决定因素；③脯氨酸的积累可消除因为干旱缺水而使植物体内积累的过多的氨，从而避免造成毒害，游离脯氨酸又可作为氮素来源。因此，干旱后植物体内脯氨酸积累，可作为抗旱性的鉴定指标，但还有争议。

（四）提高作物抗旱性的途径

（1）抗旱锻炼　　人为地将植物置于一种致死量以下的干旱条件中，让植物经受干旱磨炼，以提高其对干旱的适应能力。基于这种原理，在农业生产上已提出很多有效的抗旱锻炼方法，如"蹲苗""搁苗""饿苗""双芽法"等。在玉米、棉花、烟草、大麦苗期，适当控制其水分，抑制其生长，以锻炼其适应干旱的能力，这叫"蹲苗"；蔬菜移栽前拔起让其适当萎蔫一段时间后再栽，这叫"搁苗"；甘薯藤苗剪下放阴凉处1～3天后再扦插，这叫"饿苗"。实践证明，经过抗旱锻炼的苗，根系发达，植株保水能力强，叶绿素含量高，以后遇干旱时，代谢比较稳定，尤其是蛋白质含量高，干物质积累多。

而"双芽法"是指播种前种子的抗旱锻炼，即先用一定量的水把种子湿润，如小麦用风干重40%的水，分三次拌入种子。每次加水后，经一定时间的吸收，再风干到原来质量

（风干在 15～20℃ 下进行），如此反复三次后再播。这样可使萌发后的幼苗适应干旱环境。

（2）化学处理　如用 0.25% $CaCl_2$ 溶液浸种 20h 或用 0.05% $ZnSO_4$ 喷洒叶面，都能起到提高抗旱能力的效果。

（3）合理使用矿质肥料　实践证明，磷、钾肥可提高作物的抗旱能力。磷、钾肥能促进根系生长，有利于蛋白质形成和提高原生质胶体水合程度，从而可增强保水力；钾还能促进气孔开张，有利于光合作用。而氮肥过多或不足对作物抗旱都不利，凡茎叶徒长或生长瘦弱的植株，根系吸水能力都减弱，蒸腾失水增多，抗旱能力则降低。此外，一些微量元素（如硼、铜等）也有助于作物抗旱。

（4）生长延缓剂及抗蒸腾剂的使用　在农业生产中常使用生长延缓剂［如矮壮素（CCC）］，以提高作物的抗旱力。因矮壮素能抑制植株地上部生长，使根冠比增大，从而可增强细胞的保水力，还能延缓植株体内核酸和蛋白质的水解，推迟其衰老。脱落酸（ABA）虽可促使气孔关闭，减少蒸腾失水，但因价格昂贵，目前在农业生产上还缺少实际应用价值。

抗蒸腾剂（antitranspirant）是可降低蒸腾失水的一类药物，根据其作用方式来分可分为以下三类：①薄膜性物质，如硅酮（silicone），喷于作物叶面，形成单分子薄膜，可以阻断水分的散失，能显著降低叶面蒸腾，而对光合作用影响较小，其缺点是叶温稍有增高；②反射剂，如高岭土（kaolinite），对光有反射性，从而可减少用于叶面蒸腾的能量；③气孔开度抑制剂，如阿特津、苯汞乙酸等，可控制气孔开度或改变细胞膜的透性，以达到降低蒸腾的目的。

二、植物的抗热性

由高温引起植物伤害的现象称热害。植物对高温的适应和抵抗能力称为抗热性（heat resistance）。但热害的温度很难定量，因为不同类的植物对高温的忍耐程度有很大差异。一般植物在 35～40℃ 环境中生活时间过长，就会受到伤害甚至死亡。但有一些肉质植物能忍受 60℃ 的高温，有些干燥状态的地衣、苔藓甚至能忍受 140℃ 的高温。

（一）高温对植物的伤害

我国西北和南方等地区有时太阳猛烈暴晒，西北、华北等地区有时吹干热风，都会使植物严重受害。向阳的果实和树干常出现的"日灼病"，就是由于温度快速升高而引起的一种热害。高温热害出现的病征为：向阳树干燥，甚至开裂；叶片死斑明显，叶绿素破坏严重，叶色变褐变黄；鲜果（如番茄、葡萄）出现烧伤痕（日灼病）。高温对植物的危害可分为直接伤害和间接伤害两类：

1. 间接伤害

间接伤害是指由高温引起植物过度失水，导致代谢失调，使植物渐渐受害的现象；伤害程度与高温的温度及持续时间有关，严重时可使植物死亡。

（1）饥饿　植物光合作用的最适温度一般低于呼吸作用的最适温度。在生理学上将呼吸速率与光合速率相等时的温度，称为温度补偿点（temperature compensation point）。因此，当植株处于温度补偿点以上的温度时，呼吸速率大于光合速率，植物就无光合产物的积累，并消耗体内储存的养料，使植株处于饥饿状态，久之，将导致死亡。据研究高温不单纯影响净同化物质的积累，有时还阻碍同化物质运输，降低代谢库的接纳能力。

（2）有毒物质毒害　NH_3 毒害是高温下的常见现象，因高温下蛋白质合成受到抑制，分解加快，植物体内游离氨数量显著上升。实验证明，*Pennisetum typhides*（狼尾草属的一种）的幼苗在 48℃ 下经 12～24h 热害，体内 NH_3 数量显著上升。此外，高温下由于破坏了有氧呼吸，氧化磷酸化解偶联，无氧呼吸所产生的有毒物质（如乙醇、乙醛）也对植物造成伤害。

2. 直接伤害

直接伤害是高温直接影响细胞质结构的现象，在短期（几秒钟到几十分钟）高温后，即可出现热害症状。直接伤害的机理有以下几种解释。

（1）生物膜破坏　生物膜主要成分是蛋白质和脂类，二者在膜中靠静电或疏水键相联结。在高温下，生物膜功能键断裂，膜蛋白变性，膜脂分子从膜结构中游离出来，形成一些液化的小囊泡。这时膜结构遭受破坏，透性增大，各种生理过程不能正常进行，导致细胞受伤甚至死亡。

（2）蛋白质变性　在细胞内蛋白质是通过各种价键构成空间构型的，而各种价键的强弱不同。高温足以破坏键能较弱的氢键和疏水键，使蛋白质分子的空间构型遭受破坏，蛋白质发生变性。一般最初的变性是可逆的，但高温持续时间过长，蛋白质就转变为不可逆的凝聚状态。

$$自然状态 \xrightleftharpoons[正常温度]{高温} 变性 \xrightarrow{进一步高温} 凝聚状态$$

（二）抗热性的生理基础

不同植物抗热性不同，不同生态环境下生长的植物，对高温的抵抗能力也不同。一般生长在干燥和炎热环境中的植物，其抗热性高于生长在潮湿和冷凉环境中的植物。例如原产热带和亚热带的植物（台湾相思、合欢、茶花、甜橙、桉树、橡胶树等）抗热性较强，它们的老叶在 $50\sim55℃$ 的高温环境中（0.5h）才出现轻伤害；原产于温带和寒带地区的植物（丁香、紫荆、白杨、五角枫、悬铃木等）抗热性较差，在 $35\sim40℃$ 时便开始遭受热害。抗热植物除本身潜在的遗传性外，还表现出以下生理生化的基本特点：

① 组成原生质的蛋白质和酶蛋白在高温下较稳定，不易变性凝聚，并能维持一定的正常代谢水平，这与蛋白质分子疏水键和分子内二硫键多少有关。

② 降低体内含水量。有些植物或器官，其细胞含水量较低，抗热能力较强。如干燥种子抗热性强，但随着吸水萌发，其抗热性就急剧下降。

③ 束缚水含量高，原生质黏性大，蛋白质分子不易变性，因而抗热性强。如仙人掌类植物，其含水量高，而对高温的适应能力很强（能耐 $60℃$ 高温），这和其束缚水含量有关，此类植物一般束缚水含量在 50% 以上。

④ 饱和脂肪酸含量高。如热带植物油脂中饱和脂肪酸一般含量都很高，油料种子的抗热性一般比淀粉种子强。

⑤ 具有很高的有机酸代谢水平，有机酸可与高温下产生的氨（NH_3）结合形成氨基酸或酰胺，以解除 NH_3 的毒害作用。如生长在沙漠或者干热山谷里的一些植物，常通过增加有机酸代谢，来消除高温下因蛋白质分解所释放的多余的 NH_3。

20 世纪 80 年代初开展了高等植物热激蛋白的研究。热激蛋白（heat shock protein，简称为 HSP）是指受热时产生的蛋白质。据研究适宜高温能诱导植物 HSP 基因表达，从而使其对高温逆境产生抗热性。目前国内外正在探讨 HSP 与作物抗热性的关系，以期选育出抗热高产优质品种。

三、植物的抗涝性

水分过多对植物造成的危害称为涝害。而植物对水分过多或积水的适应能力和抵抗力称为植物的抗涝性（flood resistance）。涝害一般有两层含义：一是指土壤水分处于饱和状态，根系完全生长在沼泽化的泥浆中，这时发生的危害叫湿害；二是指地面积水，淹没了作物的全部或一部分而造成的危害，这是典型的涝害。

（一）水涝对植物的危害

水分过多对植物的危害，并不在于水分本身，因为植物在营养液中也能正常生长（如无土栽培中的营养液培养）；而是由于水分过多造成土壤缺氧，从而可产生一系列的不良影响。

1. 水涝对植物形态与生长的损害

水涝缺氧可降低植物生长量，如玉米在淹水（4% O_2）24 天后干物质生产降低为正常供氧的 57%。受涝的植物生长矮小，叶黄化，根尖变黑，叶柄偏上生长。淹水对种子萌发的抑制作用尤为明显，如水稻种子淹没于水中，会发生不正常的萌发现象：芽鞘异常伸长而不长根，叶发黄，通气后根才出现。

缺氧对亚细胞结构也发生深刻的影响，如细胞的线粒体在缺氧条件下，其数目和内部结构都有异常。

2. 水涝对代谢的影响

水涝缺氧对植物光合作用产生抑制作用。如玉米与粟生长在 4% 氧下，光合作用明显降低。大豆在土壤淹水条件下，光合作用本身并无改变，但是同化物质向外输出受阻，导致光合产物积累而降低光合速率。水涝对呼吸作用的影响，主要是限制有氧呼吸，而促进无氧呼吸，如菜豆淹水 20h 就发现有大量无氧呼吸（或发酵作用）的产物（如丙酮酸、乙醇、乳酸等）。综上所述，由于有氧呼吸被抑制，而无氧呼吸加强，光合作用明显减弱或完全停止，储藏物质被大量消耗，同化物质分解大于合成，植物因饥饿而死亡。

3. 水涝引起植物营养失调

植物因水涝而发生营养失调，主要有两方面的原因：一是由于缺氧降低了根对离子吸收的活性；二是由于缺氧和嫌气性微生物活动产生大量 CO_2 与还原性有毒物质，从而降低了土壤氧化-还原势，使土壤内形成大量有害的还原性物质（如 H_2S、Fe^{2+}、Mn^{2+} 等）及一些有机酸（如醋酸、丁酸、乳酸等），这些都会直接毒害根系。淹水改变了土壤理化性质（如酸度增加），一些元素（如 Mn、Zn、Fe）也易被还原流失，这都能引起植株营养缺乏。

（二）植物的抗涝性

植物的抗涝能力因各种因素而发生变化，不同植物、品种、生育期，抗涝能力都不相同。陆生喜湿作物中，芋头比甘薯抗涝；旱生作物中，油菜比马铃薯、番茄抗涝，荞麦比胡萝卜、紫云英抗涝；沼泽植物中，水稻比莲藕更抗涝。在水稻中，籼稻比糯稻抗涝，糯稻又比粳稻抗涝。而在水稻一生中，以幼穗形成期到孕穗中期抗涝能力最弱，其次是开花期，其他生育期受害较轻。

作物抗涝性的强弱取决于对缺氧的适应能力。

1. 发达的通气系统

耐涝植物一般都有较好的通气组织，很多植物可以通过胞间空隙系统，把地上部分吸收的氧输送到根部或者缺氧部位。水生植物耐涝的主要原因在于有发达的胞间隙系统（通气间隙），据测定水生植物的胞间隙体积约占地上部总体积的 70%，而陆生植物叶的胞间隙体积只占叶的 20%。以水稻和小麦为例，两者的通气结构有很大的不同，水稻幼根的皮层细胞为柱状排列，而小麦为偏斜排列；生长以后，小麦根结构上没有变化，而水稻根皮层内细胞大多数崩溃，形成特殊的通气组织，进入地上部叶鞘的空气，就可以沿着这些通气管道顺利地到达根部。所以，水稻比小麦等旱作物耐涝。柳树这类耐涝的植物，它对缺氧则是另一种适应机理，柳树在呼吸中可利用 NO_3^- 作为 O_2 供体，即以 NO_3^- 的 O_2 作为 e^- 的受体，以适应缺氧的环境，受涝时就可以通过提高对 NO_3^- 的吸收来补偿 O_2 的不足。

2. 调节代谢以增强耐缺氧能力

水涝缺氧而引起的无氧呼吸使植物体内积累有毒物质，而耐缺氧的生化机理就是要避免有毒物质的形成和积累。具体方法如下：

① 改变呼吸途径。如耐湿的甜茅属植物受淹时，开始刺激糖酵解途径，但不久即以磷酸戊糖途径（PPP）取代糖酵解的过程，这样就避免了乙醇、乙醛等有毒物质的积累。

② 通过提高乙醇脱氢酶活性以减少乙醇的积累。如耐涝的大麦品种与不耐涝的大麦品种受涝后，耐涝品种根内的乙醇脱氢酶活性增高。水稻根内乙醇脱氢酶的活性比较高。

③ 通过消耗过剩的 NADH，以抑制乙醇的合成。如有人发现抗涝植物在受淹时，体内硝酸还原酶（NR）、谷氨酸脱氢酶与乳酸脱氢酶活性增强，通过这些酶的活动可以消耗过剩的 NADH，以抑制乙醇的合成。此外，有些植物缺乏苹果酸酶，这样就抑制了由苹果酸形成丙酮酸，从而防止了乙醇的积累。

第二节　寒害与植物的抗寒性

由低温作用于植物体而引起的伤害叫寒害。寒害按低温程度和植物受害情况可分为冷害和冻害两种类型。

一、冷害

很多热带和亚热带植物不能经受 0℃ 以上的低温，这种 0℃ 以上（或冰点以上）低温对植物所造成的伤害叫冷害（chilling injury）。而植物对 0℃ 以上（或冰点以上）低温的适应和抵抗能力叫抗冷性（chilling resistance）。在我国，冷害经常发生于早春和晚秋，对作物的危害主要发生于苗期或籽实成熟期。例如水稻、棉花和春播蔬菜幼苗，如遇到春季寒潮，就可能造成死苗、烂种或僵苗不发。晚稻开花期遭受冷空气侵袭，则会使花粉败育，产生较多的空瘪粒。在很多作物生产上常见到冷害现象，根据植物对冷害的反应速度，可将冷害分为直接伤害与间接伤害两类。直接伤害是指植物受低温影响后几小时或至多在一天之内即出现伤斑的现象，说明这种影响已侵入胞内，可直接破坏原生质活性。间接伤害是指因低温引起代谢失调而造成的细胞伤害。这种伤害在植物遭受低温后，形态上表现正常，至少要在五六天后才出现组织柔软、萎蔫，这是因低温引起代谢失调后生物化学的缓慢变化所造成的细胞伤害。

（一）冷害过程的生理生化变化

冷害对植物的影响不仅表现在外部形态上（如叶片变褐、干枯，果皮变色等），更重要的是在细胞的内部发生了剧烈的生理生化变化。

1. 原生质流动减慢或停止

原生质流动过程需要 ATP 提供能量。有人试验证明，对冷害敏感植物（番茄、烟草、西瓜、甜瓜、玉米等）的叶柄表皮，在 10℃ 下 1～2min，原生质流动就变缓慢或完全停止；而对冷害不敏感的植物（甘蓝、胡萝卜、甜菜、马铃薯），在 0℃ 仍有原生质流动。受冷害的植物氧化磷酸化解偶联，ATP 的形成受到抑制。

2. 水分代谢失调

植株经过零上低温危害后，吸水能力和蒸腾速率都明显下降，因对根部活力影响较大，使根系吸水能力下降幅度大于蒸腾下降幅度，吸水小于蒸腾，水分平衡失调。因此，寒潮过后，作物的叶尖或叶片干枯，尤其是天气转暖过快，危害更甚。

3. 光合作用减弱

低温影响叶绿素的生物合成和光合过程中各种酶的活性，因而光合速率明显降低，如果低温又遇上阴雨寡照，其影响则更为严重。

4. 呼吸速率大起大落

植物在零上低温条件下，呼吸速率往往开始时有些升高，但时间较长以后，呼吸速率便大大降低。受冷害时，呼吸速率升高，这是一种适应现象；因为呼吸速率升高，可释放较多热能，能提高植物的温度，对抵抗寒冷有利。低温伤害线粒体膜的结构和功能，使酶活性降低，有氧呼吸受到明显抑制，而与膜无直接关系的无氧呼吸不受影响，这样更不利于植物正常代谢，不仅加速了细胞的饥饿（消耗大于合成），同时还积累了代谢性的有毒物质，如乙醇、乙醛等。

5. 刺激乙烯、脱落酸和多胺的生成

据研究低温能提高植物 ACC 合成酶的活性，使 SAM（S-腺苷甲硫氨酸）转变为 ACC 反应加速，从而促进内源乙烯的生成。在冷、热、干旱等逆境下，植物启动 ABA 合成系统，诱导内源 ABA 合成。ABA 增加一方面能诱发新的蛋白质合成，增强植物的抗冷性；另一方面也可促进气孔关闭，抑制气孔开放，减少水分散失，维持植物体内水分平衡。近年来，研究表明在逆境条件下，由于多胺对蛋白质的结构和膜脂的完整性起一定的稳定作用，因此，多胺的增加是植物对冷害的一种保护性反应。

6. 活性氧及其清除剂的变化

植物组织中通过各种途径产生超氧阴离子自由基（O_2^-）、羟自由基（·OH）、过氧化氢（H_2O_2）、单线态氧（$^1O_2$），它们有很强的氧化能力，性质活泼，对许多生物功能分子有破坏作用，包括引起膜的过氧化作用。然而，植物体中也有防御系统，可降低或清除活性氧对膜脂的攻击能力。

在正常情况下，细胞内自由基的产生和清除处于动态平衡状态，自由基水平低，对细胞不会造成伤害。但当植物在低温、高温、干旱等逆境条件下时，这个平衡就被打破，自由基积累过多，而 SOD 等保护酶系统又被破坏，于是许多有害的过氧化产物（如丙二醛等）就会积累。有害的过氧化产物会破坏膜结构，损伤大分子生命物质，引起一系列生理生化紊乱，导致植物死亡。

刘鸿先等（1986）实验证明，在光照下，低温引起水稻幼苗叶绿体中的 SOD 活性下降，而膜脂过氧化产物——丙二醛的含量则增加，SOD 活性和丙二醛含量之间呈负相关，$r = -0.95 \sim -0.94$；比较耐冷的籼优 6 号在低温处理后，SOD 活性下降的程度小，而耐冷力较弱的 IR26 的 SOD 活性下降程度大，从 SOD 活性下降程度也可反映出品种耐冷力的大小。

（二）冷害的机理

冷害导致形态结构和生理生化剧变的主要原因，现认为不同植物受到各自不同冷害的低温影响时，首先是生物膜膜脂发生相变，即膜脂上的脂肪酸从无序排列的液晶态变成有序排列的凝胶态（由液相转变为固相）。由于膜脂相变使得膜结构紧缩，出现裂缝，造成膜的破损。这样，一方面破坏了膜的选择透性，使膜透性剧增，胞内溶质外渗，离子平衡被打破；另一方面使与膜结合的酶系统受到破坏，使代谢紊乱（如光合速率与呼吸速率的改变），使物质分解大于合成，使植物处于饥饿状态。另外，由于膜的破损，使与膜结合的酶系统与在膜外游离的酶系统之间的固有平衡被破坏，导致积累一些有毒物质（如乙醇、乙醛等），加之氧化磷酸化解偶联，ATP 供应减少。如果低温程度轻或作用时间短，则对植物的伤害是可逆的；如果较重或时间较长，就可能出现不可逆的伤害（图 10-1）。

试验证明，温带植物比热带植物耐低温的原因之一，就是温带植物构成膜脂的不饱和脂肪酸含量较高。相同植物种类，抗寒性强的品种，其不饱和脂肪酸含量也高于抗寒性弱的品种。因膜脂相变温度（即膜脂由液相向固相转变的起始温度）随脂肪酸链长度的增加而增加，而随着不饱和脂肪酸含量增高而降低，即不饱和脂肪酸愈多，相变温度愈低，愈耐低温。因此，膜脂中不饱和脂肪酸含量和不饱和程度（双键数目）高的品种，抗寒性就强。实

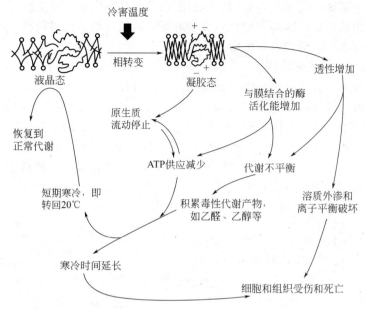

图 10-1 对冷害敏感的植物引起冷害的途径

践也证明，经过低温锻炼后的棉花、番茄幼苗，叶片膜脂中不饱和脂肪酸含量明显增高，膜相变温度降低，抗冷性增强。因此膜不饱和脂肪酸指数（不饱和脂肪酸在总脂肪酸中的相对比例）可作为衡量植物抗冷性的重要生理指标。

二、冻害

0℃以下（冰点以下）低温，使植物体内发生冰冻，从而危害植物的现象叫冻害（freezing injury）。有时冻害与霜害伴随发生，故冻害往往也叫霜冻。霜冻可对各种作物造成不同程度的冻害，霜冻对植物的危害程度主要受以下因素影响：①降温幅度；②0℃以下低温持续时间；③霜冻的来临与解冻的速度。一般降温幅度愈大，霜冻持续时间愈长，骤然降温或解冻，对植物危害就愈严重；在缓慢降温与升温解冻时，植物受害较轻。植物对 0℃以下低温的适应和抵抗能力叫抗冻性（freezing resistance）。

（一）冻害的类型

冻害对于植物的影响，主要是由于 0℃以下低温使植物组织或细胞的水分因结冰而引起伤害。冻害按结冰部位不同有以下两种类型：

1. 细胞间结冰伤害

当气温逐渐下降到冰点以下时，细胞间隙里的水分开始形成冰晶，即所谓胞间结冰。随着温度继续下降，水分继续结冰，冰粒愈来愈大。由于胞间水分结冰降低了细胞间隙的蒸气压，而细胞内含水量较大，蒸气压较高，胞内水分按蒸气压梯度差，从细胞内向细胞间隙扩散，使胞间冰晶愈结愈大。胞间冰晶体积的逐渐增大，会对植物造成伤害。造成伤害的主要原因是原生质严重脱水，导致蛋白质变性和原生质不可逆的凝固变性；次要原因是细胞间隙形成的冰晶体过大时对细胞造成机械损伤，气温骤然回升时，冰晶体迅速融化，细胞壁易恢复原状，而原生质尚来不及吸水膨胀，有可能被撕裂损伤。胞间结冰不一定造成植物死亡，大多数抗寒性强的越冬作物（如白菜、葱等），有时叶片冻得像玻璃一样透明，但在缓慢解冻后仍能照常生长。

2. 细胞内结冰伤害

当气温骤然下降时，除了胞间结冰外，细胞内的水分也形成冰晶，一般先在原生质内结冰，然后在液泡内结冰，这就是细胞内结冰。胞内结冰对细胞有直接危害，由于细胞原生质是有高度精细结构的组织，冰晶的形成将直接对原生质膜与细胞器以及整个细胞质产生机械破坏作用。胞内结冰常给植物带来致命的损伤。

（二）冻害的几种假说

关于冻害的机理，目前有巯基假说和膜损伤假说两种。

（1）巯基假说　巯基假说是由 Levitt（1962）提出的，他认为当组织结冰原生质脱水时，蛋白质分子互相靠拢，当接近到一定程度时，相邻肽链外部的巯基（—SH）氧化形成二硫键（—S—S—）；也可以通过一分子外部的—SH 与另一分子内部的—S—S—作用，形成分子间的—S—S—，使蛋白质分子凝聚。当解冻再度吸水时，肽链松散，氢键处断裂，由于—S—S—比较牢固而被保存，肽链的空间位置发生变化，蛋白质分子的空间构象改变，从而导致蛋白质结构的破坏（图 10-2），引起细胞伤害甚至死亡。

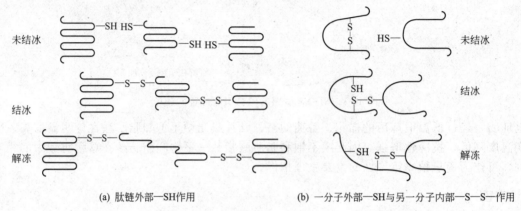

(a) 肽链外部—SH作用　　　　(b) 一分子外部—SH与另一分子内部—S—S—作用

图 10-2　结冰时由于分子间二硫键形成而使蛋白质分子不折叠的可能机理

因此认为—SH 与植物的抗冻性有直接关系。植物对结冰的忍受程度（抗冻性）与细胞内的巯基含量有关，凡植物匀浆中—SH 含量高的，该植物抗冻性就强，抗冻性强的植物有较大的抗—SH 氧化的能力。

（2）膜损伤假说　实验证明，膜对结冰最敏感，如柑橘的细胞在 $-4.4 \sim -6.7℃$ 时所有的膜（质膜、液泡膜、叶绿体膜和线粒体膜）都被破坏，小麦根分生细胞结冰后线粒体膜也发生显著的损伤。因膜蛋白结冰脱水时，—SH 易被氧化成—S—S—，使膜蛋白变性凝聚，严重时导致膜系统产生裂缝。另外，细胞间隙结冰时，细胞过度失水，使原生质和细胞壁因失水而收缩，但两者收缩的程度不同，膜因受到张力而产生裂缝。此外还有冰晶体对膜的机械破损，结果使膜透性增大，K^+ 泵失活，溶质大量外渗，叶绿体和线粒体功能受阻，氧化磷酸化解偶联，ATP 形成明显下降，代谢失调，严重的则使植株死亡。

三、植物对寒害的适应性

植物的抗寒性是植物长期适应低温逆境而形成的一种抗寒害能力。植物在长期进化过程中，为了生存，在生长习性和生理生化方面都对低温具有特殊的适应方式。如一年生植物主要以干燥种子形式越冬；大多数多年生草本植物越冬时地上部死亡，而以埋藏于土壤中的延存器官（如鳞茎、块茎等）越冬；而大多数木本植物或冬季作物在冬季来临之前，随着气温的逐渐降低，除形成或加强保护组织（如芽鳞片、木栓层等）和落叶外，在体内还发生一系列适应低温的生理生化变化，使其抗寒能力逐渐提高。植物这种逐渐提高抗寒能力的过程，称为抗寒锻炼。植物若未经历从秋季到冬季低温来临之前这段时间的抗寒锻炼，其抗寒能力很弱。如针叶树在冬季可以忍耐 $-30 \sim -40℃$ 的严寒，而在夏季若人为将其置于 $-8℃$ 下便会被冻死；又如晚秋或早春寒流突然袭击，对作物危害尤烈，其原因即是晚秋作物尚未完成抗寒锻炼，而早春作物随着气温的回升，其体内的抗寒力已减弱。

经抗寒锻炼的植物之所以提高了其抗寒力，主要是由于发生了以下生理生化变化：

1. 植株含水量下降

入秋后，随着气温的下降，植株根系对水分的吸收逐渐减少，其含水量逐渐减少，加之细胞内糖类和可溶性氮化合物等溶质的增多，细胞内亲水性胶体的加强，使自由水与束缚水的相对比值减小。由于束缚水被原生质胶粒所吸附，不易结冰，也不易蒸腾散失，所以植株体内总含水量的减少和束缚水含量的相对增多，有利于植物抗寒性的提高。

2. 内源激素的变化

随着秋季日照变短，气温降低，树木叶片逐渐形成较多的脱落酸（ABA），而生长素（IAA）和赤霉素（GA）的含量则减少。ABA转移到茎端生长区，抑制顶端分生组织有丝分裂活动，阻止细胞分裂和伸长，从而抑制茎的生长。

3. 生长停止，进入休眠

冬季来临之前，因植株体内ABA含量增多，其生长速率变得很缓慢，甚至停止生长，形成休眠芽。不久，叶子大量脱落，植株进入休眠状态，抗寒力提高。

4. 呼吸减弱

随着气温的下降，植株生长停止进入休眠，呼吸速率逐渐减弱，很多植物在冬季的呼吸速率仅为生长期中正常呼吸速率的1/200。细胞呼吸弱，消耗糖分少，积累糖分多，加之代谢活动弱，有利于植物增强对不良环境的抵抗力。

5. 保护物质增多

植物抵御低温的保护性物质主要是糖，使越冬植物体内可溶性糖（主要是葡萄糖和蔗糖）增多的原因有以下几方面：①晴朗秋天，日照充足，气温适宜，由于昼夜温差大，光合产物积累较多；②随着温度的下降，淀粉水解成糖的速度加快，可溶性糖含量增多；③植物的呼吸速率随着温度的下降而逐渐减弱，细胞呼吸弱，消耗糖分少，有利于糖分积累。而可溶性糖的增多，一方面可提高细胞液的浓度，使冰点下降；另一方面可提高原生质的保水力，减轻细胞的过度脱水，从而保护原生质胶体不致遇冷凝固。因此，抗寒性强的植物在低温时其可溶性糖含量比抗寒性弱的高。除可溶性糖外，脂肪也是保护物质之一。越冬期间，脂类化合物集中在细胞质表层，水分不易透过，代谢降低，细胞内不易结冰，亦能防止过度脱水。此外，蛋白质、核酸、氨基酸（尤其是脯氨酸）含量增加，对植物抗寒亦有良好效果。

综上所述，在严冬来临之前，植物感受环境信号（日照变短、气温下降），在生理生化上发生一系列适应性反应，如自由水/束缚水的值下降，ABA增多，生长停止，进入休眠，呼吸减弱，保护物质增多等，以适应低温环境。

第三节 盐害与植物的抗盐性

一、盐害

土壤中可溶性盐过多对植物造成的危害，称为盐害（salt injury），也称盐胁迫（salt stress）。植物对盐害的适应能力叫抗盐性（salt resistance）。自然界有不少土壤含盐分过多，一般在气候干燥、地势低洼、地下水位高的地区，由于蒸发强烈，地下水上升并被蒸发，使盐分残留在土壤表层（耕作层）；加上降雨量小，不能将土壤表层的盐分淋洗掉，致使土壤表层盐分过多。在海滨地区随着土壤蒸发或者引用咸水灌溉或海水倒流，都可使土壤表层盐分升高到 1% 以上。盐分过多的土壤中主要含有 $NaCl$、Na_2SO_4、$MgSO_4$、Na_2CO_3、$NaHCO_3$ 等。人们习惯上把以 $NaCl$ 和 Na_2SO_4 为主要成分的土壤称为盐土（saline soil）；而把以 Na_2CO_3 和 $NaHCO_3$ 为主要成分的土壤称为碱土。盐土和碱土常混合在一起，不能绝对划分，故统称为盐碱土。盐分过多的数量界限很难一概而定，一般盐土表层含盐量在 0.6%～1.0%，盐碱土含盐量在 0.2%～0.5% 时已对植物生长不利。盐碱不利于作物生产，轻者造成减产，重者颗粒无收甚至寸草不生。世界上盐碱土面积很大，约有 4 亿公顷；我国盐碱土主要分布于北方和沿海地区，约有 2700 万公顷，其中有 700 万公顷是农田。如果能提高作物抗盐力，并改良盐碱土，对农林的发展将产生巨大的影响。

二、盐分过多对植物的危害

土壤盐分过多，尤其是易溶解的盐类过多时，对植物的危害主要有以下几个方面：

1. 生理干旱

土壤中可溶性盐类过多，使土壤溶液的渗透势、水势下降，植株吸水也就困难，甚至使植株体内的水分外渗。一般农作物根系的水势较低，但当土壤盐分含量超过 0.2%～0.25% 时，根系吸水就很困难；盐分含量高于 0.4% 时，会出现水分外渗，造成生理干旱，植株生长被抑制，植株矮小，叶色暗绿。若大气湿度又较低，盐害将更为严重。

2. 离子毒害作用

盐碱土中因离子平衡被破坏及植物对离子的不平衡吸收，将有可能发生以下离子毒害：

（1）产生单盐毒害 盐碱土中虽然含有各种盐类，但一般以一种盐类为主，使溶液中离子失去生理平衡，发生单盐毒害。如植物对 $NaCl$ 吸收时，对 Cl^- 的吸收要快于 Na^+，最终因 Cl^- 积累而产生毒害作用；水稻转移到 1.0% $NaCl$ 溶液中培养时，盐害的产生就是由于 Cl^- 积累。单盐的毒害作用可以通过离子拮抗而消除：据试验，小麦用 1% $NaCl$ 浸种萌发率只有 8%；若事先用 1% $CaCl_2$ 浸种，而后转在 1% $NaCl$ 内浸种，则萌发率即达 90%。

盐碱土中各种可溶性盐类对植物危害的顺序为：$Na_2CO_3 > MgCl_2 > NaHCO_3 > NaCl > CaCl_2 > MgSO_4 > Na_2SO_4$。

（2）发生营养失调 盐碱土中的 Na^+、Cl^-、Mg^{2+}、SO_4^{2-} 浓度过高，会阻碍植物对 K^+、HPO_4^{2-}、NO_3^- 等的吸收，而导致出现 K、P、N 缺乏症。据试验，生长在 $NaCl$ 含量高的介质中的大麦、小麦、豌豆、水稻等，往往出现缺 K 症，因为 Na^+ 和 K^+ 竞争相同吸收载体，Na^+ 亲和性大于 K^+。在玉米叶片中，Na^+ 或 Cl^- 的含量过高，则使磷（P^{5-}）含量下降，导致磷酸化反应受阻。植物对离子的不平衡吸收，造成营养失调，最终抑制其生长。

3. 膜透性改变

盐害主要是 Na^+ 和 Cl^- 浓度过高引起的，植物体内 Na^+ 和 Cl^- 浓度过高，就会使细胞膜的功能发生改变。细胞膜上的 Ca^{2+} 被 Na^+ 取代，产生膜的渗漏现象，使细胞内的 K^+、PO_4^{3-} 和有机溶质外渗。据试验，将直径为 7mm 的大豆子叶叶圆片，放入浓度 20～200mmol·L^{-1} 的 $NaCl$ 溶液中，观察到渗漏率大致与盐浓度成正比。

4. 代谢紊乱

盐分胁迫使原生质膜透性增加，从而改变了细胞内物质组成和酶的活性，使代谢系统失调。

（1）蛋白质合成受阻而分解加快 盐分过多降低许多植物蛋白质的合成，促进蛋白质分解。据报道，在轻度盐土上生长的棉花，其叶片的氨含量为正常的 2 倍，在重盐渍土上则是 10 倍。盐分过多促使蚕豆植株积累腐胺，腐胺在二胺氧化酶催化下脱氨，使植株含氨量增加，从而产生氨害。蚕豆在盐胁迫下叶内半胱氨酸和蛋氨酸合成减少，从而使蛋白质含量减少。

（2）光合作用和呼吸作用改变　盐分过多，叶绿素和胡萝卜素的生物合成受干扰，叶绿体趋于解体，还可使 PEP 羧化酶与 RuBP 羧化酶活性降低，气孔关闭，故光合作用受到抑制。盐分过多对呼吸作用的影响，多数情况下呼吸作用降低，但有些植物的某些部位（如小麦的根）增加盐分有提高呼吸作用的效应。提高其呼吸作用的原因被认为是 Na^+ 活化了离子转移系统，尤其是对质膜上的 Na^+、K^+-ATP 酶的活化，刺激了呼吸作用。但总的趋向是呼吸消耗多，净光合生产率低，植物生长发育被抑制。

三、植物的抗盐性

植物的抗盐性是植物对土壤盐分过多的一种适应能力，根据其适应能力的大小，可把植物分为盐生植物、淡土植物。盐生植物可适应生长在盐度为 1.5%～2.0% 的环境中，少数所谓真盐生植物（如海带）可适应生长在 5%～9% 的盐水中。栽培作物中没有真正盐生植物，只是抗盐能力有所差别。而淡土植物习惯于淡土环境，但对盐碱也有一定的适应能力，在 0.2%～0.8% 的盐度范围内也可生存生长。

（一）抗盐方式

不同植物对盐胁迫的适应方式不同。植物的抗盐方式可分为两大类：逃避盐害与忍受盐害。

1. 避盐

避盐是植物回避周围环境盐胁迫的抗盐方式。避盐方式有以下三种：

（1）泌盐　有些植物吸收盐分后，不在体内积存，而是通过茎叶表面上的盐腺将盐分排出体外，如柽柳、匙叶草瓣鳞花、玉米、高粱等都有排盐作用。

（2）稀盐　这类植物通过吸收大量水分，加快生长速率把吸进体内的盐分稀释，因而细胞液中盐分浓度增高不显著。如生长在盐土中的小麦、大麦、红树等虽然吸收了大量盐分，但细胞中盐浓度基本保持恒定，其原因是生长迅速，水分吸收充分。肉质化的植物（如盐生滨藜属、落地生根属中的某些种），靠细胞内大量储水冲淡盐的浓度来逃避盐害。

（3）拒盐　这类植物（如长冰草）的根细胞对盐分的透性很小，在一定浓度的盐分范围内，不吸收或很少吸收盐分。植物拒盐的原因主要是根细胞对某些离子的透性降低，尤其是在周围介质盐分浓度增高时，也能稳定保持对离子的选择性透性，而选择性透性的产生是靠一价阳离子（K^+、Na^+）与二价阳离子（Ca^{2+}）的平衡来维持的。如果增加细胞内的 Ca^{2+}，就可降低细胞膜的透性，减少 K^+、Na^+ 等一价离子的吸收。也有些植物拒盐只发生在植物局部组织，如根吸收的盐类只积累在根细胞的液泡内，不向地上部运转，地上部"拒绝"吸收。

2. 耐盐

耐盐是植物通过生理或代谢的适应性而忍受已进入细胞内的盐分的现象。耐盐方式有以下三种：

（1）细胞的渗透调节　通过细胞的渗透调节，液泡内的无机离子（K^+）或有机物增加，使水势降低以利于吸水。如小麦、黑麦等遇盐分过高时，可以吸收离子积累在液泡中。有些植物通过合成可溶性糖、甜菜碱、脯氨酸等以降低细胞渗透势和水势，从而防止细胞脱水。

（2）保持酶活性稳定，维持正常代谢　有些植物在较高盐浓度中仍保持一定的酶活性，可避免代谢紊乱。如菜豆的光合磷酸化作用受高浓度 NaCl 的抑制，而玉米、向日葵、欧洲海蓬子等在高浓度 NaCl 下反而刺激光合磷酸化作用。大麦幼苗在盐渍下仍保持丙酮酸激酶活性，但不耐盐的植物则缺乏这种特性。

（3）代谢产物与盐结合　某些植物可通过自身的代谢产物与盐类结合，减少游离离子对原生质的破坏作用。细胞中广泛存在的清蛋白可提高亲水胶体对盐类凝固作用的抵抗力，避免原生质受电解质影响而凝固。

（二）提高抗盐性的途径

1. 抗盐锻炼

植物抗盐能力的形成是逐步适应的结果，是一个锻炼过程。利用植物个体发育早期有较大可塑性的特点，如果给予适当的盐分处理，即可提高植物对盐分的适应能力。如将小麦种在含盐 $0.1\%\sim0.4\%$ 的土壤中，三代以后，再种在含盐 0.4% 盐碱地，结果增产显著。在种子萌发阶段进行抗盐锻炼，利用高渗盐溶液浸种，可提高植物的抗盐性。如将吸胀的棉花种子依次在 0.3%、0.6% 与 1.2% NaCl 溶液中各浸 12h，每千克种子用盐溶液约 200mL。经过盐溶液浸种处理的，既可提高棉花在盐土中的萌发能力，又可提高种苗的抗盐能力。

2. 用植物激素处理植物

采用植物激素促进作物生长和吸水，可以提高其抗盐能力。如将小麦种子用吲哚乙酸浸种或在小麦生长期喷施 $5mg \cdot kg^{-1}$ 吲哚乙酸溶液，可提高在盐渍土中生长的小麦的抗盐性，增产效果明显。

3. 在培养基中逐代加 NaCl

通过这种方法可获得适应不同浓度盐的适应细胞，这种适应细胞含有多种盐胁迫蛋白，可增强其抗盐能力。

此外，在农业生产上可采用培育耐盐品种、改良盐碱地、改良耕作栽培方式等农业措施来提高作物对盐害的抵抗能力。

第四节　环境污染对植物的危害

随着人口的增长和工农业生产的迅速发展，以及现代交通工具等所排放的废渣、废气和废水等污染物日益增多，大大超过了环境的自然净化能力，环境污染日益严重。根据污染物存在的场所，环境污染可分为大气污染、水体污染和土壤污染等。其中以大气污染和水体污染对植物的影响最大，不仅污染的范围较广，而且容易转化为土壤污染，同时也直接危害人畜的健康和安全。

一、大气污染对植物的危害

世界卫生组织（WHO）把空气中存在的一些物质（如 SO_2、NO_x、O_3、碳氢化合物等）以及由它们转化成的二次污染物界定为污染物，当它们的浓度和作用时间达到足以危害动植物和人体健康或造成建筑物等物品损伤时，称之为大气污染。一般所说的大气污染，多是由人类活动引起的。人为活动造成的大气污染源主要有三种：生活污染源、工业污染源和交通污染源。生活污染源是人们因生活上的需要向大气排放的煤烟、煤气等。工业污染源是指工矿企业（如火力发电厂、钢铁厂、化工厂、水泥厂等）在生产过程中和燃料燃烧过程中所排放的煤烟、煤气、粉尘及其中的有害有机或无机化合物。交通污染源是指交通工具（如汽车、飞机、火车、轮船等）排放的尾气。当大气中的污染物浓度超过植物的忍耐限度时，植物便受到伤害，并表现出种种受害的症状。

（一）大气污染物的种类

大气中的污染物种类很多。据统计，工业废气含有的有毒物质达 400 多种，通常能造成危害的有 20~30 种。按其危害机制可分为以下几类：① 氧化物，如臭氧（O_3）、过氧乙酰硝酸酯（PAN）、二氧化氮（NO_2）、氯气（Cl_2）等。② 还原物质，如二氧化硫（SO_2）、硫化氢（H_2S）、甲醛（HCHO）、一氧化氮（NO）等。③ 酸性物质，如氟化氢（HF）、氯化氢（HCl）、氰化氢、二氧化硫（SO_2）、四氟化硅（SiF_4）等。④ 碱性物质，如氨（NH_3）等。⑤ 有机物质，如乙烯（$CH_2{=}CH_2$）等。⑥ 无机物质，如镉、汞、铝和粉尘等。

以上污染物中以二氧化硫、氟化物、臭氧、PAN 和氮氧化物的分布较广，危害也较严重。

（二）主要大气污染物对植物的危害

很多植物对大气污染物敏感，容易受到伤害。因为植物具有庞大的叶面积，在进行光合作用等同化过程中，不断地与空气进行着活跃的气体交换，此外，高等植物根植于土壤之中，固定不动，无法躲避污染物的侵袭。大气污染物是通过气孔、角质层裂缝、皮孔或根部等途径进入植物体的。污染物进入细胞后如积累浓度超过了植物敏感阈值便对植物产生伤害，一般分为急性、慢性和隐性三种伤害。急性伤害是指植物在较高浓度的有害气体作用下（几小时、几十分钟或更短）所发生的组织坏死等伤害。慢性伤害是指低浓度的污染物经长时间作用后才显示出来的伤害，如叶片褪绿、生长发育受影响等。隐性伤害是指更低浓度的污染物在长时间内形成的危害，这种伤害从植物外部看不出明显症状，只造成生理障碍，导致植物品质、产量下降。

下面介绍几种主要污染物对植物的危害：

1. 二氧化硫（SO_2）

SO_2 来源于煤炭、石油的燃烧以及含硫矿物的冶炼，如大型火力发电厂、有色金属冶炼厂、石油加工厂、硫酸厂等排放大量的 SO_2。SO_2 分布最广，排放量最大，是我国当前最主要的大气污染物。当 SO_2 浓度超过植物能忍受的临界值时，就使植物受到伤害，这个临界值称为伤害阈值。不同的植物由于固有的代谢特性、暴露条件（环境因素、生长发育阶段）和污染物的剂量（浓度×时间）等不同，伤害阈值也就不一样（表 10-1）。

表 10-1　一些植物暴露在 SO_2 中的伤害阈值

暴露时间/h	植物产生 5% 可见伤害时 SO_2 浓度/($mg \cdot m^{-3}$)		
	敏感	中等敏感	有抗性
1	2.88~3.43	4.95~5.78	>11.44
2	1.86~3.12	3.89~4.69	>10.01
4	1.67~2.29	1.69~2.86	>8.58
6	1.17~2.00	1.48~1.83	>7.15
8	0.88~1.43	0.80~1.45	>5.72

注：摘自刘祖祺、张石城主编的《植物抗性生理学》。

根据国内外大量的研究，SO_2 对植物长期慢性伤害阈值的范围约为 $25\sim150\mu g \cdot m^{-3}$。

植物受 SO_2 为害的症状表现比较复杂，主要有以下几种症状：①叶背出现暗绿色的水渍斑，叶片失去原有的光泽，叶面起皱，常伴有水渗出；②叶片萎蔫；③明显失绿斑呈灰绿色；④失水干枯，出现坏死斑。对于阔叶树，SO_2 的急性伤害常造成叶脉间失绿，叶片出现褐色斑点或斑块，颜色逐渐变深，最后枯干脱落。而针叶树的急性伤害常从针叶顶端开始，叶尖失绿变黄，逐步向叶基部扩展，严重时针叶枯黄脱落。

不同植物对 SO_2 的敏感性不同（表 10-2）。同一植物上，一般是刚完全伸展的嫩叶易受害，中龄叶次之，老叶和未伸展的幼叶抗性较强。总的来说，草本植物比木本植物敏感，木本植物中针叶树比阔叶树敏感，阔叶树中落叶的比常绿的抗性弱，C_3 植物比 C_4 植物抗性弱。

表 10-2　一些植物对二氧化硫的敏感性

项目	植物名称
敏感	悬铃木、油松、马尾松、落叶松、白桦、合欢、杜仲、梅花、芝麻、蚕豆、棉花、大豆、小麦、辣椒、菠菜、胡萝卜、大波斯菊、玫瑰、中国石竹、天竺葵、月季
抗性中等	桃、梧桐、华山松、樟子松、水杉、白蜡树、桑、三角枫、乌桕、冬青、花生、菜豆、黄瓜、茄子、番茄、紫茉莉、万寿菊、鸢尾
抗性强	丁香、夹竹桃、刺槐、侧柏、海桐、枸骨、大叶黄杨、广玉兰、桂花、柳杉、女贞、凤尾兰、文竹、玉米、高粱、洋葱、马铃薯

大气中的 SO_2 含量过多，易形成酸雾，酸雾遇冷降雨时，又导致"酸雨"。"酸雨"已经威胁到欧洲 100 万公顷森林的生存。我国也有酸雨区，主要出现在长江以南，其中以重庆、贵阳、柳州等西南地区较为严重。如重庆市酸雨、酸雾，市郊的 $2000hm^2$ 马尾松于 1982 年开始成片死亡，全林面临覆灭威胁。

SO_2 危害植物的过程：

SO_2 通过气孔进入叶内，首先与细胞壁中的水分生成亚硫酸（H_2SO_3），再解离成重亚硫酸离子（HSO_3^-）和亚硫酸离子（SO_3^{2-}），并产生氢离子（H^+）。

$$SO_2 + H_2O \longrightarrow H_2SO_3 \rightleftharpoons HSO_3^- + H^+$$

$$HSO_3^- \rightleftharpoons SO_3^{2-} + 3H^+$$

这些离子在叶内积累，会引起直接伤害。H^+ 使细胞 pH 值降低，干扰代谢，如使气孔关闭，叶绿素转变为去镁叶绿素等。SO_3^{2-} 和 HSO_3^- 可与二硫化合物起作用，切断双硫键，引起蛋白质变构，使酶失活。SO_3^{2-}、HSO_3^- 还可与 PEP 羧化酶、RuBP 羧化酶发生 HCO_3^- 位点的竞争，与磷酸化酶发生 HPO_4^{2-}、PO_4^{3-} 位点的竞争，从而抑制这些酶的活性。些外，SO_3^{2-}、HSO_3^- 还可通过形成自由基而产生毒害。光照使类囊体膜产生超氧阴离子自由基（O_2^-）。O_2^- 能够启动 SO_3^{2-} 或（和）HSO_3^- 氧化产生更多的自由基（如 O_2^-、$HSO_3\cdot$、$\cdot OH$）：

$$SO_3^{2-} + O_2^- + 3H^+ \longrightarrow HSO_3\cdot + 2\cdot OH$$

$$SO_3^{2-} + \cdot OH + 2H^+ \longrightarrow HSO_3\cdot + H_2O$$

$$HSO_3\cdot + \cdot OH \longrightarrow SO_3 + H_2O$$

$$2HSO_3 \longrightarrow SO_3 + SO_3^{2-} + 2H^+$$

$$2\cdot OH \longrightarrow H_2O_2$$

近年来，据研究所知含氧自由基损伤蛋白质及—SH，使某些酶活性降低或丧失；使细胞中一些大分子化合物（如 DNA、核苷酸辅酶、叶绿体）氧化分解，细胞受伤；还可使类脂发生过氧化作用，膜结构被破坏，膜功能受损伤。其中，O_2^- 和单线态氧（$^1O_2$）对叶绿素、蛋白质和膜脂等生物大分子的伤害尤为严重。

2. 氟化物

造成大气污染的氟化物有氟化氢（HF）、四氟化硅（SiF_4）、氟硅酸（H_2SiF_6）和氟气（F_2）等，其中存在量最多、毒性最强的是 HF。氟化物主要来源于炼铝厂、磷肥厂、钢铁厂和陶瓷、砖瓦等工业排出的废气中。

气态氟化物（如 HF）主要从气孔进入植物体内，在叶内积累过多，当超过叶可忍耐的临界值时，就会引起伤害。HF 属剧毒类污染物，伤害阈值是 SO_2 的 1%。HF 对不同植物的伤害阈值差异很大，如番茄、棉花、小麦、油菜、柳、桧柏抗性较强，伤害阈值较高；而针叶树类植物对氟较敏感，其伤害阈值低，一般有氟化物污染的地方很少有针叶树生长。气态氟进入气孔后，再进入导管，顺着输导组织向叶片的尖端和边缘移动，并逐渐在这些地方积累。因此，受氟害的典型症状是叶尖和叶缘坏死，伤区和健康区之间常有黄褐色或红褐色的分界，未成熟叶片易受损害，枝梢受害后枯死。

氟化物对植物的危害，主要是氟能与酶蛋白中的金属元素或与 Ca^{2+}、Mg^{2+} 等离子结合成络合物，使酶失活。氟又是烯醇化酶、琥珀酸脱氢酶、酸性磷酸酯酶的抑制剂，也能引起细胞膜伤害，影响气孔开度。氟还可破坏叶绿体，阻碍叶绿素的合成，HF 污染的叶，叶绿素 a、叶绿素 b 含量都下降，光合速率受到抑制，使正常代谢受到干扰，最终引起伤害。

3. 光化学烟雾

石油化工企业和汽车尾气排出的一氧化氮（NO）和烯烃类碳氢化合物升到高空，在光照下，由于紫外线的作用发生各种光化学反应，形成臭氧（O_3）、二氧化氮（NO_2）和过氧乙酰硝酸酯（PAN）及醛类（RCHO）等有害物质（次生污染物）。这些气态次生污染物再与大气中的粒状污染物（如硫酸液滴、硝酸液滴、烟尘或有机大分子等）相互混合，形成稳定的气溶胶，呈蓝色烟雾状。由于这种烟雾污染物是光化学作用形成的，故称为光化学烟雾。其产生的主要过程如下：

NO_2 和 O_3 的形成：汽车排放的 NO 在空气中被氧化为 NO_2，NO_2 在紫外线作用下再生成 NO 和 [O]，[O] 与空气中的 O_2 反应生成 O_3。反应式如下：

$$2NO + O_2 \longrightarrow 2NO_2$$

$$NO_2 \xrightarrow{\text{紫外线}} NO + [O]$$

$$[O] + O_2 \longrightarrow O_3$$

PAN 的形成：R· 被氧化为过氧基（ROO·），再与 O_2、NO_2 和游离基（如 CH_3CO_3·）反应，产生更高浓度的 O_3 并形成 PAN（$CH_3CO \cdot O_2NO_2$）。反应式如下：

$$R \cdot + O_2 \longrightarrow ROO \cdot$$

$$ROO \cdot + O_2 \longrightarrow RO \cdot + O_3$$

$$CH_3CO_3 \cdot + NO_2 \longrightarrow CH_3CO \cdot O_2NO_2$$

在光化学烟雾中，O_3 是其危害的主要污染物，占全量的 10%，NO_2、PAN 和小量的乙醛等占 10%。这些污染物的氧化能力极强，严重危害植物生长。据报道，1946 年美国洛杉矶的光化学烟雾使农作物、果树都受到严重危害，蔬菜一夜之间由绿变褐，在 100km 以外 2000m 的高山上，很多松树受害枯死，柑橘减产，葡萄小而不甜，产量减少 60% 以上。我国也有光化学烟雾危害植物的现象。下面分别介绍 O_3、NO_2、PAN 对植物的危害。

（1）O_3 对植物的危害　对 O_3 敏感的植物（如烟草、菠菜），当大气中 O_3 浓度为 $0.05 \sim 0.15 \text{mg} \cdot L^{-1}$，持续 $0.5 \sim 8h$，就会出现伤害症状。O_3 伤害的典型症状是在叶上出现密集、细小的斑点，最初受害部位是气孔区。从解剖上看到栅栏组织是主要危害处。有的植物上表皮呈现褐色、红色或紫色，严重时大面积出现失绿斑块。针叶树则出现顶部坏死现象。由于叶受害变色，逐渐出现叶弯曲，叶缘和叶尖干枯而脱落。与 SO_2 相似，展开完全的中龄叶片对 O_3 最敏感，未展开的幼叶和老叶抗性较强。

O_3 是强氧化剂，它对植物的影响即使未出现可见伤害症状，也会危害植物的生理活动，阻碍其生长：

① 伤害生物膜。O_3 能氧化膜脂质不饱和脂肪酸，破坏质膜，使细胞内物质外渗。

②　使防御酶系失活。O_3 不是自由基，但能与 O_2 作用生成自由基，攻击含 C═C 的化合物，也能使活性氧防御系统的一些酶活性下降或丧失，引起伤害。

③　破坏正常的氧化-还原过程。因 O_3 能氧化—SH 为—S—S—，导致以—SH 为活性基的酶（如多种脱氢酶）失活，从而阻碍细胞内正常的氧化-还原过程，进而影响各种代谢过程。

④　光合速率受抑制。O_3 促使气孔关闭，影响叶绿素的合成，破坏叶绿体类囊体膜的结构，阻碍电子传递系统，使光合速率明显降低。

⑤　干扰呼吸代谢。O_3 不但抑制氧化磷酸化，也抑制糖酵解，同时促进磷酸戊糖途径。因磷酸戊糖途径的加强，而促进酚类化合物的合成，酚类化合物氧化便得棕红色或褐色化合物，因此，植物受 O_3 伤害的伤斑呈褐色、红色或紫色。

（2）NO_2 对植物的危害　NO_2 对植物的影响与 SO_2、O_3、HF 等有所不同，伤害特点如下。一是低浓度 NO_2 不会引起伤害，高浓度的 NO_2 才会引起急性伤害。二是在黑暗中或弱光下接触 NO_2 比在光照下接触 NO_2 更易产生伤害。例如在人工熏气条件下，菜豆接触 $3.5mg \cdot kg^{-1}$ NO_2，在黑暗中 1h 每平方厘米吸收了 $0.14nmol$ NO_2，叶片出现严重伤害；而在光照下接触 3h，每平方厘米吸收 $0.30nmol$ NO_2 也未见伤害。

其原因为：由于绿色植物中存在硝酸还原酶和亚硝酸还原酶，在光照下，这些酶从光合作用中获得还原力提高了其活性，使进入植物的 NO_2^- 被迅速还原为氨，所以光下植物能忍受一定浓度的 NO_2 而不出现伤害症状。但在暗中，亚硝酸还原酶不起作用或作用很小，由它转化 NO_2^- 的能力跟不上 NO_2^- 的形成速度，导致 NO_2^- 在叶中积累起来，造成伤害。

此外，有人研究指出，NO_2^- 引起膜脂过氧化过程中有活性氧自由基（O_2^-、$\cdot OH$）参与作用，自由基清除剂具有抵御 NO_2^- 伤害的保护作用。

NO_2 引起植物伤害的初始症状是在叶片上形成不规则水渍斑，后扩展到全叶，并产生不规则的白色至黄褐色小斑点。不同植物对 NO_2 的敏感性不同，如蚕豆、黄瓜等作物对 NO_2 十分敏感，在弱光下 $3mg \cdot kg^{-1}$ NO_2 接触 2h 或光照下 $6mg \cdot kg^{-1}$ NO_2 接触 2h，即出现伤害。石楠对 NO_2 抗性很强，对 $1000mg \cdot kg^{-1}$ NO_2 持续接触 1h 也不受害。

（3）PAN 对植物的危害　PAN 毒性很强，约是 O_3 的十倍，空气中如含有 $20mg \cdot kg^{-1}$ PAN，持续 2～4h，就会使敏感植物（如番茄、菜豆、莴苣、芥菜、燕麦等）产生伤害。而抗性较强的玉米、棉花、秋海棠、黄瓜等，在 $75～100mg \cdot kg^{-1}$ PAN 下经历 2h 也不受害。其伤害症状：初期叶背出现灰色或古铜色斑点，继而叶背凹陷、变皱、呈半透明状；严重时，叶片坏死，开始时先呈水渍状，干后变成白色或浅褐色的坏死带。

PAN 伤害植物的原因与 O_3 相似：PNA 破坏质膜，有人用显微镜观察到受 PAN 伤害的海绵组织细胞原生质被破坏；抑制光合速率，如 PAN 抑制菜豆等的光合磷酸化和 CO_2 的固定，使光合速率下降；干扰呼吸代谢途径并抑制依赖于 UDPG（或 ADPG）的细胞壁多糖合成酶，影响细胞壁的合成。

除上述几种大气污染物危害植物外，还有氨气、乙烯等污染物伤害植物。

二、水体污染和土壤污染对植物的危害

随着工农业生产的迅速发展和城镇化的快速建设，工业废水、矿产废水和生活污水大量排入江河湖泊，造成水污染。污染水体的污染物种类繁多，归纳起来，有金属污染物（如汞、铅、铬、镉、锌等）、非金属污染物（如硒、硼、砷等）和有机污染物（如酚、氰、苯类、醛类、石油等）。其中的"酚、氰、汞、铬、砷"常称为环境中的"五毒"。它们对植物危害的浓度分别是：酚为 $50mg \cdot L^{-1}$，氰为 $50mg \cdot L^{-1}$，汞为 $0.4mg \cdot L^{-1}$，铬为 5～

$20mg \cdot L^{-1}$，砷为 $4mg \cdot L^{-1}$。这些污染物一旦超过了植物可忍受的浓度，将对植物的生长发育造成严重危害。

土壤污染主要由水质污染和大气污染所造成。大气污染物因受重力作用或随雨、雪落于地表渗入土壤内，用污水灌溉时污染物质沉积于土壤，从而造成了土壤污染。此外，施用某些残留量较高的农药也会造成土壤污染。

植物生长在被污染的土壤中，因富集污染物质，进而转化为生物污染，可直接危害人畜健康。如正常萝卜中铅的含量只有 $0.8mg \cdot kg^{-1}$，而在铅污染区生长的萝卜含铅量可高达 $500mg \cdot kg^{-1}$。镉污染区生长的水稻富集有大量的镉，长期食用含镉大米，将使人们患上严重的骨痛病。牛羊吃食富集硒污染的牧草会发生脱毛和软蹄病。

大气污染、水体污染和土壤污染是一个综合因素，对植物的危害是连续的过程。多种污染的侵袭是加速植物伤害致死的主要原因。

三、植物在环境保护中的作用

减少环境污染的根本措施在于严格控制工矿业生产和城镇排放于环境中的污染物质。另外，也可利用植物改善环境，因为某些植物具有吸收、累积和分解污染物的能力，在净化空气、土壤和水的过程中起着重要的作用。不同植物对各种污染物的敏感性有差异；同一植物，对不同污染物的敏感性也不一样。人们利用这些特点，可用植物来保护环境。

（一）净化环境

1. 保持大气层中 O_2 和 CO_2 的平衡

随着工业的发展和人口的增加，大气层中 CO_2 浓度呈增加趋势。绿色植物通过光合作用，消耗 CO_2，制造氧气，对保持 O_2 和 CO_2 的平衡起着极重要的作用。据计算，每公顷农作物一年释放的 O_2 为 3～10t，落叶林为 16t，针叶林为 30t，常绿阔叶林为 20～25t。

2. 吸收污染物

植物既能美化环境，又能吸收氟化物、二氧化硫、二氧化氮、臭氧、氯、氨、铅蒸气、汞蒸气、过氧乙酰硝酸酯、乙烯、苯、醛、酮等气体，从而可降低大气中有害气体的浓度。据计算每公顷侧柏一个月中能吸收 44.8kg SO_2；美国环保局用杨树、栎树和松树等 6 种树组成模式森林，计算出每年每公顷森林可吸收 SO_2 748t。氟化氢通过 40m 宽的刺槐林带后的浓度比通过同距离的空旷地后的浓度可降低近 50%。二氧化硫通过一条高 15m、宽 15m 的法国梧桐林带浓度可降低 1/4～2/3。

不同植物对各种污染物的吸收能力不相同。如大叶黄杨、夹竹桃、女贞、桧柏、梧桐、柳杉、云杉、垂柳、臭椿、丁香、地衣等吸收 SO_2 能力较强，可积累较多硫化物；垂柳、拐枣、油茶、洋槐、油菜、柑橘、梧桐等植物具有很强的吸收氟化物的能力，其叶内含氟量高出正常几倍到十几倍时，还能正常生长。

水生植物（如水葫芦、浮萍、黑藻等）有吸收水中酚类、氰化物、汞、铅、砷等污染物质的作用，但对已积累污染物的水生植物，不宜再作畜禽饲料和绿肥，以免影响人畜健康和扩散污染。

3. 植物的解毒作用

有些抗污染能力强的植物，吸收了大量的污染气体后仍不受害，这与这些植物体中本身存在的生理生态水平上的解毒能力有关，解毒能力强的植物体内代谢过程中酶系统活跃，活性氧防御系统物质含量高，可以将被吸收的污染物转化为营养物质或形成络合物，从而降低毒性。如酚进入植物体后，大部分参加糖代谢，和糖结合成酚糖苷，酚糖苷对植物无毒，储存于细胞内；少部分呈游离酚，则被多酚氧化酶和过氧化物酶氧化分解，变成 CO_2、水和其他无毒化合物，以解除其毒性。而 NO_2 进入植物体内后，在高活性的亚硝酸酶、硝酸酶的作用下，很快被还原成氨和氨基酸，进而形成蛋白质。

4. 天然的吸尘器

植物能阻挡、过滤和吸附空气中的粉灰。据报道，每公顷山毛榉阻滞粉尘总量为 68t，云杉林为 32t，松林为 36t。绿化好的城镇，降尘量只有缺乏树木的城镇的 1/9～1/8。此外，有些植物（像松树、柏树、桉树、樟树、榉树等）能分泌挥发性的物质（如丁香酚、天竺葵油、柠檬油等）。据测，一亩桧柏林，一昼夜能分泌 4kg 杀菌素，能有效减少细菌的数量。一个城市绿化差的街道每立方米空气中所含的细菌数比同一城市绿化好的街道高 1～2 倍，比同一城市树木生长茂密的植物园高 40～50 倍。

（二）环境监测

监测环境污染是环境保护工作的一个重要环节。为了及时监测环境污染程度，除了应用化学或精密仪器进行测定外，还常选用对某种污染物特别敏感的植物作为监测环境的指示植物。利用植物监测环境，简便易行，便于推广。可用作环境污染监测的指示植物如下：

SO_2——向日葵、胡萝卜、芝麻、棉花、马尾松、雪松、樟树、枫杨、梧桐、合欢、梅花等。

HF——唐昌蒲、葡萄、玉米、烟草、落叶松、雪松、郁金香、萱草、樱桃、杏等。

O_3——烟草、洋葱、萝卜、女贞、葡萄、梓树、丁香、紫玉兰、牡丹、矮牵牛等。

Cl_2、HCl——桃、落叶松、油松、复叶槭、萝卜、菠菜等。

Hg——柳、女贞等。

本章小结

逆境的种类多种多样，但都引起细胞脱水、生物膜破坏、各种代谢无序进行。而植物有抵御逆境伤害的本领。

干旱时细胞过度脱水，光合作用下降，呼吸解偶联，脯氨酸在抗旱中起重要作用。

淹水胁迫造成植物缺氧。植物适应淹水胁迫主要通过形成通气组织以获得更多的氧气。缺氧刺激乙烯形成，乙烯促进纤维素酶活性，纤维素酶把皮层细胞壁溶解，从而形成通气组织。

高温使生物膜功能键断裂，膜蛋白变性，膜脂液化，正常生理不能进行。植物遇到高温时，体内产生热激蛋白，抵抗热胁迫。

低温对植物的危害可分为冷害和冻害。

冷害会使膜相改变，导致代谢紊乱，积累有毒物质（乙醛、乙醇）。植物适应零上低温的方式是提高膜中不饱和脂肪酸含量，降低膜脂的相变温度，维持膜的流动性，使不受伤害。

被冻害伤害的细胞受过度脱水胁迫、结冰和化冻时引起膜和细胞质破损的机械胁迫和 K^+ 与糖等大量外渗的渗透胁迫等 3 种胁迫共同作用，使膜破裂，K^+ 泵失活，叶绿体和线粒体功能受阻，细胞死亡。植物有许多种抗冻基因，寒冷来临时，表达形成各种抗冻蛋白，适应冷冻。植物以代谢减弱、增加体内糖分的方式适应低温的来临。

盐分过多可使植物吸水困难，生物膜破坏，生理紊乱。不同植物对盐胁迫的适应方式不同：如排出盐分、拒吸盐分或把 Na^+ 隔离在液泡中等。植物在盐分过多时，生成脯氨酸、甜菜碱等以降低细胞水势，增加耐盐性。

环境污染可分为大气污染、水体污染和土壤污染等，其中以大气污染和水体污染对植物的影响最大。某些植物具有吸收、累积和分解污染物的能力，在净化空气、土壤和水的过程中起着重要的作用。

复习思考题

一、名词解释

耐逆性 避逆性 膜伤害假说 巯基假说 光化学烟雾

二、思考题

1. 干旱对植物有哪些方面的伤害?
2. 植物抗旱的生理生态基础是什么?
3. 水涝对植物有哪些伤害?
4. 冷害过程中植物有哪些生理变化?
5. 冻害的机理是什么?
6. 盐分对植物有什么危害?
7. 植物有哪些抗盐方式?
8. 主要污染物对植物有哪些危害?
9. 植物对环境有哪些保护作用?

PPT 课件

第十一章　实验实训和综合实训

第一部分　实验实训

实验实训一　植物组织中自由水和束缚水含量的测定

一、实验目的

（1）熟悉阿贝折射仪的使用。

（2）掌握自由水与束缚水含量的测定原理及方法。

（3）了解植物中水分的状态与植物生命活动的关系。

二、实验原理

植物组织中的水分以与原生质胶体紧密结合着的束缚水和不与原生质胶体紧密结合可以自由移动的自由水两种状态存在。自由水与束缚水含量高低与植物的生长及抗性有着密切的关系。自由水与束缚水比值较高时，植物组织或器官的代谢活动一般比较旺盛，生长也较快；反之则较慢，但抗性常较强。因此，自由水和束缚水的相对含量可以作为植物组织代谢活动及抗逆性强弱的重要生理指标。

植物组织在与高浓度的糖液接触时，束缚水因被原生质胶体颗粒吸附而留在组织中；自由水则因未被原生质胶体颗粒吸附而顺着水势梯度外渗到糖液中，使糖液的浓度降低。组织浸泡在糖液中一定时间后，自由水的含量可以根据糖液浓度降低的情况计算，再由组织中的总水含量减去自由水含量而求得束缚水含量。

三、实验器材与试剂

（1）仪器设备　称量瓶、直径5mm打孔器、阿贝折射仪、手持糖量计、电子分析天平、快速水分分析仪和恒温烘箱。

（2）试剂　蔗糖溶液（65%～75%）。

（3）材料　新鲜植物。

四、实验步骤

1. 植物组织中自由水含量的测定

（1）取称量瓶3个（三次重复），依次编号并分别称取瓶重。

（2）选取生长一致的植物数株，并取部位、长势、叶龄一致的有代表性的叶子数片，用直径为5mm的打孔器钻取圆片（注意避开粗大的叶脉），每瓶随机装入50片，立即加盖，并称取被测样品鲜重。

（3）使用阿贝折射仪（使用方法见附录）测定蔗糖溶液（65%～75%）的浓度，根据测定时温度按表11-1或表11-2进行校正，此浓度即为计算公式中糖液原来浓度。

（4）各瓶迅速加入65%～75%的蔗糖溶液5mL左右（注意摇匀，不能让圆片重叠在一起），并称取每瓶糖液重。

（5）把瓶放在暗处4～6h，其间经常轻轻摇动。

（6）到预定时间后，充分摇动糖液。然后用阿贝折射仪（使用方法见附录）测定各瓶糖液的浓度（%），按步骤（3）方法校正后，即得到浸叶后糖液的浓度。

（7）按公式计算植物组织自由水含量。

表 11-1　根据 20℃时遮光系数测定糖液中含糖量的百分数

遮光系数	含糖量/%	遮光系数	含糖量/%	遮光系数	含糖量/%
1.3330	0	1.3507	12.0	1.3704	24.0
1.3337	0.5	1.3515	12.5	1.3713	24.5
1.3344	1.0	1.3522	13.0	1.3721	25.0
1.3351	1.5	1.3530	13.5	1.3730	25.5
1.3358	2.0	1.3538	14.0	1.3739	26.0
1.3365	2.5	1.3546	14.5	1.3748	26.5
1.3372	3.0	1.3554	15.0	1.3757	27.0
1.3379	3.5	1.3562	15.5	1.3766	27.5
1.3386	4.0	1.3571	16.0	1.3774	28.0
1.3393	4.5	1.3579	16.5	1.3783	28.5
1.3400	5.0	1.3587	17.0	1.3792	29.0
1.3408	5.5	1.3596	17.5	1.3801	29.5
1.3415	6.0	1.3604	18.0	1.3810	30.0
1.3423	6.5	1.3612	18.5	1.3819	30.5
1.3430	7.0	1.3620	19.0	1.3828	31.0
1.3438	7.5	1.3629	19.5	1.3838	31.5
1.3445	8.0	1.3637	20.0	1.3847	32.0
1.3453	8.5	1.3645	20.5	1.3856	32.5
1.3460	9.0	1.3654	21.0	1.3865	33.0
1.3468	9.5	1.3662	21.5	1.3874	33.5
1.3475	10.0	1.3671	22.0	1.3884	34.0
1.3483	10.5	1.3679	22.5	1.3893	34.5
1.3491	11.0	1.3687	23.0		
1.3499	11.5	1.3696	23.5		

表 11-2　温度不为 20℃时折射仪的读数校正数

温度	含糖量/%									
	5	10	15	20	30	40	50	60	70	80
含糖百分数减去以下数值										
15℃	0.25	0.27	0.31	0.31	0.34	0.35	0.36	0.37	0.36	0.36
16℃	0.21	0.23	0.26	0.27	0.29	0.31	0.31	0.32	0.31	0.29
17℃	0.16	0.18	0.20	0.20	0.22	0.23	0.23	0.23	0.20	0.17
18℃	0.11	0.14	0.14	0.14	0.15	0.16	0.16	0.15	0.12	0.09
19℃	0.06	0.08	0.08	0.08	0.08	0.09	0.09	0.08	0.07	0.05
含糖百分数加上以下数值										
21℃	0.06	0.07	0.07	0.07	0.07	0.07	0.07	0.07	0.07	0.07
22℃	0.12	0.14	0.14	0.14	0.14	0.14	0.14	0.14	0.14	0.14
23℃	0.18	0.20	0.20	0.21	0.21	0.21	0.23	0.21	0.22	0.22
24℃	0.24	0.26	0.26	0.27	0.28	0.28	0.30	0.28	0.29	0.29
25℃	0.30	0.32	0.32	0.31	0.36	0.36	0.38	0.36	0.36	0.37
26℃	0.36	0.39	0.39	0.41	0.41	0.41	0.46	0.44	0.43	0.44
27℃	0.43	0.46	0.46	0.48	0.50	0.50	0.55	0.52	0.50	0.51
28℃	0.50	0.53	0.53	0.55	0.58	0.58	0.63	0.60	0.57	0.59
29℃	0.57	0.60	0.61	0.62	0.66	0.66	0.71	0.68	0.65	0.67
30℃	0.64	0.67	0.70	0.71	0.74	0.74	0.80	0.76	0.73	0.75

2. 植物组织总水含量的测定（烘干称重法）

（1）取称量瓶 3 个，依次编号，分别称取空瓶重。

（2）取与自由水含量测定时相同的植物材料，用打孔器钻取圆片，立即放入称量瓶中（每瓶随机取样放 50 片），加盖，准确称出被测样品鲜重（W_1）。

（3）把 3 瓶称重后的样品放入烘箱于 100～105℃烘干后，再置于干燥器冷却至恒重后称取干重（W_2）。并按公式求出植物组织总水含量（％）。

五、植物组织中自由水和束缚水含量的计算

$$组织总水含量=\frac{W_1-W_2}{W_1}\times100\%$$

式中，W_1 为样品鲜重，g；W_2 为样品干重，g。

$$自由水含量=\frac{糖液重(g)\times\dfrac{糖液原来浓度-浸叶后糖液浓度}{浸叶后糖液浓度}}{植物组织鲜重}\times100\%$$

$$束缚水含量=组织总水含量-自由水含量$$

六、作业

1. 记录结果

按表 11-3 记录实验数据及实验结果。

表 11-3　植物组织中自由水和束缚水含量测定记录表

植物	处理	组织总水含量/%	组织鲜重/g	糖液浓度/%		自由水含量/%	束缚水含量/%	自由水量/束缚水量
				原浓度	浸叶后浓度			

2. 简答题

(1) 植物组织中自由水和束缚水的生理作用有何不同？

(2) 束缚水含量为什么与植物的抗性有关？

附录：阿贝折射仪
的使用

实验实训二　植物组织渗透势的测定（质壁分离法）

一、实验目的

(1) 观察植物组织在不同浓度溶液中细胞质壁分离的产生过程。

(2) 掌握测定植物组织渗透势的方法。

二、实验原理

将植物组织放入一系列不同浓度的蔗糖溶液中，经过一段时间，植物细胞与蔗糖溶液间将达到渗透平衡状态。如果在某一溶液中细胞脱水达到平衡时刚好处于临界质壁分离状态，则细胞的压力势 ψ_p 下降为零。此时细胞液的渗透势 ψ_s 等于外液的渗透势 ψ_{s0}，即 $\psi_s=\psi_{s0}$，此溶液称为该组织的等渗溶液，其浓度称为该组织的等渗浓度。因此，只要测出植物组织的等渗浓度，即可计算出细胞液的渗透势 ψ_s。实际测定时，由于临界质壁分离状态难以在显微镜下直接观察到，故一般均以初始质壁分离作为判断等渗浓度的标准。处于初始质壁分离状态的细胞体积，比吸水饱和时略小，故细胞液浓缩而渗透势略低于吸水饱和时的渗透势，此种状态下的渗透势称基态渗透势。

三、实验器材与试剂

(1) 仪器设备　显微镜、载玻片、盖玻片、温度计、尖头镊子、刀片、培养皿（直径 5cm）；试剂瓶、烧杯、容量瓶、量筒、吸水纸、吸管等。

(2) 试剂　100mL 浓度为 $1\text{mol}\cdot\text{L}^{-1}$ 的蔗糖溶液；用蒸馏水配成 $0.70\text{mol}\cdot\text{L}^{-1}$、

$0.65\text{mol}\cdot\text{L}^{-1}$、$0.60\text{mol}\cdot\text{L}^{-1}$、$0.55\text{mol}\cdot\text{L}^{-1}$、$0.50\text{mol}\cdot\text{L}^{-1}$、$0.45\text{mol}\cdot\text{L}^{-1}$、$0.40\text{mol}\cdot\text{L}^{-1}$、$0.35\text{mol}\cdot\text{L}^{-1}$、$0.30\text{mol}\cdot\text{L}^{-1}$梯度浓度的蔗糖溶液各 50mL（具体范围可根据材料不同而加以调整）。

（3）材料 洋葱、紫鸭跖草、大葱鳞茎等。

四、实验步骤

（1）称取预先在 $60\sim80℃$ 下烘干的蔗糖 34.23g，溶于 100mL 蒸馏水，其浓度为 $1\text{mol}\cdot\text{L}^{-1}$（母液）。取干燥洁净的小试剂瓶 9 支，编号，再根据表 11-4 配制成各种浓度的蔗糖溶液。

表 11-4 各种浓度蔗糖溶液的配制表

序号	取母液量/mL	加水量/mL	蔗糖溶液浓度/$(\text{mol}\cdot\text{L}^{-1})$
1	35.0	15.0	0.70
2	32.5	17.5	0.65
3	30.0	20.0	0.60
4	27.5	22.5	0.55
5	25.0	25.0	0.50
6	22.5	27.5	0.45
7	20.0	30.0	0.40
8	17.5	32.5	0.35
9	15.0	35.0	0.30

（2）取干燥洁净的培养皿 9 套，编号，将配制好的不同浓度蔗糖溶液按顺序加入各培养皿中使成一薄层，盖好培养皿备用。

（3）用镊子撕取带有色素的植物组织表皮（一般选用有色素的洋葱鳞片的外表皮；紫鸭跖草、苔藓、红甘蓝或黑藻、丝状藻等水生植物下表皮；蚕豆、玉米、小麦等作物叶的上表皮），大小以 0.5cm^2 为宜，吸去薄片表面水分，迅速分别浸入各种浓度的蔗糖溶液中，使其完全浸入，每一浓度 $4\sim5$ 片。

（4）$10\sim20\text{min}$ 后，从 $0.7\text{mol}\cdot\text{L}^{-1}$ 蔗糖溶液开始依次取出表皮薄片放在滴有同样溶液的载玻片上，盖上盖玻片，于低倍显微镜下观察，如果所有细胞都产生质壁分离的现象，则取低浓度溶液中的制片作同样观察，并记录质壁分离的相对程度。实验中必须确定一个引起 50% 以上细胞发生初始质壁分离（原生质刚刚从细胞壁的角隅上分离）的浓度，和不引起质壁分离的最高浓度，每片观察的细胞不应少于 100 个，观察要迅速。

在找到上述浓度极限时，用新的溶液和新鲜的叶片重复进行几次，直至有把握确定。在此条件下，细胞的渗透势与两个极限溶液浓度的平均值的渗透势相等。

（5）将结果记录在表 11-5 中。

测出引起质壁分离刚开始的蔗糖溶液最低浓度和不能引起质壁分离的最高浓度平均值之后，可按下列公式计算在常压下该组织细胞质液的渗透势。

$$-\psi_s = RTic$$
$$T = 273 + t$$

式中，$-\psi_s$ 为细胞渗透势；R 为摩尔气体常数，$R=8.314\text{J}\cdot\text{mol}^{-1}\cdot\text{K}^{-1}$；$T$ 为绝对温度，K；i 为解离系数，蔗糖的解离系数为 1；c 为等渗溶液的质量摩尔浓度，$\text{mol}\cdot\text{L}^{-1}$；$t$ 为实验温度，℃。

则：
$$-\psi_s = 0.083\times10^5\times(273℃+t)\times1\times c$$

五、作业

（1）记录实验结果并计算，填入表 11-5。

表 11-5　测定植物组织渗透势记录表

实验人_____　时期____　材料名称_____　实验时室温____℃

序号	蔗糖浓度/mol·L⁻¹	质壁分离情况
1	0.70	
2	0.65	
3	0.60	
4	0.55	
5	0.50	
6	0.45	
7	0.40	
8	0.35	
9	0.30	
等渗浓度/mol·L⁻¹		
细胞液渗透势 ψ_s/Pa		

（2）作图表示质壁分离的相对程度。

实验实训三　植物组织水势的测定（小液流法）

一、实验目的

（1）通过实验，掌握用小液流法测定植物组织水势的原理和方法。

（2）了解小液流法测定植物组织水势的优缺点。

二、实验原理

水势代表水的能量水平，水总是从水势高处流向低处。水进入植物体内并分布到各组织器官中的快慢或难易由水势差来决定，水势越高，植物组织的吸水能力越差，而供给水的能力越强。当植物组织与一系列浓度递增的溶液接触后，如果植物组织水势大于（或小于）外液的水势，则组织失水（或吸水），使外液浓度变低（或变高），密度变小（或变大）。如果植物组织的水势等于外液的水势时，植物组织既不失水也不吸水，外液浓度不变。当取浸泡过植物组织的溶液的小滴（亦称小液流，为便于观察应先染色），分别放入原来浓度相同而未浸泡植物组织的溶液中部时，小液流就会因密度不同而发生上升或下沉或不动的情况。小液流在其中不动的溶液的水势（该溶液为等渗浓度），即等于植物组织的水势。

三、实验器材与试剂

（1）仪器设备　试管、小瓶、小塞子、打孔器（直径 0.5cm）、尖头镊子、移液管（1mL、5mL、10mL）、直角弯头的毛细滴管、刀片。

（2）试剂　1mol·L⁻¹ 蔗糖液、甲烯蓝粉。

（3）材料　植物叶片、马铃薯块茎等。

四、实验步骤

1. 系列浓度糖液的配制

（1）取干燥洁净试管 6 支，贴上标签，编号，用 1mol·L⁻¹ 蔗糖母液配成 0.05mol·L⁻¹、0.10mol·L⁻¹、0.15mol·L⁻¹、0.20mol·L⁻¹、0.25mol·L⁻¹、0.30mol·L⁻¹ 浓度的糖液，各管总量为 10mL，塞上塞子（防止浓度改变），作为甲组。

（2）另取干燥洁净的小瓶 6 个，标明 0.05mol·L⁻¹、0.10mol·L⁻¹、0.15mol·L⁻¹、0.20mol·L⁻¹、0.25mol·L⁻¹、0.30mol·L⁻¹ 浓度，分别从甲组取相应浓度糖液 1mL 盛

于小瓶中，随即塞上塞子，作为乙组。

2. 取样及测定

(1) 选取生长一致的叶片，用直径为 0.5cm 的打孔器钻取圆片，在玻璃皿内混匀，然后用镊子把圆片放进乙组小瓶中，每瓶放 15~20 片 [若采用植物块茎（如马铃薯），先用打孔器钻取圆条，然后切成约 1mm 厚的圆片，每瓶放 5 片]，立即塞紧塞子，使圆片全部浸没于溶液中，放置 30~60min 左右，其间轻轻摇动几次，以加速平衡。

(2) 到预定时间后，各小瓶加入几粒甲烯蓝粉染色，摇匀。取 6 支干燥洁净的毛细滴管，分别从乙组中吸取出溶液，插入甲组原相应浓度蔗糖溶液的中部，轻轻从毛细滴管尖端横向放出一滴蓝色溶液，使成小液滴，小心地抽出滴管（注意勿搅动溶液），注意观察哪些蓝色小液滴往上移动，哪些往下移动，哪些静止不动。如果某一管中的小液滴悬浮不动，则说明该管溶液与小液流的密度相等，也即植物组织与该浓度糖液间未发生水分净交换，植物组织的水势等于该糖液的水势，根据公式算出该糖液水势也即得出植物组织水势。若前一浓度溶液中小液滴下沉，而后一浓度溶液中上浮，则组织的水势值介于两糖液水势之间，可取平均值计算。

3. 结果记录

按表 11-6 记录实验结果。

表 11-6 系列浓度糖液的配制和实验结果记录

需配糖液浓度 /mol·L^{-1}	1mol/L 糖液 /mL	蒸馏水 /mL	小液流移动方向（上、下或不动）
0.05	0.5	9.5	
0.10	1.0	9.0	
0.15	1.5	8.5	
0.20	2.0	8.0	
0.25	2.5	7.5	
0.30	3.0	7.0	

五、植物组织水势值计算

将测得的等渗浓度值代入以下公式计算出植物组织的水势：

$$\psi_w = \psi_\pi = -icRT$$

式中，ψ_w 为植物组织水势，Pa；ψ_π 为溶液的渗透势，即溶液的水势；c 为等渗浓度，mol·L^{-1}；R 为气体常数，$R = 8.314$J·mol^{-1}·K^{-1}；T 为热力学温度；i 为解离系数（蔗糖=1；$CaCl_2 = 2.60$）。

六、作业

(1) 用小液流法测定植物组织的水势与用质壁分离法测定植物细胞的渗透势都是以外界溶液的浓度算出的溶质势，它们之间的区别何在？

(2) 在干旱地方生长的植物其水势较高还是较低？为什么？

实验实训四 蒸腾速率的测定

一、实验目的

(1) 了解测定离体叶片或枝条蒸腾速率的原理。

(2) 掌握蒸腾计法和称重法测定蒸腾速率的操作技术。

二、实验原理

蒸腾速率是计量蒸腾作用强弱的一项重要指标，其快慢受植物形态结构和多种外界因素的综合影响。蒸腾速率指的是单位时间、单位面积（单位鲜重）所散失的水量。

离体的植物叶片因蒸腾失水而减轻质量，因此可用称重法测定植物叶片在一定时间内一定叶面积所失水量，从而可求出植物叶片的蒸腾速率。

蒸腾计是自制装置，利用酸式滴定管制成，将植物枝条通过橡皮管与盛有水的酸式滴定管连接起来，由于蒸腾作用会引起滴定管中水分的减少，由此可计算蒸腾速率。

三、实验器材与材料

（1）材料　植物的枝条、新鲜叶片。

（2）仪器设备　酸式滴定管、滴定管夹、铁架台、橡皮管、烧杯、电子分析天平、剪刀、叶面积仪、白纸片等。

四、实验步骤

1. 蒸腾计法

（1）取番茄、向日葵或其他植物的枝条，取时注意要将枝条基部浸入盛有水的塑料桶中，在水中将植物枝条切下，并将枝条基部的切口修齐。剪下的枝条移入盛有水的大烧杯中备用。

（2）在铁架台上固定好酸式滴定管。将新煮沸并冷却过的自来水注入酸式滴定管中，注意排水的尖端处也要充满，关闭活塞，记录液面刻度。

（3）剪取直径比枝条略细的橡胶管约30cm，一端套进滴定管的末端，管内同样灌满自来水，管道另一端连在枝条基部，注意管中不能有空气。将枝条固定在铁架台滴定管夹的另一端。

（4）打开滴定管活塞，注意观察，随着蒸腾作用的进行滴定管中的液面会逐渐下降，同时注意检测装置是否有渗漏。

（5）0.5～1h后关闭活塞，记录液面的下降值，由此可计算单位时间内蒸腾的水量。

（6）剪下叶片，利用叶面积仪测定叶片总面积。计算单位时间、单位叶面积所蒸腾的水量，即植物的蒸腾速率。

2. 称重法

（1）蒸腾测定。在被测植株上选择生长正常的带叶枝条，质量约5～100g，叶面积在1～3dm²，在基部缠一线以便悬挂，然后剪下，立即进行第一次称重，称重后记录时间和质量并迅速放回原处（可用夹子将离体枝条夹在原母枝上）。

（2）使其在原来环境条件下进行蒸腾，3～5min后，迅速取下重新称重，准确记录3min或5min内的蒸腾失水量。称重要快，要求两次称重的质量变化不超过1g。

（3）叶面积测定。用叶面积仪、剪纸称重法或者用透明方格板计算所测枝条上叶的总表面积。

（4）按下列公式计算蒸腾速率。

$$蒸腾速率(g \cdot m^{-2} \cdot h^{-1}) = \frac{蒸腾水量(g)}{叶面积(m^2) \times 测定时间(h)}$$

如果是针叶树之类植物，因不便计算叶面积，可以单位质量（鲜重或干重）蒸腾组织在单位时间内蒸腾的水量来表示蒸腾速率（$g \cdot g^{-1} \cdot h^{-1}$）。可在第2次称重后摘下针叶，再称枝的质量，用第1次称得的质量减去摘叶后的质量，即为针叶（蒸腾组织）的原始鲜重，再以下式求出蒸腾速率。

$$蒸腾速率(g \cdot g^{-1} \cdot h^{-1}) = \frac{蒸腾水量(g)}{组织鲜重(g) \times 测定时间(h)}$$

五、作业

（1）把实验数据及结果填入表11-7。

表 11-7　离体快速称重法测定蒸腾速率实验结果记录

植物及部位	第一次重/g	第二次称重/g	蒸腾水量/g	叶面积/m²	测定时间/min	蒸腾速率/g·m⁻²·h⁻¹	天气

（2）比较不同时间（晨、午、晚）、不同环境（温、湿、风、光）、不同植物或不同部位的蒸腾速率，把结果及当时气候条件记录下来，并加以解释。

六、思考题

（1）一般植物的蒸腾速率如何？

（2）测定蒸腾速率在水分生理研究上有何意义？

（3）可通过哪些途径来降低植物的蒸腾速率？

实验实训五　植物根系活力的快速测定

一、实验目的

掌握测定根系活力的两种方法和技术。

二、实验原理

植物根系是吸收水分和矿质的主要器官，其活力大小与植物生命活动强弱紧密相关，其活力水平影响地上部分的生长和营养状况。

（1）TTC 方法测定的原理　有活力的根系在呼吸作用过程中产生 NADP＋H⁺ 或 NADPH＋H⁺，能将无色的氯化三苯基四氮唑（TTC）还原为红色的三苯基甲腙（TTF）。所以 TTC 还原量能作为根系活力的指标。

（2）吸附甲烯蓝法测定的原理　根据沙比宁等的理论，植物对溶质的吸收具有表面吸附的特性，并假定这时在根系表面均匀地吸附了一层被吸附物质的单分子层，而后在根系表面产生吸附饱和，继之，根系的活跃部分能将原来吸附着的物质解析到细胞中去，继续产生吸附作用。常用甲烯蓝作为吸附物质，它的被吸附量可以根据吸附前后外液甲烯蓝浓度的改变算出，甲烯蓝浓度可用色谱法测定。已知 1mg 甲烯蓝成单分子层时占有的面积为 1.1m²，据此可算出根系的总吸收面积，从解析后继续吸附的甲烯蓝的量，即可算出根系的活跃吸收面积。

三、实验器材与试剂

1. 材料

小麦或玉米等植物的根系。

2. 溶液

（1）1％ TTC 溶液　准确称取 TTC 1g 溶于少量水中，定容至 100mL。用时稀释至各需要的浓度。

（2）0.4mol·L⁻¹ 琥珀酸溶液　称取琥珀酸 4.72g 溶于水中，定容至 100mL。

（3）磷酸缓冲液（pH＝7）

① A 液。取 $NaH_2PO_4·2H_2O$ 11.876g 溶于蒸馏水中，定容至 1000mL。

② B 液。称取 KH_2PO_4 9.078g 溶于蒸馏水中，定容至 1000mL。

（4）1mol·L⁻¹ 硫酸　用量筒取相对密度为 1.84 的浓硫酸 55mL，边搅拌边加入盛有500mL 蒸馏水的烧杯中，冷却后稀释至 1000mL。

（5）次硫酸钠（$Na_2S_2O_4$）　分析纯，粉末。

（6）乙酸乙酯　分析纯。

（7）0.064g·L^{-1}甲烯蓝。

3. 仪器设备

分光光度计、移液管、烧杯。

四、实验步骤

（一）TTC 法

1. 定性测定

（1）配制反应液。把 1％ TTC 溶液、0.4mol·L^{-1} 的琥珀酸溶液和磷酸缓冲液按 1：5：4 的比例混合。

（2）把根仔细洗净，把地上部分从茎基部切除。将根放入锥形瓶中，倒入反应液，以浸没根为度，置 37℃左右暗处放 1～3h，取出观察着色情况。变成红色的部位，表明该处有脱氢酶存在。

2. 定量测定

（1）TTC 标准曲线的制作。取 0.4％ TTC 溶液 0.2mL 放入 10mL 量瓶中，加少许 $Na_2S_2O_4$ 粉摇匀后立即产生红色的 TTF。再用乙酸乙酯定容至刻度，摇匀。然后分别取此液 0.25mL、0.50mL、1.00mL、1.50mL、2.00mL 置 10mL 容量瓶中，用乙酸乙酯定容至刻度，即得到含 TTF25μg、50μg、100μg、150μg、200μg 的标准比色系列，以空白作参比，在 485nm 波长下测定吸光度，绘制标准曲线。

（2）称取根尖样品 0.5g，放入 10mL 烧杯中，加入 0.4％TTC 溶液和磷酸缓冲液的等量混合液 10mL，把根充分浸没在溶液内，在 37℃下暗保温 1～3h，此后加入 1mol·L^{-1}硫酸 2mL，以停止反应。（与此同时做一空白试验，先加硫酸与根样品，10min 以后再加其他药品，操作同上）。

（3）把根取出，吸干水分后与乙酸乙酯 3～4mL 和少量石英砂一起在研钵内磨碎，以提出 TTF。红色提取液移入试管，并用少量乙酸乙酯把残渣洗涤两三次，洗液皆移入试管，最后加乙酸乙酯使总量为 10mL，用分光光度计在波长 485nm 下比色，以空白试验作参比测出吸光度，查标准曲线，即可求出 TTC 的还原量。

（4）结果计算。

$$\text{TTC 还原强度}(\text{mg}\cdot\text{g}^{-1}\cdot\text{h}^{-1})=\frac{\text{TTC 还原量}(\text{mg})}{\text{根重}(\text{g})\times\text{时间}(\text{h})}$$

（二）吸附甲烯蓝法

（1）甲烯蓝标准曲线的制作。将甲烯蓝溶液配成 1μg·mL^{-1}、2μg·mL^{-1}、3μg·mL^{-1}、4μg·mL^{-1}、5μg·mL^{-1}、6μg·mL^{-1}系列溶液，于 660nm 处比色测吸光度，以甲烯蓝溶液浓度为横坐标，吸光度值为纵坐标作图，即得到标准曲线。

（2）将 0.064g·L^{-1}甲烯蓝溶液分别倒入三个小烧杯，编号，每个烧杯中溶液体积约为根系体积的 10 倍。准确记下每个烧杯中的溶液量。

（3）取待测植株（完全培养液中和缺氮培养液中培养的植株各一棵），用水冲洗根部，剪下根系，用吸水纸小心吸干，然后依次浸入盛有甲烯蓝溶液的烧杯中，在每杯中浸 1.5min，注意每次取出时都要使甲烯蓝溶液从根上流回到原杯中去。

（4）分别从小烧杯中吸取甲烯蓝溶液 1mL，用去离子水稀释 10 倍后，于 660nm 处比色测吸光度，在标准曲线上求得各杯中所剩甲烯蓝的质量（mg），再根据杯中原有甲烯蓝的质量（mg），求出每杯中为根系所吸收的甲烯蓝的质量（mg）。

（5）依据下列公式求出根的吸收面积。

$$总吸收面积(m^2)=(第1杯中被吸收的甲烯蓝的质量+$$
$$第2杯中被吸收的甲烯蓝的质量)\times 1.1$$
$$活跃吸收面积(m^2)=第3杯中被吸收的甲烯蓝的质量\times 1.1$$
$$活跃吸收面积占比(\%)=(根系活跃吸收面积/根系总吸收面积)\times 100\%$$
$$比表面积(m^2 \cdot cm^{-3})=根系总吸收面积/根体积$$

五、作业

(1) 把实验数据填入表 11-8。

表 11-8　测定根系吸收面积实验数据记录

处理		营养完全培养液培养的植株的根系	缺氮培养液培养的植株的根系
甲烯蓝溶液体积/mL			
初始甲烯蓝浓度/mg·mL^{-1}			
浸根后溶液甲烯蓝浓度/mg·mL^{-1}	烧杯编号:1		
	2		
	3		
被吸附甲烯蓝的量/mg	烧杯编号:1+2		
	1		
	2		
	3		
根吸收总面积/m^2			
根活跃吸收面积/m^2			
活跃吸收面积的占比/%			
根体积/cm^3			
总比表面积/m^2·cm^{-3}			
活跃比表面积/m^2·cm^{-3}			

(2) 比较分析不同植物或处于不同生长发育状态的同种植物根系活力的差异。

实验实训六　植物根系对离子的选择吸收

一、实验目的

了解生理酸性盐与生理碱性盐。

二、实验原理

植物根系对不同离子吸收量是不同的,即使是同一种盐类,植物根系对其阳离子与阴离子的吸收量也不同。本实验即利用植物对不同盐类的阴阳离子吸收量不同,从而改变溶液的 pH 值来确定这一吸收特性。

三、实验器材与试剂

(1) 器材　pH 计、精密 pH 试纸、移液管、广口瓶(200mL)、量筒、吸水纸。

(2) 试剂　$0.01mg \cdot mL^{-1}$ $(NH_4)_2SO_4$ 溶液、$0.01mg \cdot mL^{-1}$ $NaNO_3$ 溶液。

四、实验步骤

1. 材料准备

在实验前约 3 周培养好具有完整根系的植物。

2. 测定溶液的原始 pH 值

吸取 $0.01mg \cdot mL^{-1}$ 浓度的 $(NH_4)_2SO_4$ 溶液和 $NaNO_3$ 溶液各 150mL,分别置于两

个 200mL 的广口瓶中,另一广口瓶中放蒸馏水 150mL,然后用 pH 计或精密 pH 试纸测定以上各溶液和蒸馏水的原始 pH 值。

3. 测定植物吸收离子以后溶液的 pH 值

取 3 株根系发育完善的、大小相似的洋葱或小麦,分别放于上述 3 个广口瓶中,在室温下放置 2～3h 后取出植株(因为植物根系对离子吸收的时间长短与选用植株根系发育的温度有关),并测定溶液的 pH 值。为了避免根系的分泌作用影响实验结果,故用蒸馏水作对照,将上述 pH 值变化用蒸馏水的 pH 值校正后即得真实的 pH 值变化。实验结果按表 11-9 记录。

表 11-9　植物从盐溶液中吸收离子后溶液 pH 值的变化

处理	pH 值	
	放植株前	放植株后
$0.01mg \cdot mL^{-1}(NH_4)_2SO_4$ $0.01mg \cdot mL^{-1}NaNO_3$ 蒸馏水		

五、作业

(1) 分析实验结果,并解释什么是生理酸性盐与生理碱性盐。

(2) 确定生理中性盐用何种试剂最好。

实验实训七　叶绿体色素的提取、分离和理化性质鉴别

Ⅰ. 叶绿体色素的提取、分离(纸色谱法)

一、实验目的

通过实验掌握叶绿体色素提取、分离的基本原理和方法。

二、实验原理

叶绿体中含有绿色素(叶绿素 a 和叶绿素 b)和黄色素(胡萝卜素和叶黄素)。这两类色素均不溶于水,而溶于有机溶剂,故常用酒精或丙酮等提取。叶绿体色素可用色谱法加以分离。其原理主要是色素种类不同,被吸附剂吸附的强弱就不同,当用适当溶剂推动时,不同色素的移动速度不同,色素便被分离。

三、实验器材与试剂

(1) 材料　菠菜叶或其他植物叶片。

(2) 仪器设备　天平、研钵、平底试管(色谱管)、色谱滤纸、剪刀、漏斗、小烧杯。

(3) 试剂　95％酒精、石油醚、丙酮、$CaCO_3$ 粉、石英砂等。

四、实验步骤

1. 叶绿体色素的提取

称取新鲜菠菜叶片 2g 剪碎于研钵中,加少量 95％酒精(或 80％丙酮)和少量 $CaCO_3$ 粉及石英砂,研磨成匀浆,再加 95％酒精(或 80％丙酮)10mL 稀释研磨后,用滤纸过滤于小瓶中,滤液即为叶绿体色素提取液。

2. 点样

取色谱滤纸条(规格为 1.5cm×10cm),在其一端距边沿约 1.5cm 处画一点样线,用玻璃毛细管吸取叶绿体色素提取液点于点样线上,每点一次样待稍干后再点下一次,重复在原样点点样 4～5 次,然后将样点完全吹干后进行色素色谱分离。

3. 色谱

取一支平底试管,加入推动剂溶液(石油醚、丙酮以 10∶1 比例混合)约 2mL,将已

点好样的滤纸条插入试管中，使点样端浸入推动剂中（注意样点不能浸入溶剂中），加塞，直立于暗处进行色谱。约 5min（推动剂到达距滤纸前沿约 2cm 处）后，将滤纸条取出，用铅笔标出各色带的位置。

4. 结果鉴定

观察滤纸条上的色带分布，根据各色带的颜色标明为何种色素。

Ⅱ. 叶绿素的理化性质鉴别

一、实验目的

了解叶绿体色素的一些主要理化性质。

二、实验原理

叶绿素是一种二羧酸的酯，可与碱起皂化作用，产生的盐能溶于水，可用此法将叶绿素与类胡萝卜素分开。叶绿素与类胡萝卜素都具有共轭双键，在可见光区表现出一定的吸收光谱，可用分光镜检查或用分光光度计精确测定。叶绿素吸收光量子后转变成的激发态叶绿素分子很不稳定，当它回到基态时，可以发出红光量子，因而产生荧光。叶绿素的化学性质也很不稳定，容易受强光的破坏，特别是当叶绿素与蛋白质分离后，破坏更快。叶绿素分子中的镁可被 H^+ 所取代而成为褐色的去镁叶绿素，去镁叶绿素遇到 Cu^{2+} 可形成绿色的铜代叶绿素，这种叶绿素在光下不易受到破坏，故常用此法制作绿色多汁植物的浸制标本。

三、实验器材与试剂

（1）材料 菠菜叶或其他植物叶片。

（2）仪器设备 天平、分光镜、小电炉、试管、10mL 量筒、移液管、研钵、小烧杯、漏斗等。

（3）试剂 95％酒精、20％ KOH 甲醇溶液、30％醋酸、苯、醋酸铜粉、碳酸钙、石英砂。

四、实验步骤

1. 叶绿体色素提取

按上述实验Ⅰ叶绿体色素提取方法提取叶绿素。

2. 叶绿素的皂化作用（绿色素与黄色素的分离）

（1）用移液管吸取叶绿体色素提取液约 5mL 放入试管中，再加入 1.5mL 左右的 20％ KOH 甲醇溶液，充分摇匀。

（2）片刻后，加入 5mL 苯，摇匀，再沿试管壁慢慢加入 1～1.5mL 蒸馏水，轻轻混匀（勿激烈摇荡），静置于试管架上，可看到溶液逐渐分为两层：下层是稀的乙醇溶液，其中溶有皂化叶绿素 a 和皂化叶绿素 b（以及少量叶黄素）；上层是苯溶液，其中溶有黄色的胡萝卜素和叶黄素。

3. H^+ 和 Cu^{2+} 对叶绿素分子中 Mg^{2+} 的取代作用

（1）吸取叶绿体色素提取液约 5mL 放入试管中，加入 30％醋酸数滴，摇匀，观察溶液颜色的变化。

（2）当溶液变褐色后，倾出一半于另一试管中，投入几粒醋酸铜粉，微微加热，观察溶液颜色变化，并与未加醋酸铜的一管相比较。

（3）解释上述颜色变化过程，并列出其反应式。

4. 叶绿素的荧光现象

取比较浓的叶绿素提取液 5mL 放入试管中，在直射光下观察溶液的透射光及反射光的颜色有何不同，并试述其原因。

5. 光对叶绿素的破坏作用

（1）取两支试管，各加入经稀释的叶绿体色素提取液 5mL，一管放在直射光下，另一管放在黑暗处，1～2h 后观察两管溶液颜色有何变化。

（2）另取上述实验 I 中用纸色谱法分离成的色谱两张，一张放在直射光下，另一张放在黑暗中。约 1h 以后比较两张色谱上四种色素的颜色各有何变化。

五、作业

将实验结果写入报告并解释以上结果。

实验实训八　叶绿素含量的定量测定（分光光度法）

一、实验目的

掌握叶绿素含量测定的基本原理和方法。

二、实验原理

叶绿素 a、叶绿素 b 分别在 663nm 和 645nm 波长处有最大吸收峰，同时在该波长处叶绿素 a、叶绿素 b 的比吸收系数 K 为已知，因此可以根据 Lambert-Beer 定律，列出浓度 c 与吸光度 A 之间的关系式：

$$A_{663} = 82.04c_a + 9.27c_b \tag{11-1}$$

$$A_{645} = 16.75c_a + 45.6c_b \tag{11-2}$$

式中，A_{663}，A_{645} 分别为叶绿素溶液在波长 663nm 和 645nm 时测得的吸光度；c_a，c_b 分别为叶绿素 a、叶绿素 b 的浓度，$g \cdot L^{-1}$；82.04，9.27 分别为叶绿素 a、叶绿素 b 在波长 663nm 下的比吸收系数；16.75，45.6 分别为叶绿素 a、叶绿素 b 在波长 645nm 下的比吸收系数。

式(11-1)、式(11-2) 联立方程，浓度单位由 $g \cdot L^{-1}$ 换算为 $mg \cdot L^{-1}$，得：

$$c_a = 12.70A_{663} - 2.69A_{645} \tag{11-3}$$

$$c_b = 22.9A_{645} - 4.68A_{663} \tag{11-4}$$

$$c_T = c_a + c_b = 20.21A_{645} + 8.02A_{663} \tag{11-5}$$

式中，c_T 为总叶绿素浓度，$mg \cdot L^{-1}$。

利用上面式(11-3)～式(11-5) 可以分别计算出叶绿素 a、叶绿素 b 及总叶绿素的浓度。

另外，叶绿素 a、叶绿素 b 在 652nm 波长处有相同的比吸收系数（均为 34.5），在此波长下测定叶绿素溶液的吸光度，即可计算出叶绿素 a、叶绿素 b 的总量。

三、实验器材与试剂

（1）材料　菠菜叶或其他植物叶片。

（2）仪器设备　电子分析天平、分光光度计、漏斗、25mL 容量瓶、剪刀、滤纸、玻璃棒等。

（3）试剂　95％乙醇、石英砂、碳酸钙粉。

四、实验步骤

1. 叶绿素的提取

称取植物鲜叶 0.20g，剪碎放入研钵中，加少量碳酸钙粉和石英砂及 3～5mL 95％乙醇研成匀浆，再加约 10mL 95％乙醇稀释研磨后，用滤纸过滤入 25mL 容量瓶中，然后用 95％乙醇滴洗研钵及滤纸至无绿色，最后定容至刻度，摇匀，即得叶绿素提取液。

2. 测定

取光径为 1cm 的比色杯，加入叶绿素提取液至距比色杯口 1cm 处，以 95％乙醇作为空白对照，分别于 663nm 及 645nm 波长下测定吸光度（A）值。［如在 652nm 波长下一次测定，应在 652nm 波长下读取吸光度（A）值。］

五、计算

将测定得到的吸光度 A_{663}、A_{645} 值分别代入式 （11-3）～式（11-5）计算出 c_a、c_b 及 c_T

（即叶绿素 a、叶绿素 b 及叶绿素总量的浓度）。再按下式计算出叶绿素 a、叶绿素 b 及总叶绿素的含量。

$$叶绿素 a 含量(mg \cdot g^{-1}) = \frac{c_a \times 提取液总量(mL)}{样品鲜重(g) \times 1000}$$

$$叶绿素 b 含量(mg \cdot g^{-1}) = \frac{c_b \times 提取液总量(mL)}{样品鲜重(g) \times 1000}$$

$$总叶绿素含量(mg \cdot g^{-1}) = \frac{c_T \times 提取液总量(mL)}{样品鲜重(g) \times 1000}$$

最后计算出叶绿素 a/叶绿素 b 的值，并加以分析。

或将一次测定的吸光度 A_{652} 值代入式(11-6)，即可求得提取液中总叶绿素的浓度。所得结果再代入式(11-7)，即可得出样品中总叶绿素含量（mg·g^{-1}）。

$$c_T(mg \cdot mL^{-1}) = \frac{A_{652}}{34.5} \tag{11-6}$$

式中，c 为总叶绿素（叶绿素 a 和叶绿素 b）的浓度，mg·mL^{-1}；A_{652} 为在 652nm 波长下测得的叶绿素提取液的吸光度；34.5 为叶绿素 a 和叶绿素 b 混合溶液在 652nm 波长下的比吸收系数（比色杯光径为 1cm，样品浓度为 1g·L^{-1} 时的吸光度）。

$$总叶绿素含量(mg \cdot g^{-1}) = \frac{c_T(mg \cdot mL^{-1}) \times 提取液总量(mL)}{样品鲜重(g)} \tag{11-7}$$

六、作业

写出实验实训报告。

实验实训九　植物光合强度的测定（改良半叶法）

一、实验目的
掌握改良半叶法测定植物叶片光合速率的原理和方法。

二、实验原理
叶片中脉两侧的对称部位，其生长发育基本一致，功能接近。如果让一侧的叶片照光，另一侧不照光，一定时间后，照光的半叶与未照光的半叶在相对部位的单位面积干重之差值，就是该时间内照光半叶光合作用所生成的干物质量。再通过一定计算，即可求出光合强度。但在进行光合作用时，同时会有部分光合产物输出，所以有必要阻止光合产物的输出。由于光合产物是靠韧皮部运输的，而水分等是靠木质部运输的，因此可以仅通过破坏韧皮部来阻止光合产物输出，而仍使叶片有足够的水分供应，从而较准确地用干重法测定叶片的光合速率。

三、实验器材与试剂
（1）材料　田间栽培的作物叶片。
（2）仪器设备　打孔器、电子分析天平、称量皿、烘箱、脱脂棉、锡纸、毛巾。
（3）试剂　5%三氯乙酸、90℃以上的开水。

四、实验步骤

1. 选择测定样品

在田间选定有代表性的叶片若干，用小纸牌编号。选择时应注意叶片着生的部位、受光条件、叶片发育是否对称等。

2. 叶子基部处理

双子叶植物的叶片，可用 5%三氯乙酸涂于叶柄周围；小麦、水稻等单子叶植物，可用在 90℃以上的开水浸过的棉花夹烫叶片下部的一大段叶鞘 20s。为使烫伤后的叶片不致下垂，可用锡纸或塑料将其包围，使叶片保持原来着生的角度。

3. 剪取样品

叶子基部处理完毕后，即可剪取样品，一般按编号次序分别剪下叶片的一半（主脉不剪下），包在湿润毛巾里，储于暗处，也可用黑纸包住半边叶片，待测定前再剪下。以上工作一般在上午 8～9 点钟进行。经过 4～5h 后，再按原来次序依次剪下照光的半边叶，也按编号包在湿润的毛巾中。

4. 称重比较

用打孔器在两组半叶的对称部位打若干圆片并求出叶面积（有叶面积仪的，也可直接测出两半叶的叶面积），分别放入两个称量瓶中，在 110℃ 下杀青 15min，再置于 80℃ 烘箱至恒重（约 4～5h），然后放入干燥器冷却至恒重后用分析天平称重。

五、计算

用两组叶圆片干重的差值，除叶面积及照光时间，得到光合速率，即：

$$光合速率[mg(干重) \cdot dm^{-2} \cdot h^{-1}] = \frac{W_2 - W_1}{St}$$

式中，W_1 为未照光圆片干重，mg；W_2 为照光圆片干重，mg；S 为照光圆片总面积，dm^2；t 为照光时间，h。

六、注意事项

(1) 选择外观对称的植物叶片，以免两侧叶生长不一致，导致误差。

(2) 选择的叶片应光照充足，防止因太阳高度角的变化而造成叶片遮阳。

(3) 涂抹三氯乙酸的量或开水烫叶柄的时间应适度，过轻达不到阻止同化物运转的目的，过重则会导致叶片萎蔫降低光合强度。

(4) 应有若干张叶片为一组进行重复。

七、作业

写出实验实训报告。

实验实训十　植物种子呼吸强度的测定（滴定法）

一、实验目的

掌握小篮子法（滴定法）测定呼吸强度的方法，熟悉植物种子的呼吸强度，了解不同情况下呼吸强度的差异。

二、实验原理

植物种子在密闭容器内，由于呼吸作用放出的 CO_2 都在瓶内，当瓶中加入一定量的 $Ba(OH)_2$ 时，CO_2 便与 $Ba(OH)_2$ 反应。剩下未反应的 $Ba(OH)_2$ 用 $H_2C_2O_4$ 滴定中和。从空白和样品消耗草酸之差，可以算出呼吸释放的二氧化碳量。呼吸产生的 CO_2 越多，则 $H_2C_2O_4$ 的滴定用量越少，与对照瓶比较，少用的草酸量即相当于植物呼出的 CO_2 量。

$$Ba(OH)_2 + CO_2 == BaCO_3 \downarrow + H_2O$$
$$Ba(OH)_2 + H_2C_2O_4 \cdot 2H_2O == BaC_2O_4 \downarrow + 4H_2O$$

三、实验器材与试剂

(1) 仪器设备　带石灰盖广口瓶、酸式滴定管、滴定架、温度计、烧杯、小天平、量筒、纱布口袋。

(2) 试剂　0.7% $Ba(OH)_2$ 溶液、$\frac{1}{44}$ mol $\cdot$ L^{-1} 草酸（$H_2C_2O_4 \cdot 2H_2O$）溶液、1% 酚酞指示剂。

(3) 材料　干小麦种子、萌动小麦种子。

四、实验步骤

（1）取萌动小麦种子 100 粒，称其干重（G），然后称取同样的干小麦种子，分别放入两个纱布口袋里。

（2）两个广口瓶内分别放入 20mL $Ba(OH)_2$ 溶液，将上述两纱布口袋挂在广口瓶瓶盖下方，盖上瓶盖静置 30min。

（3）取出两个口袋，盖上瓶盖摇匀，瓶内分别滴加 2 滴酚酞指示剂，溶液变红。

（4）分别用草酸滴定瓶内溶液，直至红色刚刚消失，记录下草酸用量（萌动种子 L_1，干种子 L_2）。

（5）将广口瓶洗净，取一个再加入 20mL $Ba(OH)_2$ 溶液，直接用草酸滴定，记录草酸用量，为 L_0。

（6）根据记录数据计算萌动种子呼吸强度（H_1）、干种子呼吸强度（H_2）。

$$H_1 = \frac{(L_0 - L_1) \times W}{Gt}$$

$$H_2 = \frac{(L_0 - L_2) \times W}{Gt}$$

式中，L_0 为空白草酸用量，mL；L_1 为萌动种子草酸用量，mL；L_2 为干种子草酸用量，mL；W 为 1mL $\frac{1}{44}$ mol·L^{-1} 草酸相当于多少毫克 CO_2，此处为 1；G 为种子质量，此处为 100g；t 为测定时间，h。

（7）比较萌动种子呼吸强度和干种子呼吸强度。

干小麦种子呼吸强度为_____。

发芽小麦种子呼吸强度为_____。

五、注意事项

（1）滴定操作时要缓慢细致，要及时轻轻摇动锥形瓶下部，切不可急滴，尤其在后期阶段，以免过量作废。

（2）用 $\frac{1}{44}$ mol·L^{-1} 浓度的草酸是因其 1mL 相当于 1mg CO_2 量。草酸用物质的量计算，即 1mol CO_2 相当于 1mol 草酸的反应。草酸的摩尔质量＝126g·mol^{-1}，CO_2 摩尔质量＝44g·mol^{-1}，多少克草酸（X）相当于 1 克 CO_2 可以下式计算：

$$126 : 44 = X : 1$$

经计算 $X = 2.8636$g，即 2.8636g 草酸相当于 1g CO_2，本实验所用的草酸浓度为 $\frac{1}{44}$ mol·L^{-1}，即 2.8636mg·mL^{-1}，故每 1mL 此种浓度的草酸溶液即相当于 1mg CO_2。

六、作业

记录实验数据，根据数据算出所测种子的呼吸强度，并对结果进行分析。

实验实训十一 生长素对小麦根、芽生长的影响

一、实验目的

掌握生长素作用的两重性，了解生长素对植物体不同部位的影响。

二、实验原理

生长素包括植物体内产生的吲哚乙酸及人工合成的化学试剂萘乙酸、2,4-D 等，它们均有刺激植物生长的作用，如促进细胞的生长与分化，加速根、芽的伸长，促进果实的形成与种子的萌发等。但不同浓度的生长素作用不一样，一般来说：在浓度小或者用量少时有刺激

生长的作用；在浓度大或者用量过多时，则抑制生长，甚至会导致植物死亡。不同器官和不同位置的组织对生长素的反应也不一样，如刺激芽生长的浓度比刺激根生长的浓度要大些。

三、实验器材与试剂

（1）材料　小麦种子。

（2）仪器设备　培养皿（9cm）、移液管（0.1mL、10mL）、滤纸（7cm）。

（3）试剂　$10mg \cdot L^{-1}$萘乙酸。

四、实验步骤

（1）洗净、烘干五套培养皿，在皿的边缘贴上标签，分别标明：① $10mg \cdot L^{-1}$；② $10^{-1}mg \cdot L^{-1}$；③ $10^{-3}mg \cdot L^{-1}$；④ $10^{-5}mg \cdot L^{-1}$；⑤蒸馏水。

（2）在①皿中用10mL移液管加入$10mg \cdot L^{-1}$萘乙酸溶液10mL。

（3）在②～⑤皿中各加蒸馏水9.9mL。

（4）用0.1mL移液管从①皿中吸取0.1mL萘乙酸溶液加入②皿充分混匀后，再从②皿中吸取0.1mL加入③皿中，如此继续稀释至④皿，即成各皿所标浓度，最后从④皿吸出0.1mL弃去。

（5）在每个培养皿中加入洁净的滤纸两张，纸上均匀排放大小相似而发芽一致（刚露白点）的小麦种子10粒，加盖后放在室内。

（6）3～5天后，分别测量不同处理中萌发种子根、芽的长度，记录实验结果，比较不同浓度的萘乙酸溶液对于小麦幼苗根、芽生长的影响（促进或抑制）。

五、注意事项

（1）生长素浓度要尽量配制准确。

（2）实验中要防止生长素污染。

六、作业

写出实验实训报告，分析生长素对根数、根长、芽长的不同影响。

实验实训十二　赤霉素对 α-淀粉酶的诱导

一、实验目的

掌握赤霉素对 α-淀粉酶的诱导形成原理及其验证方法，以对激素调控植物体内代谢活动有更深刻的认识。掌握测定 α-淀粉酶活性的一种简便方法。

二、实验原理

种子萌发过程中储藏物质的动员，需要在一系列酶的催化作用下才能进行。这些酶有的已经存在于干燥种子中，有的需要在种子吸水后重新合成。种子萌发过程中淀粉的分解主要是在淀粉酶的催化下完成的。淀粉酶在植物中存在多种形式，包括 α-淀粉酶、β-淀粉酶等。β-淀粉酶已经存在于干燥种子中，而 α-淀粉酶不存在于或很少存在于干燥种子中，需要在种子吸水后重新合成。实验证明，启动 α-淀粉酶合成的化学信使是赤霉素。小麦种子萌发初期，胚产生的赤霉素扩散到胚乳的糊粉层中，刺激糊粉层细胞内 α-淀粉酶的合成（没有胚释放赤霉素，α-淀粉酶就不能合成）。合成的 α-淀粉酶进入胚乳，将胚乳内储藏的淀粉水解成还原糖。外源的赤霉素能代替胚的分泌作用，诱导糊粉层 α-淀粉酶的合成。β-淀粉酶也能将淀粉水解成还原糖，β-淀粉酶不耐热，在高温下易钝化；而 α-淀粉酶不耐酸，在 pH 为 3 时完全钝化。将酶液在高温下维持一段时间，钝化 β-淀粉酶，可准确测定 α-淀粉酶的相对活性。

α-淀粉酶水解淀粉生成的麦芽糖，在碱性溶液中能将 3,5-二硝基水杨酸（DNS）还原为 3-氨基-5-硝基水杨酸，测定 520nm 波长下的 OD（光密度）值，以表示 α-淀粉酶的相对活性。

三、实验器材与试剂

（1）仪器设备 分光光度计、离心机、恒温水浴锅、电子天平、电炉、试管及试管架、量筒、移液管（0.5mL、1mL、2mL）、研钵、容量瓶（50mL、100mL）、培养皿、滤纸、烧杯、15mL 刻度有塞试管。

（2）材料 小麦种子。

（3）试剂

① 2mol·L^{-1} NaOH 溶液。

② 20mg·L^{-1} GA$_3$ 溶液。称取 20mg 的 GA$_3$ 放入烧杯中，加少量 95％乙醇溶解，移入 1000mL 的容量瓶中，用蒸馏水定容至刻度，0℃保存。

③ 1％淀粉溶液。1g 可溶性淀粉加入小烧杯中，加入约 10mL 蒸馏水，调成均匀的糊状，将此糊状物加入煮沸的蒸馏水中煮沸 1min（边煮边搅拌），冷却至室温，再用蒸馏水定容至 100mL。

④ 0.1mol·L^{-1}柠檬酸缓冲液（pH5.6）。储备液 A（0.1mol·L^{-1}柠檬酸）：取 $C_6H_{12}O_7$ 19.21g，用蒸馏水定容至 1000mL；储备液 B（0.1mol·L^{-1}柠檬酸三钠）：取 $C_6H_5O_7Na_3$ 29.41g 定容至 1000mL；再用 13.7mL 储备液 A 加入 36.3mL 储备液 B，用蒸馏水稀释至 100mL 即得。

⑤ 3,5-二硝基水杨酸（DNS）试剂。称 1g DNS 加入 20mL 1mol·L^{-1} NaOH 溶液完全溶解后，加入 50mL 蒸馏水，再加入 30g 酒石酸钾钠，待溶解后，用蒸馏水定容至 100mL，盖紧瓶塞，勿让 CO_2 进入。

四、实验步骤

（1）小麦种子的选择和预处理 见表 11-10。

表 11-10 小麦种子的选择和预处理

选大小均一的小麦种子 30g	选大小均一的小麦种子 30g	处理温度	处理时间
培养皿＋清水	培养皿＋20mg·L^{-1} GA$_3$	30℃	24h
培养皿＋滤纸＋清水	培养皿＋滤纸＋清水	30℃	24h

（2）酶液的提取 见表 11-11。

表 11-11 酶液的提取

对照(CK)	GA$_3$ 处理(T)	备注
2g 种子	2g 种子	粒数相同
研磨后蒸馏水定容至 50mL	研磨后蒸馏水定容至 50mL	
室温放置 15～20min	室温放置 15～20min	每隔 2min 振荡 1 次
4000r·min^{-1}离心 10min	4000r·min^{-1}离心 10min	
留上清液	留上清液	上清液为酶液

（3）α-淀粉酶活性测定 见表 11-12。

表 11-12 α-淀粉酶活性测定

对照(CK)		GA$_3$ 处理(T)		备注
CK$_0$	CK$_1$	T$_0$	T$_1$	各 2 支试管（调零和试验）
＋1mL 酶液	＋1mL 酶液	＋1mL 酶液	＋1mL 酶液	
70℃ 12min	70℃ 12min	70℃ 12min	70℃ 12min	准确计时，水浴恒温

续表

对照(CK)		GA₃ 处理(T)		备注
CK₀	CK₁	T₀	T₁	各 2 支试管(调零和试验)
+1mL 缓冲液	+1mL 缓冲液	+1mL 缓冲液	+1mL 缓冲液	70℃ 迅速冷却后加
40℃15min	40℃15min	40℃15min	40℃15min	
+2mol · L⁻¹ NaOH 0.5mL	+2mL 淀粉液	+2mol · L⁻¹ NaOH 0.5mL	+2mL 淀粉液	预热 40℃,混匀
40℃ 5min	40℃ 5min	40℃ 5min	40℃ 5min	
+2mL 淀粉液	+2mol · L⁻¹ NaOH 0.5mL	+2mL 淀粉液	+2mol · L⁻¹ NaOH 0.5mL	预热 40℃,混匀

(4) 样品测定　见表 11-13。

表 11-13　样品测定

对照(CK)		GA₃ 处理(T)		备注
CK₀	CK₁	T₀	T₁	准备沸水浴
取 1mL	取 1mL	取 1mL	取 1mL	加入 15mL 试管中
+1mL DNS	+1mL DNS	+1mL DNS	+1mL DNS	混匀
煮沸 5min	煮沸 5min	煮沸 5min	煮沸 5min	取出迅速冷却
加水至 12mL	加水至 12mL	加水至 12mL	加水至 12mL	依颜色灵活稀释至一定体积
520nm 调零	测 OD 值	520nm 调零	测 OD 值	

(5) α-淀粉酶活性计算　以每克鲜重每分钟的 OD 值变化表示 α-淀粉酶的相对活性:

$$\alpha\text{-淀粉酶的相对活性} = \frac{OD \times 稀释倍数}{样品鲜重(g) \times 反应时间(min)}$$

(6) GA₃ 对 α-淀粉酶合成的诱导作用　通过 2 组试验管中样品反应液的 OD 值测定结果进行比较。经 GA₃ 处理的 OD 值应大于未经 GA₃ 处理的。

五、注意事项

(1) 水温要控制均衡,最好备 2 个水浴锅,1 个将温度调至 40℃ (是 α-淀粉酶水解淀粉的最适温度),1 个为 70℃。灭活 β-淀粉酶时水温要控制在 70℃,不宜过高 (α-淀粉酶虽耐热,但温度过高或 70℃时间过长都会使 α-淀粉酶活性受影响)。

(2) 准确掌握好试管中 α-淀粉酶与淀粉的作用时间。

(3) 酶促反应需要最适温度和最适 pH,所以本实验设计时应注意温度 (40℃) 和 pH (柠檬酸缓冲液 pH 为 5.6) 的控制。

六、思考题

(1) 以实验浓度为中心作系列 GA₃ 浓度处理,列表比较分析实验结果,能否找出 GA₃ 诱导 α-淀粉酶形成的最适浓度?

(2) α-淀粉酶的相对活性大小为什么能直接用 OD 值表示?

实验实训十三　种子生活力的快速测定

种子生活力是指种子能够萌发的潜在能力或种胚具有的生命力。它是决定种子品质和实用价值大小的主要依据,与播种时的用种量直接相关。测定种子生活力常采用发芽实验,即在适宜条件下,让种子吸水萌发,在规定天数内统计发芽的种子占供试种子的百分数。但是常规方法 (直接发芽) 测定种子生活力所需时间较长,特别是有时为了应急需要,没有足够的时间来测定发芽率，遇到休眠种子也无法知道。而采用以下的化学方法，则能在较短时间内获得结果。

Ⅰ. 氯化三苯基四氮唑法（TTC 法）

一、实验目的

掌握 TTC 法测定种子生活力的技术。

二、实验原理

凡有生命活力的种子胚部，在呼吸作用过程中都有氧化还原反应，在呼吸代谢途径中由脱氢酶催化所脱下来的氢可以将无色的 TTC 还原为红色的不溶性三苯基甲腙（TTF），而且种子的生活力越强，代谢活动越旺盛，被染成红色的程度越深。死亡的种子由于没有呼吸作用，因而不会将 TTC 还原为红色。种胚生活力衰退或部分丧失生活力，则染色较浅或局部被染色。因此，可以根据种胚染色的部位以及染色的深浅程度来判定种子的生活力。

三、实验器材与试剂

（1）材料 玉米、小麦等种子。

（2）试剂 0.5％ TTC 溶液：称取 0.5g TTC 放在烧杯中，加入少许 95％乙醇使其溶解，然后用蒸馏水稀释至 100mL。溶液避光保存，若变红色，即不能再用。

（3）仪器设备 恒温箱、培养皿、刀片、烧杯、镊子、天平。

四、实验步骤

（1）浸种。将待测种子在 30～35℃温水中浸泡（大麦和小麦 6h，玉米 5h 左右），以增强种胚的呼吸作用。

（2）显色。取吸胀的种子 200 粒，用刀片沿种子胚的中心线将种子纵切为两半，将其中的一半置于 2 只培养皿中，每皿 100 个半粒，加入适量的 0.5％ TTC 溶液，以覆盖种子为度。然后置于 30℃恒温箱中 1h。观察结果，凡胚被染为红色的是活种子。

将另一半胚在沸水中煮 5min 杀死，作同样染色处理，作为对照观察。

（3）计算活种子的百分率。如果可能的话与实际发芽率作一比较看是否相符。

Ⅱ. 溴麝香草酚蓝法（BTB 法）

一、实验目的

掌握 BTB 法测定种子生活力的技术。

二、实验原理

凡活细胞必有呼吸作用，吸收空气中的 O_2 放出 CO_2。CO_2 溶于水成为 H_2CO_3，H_2CO_3 解离成 H^+ 和 HCO_3^-，使得种胚周围环境的酸度增加，可用溴麝香草酚蓝（BTB）来测定酸度的改变。BTB 的变色范围为 pH 6.0～7.6，酸性时呈黄色，碱性时呈蓝色，中性时则为绿色（变色点为 pH 7.1），色泽差异显著，易于观察。

三、实验器材与试剂

（1）材料 玉米种子。

（2）试剂 0.1％ BTB 溶液：称取 BTB 0.1g，溶解于煮沸过的自来水中（配制指示剂的水应为微碱性的，以使溶液呈蓝色或蓝绿色；蒸馏水为微酸性，不宜用），然后用滤纸滤去残渣。滤液若呈黄色，可加数滴稀氨水，使之变为蓝色或蓝绿色。此液储于棕色瓶中可长期保存。

（3）仪器设备 恒温箱、天平、刀片、烧杯、镊子、培养皿、滤纸、漏斗。

四、实验步骤

（1）浸种。同上述 TTC 法。

（2）BTB 琼脂凝胶的制备。取 0.1%BTB 溶液 100mL 置于烧杯中，将 1g 琼脂剪碎后加入，用小火加热并不断搅拌。待琼脂完全溶解后，趁热倒在 4 个干燥洁净的培养皿中，使成一均匀的薄层，冷却后备用。

（3）显色。取吸胀的种子 200 粒，整齐地置于准备好的琼脂凝胶培养皿中，种子胚朝下平放，间隔距离至少 1cm。然后将培养皿置于 30～35℃下培养 1～2h，在蓝色背景下观察，如种胚附近呈现较深黄色晕圈则为活种子，否则是死种子。

用沸水杀死的种子作同样处理，进行对比观察。

（4）计算活种子百分率。

Ⅲ. 红墨水染色法

一、实验目的
掌握红墨水染色法快速测定种子生活力的技术。

二、实验原理
有生活力的种子其胚细胞的原生质具有半透性，有选择吸收外界物质的能力，某些染料（如红墨水中的大红 G）不能进入细胞内，胚部不着色。而丧失生活力的种子其胚部细胞原生质膜丧失了选择吸收的能力，染料可进入细胞内使胚部染色。所以可根据种子胚部是否染色来判断种子的生活力。

三、实验器材与试剂
（1）材料　玉米、小麦等种子。

（2）试剂　5%红墨水。

（3）仪器设备　恒温箱、培养皿、刀片、烧杯、镊子。

四、实验步骤
（1）浸种。同上述 TTC 法。

（2）染色。取已吸胀的种子 200 粒，沿胚的中线切为两半，将一半置于培养皿中，加入 5%红墨水（以淹没种子为度），染色 10～15min（温度高时时间可短些）。

（3）观察。染色后倒去红墨水，用水冲洗多次，至冲洗液无色。检查种子死活，凡种胚不着色或着色很浅的为活种子；凡种胚与胚乳着色程度相同的为死种子。可用沸水杀死的种子作对照观察。

（4）计算有生活力的种子的百分率。

Ⅳ. 纸上荧光法

一、实验目的
掌握纸上荧光法测定种子生活力的技术。

二、实验原理
具有生活力的种子和已经死亡的种子，它们的种皮对物质的透性是不同的，而许多植物的种子中又都含有荧光物质。利用对荧光物质的不同透性来区分种子的死活，方法简单，特别是对十字花科植物的种子尤为适用。

三、实验材料与仪器设备
（1）材料　油菜和白菜等十字花科植物的种子。

（2）仪器设备　紫外荧光灯、镊子、培养皿、滤纸（无荧光）。

四、实验步骤
（1）将完整无损的种子（油菜和白菜等十字花科植物的种子）100 粒，于 25～30℃水中浸泡 2～3h。

（2）把已吸胀的种子以 3～5mm 间隔整齐地排列在培养皿中的湿滤纸上，滤纸上水分不能过多，以免荧光物质流散彼此影响。培养皿可以不必加盖，放置 1.5～2h，取去种子，将滤纸阴干。取出的种子仍按原来顺序排列在另一培养皿中（以备验证）。

（3）将阴干的滤纸置于紫外荧光灯下进行观察，观察如能在暗室中进行，则效果更好。在放过种子的位置上如见到荧光圈，则为死种子。如要确证它们是死种子，可将排列在另一培养皿中的这些种子拣出来，集中在一只培养皿的湿滤纸上，而让不产生荧光圈的种子留在培养皿中，维持湿度，让其自然发芽。

（4）3～4d 后记录培养皿中发芽种子数。

纸上荧光法的成败首先取决于种子中荧光物质的存在，其次取决于种皮的性质。有些种子无论有无发芽能力，一经浸泡，即有荧光物质透出，大豆即属此类。也有些种子由于种皮的不透性，无论种子死活，都不产生荧光圈，许多植物的种子都会碰到这种个别现象，此时只要用机械方法擦伤种皮，即可重复验证。相反，有时由于收获时受潮，种皮已破裂，活种子也会产生荧光圈，实验时都应该注意。最好将浸泡液进行检查，没有荧光则适于作试验材料。

五、思考题

（1）实验结果与实际情况是否相符？为什么？

（2）还有哪些快速方法可以测定种子的发芽率？

（3）试比较 TTC 法、BTB 法、红墨水法以及纸上荧光法，测定的结果是否相同？为什么？

实验实训十四　花粉生活力的观察测定

花期不遇给杂交工作造成困难，有的园林植物可通过调整花期来解决，有的则不得不进行花粉贮藏，或者从外地寄运花粉。为了避免杂交工作失误，在使用外地寄来的花粉或经过一段时间贮藏的花粉之前，必须对花粉的生活力进行检测，以便对杂交结果进行分析与研究。因此必须掌握花粉生活力观察测定的原理和技术。

一、实验目的

掌握花粉生命力观察测定的原理和技术。

二、实验原理

花粉在低温（0～2℃）、干燥、黑暗等条件下代谢强度降低，花粉贮藏的原理就是要创造这样低代谢的环境条件，从而延长花粉的寿命。

花粉的形态、花粉中酶的活性以及积累淀粉的多少（淀粉质花粉）通常与其生活力密切相关，因此可以利用花粉的形态观察、过氧化物酶与脱氢酶的活性高低、淀粉的含量以及在人工培养基上花粉管萌发的情况作为鉴定花粉生活力高低的标准。

测定花粉生活力的方法很多，概括起来主要有如下几种。

1. 直接测定法

将待测花粉直接授粉，然后统计结实情况。此法最准确，但需时较长，且实验结果易受气候条件的影响。也可在授粉后隔一定时间切下柱头，在显微镜下压片检查花粉的萌发情况，根据萌发率的高低来鉴定花粉的生活力。

2. 形态观察法

直接在显微镜下观察花粉的形态，根据品种花粉的典型特征（如具有正常的大小、形状、色泽等）判断花粉的生活力，即形态正常的花粉有生活力，而一些小的、皱缩的、畸形的花粉不具有生活力。此法简便易行，但准确性差，一般只用于测定新鲜花粉的生活力。

3. 染色观察法

（1）碘-碘化钾染色法　以碘-碘化钾溶液（0.3g 碘与 1.3g 碘化钾溶于 100mL 蒸馏水）

将花粉染色后于显微镜下观察，花粉被染成蓝色者表示具有生活力，花粉呈黄褐色者不具有生活力。

（2）TTC染色法　TTC染色是一种测定脱氢酶活性的组织化学反应，凡具有生活力的花粉在其呼吸过程中都有氧化还原作用，当TTC渗入有活力的花粉时，其脱氢酶在催化脱氢过程中与TTC结合，使无色的TTC变成TTF而呈现红色。

4. 培养基发芽法

在培养基上进行花粉的人工萌发，可测定待测花粉萌发率的高低。此法若采用适宜的培养基能较精确地测定出花粉的生活力，但不同植物的花粉萌发条件存在较大的差异，所以很多时候测定的结果也只是相对可靠。

三、实验器材与试剂

（1）材料　一串红、矮牵牛、油茶等植物的花粉。

（2）仪器　载玻片、盖玻片、解剖针、镊子、毛笔、干燥器、小指形管、标签、记号笔、显微镜、天平、烧杯、培养皿、滴管、玻璃棒、量筒、电炉、石棉网、冰箱。

（3）试剂　凡士林、无水氯化钙、蔗糖、琼脂、蒸馏水、硼酸、磷酸二氢钾、磷酸氢二钠、碘、碘化钾、氯化三苯基四氮唑（TTC）。

四、实验步骤

1. 花粉的贮藏

（1）将采集的花粉进行干燥（晾干或放入盛有无水氯化钙的干燥器中干燥），一般以花粉不相互黏结为度。

（2）将干燥的花粉装在指形管中（不要太多，一般以 1/5 体积或更少为宜），瓶口塞以纱布，瓶外贴以标签，注明花粉种类、采收日期。

（3）将指形管放入无水氯化钙控制一定湿度的干燥器中，干燥器置于 0～2℃ 的冰箱内。

2. 花粉生活力的测定

（1）染色观察法——TTC染色法

① 配制 TTC 染色液。称取 0.5g TTC 溶于 100mL 磷酸盐缓冲液（100mL 蒸馏水中溶解 0.832g $Na_2HPO_4 \cdot 2H_2O$ 和 0.273g KH_2PO_4，pH7.2）中，装入棕色瓶备用。

② 制片。取少量花粉于载玻片上，滴入 1～2 滴 0.5%TTC 染色液，用镊子搅拌均匀，盖上盖玻片，于 35～40℃ 条件下静置 15～20min。

③ 观察统计。在显微镜下观察三个不同的视野，凡被染成红色或玫瑰红的都是有生活力的花粉，黄色或不着色者为没有生活力的花粉。

（2）培养基发芽法——固体培养基

① 配制培养基。称取 1g 琼脂、5g 蔗糖，量取 94mL 蒸馏水，装入烧杯，加热使琼脂溶化呈透明状（注意补充水分，以保持培养基的浓度），即配成 5% 浓度的培养基。同法配制 10%、15%、20% 浓度的培养基。

② 制片。用滴管吸取少量培养基，趁热滴在载玻片的凹槽内，放置片刻，使其凝固。

③ 播种花粉。将少量花粉均匀地撒播在培养基上，注意不可过多，否则难以观察。

④ 培养与观察。将制备好的片子放在垫有湿润滤纸的培养皿内，于 20～22℃ 的恒温箱中培养；待花粉萌发后于显微镜下观察并统计发芽率。观察时每片随机取 3 个视野，统计花粉总数及发芽数，计算平均萌发率（花粉总数不少于 100 粒）。

五、作业

（1）按表 11-14 与表 11-15 统计实验结果。

（2）绘一幅花粉粒发芽形态图。

（3）比较不同方法、不同浓度（培养基法）测得的花粉生活力的高低，分析其原因。

表 11-14　染色法测定结果记录表

花粉来源	各视野中花粉粒数量及生活力												平均生活力/%
	花粉总数	1			花粉总数	2			花粉总数	3			
		红色	黄色	生活力/%		红色	黄色	生活力/%		红色	黄色	生活力/%	

表 11-15　培养基法测定结果记录表

花粉来源	培养基浓度	各视野中花粉粒数量及发芽率									平均发芽率/%
		1			2			3			
		发芽数	总数	发芽率/%	发芽数	总数	发芽率/%	发芽数	总数	发芽率/%	

第二部分　综合实训

综合实训一　植物溶液培养和缺素症状的观察

一、实训目的

掌握溶液培养的方法，熟悉植物的各种营养缺乏症的典型症状，为合理施肥服务。

二、实训原理

植物的矿质营养主要来自土壤。植物需要得到适量的必需元素，才能维持正常的生长发育。当缺乏某一元素时，植物正常生理过程便会受到不同程度的破坏，则表现出缺素病征。本实验采用砂培法（即在砂基上浇灌培养液）观察缺乏 N、P、K、Mg、Fe 等主要元素时的生理病征，以便作为田间缺素诊断的参考。

三、实训器材与试剂

（1）仪器和用具　1～2L 的培养缸（或塑料杯）、粗石英砂（直径约 1.5～2mm）。

（2）材料　桑树（或其他林木）、玉米。

（3）试剂　各种矿质盐（AR）。

四、实训步骤

1. 准备工作

（1）幼苗的准备　将桑树或玉米种子在蒸馏水中吸胀后，插入温床中，当幼苗长到一定高度（约 5cm）时，选择生长势相同的幼苗进行实验。

（2）容器准备　将 1～2L 培养缸（或塑料杯，底侧开孔）洗净，塞上橡皮塞，倒入洗净的石英砂，高度为杯高的 4/5。

（3）培养液的准备　见表 11-16、表 11-17。

（4）按表 11-18 分别配制不同的培养液，用酸碱调整 pH 为 5.5～5.8。

2. 培养和管理

将已培养好的幼苗栽入塑料杯中，使根与潮湿的石英砂接触，分别浇灌上述培养液。溶液高度为石英砂高度的 1/3 左右，将幼苗置于温室内培养。

表 11-16 配制储备液 (A) 的浓度

药品	浓度/g·L^{-1}	药品	浓度/g·L^{-1}
1. Ca(NO$_3$)$_2$	100	5. NaH$_2$PO$_4$	25
2. KH$_2$PO$_4$	25	6. NaCl	9
3. MgSO$_4$·7H$_2$O	25	7. CaCl$_2$	105
4. KCl	12	8. 螯合铁[①]	

① 溶解 2.68g EDTA 在 1000mL 蒸馏水中，加热，趁热加入 2g FeSO$_4$·H$_2$O，并强烈搅拌。

注：药品均为分析纯。

表 11-17 微量元素储备液 (B)

药品	浓度/g·L^{-1}	药品	浓度/g·L^{-1}
1. H$_3$BO$_3$	2.68	4. H$_2$MoO$_4$	0.02
2. ZnCl$_2$	0.22	5. MnCl$_2$	0.02
3. CuSO$_4$·5H$_2$O	0.08		

注：微量元素储备液为一混合溶液。

表 11-18 培养液配方

A	储备液	配制培养液所需的量/mL					
		蒸馏水	完全液	缺 N	缺 P	缺 K	缺 Fe
1	Ca(NO$_3$)$_2$	—	10	—	10	10	10
2	KH$_2$PO$_4$	—	10	10	—	—	10
3	MgSO$_4$·7H$_2$O	—	10	10	10	10	10
4	KCl	—	10	10	10	—	10
5	NaH$_2$PO$_4$	—				10	
6	NaCl	—				10	
7	CaCl	—		1			
8	螯合铁	—	2	2	2	2	—
B	微量元素	—	1	1	1	1	1
	蒸馏水	1000	957	966	967	957	959

3. 培养期间注意事项

（1）pH 调整。pH 的改变往往造成实验的失败。因此，从实验开始就必须注意保持 pH 在 5.5～5.8 之间，若变动较大，可用酸碱进行调整。

（2）蒸发或植物蒸腾造成水分损失，致使培养液浓度改变。因此，每隔 1～3 天加蒸馏水一次，每周更换培养液一次。

（3）实验期间随时记录生长发育的情况及病变等，结束时记录植株的鲜重、高度、叶片颜色。

五、作业

（1）培养的植株缺素症状是否明显，为什么？

（2）复习各种元素的生理功能。

综合实训二　植物生长物质对植物插条不定根发生的影响

一、实训目的

研究不同植物生长物质对植物插条不定根发生的影响。

二、实训原理

用植物生长物质（生长素类、生长延缓剂等）处理插条，可以促进细胞恢复分裂能力，诱导根原基发生，促进不定根的生长；容易生根的植物经处理后，发根提早，成活率提高；对木本植物进行插条处理，可提高生根率。移栽的幼苗被生长物质处理后，移栽后的成活率提高，根深苗壮。本实训通过测定植物生长的重要生理指标——根的活力和过氧化物酶活性，以了解植物生长物质促进不定根发生的作用。

三、实训仪器与试剂

（1）仪器　电子天平、烘箱、分光光度计。

（2）试剂　$1000mg \cdot L^{-1}$ 吲哚丁酸溶液（称取 $100mg$ 吲哚丁酸，加 90% 酒精 $0.2mL$ 溶解，用蒸馏水定容至 $100mL$）；$1000mg \cdot L^{-1}$ 多效唑溶液（称取 $2g\ 5\%$ 多效唑原粉，加水定容至 $100mL$）；其他植物生长调节剂。

（3）材料　各种植物材料。

四、实训设计

（1）选用生长素类、多效唑（或脱落酸、细胞分裂素类、乙烯、油菜素内酯、水杨酸）等植物生长物质，通过改变各施用药剂浓度的大小、处理插条的时间与处理方法，证明不同种类的植物生长物质对植物插条不定根发生的影响。

（2）选用各种植物材料（注意考虑材料的年龄、取材部位），用植物生长物质处理，以了解其促进插条生根的作用与插条的种类及生理的关系。

（3）用植物生长物质处理植物插条，观察在不同的培养条件下（光照、温度、湿度、培养基质等），不定根发生的情况。

（4）研究在上述条件下，不定根发生过程中根系活力、根过氧化物酶活性的变化，以认识植物生长物质的作用机理。

五、实训步骤

（1）按照设计，配制植物生长物质溶液（一般为 $500mg \cdot L^{-1}$ 或 $1000mg \cdot L^{-1}$），然后稀释成 $3\sim5$ 个浓度，如 $100mg \cdot L^{-1}$、$200mg \cdot L^{-1}$、$300mg \cdot L^{-1}$。

（2）从室外取月季或其他植物材料，注意插条的生理状态（如果植物材料是灌木，需注意取材的部位）。从茎顶端或枝条上端向下 $10\sim15cm$ 处剪下插条，去除花，保留 $1\sim2$ 片叶片（如果叶片面积较大，可以保留半片叶）。

（3）将插条基部 $2\sim3cm$ 浸泡在植物生长物质溶液中，以相同体积水浸泡插条为对照。记录浸泡时间，然后换水。

（4）将插条放置在阳台或走廊的弱光通风处培养（室温为 $20\sim35℃$），培养期间注意加水至原来的高度。

（5）插条用水培养 $10\sim20$ 天后，统计其基部不定根发生的数目，包括每个插条的生根数目、生根的范围。然后用刀片切下不定根，在电子天平上称其鲜重，然后放置培养皿内，于烘箱 $60\sim80℃$ 烘 $2h$，取出，冷却后称重；继续烘干，直至质量不发生变化。

（6）取不定根，进行根系活力测定。

（7）取不定根进行根部过氧化物酶活性的测定。

（8）用表格表示植物生长物质对植物插条生根数、根长度、生根面积、根系活力和过氧化物酶活性的影响。

六、作业

（1）以一品红、茉莉花、绿豆幼苗等为材料，研究植物生长物质对插条生根的作用。考虑设计实验时需注意什么。

（2）如果要了解吲哚乙酸和多效唑溶液混配后对植物插条不定根发生的影响，如何设计实验？

综合实训三　植物激素对愈伤组织的形成和分化的影响

一、实训目的

（1）掌握植物组织培养的原理，学会植物组织培养的基本操作过程和技术。

（2）研究生长素和细胞分裂素对植物愈伤组织形成和分化的影响。

二、实训原理

愈伤组织分化根和芽受培养基中生长素和细胞分裂素的相对浓度的影响，生长素/细胞分裂素的值高时，促进根的分化；比值低时，则促进芽的分化；两种激素比值适中时，则愈伤组织生长占优势或不分化。这样，通过改变两种激素的相对浓度即可有效地调节愈伤组织再分化的进程。

三、实训器材与试剂

（1）仪器　超净工作台，高压灭菌锅1个，手术刀1把，长柄镊子1把，锥形瓶4个，25mL、50mL、500mL、1000mL容量瓶各1个，1mL、2mL、5mL、10mL吸量管各1支，培养皿1个，口杯1个，1000mL烧杯1个，酒精灯1个，牛皮纸和白线绳若干。

（2）试剂　75%乙醇、1%次氯酸钠、$1mol \cdot L^{-1}$ HCl、琼脂、6-苄基腺嘌呤、萘乙酸、MS培养基。

（3）材料　菊花花蕾。

四、实训步骤

1. 配制培养基

（1）按 MS 培养基配方配制各母液。

① 按表11-19配制10倍的大量元素母液，用蒸馏水溶解并定容至1000mL。

表 11-19　10 倍的大量元素母液配制表

无机盐	质量/g	无机盐	质量/g
NH_4NO_3	16.5	$MgSO_4 \cdot 7H_2O$	3.7
KNO_3	19	KH_2PO_4	1.7
$CaCl_2 \cdot 2H_2O$	4.4		

② 按表11-20配制100倍的微量元素母液，用蒸馏水溶解并定容至1000mL。

表 11-20　100 倍的微量元素母液配制表

无机盐	质量/mg	无机盐	质量/mg
KI	83	$Na_2MoO_4 \cdot 2H_2O$	25
H_3BO_4	620	$CuSO_4 \cdot 5H_2O$	2.5
$MnSO_4 \cdot 4H_2O$	2230	$CoCl_2 \cdot 6H_2O$	2.5
$ZnSO_4 \cdot 7H_2O$	860		

③ 配制200倍的铁盐母液：称 EDTA-2Na 3.37g、$FeSO_4 \cdot 7H_2O$ 2.78g，用蒸馏水溶解并定容至500mL。

④ 有机成分配制。

a. 20mg·mL^{-1}的肌醇溶液。称取 2g 肌醇，用蒸馏水溶解后定容至 100mL。

b. 0.5mg·mL^{-1}的烟酸溶液。称取 12.5mg 的烟酸，用蒸馏水溶解后定容至 25mL。

c. 1mg·mL^{-1}的甘氨酸溶液。称取 25mg 甘氨酸，用蒸馏水溶解后定容至 25mL。

d. 0.5mg·mL^{-1}的盐酸吡哆醇（维生素 B$_6$）。称取 12.5mg 盐酸吡哆醇，用蒸馏水溶解后定容至 25mL。

e. 0.1mg·mL^{-1}的盐酸硫胺素（维生素 B$_1$）。称取 10mg 盐酸硫胺素，用蒸馏水溶解后定容至 100mL。

⑤ 植物激素配制。

a. 0.1mg·mL^{-1}的萘乙酸溶液。称取 10mg 萘乙酸，用少量 95％乙醇溶解后，用蒸馏水定容至 100mL。

b. 1mg·mL^{-1} 6-苄基腺嘌呤。称取 50mg 6-苄基腺嘌呤，用少量 1mol·L^{-1}的 HCl 溶液溶解后，用蒸馏水定容至 50mL。

（2）MS 培养基的配制。

① 将各种元素的母液混合，配制成 MS 培养基，其中 1L 体积中所含各种元素的母液含量如表 11-21 所示。

表 11-21　1L MS 培养基中各种元素的母液及其他成分的含量

母液或成分	含量	母液或成分	含量
大量元素母液	100mL	微量元素母液	10mL
铁盐母液	5mL	肌醇母液	5mL
甘氨酸母液	2mL	烟酸母液	1mL
盐酸吡哆醇母液	1mL	蔗糖	30g
盐酸硫胺素母液	1mL	琼脂	9g

② 再按表 11-22 分别加入萘乙酸母液和 6-苄基腺嘌呤母液。

表 11-22　培养基 1~4 加入 NAA 母液、6-BA 母液的量

培养基	NAA 母液	6-BA 母液	培养基	NAA 母液	6-BA 母液
1	0.1mL	3mL	3	0.1mL	0
2	0.2mL	3mL	4	0	3mL

③ 先在锥形瓶（或不锈钢锅）中加入 600mL 蒸馏水，加入所需的琼脂和糖，在水浴锅里将琼脂和糖溶化，如果直接加热应不停地搅拌，防止在瓶底（或锅底）烧焦或沸腾溢出。再将溶解的琼脂糖溶液倒入盛有上述各种物质母液的口杯中，混匀，用 1mol·L^{-1} NaOH 或 1mol·L^{-1} HCl 调节 pH 至 5.8，用蒸馏水定容至 1L。将培养基分注到锥形瓶或试管中，按容器的大小和培养要求放入适当量的培养基。分装时注意不要让培养基黏附到瓶口或管口附近的内壁上，以免培养过程中发生污染。分装中还要不时搅动下口杯中的培养基，否则先后分装的各瓶培养基凝固能力不同。盖上棉塞，用牛皮纸包扎好后，放入高压灭菌锅，1.2atm（1atm＝101325Pa）下灭菌 15min，冷却后备用。

2. 材料的灭菌与接种

取开花前 2~3 天已露白的菊花花蕾，先用自来水冲洗花蕾；然后在 75％乙醇中浸泡 15s，后用无菌水冲洗 2 次；再在 1‰次氯酸钠溶液中浸泡 15min，并不时轻轻搅动，用无菌水清洗 3 次，再转入放有滤纸而又无菌的培养皿中。用剪刀剪取舌状花，用解剖刀切取舌状花 5mm^3 大小的小块，一个 100mL 的锥形瓶中放 6~8 个小块。接种后放到培养室中培养。培养室内的温度为（25±2）℃，日光灯每天照明 12h，光照强度约 2000lx。

3. 结果观察和记录

接种后注意观察记录外植体上愈伤组织和根芽出现的时间和数量,加以分析比较。

五、注意事项

(1) 在配制植物激素时,溶解试剂的乙醇和盐酸用量要少,用蒸馏水稀释时,慢慢沿烧杯内壁加入。

(2) 对培养基、材料及器皿的灭菌要严格。

(3) 分装培养基时,不能让培养基黏附到瓶口上,以免引起污染。

(4) 在温室内培养过程中,应经常检查,及时剔除污染的材料或锥形瓶。

六、思考题

(1) 植物激素与愈伤组织形成和器官分化有何关系?

(2) 在组织培养过程中应注意些什么?

综合实训四 玉米种子纯度的鉴定

种子纯度是评定种子等级的主要依据,是种子检验工作的重点项目。近年来,电泳技术在种子纯度鉴定上开始应用,用该技术鉴定简便、快捷、准确且成本低。

一、实训目的

(1) 掌握聚丙烯酰胺凝胶电泳分离同工酶的技术,了解同工酶分析在遗传学研究中的意义。

(2) 掌握利用蛋白质电泳技术鉴定玉米种子纯度的原理和基本方法。

二、实训原理

同工酶是指植物体内肽链结构不同,分子大小不同,但活化部位相同,催化同一生化反应的酶。同工酶谱带是指同一种酶的各种同工酶,在一定的电场作用下发生泳动,通过一定的化学染色而出现的图像。一个品种的遗传基础是一定的,其同工酶谱带应具有一定的特征。本实训的基本原理是不同的酯酶同工酶由于其分子量不同、分子结构不同和其所带电荷数不同,在凝胶的分子筛效应和电泳分离的电荷效应作用下,呈现不同的泳动速度而相互分离,再根据酯酶同工酶催化反应相同的特点,使用同一显色方法,获得供试样品谱带,以供分析鉴别。

三、实训器材与试剂

(1) 仪器 电泳仪,双垂直电泳槽及配套的平板玻璃,文具铁夹,冰箱,离心机,单籽粒粉碎器及锤子,离心管及离心管架,微量进样器(50μL 和 100μL),玻璃注射器(20mL、100mL、10mL、0.25mL),实验室常用器皿。

(2) 药品 丙烯酰胺(Acr),亚甲基双丙烯酰胺(Bis),过硫酸铵,N,N,N',N'-四甲基乙二胺(TEMED),乙二胺四乙酸二钠(EDTA-2Na),磷酸二氢钠,磷酸氢二钠,三羟基氨基甲烷(Tris),甘氨酸,溴酚蓝,柠檬酸,固蓝 RR 盐(快蓝 RR 盐)(化学纯),乙酸-α-萘酯(化学纯),丙三醇(甘油),丙酮,乙醇(分析纯,95%),浓盐酸,凡士林(医用)。各药品除文中标出外,其余药品均采用分析纯试剂。

(3) 材料 玉米籽粒(亲本及其杂交种)。

四、实训步骤

1. 药剂配制

(1) 酯酶提取液的配制。6.06g Tris 用蒸馏水溶解,加 3.6mL HCl 溶液,用柠檬酸调节 pH 到 7.5,最终定容到 500mL 后加 40mL 甘油。

(2) 30% Acr-0.8% Bis 储液的配制。30g Acr 和 0.8g Bis 一并倒入洗净烘干的小烧杯内,加 80mL 蒸馏水水浴加热溶解。将溶液用定性滤纸过滤到 100mL 容量瓶中,并用重蒸馏水冲洗烧杯，一起过滤，最终定容到100mL，在棕色瓶中保存。

（3）0.128mol·L^{-1} Tris-柠檬酸缓冲液（pH8.9）储液的配制。15.5g Tris、1.0g柠檬酸，加蒸馏水溶解，调pH为8.9，最终定容到1000mL，用滤纸过滤。

（4）1.247% EDTA-2Na溶液的配制。1.247g EDTA-2Na加100mL蒸馏水溶解后，置于棕色瓶中保存。

（5）0.128mol·L^{-1} Tris-柠檬酸（pH6.8）溶液的配制。1.55g Tris、0.5g柠檬酸加蒸馏水溶解，调pH为6.8，最终加蒸馏水至100mL，盛于棕色瓶中。

（6）1%过硫酸铵溶液的配制。1g过硫酸铵溶于100mL蒸馏水，盛于棕色瓶中。

（7）电极缓冲液储液的配制。6.2g Tris、2.0g甘氨酸用500mL蒸馏水溶解，用时稀释10倍。

（8）0.2%溴酚蓝溶液的配制。0.2g溴酚蓝加40mL乙醇和60mL蒸馏水溶解后，盛于带有滴管的棕色瓶中低温保存。

（9）TEMED直接用原液。

（10）0.2mol·L^{-1} NaH$_2$PO$_4$溶液的配制。15.6g NaH$_2$PO$_4$加500mL蒸馏水溶解，低温保存。

（11）0.1mol·L^{-1} Na$_2$HPO$_4$溶液的配制。17.9g Na$_2$HPO$_4$加500mL蒸馏水溶解，低温保存。

（12）染色液的配制。染色液要现用现配，不可久置。其配制方法为：0.2g乙酸-α-萘酯和固蓝RR盐分别用10mL丙酮溶解，然后倒入200mL浓度为0.1mol·L^{-1}的磷酸缓冲液（pH6.4）中即成。可染2~4块胶板。

注：以上溶液均放入0~4℃冰箱中保存。

2. 样品提取

一般每个样品应有100粒种子。若为了更准确地估测品种纯度，则需更多的种子。如果分析结果要与某一纯度标准值比较，可采用顺次测定法来确定。即50粒作为一组，必要时可测定数组以减少工作量。如果只鉴定真实性，可用50粒。将供检验的玉米种子放入单粒粉碎器内单粒粉碎，粉碎后置1mL的离心管中，加入酯酶提取液0.5~0.6mL，充分摇动混匀，在低温下提取2h后在离心机上离心（10000r·min^{-1}）2min，取其上清液用于加样电泳。

3. 凝胶的配制

用装有医用凡士林的50mL玻璃注射器将胶室封好之后，按表11-23的比例将分离胶配好摇匀，立即倒入玻璃板中间，加至离凹玻璃口2cm处即可，再用针筒缓缓加入蒸馏水封口。待胶与水之间出现一条明显的界面后，用注射器将上层水吸干，并用吸水纸将胶面水吸干。然后在其上加浓缩胶（表11-24）到凹玻璃板的瓶口处，立即在凹玻璃处插入试样梳子，等浓缩胶凝固后拔出梳子，去掉胶室封底，装好胶室，即可在加样槽内加样。

表 11-23　分离胶的配制比例（一块板的用量）

溶液	用量
30% Acr-0.8% Bis	16.3mL
0.128mol·L^{-1} Tris-柠檬酸缓冲液（pH8.9）	30.5mL
1.247% EDTA-2Na	2.0mL
1%过硫酸铵	1.2mL
TEMED	140μL

表 11-24　浓缩胶的配制比例（一块板的用量）

溶液	配量
30% Acr-0.8% Bis	3.0mL
0.128mol·L^{-1} Tris-柠檬酸缓冲液(pH6.8)	3.0mL
1.247%EDTA-2Na	0.4mL
蒸馏水	9.6mL
1%过硫酸铵	4.0mL
TEMED	40μL

4. 加样与电泳

用微量进样器吸取酶液 20μL，注入加样槽内，每粒种子的酶配备液加一个槽。进样器每用一次后，均需用蒸馏水清洗三四次。加样完毕，在电泳槽内注入电极缓冲液，再用弯成"U"形的回形针排净下槽胶室的气泡和凡士林。然后用吸管往上槽加三四滴溴酚蓝溶液，接通电源，将电压调到 150V，0.5h 后将电压调到 200～280V 即可。放入 0～4℃冰箱中进行电泳。当溴酚蓝带移到胶板底部时关掉电源，即电泳完毕。

5. 染色

电泳结束后，脱下胶板用蒸馏水漂洗，将配好的染色液均匀倒在胶板面上，边倒边用毛笔涂刷。待褐色酶带显示清楚后弃掉染色液，用蒸馏水将胶板冲洗干净，保存在蒸馏水中观察分析。

6. 电泳谱带的分析和种子纯度鉴定

（1）玉米杂交种酯酶同工酶酶谱分析　杂交种与两个亲本的酶谱类型一般分为偏母类型、偏父类型、互补类型、杂交种类型和无差异类型等五种类型。对杂交种子纯度来讲，最有说服力的是互补酶类型。

（2）种子纯度鉴定　根据杂交种与两个亲本的标记酶带求出酶谱纯度（y）以后，再根据酶谱纯度和品种纯度二者的回归方程 $y=1.1288+0.9162x$ 计算出品种纯度（x）。

五、作业

（1）分析玉米杂交种酯酶同工酶酶谱。

（2）计算出玉米种子纯度，写出实训报告。

参 考 文 献

[1] 曾广文,蒋德安. 植物生理学. 北京:中国农业科学技术出版社,2000.

[2] 查锡良. 生物化学. 7版. 北京:人民卫生出版社,2008.

[3] 陈金宝. 细胞生物学. 上海:上海科学技术出版社,2016.

[4] 陈晓亚,汤章城. 植物生理与分子生物学. 北京:高等教育出版社,2007.

[5] 陈忠辉. 植物与植物生理. 2版. 北京:中国农业出版社,2007.

[6] 贺学礼. 植物学. 北京:科学出版社,2016.

[7] 侯福林. 植物生理学实验教程. 北京:科学出版社,2004.

[8] 华东师范大学生物系植物生理教研组. 植物生理学实验指导. 北京:高等教育出版社,1989.

[9] 贾弘褆. 生物化学. 北京:人民卫生出版社,2005.

[10] 金银根. 植物学. 北京:科学出版社,2018.

[11] 李合生. 现代植物生理学. 北京:高等教育出版社,2012.

[12] 刘佃林. 植物生理学. 北京:北京大学出版社,2010.

[13] 陆时万,徐祥生,沈敏健. 植物学. 北京:高等教育出版社,2015.

[14] 罗贵民. 酶工程. 2版. 北京:化学工业出版社,2008.

[15] 马炜梁. 植物学. 北京:高等教育出版社,2015.

[16] 孟繁静,刘道宏,苏业瑜. 植物生理生化. 北京:中国农业出版社,1995.

[17] 孟庆伟,高辉远. 植物生理学. 北京:中国农业出版社,2011.

[18] 潘瑞炽,王小菁,李娘辉. 植物生理学. 7版. 北京:高等教育出版社,2012.

[19] 武维华. 植物生理学. 北京:科学出版社,2018.

[20] 张蜀秋. 植物生理学. 北京:科学出版社,2011.

[21] 王忠. 植物生理学. 2版. 北京:中国农业出版社,2010.

[22] 孙广玉. 植物生理学. 北京:中国林业出版社,2016.

[23] 强胜. 植物学. 北京:高等教育出版社,2006.

[24] 秦静远. 植物及植物生理. 北京:化学工业出版社,2006.

[25] 唐传核. 植物生物活性物质. 北京:化学工业出版社,2005.

[26] 王宝山. 植物生理学. 北京:科学出版社,2004.

[27] 王宝山. 植物生理学学习指导. 北京:科学出版社,2006.

[28] 王建书. 植物学. 北京:中国农业科学技术出版社,2018.

[29] 王衍安. 植物与植物生理实训. 北京:高等教育出版社,2008.

[30] 吴梧桐. 生物化学. 6版. 北京:人民卫生出版社,2007.

[31] 杨晴,杨晓玲. 植物生理学. 北京:中国农业科学技术出版社,2012.

[32] 叶庆华,曾定,陈振端. 植物生物学. 厦门:厦门大学出版社,2005.

[33] 于桉,谷建田. 园林植物生理. 北京:中国农业出版社,2005.

[34] 张立军,梁宗锁. 植物生理学. 北京:科学出版社,2007.

[35] 张新中,章玉平. 植物生理学. 北京:化学工业出版社,2007.